2024 年版

for Waterworks Excution Engineer

できる合格

給水 装置工事 主任技術者

過去 **6**年 問題集

SKC産業開発センター
給水装置工事研究会　諏訪　公 …監修

新訂
第22版

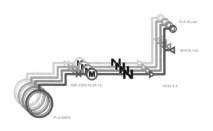

丸善プラネット

確実な合格を希求する受験者の皆様へ
2024年度 できる合格 給水過去6年問題集
〈新訂第22版〉発刊にあたって

　どのような国家試験も、合格するにふさわしい難度があります。この給水装置工事主任技術者試験は市民の命を守る水を供給する観点からその知識・技能が高いレベルであることを実証するものです。

　したがって、つねに**難関資格**として対応する必要があります。

　昨年は合格率は平年並みに持ち直した。関係法令の改正や科目内容の変更、5択問題の採用、新しい機材等、出題は依然として範囲が広く、長文も多く、選択肢の内容が曖昧でどうにでもとれそうな**まぎらわしいもの**や素直にとると間違いに誘導されるような、知識よりも**読解力や受験術を試すような問題**など、判断の難しい傾向が毎年続いています。

　これらに対処し、合格するには本書を毎日手にし、慣れ親しむことです。

　本問題集では、万全の対策として、各問題に「**学習のポイント**」、解説には「**解法の要点**」を適切に指摘し、難問には「**諏訪のアドバイス**」をのせ、一目で**過去の出題傾向と頻度**、どこからの出題かがわかるよう『**できる合格 給水装置基本テキスト**』の頁をのせ、いつでも基本に戻れるようにしてあります。

　さあ、あなたもこの問題集で合格を確かなものにしましょう！

　また、合格を確かなものにするためには、上記テキストの併用をおすすめします。

　初版以来26年、毎年、各地の管工事業協会等企業団体の研修に使用されております。本書が本年度合格を期している方のよき道しるべになれば幸いです。

SKC産業開発センター
給水工事技術研究会　諏訪　公

受験案内

1. 試験科目と主な内容

<table>
<tr><th colspan="2">試験科目</th><th>試験科目の主な内容</th><th>例</th></tr>
<tr>
<td rowspan="6">学科試験1・必須6科目</td>
<td>1. 公衆衛生概論</td>
<td>○水道水の汚染による公衆衛生問題等に関する知識を有していること
○水道の基本的な事柄に関する知識を有していること。</td>
<td>○消毒、逆流防止の重要性
○微量揮発性有機物の溶出による健康影響
○病原性大腸菌、原虫類の混入による感染症
○水質基準及び施行基準の概要</td>
</tr>
<tr>
<td>2. 水道行政</td>
<td>○水道行政に関する知識を有していること。
○給水装置工事に必要な法令及び供給規程に関する知識を有していること</td>
<td>○水道法（給水装置関係等）
○供給規程の位置づけ
○指定給水装置工事事業者制度の意義
○指定給水装置工事事業者制度の内容
○指定給水装置工事事業者の責務</td>
</tr>
<tr>
<td>3. 給水装置工事法</td>
<td>○給水装置工事の適正な施行が可能な知識を有していること。</td>
<td>○給水装置の施行上の留意点
○給水装置の維持管理</td>
</tr>
<tr>
<td>4. 給水装置の構造及び性能</td>
<td>○給水管及び給水用具が具備すべき性能の基準に関する知識を有していること。
○給水装置工事が適正に施行された給水装置であるか否かの判断基準（システム基準）に関する知識を有していること。</td>
<td>○水道法施行令第5条に基づく給水管及び給水用具の性能基準、給水システム基準に関する知識
○給水管の呼び径等に対応した吐水口空間の算定方法
○各性能項目の適用対象給水用具に関する知識</td>
</tr>
<tr>
<td>5. 給水装置計画論</td>
<td>○給水装置の計画策定に必要な知識及び技術を有していること。</td>
<td>○計画の立案に当たって、調査・検討すべき事項
○給水装置の計画策定及び給水装置の図面の作成に関する知識</td>
</tr>
<tr>
<td>6. 給水装置工事事務論</td>
<td>○工事従事者を指導、監督するために必要な知識を有していること。
○建設業法及び労働安全衛生法等に関する知識を有していること（※）</td>
<td>○給水装置工事主任技術者の役割
○指定給水装置工事事業者の任務
○建設業法、労働安全衛生法関係法令に関する知識</td>
</tr>
<tr>
<td rowspan="2">学科試験2</td>
<td>7. 給水装置の概要</td>
<td>○給水管及び給水用具並びに給水装置の工事方法に関する知識を有していること。</td>
<td>○給水管、給水用具の種類及び使用目的
○給水用具の故障と対策</td>
</tr>
<tr>
<td>8. 給水装置施工管理法</td>
<td>○給水装置工事の工程管理、品質管理及び安全管理に関する知識を有していること。</td>
<td>○工程管理（最適な工程の選定）
○品質管理（給水装置工事における品質管理）
○安全管理（工事従事者の安全管理、安全作業の方法）</td>
</tr>
</table>

※ 2020年度から、建設業法及び労働安全衛生法に関する知識については、「8. 給水装置施工管理法」から「6. 給水装置工事事務論」に変更

2. 試験合格までの流れ（＊2023年の例です。※指定試験機関で確認のこと。）

| 受験申込 | ……… | 6月5日（月）〜7月7日（金） |

○インターネット申込書作成システムを利用します。これへの入力は上記期間内です。
（最終日は17:00まで）

↓

| 願書受付締切 | ……… | 7月7日（金）　※当日消印有効 |

不備是正期限（9月8日（木））

↓

| 受験票発送 | ……… | 10月2日（月） |

↓

| 試　験　日 | ……… | 10月22日（日） |

↓

| 合格発表 | ……… | 11月30日（木） |

3.受験資格
○給水装置工事に関し 3 年以上の実務経験を有する方
○実務経験には、給水装置の設置又は変更の工事に係る技術上の実務に従事した経験のほか、これら技術を習得するためにした見習いその他給水装置工事現場における技術的経験を含む。なお、工事現場における単なる雑務及び事務の仕事に関する経験は、実務経験に含まれません。

4.試験方法及び試験科目の一部免除
○ 60 問全問解答（※建設業法で定める管工事施工管理技術検定の 1 級又は 2 級に合格した方は、試験科目のうち「給水装置の概要⑦」及び「給水装置施工管理法⑧」の**免除**を受けることができます。この場合は全 40 問解答。）
○解答方法は、四肢択一マークシート方式

5.採点基準
□合格基準（科目別最低点と合格最低点）

	試験科目	出題数	最低得点	合格基準
学科試験 1 （必須6科目）	①公衆衛生概論	3	1 点	1. 配点 配点は一題につき 1 点とする。（必須 6 科目計 40 点、全科目計 60 点） 2. 合格基準 一部免除者（水道法施行規則第 31 条の規定に基づき、試験科目の一部免除を受けた者をいう。）においては次の(1)及び(3)、非免除者（全科目を受験した者をいう。）においては次の(1)～(3)の全てを満たすこととする。(1)必須 6 科目（①～⑥）の得点の合計が **27 点以上**であること。(2)全 8 科目の総得点が、**40 点以上**であること。(3)各科目の得点が左記の**最低得点以上**であること。
	②水道行政	6	2 点	
	③給水装置工事法	10	4 点	
	④給水装置の構造及び性能	10	4 点	
	⑤給水装置計画論	6	2 点	
	⑥給水装置工事事務論	5	2 点	
学科試験 2	⑦給水装置の概要	13	5 点	
	⑧給水装置施工管理法	7	3 点	

◇以上は、令和 03 年（2021 年）度の試験案内を参照にしたものです。
◇受験に関する詳細は、公開されているインターネットで確認されてください。

6.受験願書提出先等
○受験願書の入手先：インターネットで公開、提出先は、次の指定試験機関です。
公益財団法人**給水工事技術振興財団（kyuukou.or.jp/）**
（〒 163-0712 東京都新宿区西新宿 2-7-1 小田急第一生命ビル 12F ℡ 03-6911-2711）

7. 合格者の推移（創設当初より）

年 度	受験者数	合格率	年 度	受験者数	合格率	年 度	受験者数	合格率
令和 05 年	12,618 人	34.5%	平成 24 年	13,325 人	34.2%	平成 13 年	24,961 人	30.2%
令和 04 年	12,058 人	31.0%	平成 23 年	12,492 人	27.7%	平成 12 年	29,295 人	37.0%
令和 03 年	11,829 人	35.6%	平成 22 年	14,869 人	38.5%	平成 11 年	33,471 人	39.5%
令和 02 年	11,238 人	43.5%	平成 21 年	15,795 人	28.6%	平成 10 年	29,921 人	46.0%
令和 01 年	13,001 人	45.8%	平成 20 年	15,104 人	37.6%	平成 9 年	17,549 人	56.9%
平成 30 年	13,434 人	37.7%	平成 19 年	17,105 人	42.9%			
平成 29 年	14,650 人	43.7%	平成 18 年	17,371 人	27.9%			
平成 28 年	14,459 人	33.7%	平成 17 年	19,609 人	27.3%			
平成 27 年	13,978 人	31.1%	平成 16 年	21,333 人	37.7%			
平成 26 年	13,313 人	27.0%	平成 15 年	24,061 人	36.6%			
平成 25 年	12,773 人	31.3%	平成 14 年	24,447 人	35.0%			

III

□給水装置工事主任技術者試験・過去6年の出題傾向

科目と足切り点	2023（R05）	2022（R04）	2021（R03）
1.公衆衛生概論 (1/3)	1 水道施設とその機能 2 塩素消毒 3 化学物質汚染	1 水道の用語の定義（法3条） 2 水質基準 3 塩素消毒	1 水道施設の機能 2 水質基準（水道法4条） 3 水道の利水障害
2.水道行政 (2/6)	4 水質管理 5 簡易専用水道の管理基準 6 給水装置とその工事 7 水道事業者の認可 8 給水義務（法15条） 9 水道技術管理者（法19条）	4 水質管理 5 簡易専用水道の管理基準 6 工事事業者の指定更新確認事項 7 水道法の規定 8 供給規程（法14条） 9 水道施設運営権	4 水質管理（検査等） 5 指定更新時の確認事項 6 水道事業等の認可 7 主任技術者の選任と職務 8 水道技術管理者の事務 9 水道事業の経営
3.給水装置 　工事法 (4/10)	10 給水管の取出し 11 水道配水用ポリエチレン管 12 埋設深さと占用位置 13 水道管の明示 14 水道メーターの設置 15 水道直結式スプリンクラー設備 16 配管の留意事項 17 構造・材質基準省令 18 給水管の接合 19 ダクタイル鋳鉄管の接合形式	10 事業の運営の基準 11 給水管の取出し 12 配水管からの分岐穿孔 13 給水管の明示 14 水道メーターの設置 15 スプリンクラー 16 構造材質基準省令 17 給水管の配管工事 18 給水管・給水用具の選定 19 水道管の継手及び接合	10 事業の運営の基準 11 配水管からの取出し 12 サドル付分水栓穿孔 13 止水栓設置・給水管防護 14 水道メーターの設置 15 基準省令に規定する施工 16 配管工事の留意点 17 給水管の接合 18 給水装置の維持管理 19 消防法適用のスプリンクラー
4.給水装置の 　構造及び性能 (4/10)	20 法16条（構造及び材質） 21 令6条（構造材質基準） 22 浸出性能基準の適用対象外 23 耐久性能基準 24 水撃防止性能基準 25 金属管の侵食 26 クロスコネクション 27 吐水口空間 28 逆流防止 29 凍結防止	20 水道法の規定 21 浸出性能基準 22 負圧破壊性能基準 23 耐久性能基準 24 水道水の汚染防止 25 水撃作用の防止 26 クロスコネクションの防止 27 吐水口空間 28 水抜き用給水用具の設置 29 圧力式バキュームブレーカ	20 適用される性能基準 21 水撃限界性能基準 22 逆流防止性能基準 23 耐寒性能基準と試験 24 クロスコネクション・汚染防止 25 水の汚染防止 26 金属管の侵食 27 凍結深度 28 逆流防止 29 吐水口空間
5.給水装置 　計画論 (2/6)	30 基本調査 31 給水方式 32 直結給水システムの計画・設計 33 集合住宅の同時使用水量 34 全所要水頭の計算 35 受水槽容量の範囲	30 給水方式 31 給水槽式給水方式 32 給水装置工事の基本調査 33 計画使用水量 34 給水用具給水負荷単位 35 直結加圧形ポンプユニットの吐水圧	30 給水方式 31 給水方式の決定 32 受水槽方式給水 33 集合住宅の同時使用水量 34 受水槽容量の範囲 35 管路の総損失水筒
6.給水装置 　工事事務論 (2/5)	36 指定事業者と主任技術者 37 給水装置工事の記録と保存 38 飲料水の配管設備 39 構造材質基準認証制度 40 材質の基準適合品	36 構造材質基準 37 性能基準 38 主任技術者の職務 39 給水装置工事の記録の保存 40 建設業法（建設業の許可）	36 酸欠危険場所での作業 37 飲料水の配管設備 38 基準適合品の確認方法 39 主任技術者の知識と技能 40 専任技術者の資格要件（建業法）
7.給水装置の 　概要 (5/13)	41 ライニング鋼管 42 合成樹脂管 43 塩化ビニル管 44 銅管 45 給水用具 46 直結加圧形ポンプユニット 47 給水用具 48 給水用具 49 給水用具 50 水道メーター 51 水道メーター 52 給水用具の故障と対策 53 給水用具の故障の原因	41 給水用具 42 給水用具 43 給水用具 44 給水用具 45 給水用具 46 給水管の継手 47 給水用具 48 軸流羽根車式水道メーター 49 給水用具 50 給水用具の故障と修理 51 給水用具の故障と修理 52 湯沸器 53 浄水器 54 直結加圧形ポンプユニット 55 給水用具	41 各種給水管 42 給水用具 43 VP管施工上の注意点 44 給水用具 45 給水用具 46 給水用具 47 給水用具 48 給水用具 49 湯沸器 50 浄水器 51 直結加圧型ポンプユニット 52 給水メーター 53 水道メーター 54 給水用具の故障と対策 55 給水用具の故障と対策
8.給水装置 　施工管理法 (3/7)	54 工程管理 55 品質管理項目 56 工程管理 57 施工管理 58 埋設物の安全管理 59 建設公衆災害 60 公災防（第27, 第26, 第25）	56 給水装置工事の施工管理 57 宅地内工事の施工管理 58 品質管理 59 公災防（第22,24,25,27） 60 公災防（第23,26,24,27）	56 施工管理 57 工程管理 58 使用材料 59 安全管理（公道上） 60 公衆災害（公災防）

2020（R02）	科目と足切り点	2019（R01）	2018（H30）
1 化学物質による健康影響 2 利水障害と原因 3 水系感染症	1 公衆衛生概論 （1/3）	1 消毒と残留塩素 2 水質基準 3 水系感染症	1 化学物質と健康影響 2 水道用語の定義 3 水道施設の概要図
4 水質基準の規定 5 簡易専用水道の管理基準 6 H30 水道法改正 7 工事事業者の更新時確認事項 8 供給規程（法14条） 9 水道事業者の認可	2 水道行政 （2/6）	4 簡易専用水道の管理基準 5 給水装置と給水装置工事 6 主任技術者の職務 7 指定給水装置工事事業者制度 8 給水義務 9 水道事業等の認可	4 水道技術管理者の職務等 5 工事事業者の職務 6 給水装置の検査 7 給水装置及び給水装置工事 8 供給規程 9 布設工事監督者
10 事業の運営（則36条） 11 給水管の取出し方法 12 サドル付分水栓の穿孔工程 13 給水管の埋設深さと占用位置 14 給水管の明示 15 水道メーターの設置 16 給水装置の異常現象 17 配管工事の留意事項 18 消防法適用 19 給水管の配管工事	3 給水装置工事法 （4/10）	10 事業の運営 11 サドル付分水栓穿孔 12 給水管の埋設深さと占用位置 13 水道配水用ポリエチレン管の 　EF継手 14 配管工事の留意点 15 各種配管工事 16 給水管の明示 17 水道メーターの設置 18 給水管の異常 19 消防法適用のスプリンクラー	10 サドル付分水栓穿孔 11 給水管の分岐 12 分岐穿孔 13 給水管の埋設深さ 14 止水栓の設置・給水管の布設 15 水道メーターの設置 16 配管工事の留意点 17 給水管の接合方法 18 給水管の加工 19 消防法適用のスプリンクラー
20 給水装置の検査（法17条） 21 構造及び材質の基準 22 配管工事後の耐圧試験 23 浸出性能基準 24 水撃作用の防止 25 逆流防止 26 水抜き用の給水用具 27 耐寒性能基準 28 水の汚染防止 29 クロスコネクション防止	4 給水装置の 　構造及び性能 （4/10）	20 水道法の構造・材質規定 21 耐圧性能基準 22 逆流防止性能基準 23 ウォーターハンマ防止 24 金属管の侵食 25 クロスコネクション 26 水の汚染防止 27 吐水口空間（図） 28 水抜き用の給水用具の設置 29 耐寒性能基準	20 耐圧試験 21 クロスコネクション 22 水の汚染防止 23 侵食防止と防食工 24 耐久性能基準 25 浸出性能基準の適用対象 26 逆流防止性能基準 27 耐寒性能基準 28 逆流防止（吐水口空間の基準） 29 水抜き用の給水用具の設置
30 給水装置工事の基本計画 31 給水方式の決定 32 直結式給水方式 33 集合住宅の同時使用水量 34 管路における流速の値 35 直結加圧型ポンプユニットの 　吐水圧	5 給水装置計画論 （2/6）	30 直結給水システムの計画・ 　設計 31 受水槽式給水 32 給水方式の決定 33 集合住宅の同時使用水量 34 受水槽容量の範囲 35 直結加圧形ポンプユニットの 　吐水圧	30 受水槽式及び直結・受水槽併用方 　式 31 給水方式の決定 32 直結給水方式 33 口径決定の手順 34 給水用具給水負荷単位 35 全所要水頭の計算
36 給水装置工事主任技術者 37 作業主任者の選任作業 38 給水管に適用される性能基準 39 自己認証 40 建設業の許可	6 給水装置 　工事事務論 （2/5）	36 主任技術者の職務 37 主任技術者の職務 38 工事事業者の指定等 39 工事記録の保存 40 構造及び材質の基準省令	36 工事事業者及び主任技術者の職 　務 37 工事記録の保存 38 構造及び材質の基準 39 主任技術者の職務 40 給水管・給水用具の性能基準
41 各種給水管 42 各種給水管 43 給水管及び継手 44 各種給水用具 45 各種給水用具 46 各種給水用具 47 各種給水用具 〃 48 湯沸器 49 自然冷媒ヒートポンプ給湯機 50 直結加圧形ポンプユニット水 　用具	7 給水装置の 　概要 （4/10）	41 給水装置 42 各種型給水用具 43 給水管の接合及び継手 44 湯沸器 45 給水栓 46 直結加圧形ポンプユニット 47 給水用具 48 水道メーター 49 水道メーター 50 給水用具の故障と対策	41 給水用具 42 節水型給水用具 43 湯沸器 44 給水用具 45 給水装置工事 46 給水管 47 給水管 48 水道メーター 49 給水用具の故障と対策 50 給水用具
52 水道メーター 53 水道メーター 54 給水用具の故障と対策 55 給水用具の故障と対策 56 給水装置工事の工程管理 57 給水装置工事の施工管理 58 給水装置の品質管理 59 給水装置の安全管理 60 公災防（第26,27,25,22）	8 給水装置 　施工管理法 （4/10）	51 工程管理 52 施工管理 53 施工管理 54 品質管理項目 55 品質管理項目 56 電気事故防止 57 公災防（第13,14,19,24） 58 主任技術者・監理技術者の設 　置 59 作業主任者 60 建設省告示第1597号	51 品質管理項目 52 埋設物の安全管理 53 公災防 11,12,17 54 公衆災害（公災防 1） 55 配水管の取付口から水道メー 　ターまでの使用機材 56 施工管理 57 労働安全衛生 58 建設業法の目的 59 建設業の許可 60 建 基 令 129 条 の 2 の 5, 告 示 　1597号

主任技術者：給水装置工事主任技術者、工事事後湯者：指定給水装置工事事業者、建設工事公衆災害防止対策要綱
建基令：建築基準法施行令、酸欠則：酸素欠乏症等葬式則とする。

2024 年に
給水装置工事主任技術者に合格するには
(『できる合格・給水過去 6 年問題集』の使い方)

出題頻度・重要度★★★★★による 完勝対策

毎年出されている問題、過去に 3 回以上出題された問題など一目で分かり、対策がたてやすい。各問の出題頻度 **05-34** は、06 年度の問題 34 のことです。
敵の出所を知れば百戦危うからず！

四肢択一問題の 必勝 対策

4 つ 5 つの選択肢から 1 つを選ぶという考えは捨てることだ！
問題を作るときは、肢の 2 つまたは 3 つは蛇足であることが多い。
あと 2 肢が「正解」と「正解にまぎらわしいもの」である。
蛇足を捨てて 2 肢択一と考えれば、黒と白で答えを出すのはラクダ！

正誤の組み合わせ問題の 楽勝 対策

形は一問一答形式である。よく学習すれば、○×で出せるが（そのようにしなければいけないが）、取り組み方としては、正誤正誤や、誤正正誤などの並び方に一定の規則があるように作りたくなるものである（正だけのものもアルゾ！）。そのようなことを考えて解答するのは面白い。

穴埋め問題の 快勝 対策

まずは『できる合格・給水装置基本テキスト』を数回読んでおくことである。毎年、同じ内容の文章やポイントから出題されている。ただし、流行もあるので、傾向はつかんでおこう！
給水装置基本テキストの太字部分のところを「講義」の部分を含めて読みこなす。そうするとパズル感覚でスイスイ解ける！
絶対暗記しようとするな！

足切り点の 圧勝 対策

8 科目のそれぞれに足切り点がある。他の科目はよくても 1 つの科目が悪ければ 1 点でも泣くことになる。また、必須科目等総得点にも足切り点があるので、全体でも点を稼がないといけない。それには問題をたくさんこなし、テキストに戻る。この繰り返しを時間のある限り続けることだ！
『できる合格・給水装置基本テキスト』で確認する。
これが秘訣だ！宣伝ではない！

(なお、★で難易度を示してある。★は基本問題、★★は標準、★★★は難解、としてある。解説を見るだけでなく、必ず、テキストに戻って確認するクセをつけてほしい。)

各問右上の数字は『できる合格・給水装置基本テキスト』の参照頁である。

R05 〜 H30 のもくじ

令和05年度（2023年）

1. 公衆衛生概論 ……………… 2
2. 水道行政 6
3. 給水装置工事法 …………… 12
4. 給水装置の構造及び性能 … 22
5. 給水装置計画論 …………… 32
6. 給水装置工事事務論 ……… 38
7. 給水装置の概要 …………… 44
8. 給水装置施工管理法 ……… 56

令和04年度（2022年）

1. 公衆衛生概論 ……………… 66
2. 水道行政 ………………… 68
3. 給水装置工事法 …………… 76
4. 給水装置の構造及び性能 …… 86
5. 給水装置計画論 …………… 96
6. 給水装置工事事務論 104
7. 給水装置の概要 …………… 108
8. 給水装置施工管理法 ……… 124

令和03年度（2021年）

1. 公衆衛生概論 ……………… 132
2. 水道行政 ………………… 134
3. 給水装置工事法 …………… 142
4. 給水装置の構造及び性能 … 152
5. 給水装置計画論 …………… 164
6. 給水装置工事事務論 ……… 172
7. 給水装置の概要 …………… 176
8. 給水装置施工管理法 ……… 194

令和02年度（2020年）

1. 公衆衛生概論 ……………… 202
2. 水道行政 ………………… 204
3. 給水装置工事法 …………… 212
4. 給水装置の構造及び性能 … 222
5. 給水装置計画論 …………… 232
6. 給水装置工事事務論 ……… 240
7. 給水装置の概要 …………… 246
8. 給水装置施工管理法 ……… 262

平成01年度（2019年）

1. 公衆衛生概論 ……………… 270
2. 水道行政 ………………… 272
3. 給水装置工事法 …………… 280
4. 給水装置の構造及び性能 … 290
5. 給水装置計画論 …………… 300
6. 給水装置工事事務論 ……… 308
7. 給水装置の概要 …………… 312
8. 給水装置施工管理法 ……… 322

平成30年度（2018年）

1. 公衆衛生概論 ……………… 334
2. 水道行政 ………………… 338
3. 給水装置工事法 …………… 344
4. 給水装置の構造及び性能 … 354
5. 給水装置計画論 …………… 364
6. 給水装置工事事務論 ……… 372
7. 給水装置の概要 …………… 376
8. 給水装置施工管理法 ……… 386
　〇ウェストン流量図
　〇給水用具・メータの損失水頭図

□水道施設と給水装置

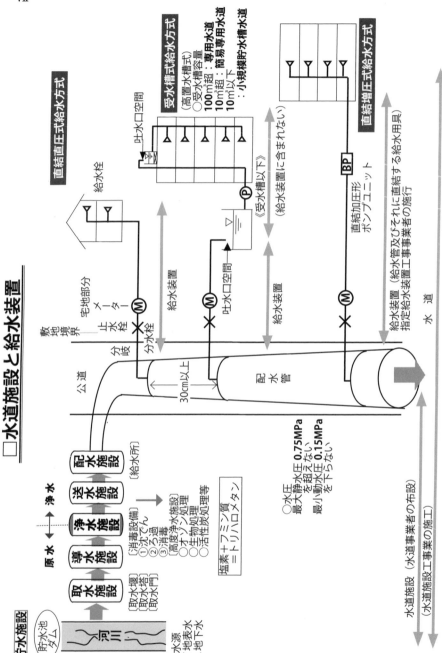

貯水施設

貯水池
ダム

水源
（地表水
地下水）

河川

原水 ⟶ 浄水

取水施設
〔取水堰〕
〔取水塔〕
〔取水門〕

導水施設

浄水施設

送水施設

配水施設
【給水所】

〔消毒設備〕
① 沈でん
② ろ過
③ 消毒
〇 高度浄水施設
〇 オゾン処理
〇 生物処理
〇 活性炭処理等

塩素＋アンモニア
＝モノクロラミン

〇 水圧
　最大静水圧 **0.75MPa** を超えない
　最小動水圧 **0.15MPa** を下らない

水道施設（水道事業者の布設）

（水道施設工事業の施工）

公道

配水管

30cm以上

分岐

敷地境界

止水栓

分水栓

宅地部分

メーター

M

給水装置

直結直圧式給水方式

給水栓

吐水口空間

受水槽式給水方式
（高置水槽式）
〇 受水槽容量
100m³超：専用水道
10m³超：簡易専用水道
10m³以下
：小規模貯水槽水道

《受水槽以下》
（給水装置に含まれない）

M

給水装置

吐水口空間

P

直結増圧式給水方式

BP

直結加圧形
ポンプユニット

M

給水装置（給水管及びそれに直結する給水用具）
指定給水装置工事事業者の施行

水道

R 05 年度

2023

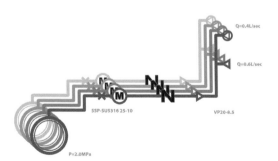

1. 公衆衛生概論

05-1 難易度 ★

水道施設とその機能に関する次の組み合わせのうち、不適当なものはどれか。

(1) 導水施設 ・・・ 取水した原水を浄水場に導く。

(2) 貯水施設 ・・・ 処理が終わった浄水を貯留する。

(3) 取水施設 ・・・ 水道の水源から原水を取り入れる。

(4) 配水施設 ・・・ 一般の需要に応じ、必要な浄水を供給する。

(5) 浄水施設 ・・・ 原水を人の飲用に適する水に処理する。

05-2 難易度 ★

水道の塩素消毒に関する次の記述のうち、不適当なものはどれか。

(1) 塩素系消毒剤として使用されている次亜塩素酸ナトリウムは、光や温度の影響を受けて徐々に分解し、有効塩素濃度が低下する。

(2) 残留塩素とは、消毒効果のある有効塩素が水中の微生物を殺菌消毒したり、有機物を酸化分解した後も水中に残留している塩素のことである。

(3) 残留塩素濃度の測定方法の一つとして、ジエチル -p- フェニレンジアミン（DPD）と反応して生じる桃〜桃赤色を標準比色液と比較して測定する方法がある。

(4) 給水栓における水は、遊離残留塩素が 0.4mg/L 以上又は結合残留塩素が 0.1mg/L 以上を保持していなくてはならない。

(5) 残留効果は、遊離残留塩素より結合残留塩素の方が持続する。

水道施設の機能面からの定義の問題である。

これを分類すると以下の通りである（法5条1項）。

①貯水施設	水道の**原水を貯留する**ための水道専用ダム、多目的ダムの設備
②取水施設	水道の原水である河川、地下水等からの**水道原水を取り入れる**ための取水堰、取水塔、取水枡、浅・深井戸、取水管渠、沈砂池、取水ポンプ等の設備
③導水施設	取水施設を経た**原水を浄水場へ導く**ための導水管、導水渠、原水調整池、導水ポンプ等の設備
④浄水施設	**原水を人の飲用に適する水として浄化処理する**ための沈殿池、濾過池、浄水池、消毒設備、排水処理施設等の設備
⑤送水施設	**浄水を配水施設に送る**ための送水管、送水ポンプ等の設備
⑥配水施設	**一般の需要に応じて必要な水を供給する**ための配水池、配水管、配水ポンプ等の設備

したがって**貯水施設**の機能面は上表①の通りである。(2)が不適当なものである。

□**正解(2)**

要点：「施設の総体」とは，管路により施設が相互に連絡されていないダム等にあっても，同一の施設とする。

塩素消毒に関する問題である。

(1) **次亜鉛酸ナトリウム**は、光と温度の影響を受け徐々に分解し、有効濃度が低下すると、水質基準項目の塩素酸が不純物として生成するため、貯蔵の期間や温度等の管理に留意する必要がある。適当な記述である。

(2) **残留塩素**とは、消毒効果のある有効塩素が水中の微生物を殺菌消毒したり、有機物を酸化分解した後も水中に残留している塩素のことである。適当な記述である。

(3) 残留塩素の測定方法は種々あるが、水質検査の作業現場の簡易判定方法としては、残留塩素等が**DPD**（ジエチル-P-フェニレンジアミン）と反応して生じる**桃～桃赤色**を標準比色液と比較して測定する方法がある。適当な記述である。

(4) 給水栓における水が、**遊離残留塩素を** 0.1mg/L （結合残留塩素の場合は、0.4mg/L ）以上保持するよう消毒をすること（水道則17条1項③号）不適当な記述である。

(5) **消毒効果**は、遊離残留塩素が強く、残留塩素効果は結合残留塩素の方が持続する。適当な記述である。

したがって、不適当なものは(4)である。

□**正解(4)**

要点：次亜塩素酸ナトリウムは，有効塩素濃度が5～12p%程度の淡黄色の液体である。液体塩素より取扱いが容易である。

05-3

難易度 ★

水道において**汚染が起こりうる可能性がある化学物質**に関する次の記述のうち、不適当なものはどれか。

(1) 硝酸態窒素及び亜硝酸態窒素は、窒素肥料、腐敗した動植物、家庭排水、下水等に由来する。乳幼児が経口摂取することで、急性影響としてメトヘモグロビン血症によるチアノーゼを引き起こす。

(2) 水銀の飲料水への混入は工場排水、農薬、下水等に由来する。メチル水銀等の有機水銀の毒性は極めて強く、富山県の神通川流域に多発したイタイイタイ病は、メチル水銀が主な原因とされる。

(3) ヒ素の飲料水への混入は地質、鉱山排水、工場排水等に由来する。海外では、飲料用の地下水や河川水がヒ素に汚染されたことによる慢性中毒症が報告されている。

(4) 鉛の飲料水への混入は工場排水、鉱山排水等に由来することがあるが、水道水では鉛製の給水管からの溶出によることが多い。pH値やアルカリ度が低い水に溶出しやすい。

水道水を汚染する化学物質に関する問題である。　**よく出る**

表　化学物質と健康影響

①**カドミウム**	・鉱山排水や工場排水に由来する。人には発ガン性を示す。 ・**イタイイタイ病**（神岡鉱山の排水による）は、カドミウムが原因物質とされた。
②**水銀**	・工場排水、農薬、下水に由来する。**メチル水銀**等の有機水銀は毒性が極めて強く、少量でも記憶障害等の神経系、臓器への障害を生じさせる。 ・チッソ水俣工場の排水による**水俣病**は、魚介類に蓄積した有機水銀が原因物質とされる。
③**鉛**	・工場排水、鉱山排水に由来することもあるが、水道水では鉛管からの溶出によることが多く、**pH 値やアルカリ度の低い**水で溶出しやすい。 ・継続的に摂取すると、結核系、腎臓末梢神経系、心血管系や免疫系の障害を生じさせる。
④**ヒ素**	・地質、鉱山排水、工場排水等に由来する。 ・長期間少量の摂取は、慢性症状として**皮膚の異常**、**末梢神経障害**、**皮膚ガン**等を引き起こす。 ・台湾、インド、バングラデシュ、チリ等では飲料用の地下水や河川水がヒ素に汚染されたことによる慢性中毒症が報告されている。
⑤**硝酸態窒素及び亜硝酸態窒素**	・窒素肥料、腐敗動植物、家庭排水、下水等に由来する。 ・乳幼児が経口摂取すると、**MetHb 血症**等の**酸血症チアノーゼ**を引き起こすことがある。発ガン性物質が生じる等の指摘がある。
⑥**シアン**	・メッキ工場、製錬所等の排水に由来する。 ・過度の摂取は、急激な臓器の損傷、脳障害となり、めまい、血圧低下、呼吸困難、意識喪失などを起こす。
⑦**フッ素**	・地質、工場排水に由来する。 ・適量の摂取は、虫歯予防の効果があるとされるが、過度に摂取すると、**斑状歯**や骨折の増加等引き起こす。宝塚市のフッ素公害事件が有名である。
⑧**有機溶剤**	・ドライクリーニング、金属の脱脂洗浄等に使用される有機溶剤である。**テトラクロロエチレン**、**トリクロロエチレン等**が適正処理ないままに排出され土壌中に浸透し地下水に混入することがある。 ・過度に摂取すると頭痛、中枢神経の機能低下を起こす。
⑨**消毒副生成物**	・水道原水中のフミン質等の有機溶剤と浄水場で注入される塩素が反応してトリクロロメタン類（**クロロホルム**、**ブロモジクロロメタン**、**ブロモホルム**）が生成する。 ・これ等は、動物実験により一部**発ガン性**が疑われている。

したがって、(2)の**水銀**は上表より不適当な記述である。　□**正解(2)**

2. 水道行政

05-4 難易度 ★ 　　水道事業者が行う水質管理に関する次の記述のうち、不適当なものはどれか。

(1) 毎事業年度の開始前に水質検査計画を策定し、需要者に対し情報提供を行う。

(2) 1週間に1回以上色及び濁り並びに消毒の残留効果に関する検査を行う。

(3) 取水場、貯水池、導水渠、浄水場、配水池及びポンプ井には、鍵をかけ、柵を設ける等、みだりに人畜が施設に立ち入って水が汚染されるのを防止するのに必要な措置を講ずる。

(4) 水道の取水場、浄水場又は配水池において業務に従事している者及びこれらの施設の設置場所の構内に居住している者は、定期及び臨時の健康診断を行う。

(5) 水質検査に供する水の採取の場所は、給水栓を原則とし、水道施設の構造等を考慮して水質基準に適合するかどうかを判断することができる場所を選定する。

05-5 難易度 ★★ 　　簡易専用水道の管理基準等に関する次の記述のうち、不適当なものはどれか。

(1) 有害物や汚水等によって水が汚染されるのを防止するため、水槽の点検等を行う。

(2) 給水栓により供給する水に異常を認めたときは、必要な水質検査を行う。

(3) 水槽の掃除を毎年1回以上定期に行う。

(4) 設置者は、地方公共団体の機関又は厚生労働大臣の登録を受けた者の検査を定期に受けなければならない。

(5) 供給する水が人の健康を害するおそれがあることを知ったときは、その水を使用することが危険である旨を関係者に周知させる措置を講ずれば給水を停止しなくてもよい。

05-4 出題頻度 `04-4` `03-4` `02-4` `24-6`　　　重要度　★
text. P.40〜43

水道事業者の水質管理に関する問題である。

⑴　水道事業者は、毎事業年度の開始前に**水質検査計画**を策定しなければならない。当該水質検査計画については、毎事業開始前に需要者に対し**情報提供**を行うこと（則15条6項）。適当な記述である。

⑵　**定期の水質検査**には、<u>一日1回以上行う**色及び濁り**ならびに**消毒の残留効果**に関する検査</u>（則15条1項①号イ）。不適当な記述である。 `よく出る`

⑶　取水場、貯水池、導水渠、浄水場、配水池及びポンプ井には、**鍵**をかけ、**柵**を設ける等、みだりに人畜が施設に立ち入って水が汚染されるのを防止するのに必要な措置を講ずる。（則17条②号）。適当な記述である。

⑷　水道の取水場、浄水場又は配水池において業務に従事している者及びこれらの施設の設置場所の構内に居住している者は、**定期及び臨時の健康診断**を行う（法21条1項、則16条）。適当な記述である。

⑸　水質検査に供する水の採取の場所は、**給水栓を原則**とし、水道施設の構造等を考慮して水質基準に適合するかどうかを判断することができる場所を選定する（則15条②号）。適当な記述である。

したがって、不適当なものは⑵である。　　　　　　　□**正解⑵**

要点：**定期の水質検査**は，一日1回以上行う**色及び濁り**並びに**消毒の残留効果**に関する検査等を行う。

05-5 出題頻度 `04-5` `02-5` `01-4` `24-10` `21-9`　　　重要度　★
text. P.47

簡易専用道の管理基準（法34条の2第1項、則55条）の問題である。

⑴　**水槽の点検**等有害物、汚染等によって水が汚染されるのを防止するために必要な措置を講じること（則55条②号）。適当な記述である。

⑵　給水栓における水の**色、濁り、臭い、味**その他の状態により**供給する水に異常を認めたとき**は、水質基準に関する省令の表の上欄に掲げる事項のうち必要なものについて**検査**を行うこと（同条③号）。適当な記述である。 `よく出る`

⑶　水槽の**掃除を毎年1回以上定期に行う**こと（同条①号）。適当な記述である。

⑷　簡易専用水道の設置者は、当該簡易専用水道の管理について、厚生労働省令（則56条）の定めるところにより、（**毎年1回以上**）定期に、**地方公共団体の機関**または**厚生労働大臣の登録を受けた者（34条機関）の検査**を受けなければならない（法34条の2第2項）。適当な記述である。

⑸　<u>供給する水が人の健康を害するおそれがあることを知ったときは、**直ちに給水を停止**、かつ、その水を使用することが危険である旨を関係者に**周知**させる措置を講ずること</u>（則55条④号）。不適当な記述である。

したがっく、不適当なものは⑸である。　　　　　　　□**正解⑸**

要点：簡易専用水道の34条機関：登録簡易水道機関の定期的な検査を受ける必要がある。

05-6
難易度 ★

給水装置及びその工事に関する次の記述の正誤の組み合わせのうち、適当なものはどれか。

ア　給水装置工事とは給水装置の措置又は変更の工事をいう。

イ　工場生産住宅に工場内で給水管を設置する作業は給水装置工事に含まれる。

ウ　水道メーターは各家庭の所有物であり給水装置である。

エ　給水管を接続するために設けられる継手類は給水装置に含まれない。

	ア	イ	ウ	エ
(1)	正	誤	誤	誤
(2)	正	誤	誤	正
(3)	誤	正	正	誤
(4)	誤	誤	正	正
(5)	正	正	誤	誤

05-7
難易度 ★★

水道法に規定する水道事業等の認可に関する次の記述の正誤の組み合わせのうち、適当なものはどれか。

ア　認可制度によって、複数の水道事業者の給水区域が重複することによる不合理・不経済が回避され、国民の利益が保護されることになる。

イ　水道事業を経営しようとする者は、厚生労働大臣又は都道府県知事の認可を受けなければならない。

ウ　専用水道を経営しようとする者は、市町村長の認可を受けなければならない。

エ　水道事業を経営しようとする者は、認可後ただちに当該水道事業が一般の需要に適合していることを証明しなければならない。

	ア	イ	ウ	エ
(1)	正	正	誤	誤
(2)	誤	正	正	誤
(3)	誤	誤	正	正
(4)	正	誤	正	誤
(5)	誤	正	誤	正

05-6

給水装置及び給水装置工事に関する問題である。

ア　給水装置とは、給水装置の**設置**（新設）または**変更**の工事（改造、修繕、撤去）の工事をいう（法 3 条 1 項）。正しい記述である。

イ　給水装置は、メーカー製造・販売した給水管・給水用具を用いて、需要者の求めに応じた水を供給するために行う工事をいう。したがって、<u>**製造工場内**で、管継手、弁等を用いて湯沸器やユニットバス等を組み立てる作業や工場生産住宅に工場内で給水器及び給水用具を設置する作業は、**給水用具の製造工程であり、給水装置工事ではない**</u>。誤った記述である。 よく出る

ウ　**水道事業者の所有物**であるが、**水道メーターも給水用具**に該当する。誤った記述である。 よく出る

エ　給水装置（給水用具）とは、配水管から分岐する分水栓等の**分岐器具**、給水栓を接続するための**継手類**、給水管路の途中に設けられる給水栓、ボールタップ、湯水洗浄弁便座、自動販売機、自動食器洗い機、湯沸器等がある。誤った記述である。したがって、適当な組み合わせは(1)である。　　　　　　　　　　　　　　　□**正解(1)**

> 要点：工事とは，調査，計画，施工及び検査の一連の過程の全部又は一部をいう。

05-7

水道事業の認可に関する問題である。

ア　水道事業の**地域独占**と**認可制度**により、水道事業者の給水区域が重複することによる不合理・不経済が回避され、有限な水資源の公平な配分の実現が図られ、需要者（国民）の利益を保護することとしている（法 8 条 1 項④号）。正しい記述である。

イ　水道事業を経営しようとする者は、**厚生労働大臣の認可**を受けたなければならない。ただし、**給水人口 5 万人以下**（北海道においてのみ給水人口 250 万人）である水道事業 1 日最大給水量が 25,000㎥（北海道においてのみ 1250,000㎥）以下である水道用水供給事業者については、**都道府県知事が認可**を行う。（法 6 条 1 項、法 46 条、令 14 条、道州制法 7 条、同令 2 条）。正しい記述である。

ウ　**専用水道**の布設工事をしようとする者は、その工事に着手する前に、当該工事の<u>設計が法 5 条の規定による**施設基準**に適合するものであることについて、**都道府県知事の確認**</u>を受けなければならない（法 32 条）。誤った記述である。

エ　認可基準として、<u>**当該水道事業の開始が一般の需要に適合すること**</u>（法 8 条 1 項①号）と規定している。誤った記述である。

したがって、適当な組み合わせは(1)である。　　　　　　　　　　　　　　□**正解(1)**

> 要点：**水道用水供給事業**も，水道事業の機能の一部を代替するものであることから，厚生労働大臣の認可を受けなければならない。

check □□□

05- 8 難易度 ★★　水道法第 15 条の**給水義務**に関する次の記述のうち、不適当なものはどれか。

(1)　水道事業者は、当該水道により給水を受ける者が正当な理由なしに給水装置の検査を拒んだときは、供給規程の定めるところにより、その者に対する給水を停止することができる。

(2)　水道事業者の区域区域内に居住する需要者であっても、希望すればその水道事業者以外の水道事業者から水道水の供給を受けることができる。

(3)　水道事業者は、正当な理由があってやむを得ない場合には、給水区域の全部又は一部につきその間給水を停止することができる。

(4)　水道事業者は、事業計画に定める給水区域内の需要者から給水契約の申し込みを受けたときは、正当な理由がなければ、これを拒んではならない。

(5)　水道事業者は、当該水道により給水を受ける者が料金を支払わないときは、供給規程の定めるところにより、その者に対する給水を停止することができる。

05- 9 難易度 ★★★★　水道法第 19 条に規定する**水道技術管理者の従事する事務**に関する次の記述のうち、不適当なものはどれか。

(1)　水道施設が水道法第 5 条の規定による施設基準に適合しているかどうかの検査に関する事務

(2)　水道により供給される水の水質検査に関する事務

(3)　配水施設を含む水道施設を新設し、増設し、又は改造した場合における、使用開始前の水質検査及び施設検査に関する事務

(4)　水道施設の台帳の作成に関する事務

(5)　給水装置の構造及び材質の基準に適合しているかどうかの検査に関する事務

05-8 出題頻度 `02-9` `01-8` `28-9` `27-6` `25-8` `23-9` 　重要度 ★

text. P.35

給水義務に関する問題である。

⑴、⑸　水道事業者が、当該水道により給水を受ける者が、**料金を支払わないとき**、正当な理由なしに**給水装置の検査を拒んだとき**、その他正当な理由があるときは、第2項の規定にかかわらず、その理由が継続する間、供給規程の定めによるところにより、その者に対する**給水を停止することができる**。⑴、⑸とも適当な記述である。

⑵　水道法では、水道事業者は、**地域独占事業**として経営権を国が与えている（**認可制度**）（第6条）。また、<u>給水区域が他の水道事業の給水区域と重複しない</u>（法8条1項④号）としているので、<u>他の水道事業者からの供給を受けることはできない。</u>不適当な記述である。

⑶　水道事業者は、当該水道により供給を受ける者に対し、**常時水を供給しなければならない**（**常時給水義務**）。ただし、法40条（水道水の緊急義務）1項の規定による水の供給命令を受けた場合、又は**災害**その他正当な理由があって、やむを得ない場合には、**給水区域全部又は一部に付きその間給水を停止することができる**（法15条2項）。適当な記述である。

⑷　水道事業者は、事業計画に定める給水区域内の需要者から給水契約の申し込みを受けたときは、<u>正当な理由がなければ、これを拒んではならない</u>（**給水契約受諾義務**）（法15条1項）。適当な記述である。

したがって、不適当なものは⑵である。　　　　　　　　　□**正解⑵**

要点：**給水契約受諾義務**と**常時給水義務**を押さえておく。

05-9 出題頻度 `03-8` `26-8` `25-9` 　重要度 ★★

text. P.39

水道技術管理者の従事する事務に関する問題である。

⑴　水道施設が水道法第5条の規定による**施設基準**に適合しているかどうかの検査に関する事務と規定する。適当な記述である。

⑵　20条1項の規定による（法22条の2第2項に規定する点検を含む。）~~定期~~及び~~臨時~~の**水質検査**に関する事務（同項④号）。不適当な記述である。

⑶　法13条1項の規定による（配水施設以外の水道施設等の新設・増設等の開始前の）**水質検査**及び**施設検査**に関する事務（同項②号）。適当な記述である。

⑷　法22条の3第1項の台帳の作成（**水道施設台帳**）に関する事務。適当な記述である。

⑸　給水装置の**構造及び材質**が法16条の政令（令5条）で定める**基準に適合し**ているかどうかの**検査**に関する事務。適当な記述である。

したがって、不適当なものは⑵である。　　　　　　　　　□**正解⑵**

要点：水道技術管理者がその職務を著しく怠ったときは、**厚生労働大臣**（専用水道の場合は都道府県知事）が、**変更**を勧告することができる。

3. 給水装置工事法

05-10
難易度 ★★

配水管からの給水管の取出しに関する次の記述の正誤の組み合わせのうち、適当なものはどれか。

ア　ダクタイル鋳鉄管の分岐穿孔に使用するサドル分水栓用ドリルの仕様を間違えると、エポキシ樹脂粉体塗装の場合「塗膜の貫通不良」や「塗膜の欠け」といった不具合が発生しやすい。

イ　ダクタイル鋳鉄管のサドル付分水栓等の穿孔箇所には、穿孔断面の防食のための水道事業者が指定する防錆剤を塗布する。

ウ　不断水分岐作業の場合は、分岐作業終了後、水質確認（残留塩素の測定及びにおい、色、濁り、味の確認）を行う。

エ　配水管からの分岐以降水道メーターまでの給水装置材料及び工法等については、水道事業者が指定していることが多いので確認が必要である。

	ア	イ	ウ	エ
(1)	正	正	誤	誤
(2)	誤	正	正	誤
(3)	誤	誤	正	正
(4)	正	正	誤	正
(5)	正	誤	正	正

05-11
難易度 ★★★

水道配水用ポリエチレン管からの分岐穿孔に関する次の記述のうち、不適当なものはどれか。

(1)　割T字管の取付け後の試験水圧は、1.75MPa以下とする。ただし、割T字管を取り付けた管が老朽化している場合は、その管の内圧とする。

(2)　サドル付分水栓を用いる場合の手動式の穿孔機には、カッターは押し切りタイプと切削タイプがある。

(3)　割T字管を取り付ける際、割T字管部分のボルト・ナットの締付けは、ケース及びカバーの取付け方向を確認し、片締めにならないように全体を均等に締め付けた後、ケースとカバーの合わせ目の隙間がなくなるまで的確に締め付ける。

(4)　分水EFサドルの取付けにおいて、管の切削面と取り付けるサドルの内面全体を、エタノール又はアセトン等を浸みこませたペーパータオルで清掃する。

給水管の取出しに関する問題である。

ア　ダクタイル鋳鉄管の分岐穿孔に使用するサドル付分水栓用ドリルは**モルタルライニング管**の場合と**エポキシ樹脂粉体塗装**の場合とでは**形状が異なる**。ドリル仕様を間違えるとエポキシ樹脂粉体塗装の場合は、塗膜の貫通不良 や 塗膜の欠け といった不具合が発生しやすい。正しい記述である。

イ　ダクタイル鋳鉄管のサドル付分水栓等による穿孔箇所には、穿孔部の防錆のための水道事業者が指定する 防食コア を装着する。誤った記述である。

ウ　不断水分岐作業の場合は、分岐作業終了後、**水質確認（残留塩素の測定及びにおい、色、濁り、味の確認）**を行う。誤った記述である。

エ　配水管の**分岐以降水道メーターまでの**給水装置に使用する給水装置材料及び工法等については、耐震性や災害時の緊急工事を円滑かつ効率的に行う観点から**水道事業者**が 指定 していることが多いので**確認して使用する**。正しい記述である。
したがって、適当な語句の組み合わせ(5)である。　　　　**正解(5)**

要点：サドル付分水栓を取り付ける前に弁体が**全開状態**になっているか等正常かどうかを確認する。

水道配水用ポリエチレン管からの分岐穿孔の問題である。

(1)　割Ｔ字管 の取付後の 試験水圧 は、0.75MPa 以下 とする。ただし、老朽化した既設管の場合は、その**既設管内圧**とする。不適当な記述である。

(2)　サドル付分水栓を用いる場合の手動式の穿孔機には、カッターは**押し切りタイプ**と**切削タイプ**がある。適当な記述である。

(3)　**割Ｔ字管**を取り付ける際、割Ｔ字管部分のボルト・ナットの締付けは、ケース及びカバーの取付け方向を確認し、**片締めにならないように全体を均等に締め付け**た後、ケースとカバーの合わせ目の隙間がなくなるまで的確に締め付ける。適当な記述である。

(4)　**分水EFサドルの取付け**において、管の切削面と取り付けるサドルの内面全体を、**エタノール**又は**アセトン**等を浸みこませた**ペーパータオルで清掃**する。適当な記述である。
したがって、適当な不適当なものは(1)である。　　　　**□正解(1)**

要点：HPPE の穿孔は，カッターが管外面に当たると重くなり，穿孔が終了すると軽くなる。

05-12 難易度 ★★★ **水道管の埋設深さ及び占用位置**に関する次の記述の ☐ 内に入る語句の組み合わせのうち、正しいものはどれか。

道路法施行令の第 11 条の 3 第 1 項第 2 号ロでは、埋設深さについて、「水管又はガス管の本線を埋設する場合においては、その頂部と路面との距離は ア m（工事実施上やむを得ない場合は イ m）を超えていること」と規定されている。しかし、他の埋設物との交差の関係等で、土被りを標準又は規定値までとれない場合は、ウ と協議することとし、必要な防護措置を施す。

宅地部分における給水管の埋設深さは、荷重、衝撃等を考慮して エ m 以上を標準とする。

	ア	イ	ウ	エ
(1)	0.9	0.6	水道事業者	0.3
(2)	0.9	0.6	道路管理者	0.2
(3)	1.2	0.5	水道事業者	0.3
(4)	1.2	0.6	道路管理者	0.3
(5)	1.2	0.5	水道事業者	0.2

05-13 難易度 ★ **給水管の明示**に関する次の記述の正誤の組み合わせのうち、適当なものはどれか。。

ア 道路部分に埋設する管などの明示テープの地色は、道路管理者ごとに定められており、その指示に従い施工する必要がある。

イ 水道事業者によっては、管の天端部に連続して明示テープを設置することを義務付けている場合がある。

ウ 道路部分に給水管を埋設する際に設置する明示シートは、指定する仕様のものを任意の位置に設置してよい。

エ 道路部分に布設する口径 75mm 以上の給水管に明示テープを設置する場合は、明示テープに埋設物の名称、管理者、埋設年を表示しなければならない。

	ア	イ	ウ	エ
(1)	正	誤	正	誤
(2)	正	誤	誤	正
(3)	誤	正	誤	正
(4)	正	誤	正	正
(5)	誤	正	正	誤

05-12 出題頻度 02-13 , 01-12 , 30-3 , 28-17　　重要度 ★★
text. P.70

　水道管の埋設深さと占用位置の道路法の規定に関する問題点である。

　道路法施行令の第11条の3第1項第2号ロでは、埋設深さについて、「水管又はガス管の本線を埋設する場合においては、その**頂部と路面との距離**は 1.2 m（工事実施上やむを得ない場合は 0.6 m）を超えていること」と規定されている。しかし、他の埋設物との交差の関係等で、**土被りを標準又は規定値までとれない場合**は、道路管理者と協議することとし、必要な防護措置を施す。

　宅地部分における給水管の埋設深さは、荷重、衝撃等を考慮して 0.3 m 以上を標準とする。

　したがって、正しい語句の組み合わせは(4)である。　　　　□**正解(4)**

要点：「埋設の位置」については，全国的なルールはなく，各地域で独自の規定を定めている。占用の許可を受けるに当たっては，工事路線の道路管理者への確認を必要とする。

05-13 出題頻度 04-13 , 02-14 , 28-13 , 25-14　　重要度 ★★
text. P.99～101

　水道管の明示に関する問題である。

ア　明示に使用する材料及び方法は、道路令（12条1項）並びに道路則（4条の3の2）等により規定されている。**埋設管の明示に用いるビニルテープの地色は全国的に統一されている**。誤った記述である。

イ　水道事業者によっては、**管の天端部に連続して明示テープを設置**することを義務付けている場合がある。正しい記述である。

ウ　道路管理者、水道事業者等地下占有者間で協議した結果に基づき**埋設物の頂部の間に折り込み構造のシートを設置する**。誤った記述である。

エ　道路部分に布設する**口径75mm以上**の給水管に明示テープを設置する場合は、明示テープに**埋設物の名称**、**管理者**、**埋設年**を表示しなければならない。正しい記述でる。

　したがって、適当な正誤の組み合わせは(3)である。　　　　□**正解(3)**

要点：明示の方法は，ビニールその他耐久性を有するテープを巻き付けるとにより，**2m以下の間隔**で明示すること。

15

check □□□

05-14
難易度 ★

水道メーターの設置に関する次の記述の正誤の組み合わせのうち、適当なものはどれか。

ア　新築の集合住宅等に設置される埋設用メーターユニットは、検定満期取替え時の漏水事故防止や、水道メーター取替え時間の短縮を図る等の目的で開発されたものである。

イ　集合住宅等の複数戸に直結増圧式等で給水する建物の親メーターにおいては、ウォーターハンマーを回避するため、メーターバイパスユニットを設置する方法がある。

ウ　水道メーターは、集合住宅の配管スペース内に設置される場合を除き、いかなる場合においても損傷、凍結を防止するため地中に設置しなければならない。

エ　水道メーターの設置は、原則として家屋に最も近接した宅地内とし、メーターの計量や取替え作業が容易な位置とする。

	ア	イ	ウ	エ
(1)	正	誤	誤	誤
(2)	正	正	誤	誤
(3)	誤	誤	正	正
(4)	誤	正	誤	正
(5)	誤	誤	誤	正

05-15
難易度 ★★

消防法の適用を受けるスプリンクラーに関する次の記述のうち、不適当なものはどれか。

(1)　災害その他正当な理由によって、一時的な断水や水圧低下によりその性能が十分発揮されない状況が生じても水道事業者に責任がない。

(2)　乾式配管による水道直結式スプリンクラー設備は、給水管の分岐から電動弁までの停滞水をできるだけ少なくするため、給水管分岐部と電動弁との間を短くすることが望ましい。

(3)　水道直結式スプリンクラー設備の設置で、分岐する配水管からスプリンクラーヘッドまでの水理計算及び給水管、給水用具の選定は、給水装置工事主任技術者が行う。

(4)　水道直結式スプリンクラー設備は、消防法令適合品を使用するとともに、給水装置の構造及び材質の基準に関する省令に適合した給水管、給水用具を用いる。

(5)　平成 19 年の消防法改正により、一定規模以上のグループホーム等の小規模社会福祉施設にスプリンクラーの設置が義務付けられた。

05-14

水道メーターの設置に関する問題である。

ア　**埋設用メーターユニット**は、集合住宅の各戸メーターの検定取替時（**8年毎**）の**漏水事故防止や取替時間の短縮**のために開発されたもので、止水栓、逆止弁、メーター着脱機能等で構成され、手回し等で簡便に着脱できる。正しい記述である。

イ　集合住宅等の複数戸に直結増圧等で給水する建物の親メーター或いは直接給水する商業施設では、水道メーター取替時に**断水による影響を回避するため、メーターバイパスユニットを設置する**方法がある。誤った記述である。　`よく出る`

ウ　水道メーターは、一般的に地中に設置するが、場合によっては維持管理について需要者の関心が薄れ、家屋の増改築等によって検診や取替えに支障が生ずることもあるので、地中設置に限らず、場合によっては、**地上に設置する**ことも必要である。誤った記述である。

エ　水道メーターの設置位置は、原則として**道路境界線に最も近接した宅地内**で、メーターの計量や取替え作業が容易な位置とする。誤った記述である。

したがって、正誤の組み合わせのうち、適当なものは(1)である。　　　　□**正解(1)**

要点：メーターユニットは，接続部に伸縮機能を持たせ，手廻し等で容易にメーターの着脱を行うことができる。

05-15

水道直結式スプリンクラー設備の問題である。

(1)　災害その他正当な理由によって、一時的な断水や水圧低下によりその性能が十分発揮されない状況が生じても**水道事業者に責任がない**。適当な記述である。

(2)　**乾式配管**による水道直結式スプリンクラー設備は、**給水管の分岐から電動弁までの停滞水をできるだけ少なくするため、給水管分岐部と電動弁との間を短くする**ことが望ましい。適当な記述である。　`よく出る`

(3)　水道直結式スプリンクラー設備の設置にあたり、分岐する配水管からスプリンクラーヘッドまでの水理計算及び給水管、給水用具の選定は、消防設備士 が行う。不適当な記述である。　`よく出る`

(4)　水道直結式スプリンクラー設備は、**消防法令適合品を使用する**とともに、**給水装置の構造及び材質の基準に関する省令に適合した給水管、給水用具を用いる**。適当な記述である。

(5)　平成19年に発生した札幌市の社会福祉施設の火災により、消防法が改正され、延べ面積が275㎡〜1,000㎡未満の建物（グループホーム等）に対して、**スプリンクラー設備の適用を義務付けた**。

したがって、適当な不適当なものは(3)である。　　　　　　　　□**正解(3)**

要点：停滞水を発生させない配管方法（湿式及び乾式）は消防法に適合したものであり，設置については**消防設備士の指導**による。

05-16 難易度 ★

給水管の配管に当たっての留意事項に関する次の記述の正誤の組み合わせのうち、適当なものはどれか。

ア 給水装置工事は、いかなる場合でも衛生に十分注意し、工事の中断時又は一日の工事終了後には、管端にプラグ等で栓をし、汚水等が流入しないようにする。

イ 地震、災害時等における給水の早期復旧を図ることから、道路境界付近には止水栓を設置しない。

ウ 不断水による分岐工事に際しては、水道事業者が認めている配水管口径に応じた分岐口径を超える口径の分岐等、配水管の強度を低下させるような分岐工法は使用しない。

エ 高水圧が生ずる場所としては、水撃作用が生ずるおそれのある箇所、配水管の位置に対して著しく高い箇所にある給水装置、直結増圧式給水による高層階部等が挙げられる。

	ア	イ	ウ	エ
(1)	誤	正	正	誤
(2)	正	誤	正	誤
(3)	誤	正	誤	正
(4)	正	誤	誤	正

05-17 難易度 ★★

「給水装置の構造及び材質の基準に関する省令」に関する次の記述のうち、不適当なものはどれか。

(1) 給水管及び給水用具は、最終の止水機構の流出側に設置される給水用具を除き、耐圧のための性能を有するものでなければならない。

(2) 給水装置の接合箇所は、水圧に対する充分な耐力を確保するためにその構造及び材質に応じた適切な接合が行われているものでなければならない。

(3) 家屋の主配管は、口径や流量が最大の給水管を指し、配水管からの取り出し管と同口径の部分の配管がこれに該当する。

(4) 家屋の主配管は、配管の経路について構造物の下の通過を避けることなどにより漏水時の修理を容易に行うことができるようにする。

配管工事の留意事項に関する問題である。

ア 給水装置工事は、いかなる場合でも衛生に十分注意し、**工事の中断時又は一日の工事終了後**には、管端に**プラグ**等で**栓**をし、汚水等が流入しないようにする。正しい記述である。

イ 地震、災害時の早期復旧を容易にするため、**道路境界付近にも止水栓を設置する**ことが望ましい。誤った記述である。 **よく出る**

ウ 不断水による分岐工事に際しては、水道事業者が認めている配水管口径に応じた分岐口径を超える口径の分岐等、配水管の強度を低下させるような分岐工法は使用しない。正しい記述である。

エ 高水圧が生じるおそれのある場所とは、**水撃作用**が生じるおそれがある箇所、**配水管の位置に対して著しく低い箇所にある給水装置、直結増圧給水による低層階部**があげられる。誤った記述である。

したがって、正誤の組み合わせのうち、適当なものは⑵である。 □**正解⑵**

> 要点：JIS,JWWA マーク表示等により品質確認が証明されているものは，適切な管厚の確認は要しない。

構造・材質基準省令に関する問題である。

⑴ 給水管及び給水用具は、**最終の止水機構の流出側に設置される給水用具を除き、耐圧のための性能**を有するものでなければならない（基準省令１条１項）。適当な記述である。

⑵ 給水装置の**接合箇所**は、水圧に対する充分な耐力を確保するために**その構造及び材質に応じた適切な接合**が行われているものでなければならない（基準省令１条２項）。適当な記述である。

⑶ **家屋の主配管**とは、給水栓等に給水するために設けられた枝管が取付けられる口径や流量が最大の給水管を指し、一般的には、１階部分に布設された**水道メーターと同口径の部分の配管**がこれに該当する。不適当な記述である。 **よく出る**

⑷ 家屋の主配管は、配管の経路について**構造物の下の通過を避ける**ことなどにより漏水時の修理を容易に行うことができるようにする。適当な記述である。 **よく出る**

したがって、不適当なものは⑶である。 □**正解⑶**

> 要点：使用する弁類に当たっては，開閉操作の繰り返し等に対して耐久性能を有するものを選択する。なお，耐寒性能基準には耐久性能基準も規定されているため，(省令７条) 本基準では重複を排している。

05-18
難易度 ★

給水管の接合に関する次の記述ののうち、不適当なものはどれか。

(1) 銅管のろう接合とは、管の差込み部と継手受口との隙間にろうを加熱溶解して、毛細管現象により吸い込ませて接合する方法である。

(2) ダクタイル鋳鉄管の接合に使用する滑剤は、ダクタイル鋳鉄継手用滑剤を使用し、塩化ビニル管用滑剤やグリース等の油剤類は使用しない。

(3) 硬質塩化ビニルライニング鋼管のねじ継手に外面樹脂被覆継手を使用しない場合は、埋設の際、防食テープを巻く等の防食処理等を施す必要がある。

(4) 水道給水用ポリエチレン管のEF継手による接合は、長尺の陸継ぎが可能であるが、異形管部分の離脱防止対策は必要である。

05-19
難易度 ★

ダクタイル鋳鉄管に関する**接合形式**の組み合わせについて、適当なものはどれか。

接合例　ア

ゴム輪　受口　挿し口

接合例　イ

ロックリングホルダ　挿し口突部　直管受口　ゴム輪（直管用）　挿し口　ロックリング

接合例　ウ

ナット　ボルト　受け口　押輪　ゴム輪　挿し口

	ア	イ	ウ
(1)	K形	GX形	T形
(2)	T形	K形	GX形
(3)	T形	GX形	K形
(4)	K形	T形	GX形

05-18 出題頻度 `04-19` , `03-17` , `30-17` , `29-14`　　　重要度 ★★
text. P.72〜83

各給水管の接合に関する問題である。

(1)　銅管の**ろう接合**とは、管の差込み部と継手受口との隙間にろうを加熱溶解して、毛細管現象により吸い込ませて接合する方法である。適当な記述である。

(2)　ダクタイル鋳鉄管に用いる滑剤は、**ダクタイル継手用滑剤**を使用し、**塩化ビニル用滑剤やグリース等の油剤類は絶対に使用を避ける**。適当な記述である。

(3)　硬質塩化ビニルライニング鋼管の**ねじ継手**に外面樹脂被覆継手を使用しない場合は、埋設の際、**防食テープ**を巻く等の防食処理等を施す必要がある。適当な記述である。

(4)　**水道配水用ポリエチレン管**は、管重量が軽量のうえ、継手が配管により一体化されているため、**長尺の陸継ぎが可能**である。また、**異形管部分の離脱防止対策が不要**である。不適当な記述である。。

したがって、不適当なものは(4)である。　　　　　　　　　　□**正解(4)**

> 要点：配管等を勘案し,これらに適した管を選定し,それらの性能を最大限に発揮する適切な接合を行う。

05-19 出題頻度 `03-17` , `29-16`　　　重要度 ★★★
text. P.82〜85

ダクタイル鋳鉄管の接合形式に関する問題である。

ア　プッシュオン継手の**Ｔ形継手**である。水密性が高く、**可とう性、伸縮性に優れ、施行時間が短時間で行え**、コストダウンが図られる。

イ　**GX形継手は**、**ロックリングホルダとロックリング**により、大地震で、地盤が悪い場合でも、大きな伸縮余裕、曲り余裕を取っているため、管体に無理な力がかかることなく**継手の動きで地盤の変動に適応することができる**。

ウ　**K形継手**は、**ゴム輪**を強く圧縮することにより生ずる面圧（復元力）で水密性を保持するもので、**水密性が高く、外圧による隙間変化に順応する耐変形性に優れた**継手である。

したがって、ア〜ウの接合形式の組み合わせのうち、適当なものは(3)である。

□**正解(3)**

> 要点：**水圧**,水管の接合部が**離脱**するおそれがある継手は,硬質ポリ塩化ビニル管の**RR継手**,ダクタイル鋳鉄管の**K形及びT形継手**がある。

4. 給水装置の構造及び性能

05-20
難易度 ★★

水道法第16条に関する次の記述において □ 内に入る正しいものはどれか。

第16条　水道事業者は、当該水道によって水の供給を受ける者の給水装置の構造及び材質が政令で定める基準に適合していないときは、供給規程の定めるところにより、その者の給水契約の申込を拒み、又はその者が給水装置をその基準に適合させるまでの間その者に対する □ ことができる。

(1)　施設の検査を行う
(2)　水質の検査を行う
(3)　給水を停止する
(4)　負担の区分について定める
(5)　衛生上必要な措置を講ずる

05-21
難易度 ★★

水道法施行令第6条（給水装置の構造及び材質の基準）の記述のうち、誤っているものはどれか。

(1)　配水管への取付口における給水管の口径は、当該給水装置による水の使用量に比し、著しく過大でないこと。
(2)　配水管の流速に影響を及ぼすおそれのあるポンプに直接連結されていないこと。
(3)　水圧、土圧その他荷重に対して充分な耐力を有し、かつ、水が汚染され、又は漏れるおそれがないものであること。
(4)　水槽、プール、流しその他水を入れ、又は受ける器具、施設等に給水する給水装置にあっては、水の逆流を防止するための適当な措置が講ぜられていること。

水道法 16 条の問題である。**よく出る**

第 16 条　水道事業者は、当該水道によって水の供給を受ける者の給水装置の構造及び材質が政令で定める基準に適合していないときは、供給規程の定めるところにより、その者の**給水契約の申込を拒み**、又はその者が**給水装置をその基準に適合させるまでの間**その者に対する 給水を停止する ことができる。

したがって、□□□ に入る正しい語句は⑶である。　　□**正解⑶**

要点：給水装置の構造材質基準は,法 16 条に基づく水道事業者による**給水契約拒否**や**給水停止**の権限を発動するか否かの判断に用いるためのものである。

水道令 6 条（構造材質基準）の問題である。

⑴ 配水管への取付口における給水管の口径は、当該給水装置による**水の使用量に比し、著しく過大でないこと**（令 6 条②号）。正しい記述である。

⑵ 配水管の 水圧 に影響を及ぼすおそれのある**ポンプに直接連結されていないこと**（同条③号）。誤った記述である。**よく出る**

⑶ **水圧**、**土圧**その他荷重に対して充分な耐力を有し、かつ、水が**汚染**され、又は**漏れる**おそれがないものであること（同条④号）。正しい記述である。

⑷ **水槽**、**プール**、**流し**その他水を入れ、又は受ける器具、施設等に給水する給水装置にあっては、**水の逆流を防止**するための適当な措置が講ぜられていること（同条⑦号）。正しい記述である。

したがって、誤っているものは⑵である。　　　**正解⑵**

要点：令 6 条は,給水装置が有すべき必要最小限の要件を基準化したものである。

check □□□

05-22
難易度 ★★

次のうち、通常の使用状態において、**給水装置の浸出性能基準の適用対象外**となる給水用具として、適当なものはどれか。

(1) 洗面所の水栓
(2) ふろ用の水栓
(3) 継手類
(4) バルブ類

05-23
難易度 ★★★

給水装置の耐久性能基準に関する次の記述のうち、不適当なものはどれか。

(1) 耐久性能基準は、制御弁類のうち機械的・自動的に頻繁に作動し、かつ通常消費者が自らの意思で選択し、又は設置・交換できるような弁類に適用する。
(2) 弁類は、耐久性能試験により 10 万回の開閉操作を繰り返す。
(3) 耐久性能基準の適用対象は、弁類単体として製造・販売され、施工時に取付けられるものに限ることとする。
(4) ボールタップについては、通常故障が発見しやすい箇所に設置されており、耐久性能基準の適用対象にしないこととしている。

05-22

出題頻度 **04-21** , **03-20** , **30-25**　　　　　　　　重要度 ★★★
　　　　　　　　　　　　　　　　　　　　　　　　　　text. P.120

浸出性能基準の適用対象に関する問題である。 **よく出る**

表　浸出性能基準適用対象器具の目安（※金料は除く）

	適用対象の器具例	適用対象外の器具例
給水管及び末端給水用具以外の給水用具	○給水管	―
	○継手類 ○バルブ類 ○受水槽用ボールタップ ○先止め式瞬間湯沸器及び貯湯湯沸器	―
末端給水用具	○台所用、洗面所用等の水栓 ○元止め式瞬間湯沸器及び貯蔵湯沸器 ○浄水器^(注)、自動販売機、ウォータークーラ（冷水器）	○ふろ用、洗髪用、食器洗浄用等の水栓 ○洗浄弁、洗浄弁座、散水栓 ○水洗便器のロータンク用ボールタップ ○ふろ給湯専用の給湯機及びふろがま ○自動食器洗い機

上表より(1)、(3)、(4)は適用対象であり、(2)が適用対象**外**のものである。
したがって、適当なものは(2)である。　　　　　　　　　　□**正解(2)**

05-23

出題頻度 **04-23** , **30-24** , **28-25** , **24-26**　　　　重要度 ★
　　　　　　　　　　　　　　　　　　　　　　　　　　text. P.144 ～ 145

耐久性能基準に関する問題である。

(1) 耐久性能基準は、制御弁類のうち**機械的・自動的に頻繁に作動し**、かつ**通常消費者が自らの意思で選択し、または設置・交換しないような弁類**（減圧弁、安全弁（逃がし弁）、逆止弁、空気弁及び電磁弁等）に適用する。不適当な記述である。
よく出る

(2) 開閉回数は、耐久性能試験により **10万回** を繰り返した後、当該給水装置に係る**耐圧性能、水撃限界性能、逆流防止性能及び負圧破壊性能**を有するものでなければならない（省令7条）。適当な記述である。

(3) 耐久性能基準の適用対象は、**弁類単体として製造・販売され、施工時に取付けられるものに限る**とする。適当な記述である。

(4) 水栓、**ボールタップ**については、**通常故障が発見しやすい箇所に設置されており、耐久の度合い**（取替の時期等）は消費者の選択に委ねることができることから、**耐久性能基準の適用対象にしない**こととしている。 **よく出る**
したがって、不適当なものは(1)である。　　　　　　　　□**正解(1)**

要点：耐久性能基準：**浸出性能を除いたのは**，開閉作動により材質等が劣化することは考えられず，浸出性能の変化が生じることはないと考えられることによる。

05-24

難易度 ★

給水用具の**水撃防止**に関する次の記述の □ 内に入る語句の組み合わせのうち、適当なものはどれか。

水栓その他水撃作用を生じるおそれのある給水用具は、厚生労働大臣が定める水撃限界に関する試験により当該給水用具内の流速を ア 毎秒又は当該給水用具内の動水圧を イ とする条件において給水用具の止水機構の急閉止（閉止する動作が自動的に行われる給水用具にあっては、自動閉止）をしたとき、その水撃作用により上昇する圧力が ウ 以下である性能を有するものでなければならない。ただし、当該給水用具の エ に近接してエアチャンバーその他の水撃防止器具を設置すること等により適切な水撃防止のための措置が講じられているものにあっては、この限りでない。

	ア	イ	ウ	エ
(1)	2m	1.5kPa	1.5MPa	上流側
(2)	3m	1.5kPa	0.75MPa	下流側
(3)	2m	0.15MPa	1.5MPa	上流側
(4)	2m	1.5kPa	0.75MPa	下流側
(5)	3m	0.15MPa	1.5MPa	上流側

05-25

難易度 ★★

金属管の侵食に関する次の記述の正誤の組み合わせのうち、適当なものはどれか。

ア　自然侵食のうち、マクロセル侵食とは、埋設状態にある金属材質、土壌、乾湿、通気性、pH値、溶解成分の違い等の異種環境での電池作用による侵食である。

イ　鉄道、変電所等に近接して埋設されている場合に、漏洩電流による電気分解作用により侵食を受ける。このとき、電流が金属管に流入する部分に侵食が起きる。

ウ　地中に埋設した鋼管が部分的にコンクリートと接触している場合、アルカリ性のコンクリートに接している部分の電位が、接していない部分より低くなって腐食電池が形成され、コンクリートに接触している部分が侵食される。

エ　侵食の防止対策の一つである絶縁接続法とは、管路に電気的絶縁継手を挿入して、管の電気的抵抗を大きくし、管に流出入する漏洩電流を減少させる方法である。

	ア	イ	ウ	エ
(1)	正	誤	正	誤
(2)	誤	正	正	誤
(3)	正	誤	誤	正
(4)	誤	正	誤	正

05-24 出題頻度 `03-25` , `02-28` , `01-26` , `30-22` , `29-25` , `28-23`　　重要度 ★★★★

text. P.125 ～ 127

水撃防止に関する問題である。

　水栓その他水撃作用を生じるおそれのある給水用具は、厚生労働大臣が定める水撃限界に関する試験により当該給水用具内の流速を `2m` /s 又は当該給水用具内の動水圧を `0.15MPa` とする条件において給水用具の**止水機構の急閉止**（閉止する動作が自動的に行われる給水用具にあっては、**自動閉止**）をしたとき、その水撃作用により上昇する圧力が `1.5MPa` 以下である性能を有するものでなければならない。ただし、当該給水用具の `上流側` に近接して**エアチャンバー**その他の**水撃防止器具**を設置すること等により適切な水撃防止のための措置が講じられているものにあっては、この限りでない。

　したがって、適当なものは(3)である。　　　　　　　　　　　　　　□**正解(3)**

> 要点：水撃限界性能基準は，水撃防止仕様の給水用具であるか否かの判断基準であり，水撃作用を生じるおそれのある給水用具がすべてこの基準を満たしていなければならないわけではない。

05-25 出題頻度 `03-21` , `02-24` , `01-23` , `28-21` , `27-23`　　重要度 ★★★

text. P.140 ～ 151

金属管の侵食に関する問題である。

ア　自然侵食のうち、**マクロセル侵食**とは、埋設状態にある金属材質、土壌、乾湿、通気性、pH 値、溶解成分の違い等の**異種環境での電池作用による侵食**である。正しい記述である。

イ　金属管が鉄道や変電所等に近接して埋設されていると、**漏洩電流**による電気分解作用により<u>金属管に流入した電気が流出する部分を侵食する</u>。誤った記述である。

ウ　埋設鋼管等が、土壌部分とコンクリート部分との両方に接しているとき、アルカリ性のコンクリート部分の電位が高くなり、<u>**土壌と接している部分の電位が低くなって土壌部分の埋設管が侵食される**</u>。誤った記述である。 `よく出る`

エ　侵食の防止対策の一つである**絶縁接続法**とは、管路に**電気的絶縁継手**を挿入して、**管の電気的抵抗を大きくし、管に流出入する漏洩電流を減少させる**方法である。正しい記述である。

　したがって、適当な正誤の組み合わせは(3)である。　　　　　　　□**正解(3)**

> 要点：局部侵食のうち，鉄錆のこぶは，流水断面を縮小するとともに摩擦抵抗を増大し，給水不良を招く。

check □□□

05-26 難易度 ★

クロスコネクションに関する次の記述の正誤の組み合わせのうち、適当なものはどれか。

ア　クロスコネクションは、水圧状況によって給水装置内に工業用水、排水、井戸水等が逆流するとともに、配水管を経由して他の需要者にまでその汚染が拡大する非常に危険な配管である。

イ　給水管と井戸水配管を直接連結する場合、逆流を防止する逆止弁の設置が必要である。

ウ　給水装置と受水槽以下の配管との接続もクロスコネクションである。

エ　一時的な仮設として、給水管と給水管以外の配管を直接連結する場合は、水道事業者の承認を受けなければならない。

	ア	イ	ウ	エ
(1)	正	正	誤	誤
(2)	誤	誤	正	正
(3)	正	誤	誤	正
(4)	誤	正	誤	正
(5)	正	誤	正	誤

05-27 難易度 ★

下図のように、呼び径25mmの給水管からボールタップを通して水槽に給水している。この水槽を利用するときの**確保すべき吐水口空間**に関する次の記述のうち、適当なものはどれか。

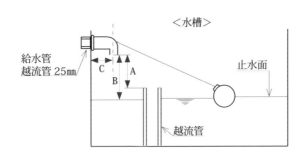

(1)　距離Aを40mm以上、距離Cを40mm以上確保する。

(2)　距離Bを40mm以上、距離Cを40mm以上確保する。

(3)　距離Aを50mm以上、距離Cを50mm以上確保する。

(4)　距離Bを50mm以上、距離Cを50mm以上確保する。

05-26

出題頻度 `04-26` `03-24` `02-29` `01-26` `30-21` `29-21`

重要度 ★★★

text. P.152

クロスコネクションに関する問題である。**よく出る**

ア クロスコネクションは、双方の**水圧状況**によって給水装置内に工業用水、排水、井戸水、化学薬品、ガス等が**逆流**するとともに、配水管を経由して**他の需要者にまでその汚染が拡大する非常に危険な配管**である。正しい記述である。

イ、エ 安全な水道水を確保するため、給水装置と当該給水装置以外の水管、その他の設備とは、たとえ、~~仕切弁~~ や ~~逆止弁~~ が介在しても、また、一時的な ~~仮設~~ であっても**これを直接連結することは絶対行ってはならない**。イ、エとも誤った記述である。

ウ クロスコネクションの多くは、**井戸水**、工業用水、**受水槽以下**の配管及び事業活動で用いられている液体の管と接続した配管である。正しい記述である。

したがって、適当な正誤の組み合わせは(5)である。 □**正解(5)**

> 要点：当該給水装置以外の水管その他の設備に直接連結されていないこと。

05-27

出題頻度 `04-52` `03-29` `01-27` `30-28` `28-27`

重要度 ★★

text. P.133～134

立取出しの場合の受水槽の吐水口空間に関する問題である。**よく出る**

基準省令5条（逆流防止性能基準）**別表第2**より、呼び径による区分で、**20mmを超え、25mm以下**に入るので、

①**近接壁から吐水口の中心までの水平距離**（図のC）：**50mm** 以上

②**越流面から吐水口の最下端までの垂直距離**（図のA）：**50mm** 以上 とされる。

①、②の条件を満たすのは、A,Cとも50mm以上である。

したがって、適当なものは(3)である。 □**正解(3)**

〈参考〉

表 吐水口空間の設定

垂直及び水平距離 ＼ 吐水口の内径	**25mm以下の場合**	25mmを超える場合
①吐水口から越流面まで	吐水口の**最下端から越流面までの垂直距離**	吐水口の最下端から越流面までの垂直距離
②壁からの離れ	近接壁から**吐水口の中心**	近接壁から吐水口の最下端の壁側の外表面

05-28 難易度 ★

逆流防止に関する次の記述の正誤の組み合わせのうち、適当なものはどれか。

ア 圧力式バキュームブレーカは、バキュームブレーカに逆圧（背圧）がかかるところにも設置できる。

イ 減圧式逆流防止器は、逆止弁に比べ損失水頭が大きいが、逆流防止に対する信頼性は高い。しかしながら、構造が複雑であり、機能を良好に確保するためにはテストコックを用いた定期的な性能確認及び維持管理が必要である。

ウ 吐水口と水を受ける水槽の壁とが近接していると、壁に沿った空気の流れにより壁を伝わって水が逆流する。

エ 逆流防止性能を失った逆止弁は二次側から逆圧がかかると一次側に逆流が生じる。

	ア	イ	ウ	エ
(1)	正	誤	誤	正
(2)	誤	正	正	正
(3)	誤	正	正	誤
(4)	正	誤	正	誤

05-29 難易度 ★

凍結深度に関する次の記述の ☐ 内に入る語句の組み合わせのうち、適当なものはどれか。

凍結深度は、 ア 温度が イ になるまでの地表からの深さとして定義され、気象条件の他、 ウ によって支配される。屋外配管は、凍結深度より エ 布設しなければならないが、下水道管等の地下埋設物の関係で、やむを得ず凍結深度より オ 布設する場合、又は擁壁、側溝、水路等の側壁から離隔が十分に取れない場合等凍結深度内に給水装置を設置する場合は保温材（発泡スチロール等）で適切な防寒措置を講じる。

	ア	イ	ウ	エ	オ
(1)	地中	0℃	管の材質	深く	浅く
(2)	管内	−4℃	土質や含水率	浅く	深く
(3)	地中	−4℃	土質や含水率	深く	浅く
(4)	管内	−4℃	管の材質	浅く	深く
(5)	地中	0℃	土質や含水率	深く	浅く

05-28 出題頻度 03-22 , 01-28 , 01-22 , 30-26 , 29-22

重要度 ★★

text. P.128 ～ 134,269

逆流防止に関する問題である。

ア　**圧力式バキュームブレーカ**は、バキュームブレーカに**逆圧（背圧）がかからず、**かつ**越流面までの距離を 150㎜以上保持**しなければならない。誤った記述である。

イ　**減圧式逆流防止器**は。逆止弁に比べ**損失水頭が大きい**が、**逆流防止に対する信頼性は高い**。しかしながら、構造が複雑であり、機能を良好に確保するためにはテストコックを用いた**定期的な性能確認**及び**維持管理**が必要である。正しい記述である。**よく出る**

ウ　吐水口と水を受ける水槽の壁とが近接していると、**壁に沿った空気の流れにより壁を伝わって水が逆流する**。正しい記述である。（05-27 参照）

エ　パッキン等の摩耗や劣化により逆流防止性能を失った逆止弁は**二次側から逆圧がかかると一次側に必ず逆流が生じる**。正しい記述である。

したがって、正誤の組み合わせのうち適当なものは(2)である。　　　□**正解(2)**

要点：吐水口空間を十分確保することが逆流防止の中で最も単純かつ確実な方法である。

05-29 出題頻度 03-27

重要度 ★

text. P.139

凍結深度に関する問題である。

凍結深度は、 地中 度が O℃ になるまでの**地表からの深さ**として定義され、気象条件の他、 土質や含水率 によって支配される。屋外配管は、凍結深度より 深く 布設しなければならないが、下水道管等の地下埋設物の関係で、やむを得ず凍結深度より 浅く に布設する場合、又は擁壁、側溝、水路等の側壁から離隔等が十分に取れない場合等凍結深度内に給水装置を設置する場合は**保温材**（発泡スチロール等）で適切な防寒措置を講じる。

したがって、語句の組み合わせ適当なものは(5)である。　　　□**正解(5)**

要点：給水装置を発泡プラスチック保温材の断熱材等で被覆すること等により適切な凍結防止措置を講じているものにあっては耐寒性能を有していないものであってもよい。

5. 給水装置計画論

05-30 難易度 ★　給水装置工事の基本調査に関する次の記述の正誤の組み合わせのうち、適当なものはどれか。

ア　水道事業者への調査項目は、工事場所、使用水量、屋内配管、建築確認などがある。

イ　基本調査のうち、道路管理者に確認が必要な埋設物には、水道管、下水道管、ガス管、電気ケーブル、電話ケーブル等がある。

ウ　現地調査確認作業は、既設給水装置の有無、屋外配管、現場の施工環境などがある。

エ　給水装置工事の依頼を受けた場合は、現場の状況を把握するために必要な調査を行う。

	ア	イ	ウ	エ
(1)	誤	正	正	誤
(2)	誤	正	誤	正
(3)	正	誤	誤	正
(4)	誤	誤	正	正
(5)	正	正	誤	誤

05-31 難易度 ★　給水方式に関する次の記述の正誤の組み合わせのうち、適当なものはどれか。

ア　受水槽式の長所として、事故や災害時に受水槽内に残っている水を使用することができる。

イ　配水管の水圧が高いときは、受水槽への流入時に給水管を流れる流量が過大となるが、給水用具に支障をきたさなければ、対策を講じる必要はない。

ウ　ポンプ直送式は、受水槽に受水した後、ポンプで高置水槽へ汲み上げ、自然流下により給水する方式である。

エ　直結給水方式の長所として、配水管の圧力を利用するため、エネルギーを有効に利用することができる。

	ア	イ	ウ	エ
(1)	正	誤	誤	正
(2)	誤	正	誤	正
(3)	正	誤	正	誤
(4)	誤	正	正	誤
(5)	誤	誤	正	正

重要度 ★★★
text. P.153

給水装置工事の基本調査に関する問題である。

ア **水道事業者**に確認する項目は、①既設給水装置の有無、②屋外配管、③供給条件、④配水管の布設状況、⑤現地の施行環境、⑥既設給水装置から分岐する場合である。「**建築確認**」は、**工事申込者**に確認する項目である。誤った記述である。

イ **道路管理者**に確認すべき項目としては、**道路状況**（公道、私道の別、幅員、舗装別、舗装年次）である。誤った記述である。 **よく出る**

ウ 現地調査確認作業は、**既設給水装置の有無、屋外配管、現場の施工環境**などがある。正しい記述である。

エ 給水装置工事の依頼を受けた場合は、**現場の状況**を把握するために必要な**調査**を行う。正しい記述である。

したがって、適当な正誤の組み合わせは(4)である。 □**正解(4)**

> 要点：基本調査は，計画・施工の基礎となるものであり，調査の結果は**計画の策定**，施工，さらには給水装置の**機能**にも影響する重要な作業である。

重要度 ★★
text. P.156

給水方式に関する問題である。

ア 受水槽式は、断水時や災害時にも給水が確保できる（貯水能力がある。）。正しい記述である。

イ 配水管管の水圧が高いときは、受水槽への流入時に給水管を流れる流量が過大となって、**水道メーターの性能、耐久性に支障をきたす**ことがある。誤った記述である。 **よく出る**

ウ ポンプ直送式は、小規模の中層建物に多く使用されている方式で、**受水槽に受水した後、使用水量に応じてポンプの運転台数の変更や回転数制御**によって給水する方式である。誤った記述である。 **よく出る**

エ 直結給水方式の長所として、配水管の圧力を利用するため、**エネルギーを有効に利用することができる**とともに水質管理された安全な水を直接供給できる。正しい記述である。

したがって、適当な正誤の組み合わせは(1)である。 □**正解(1)**

> 要点：直結増圧式は，配水管が断水したときに給水装置からの逆圧が大きいことから直結加圧形ポンプユニットに近接して有効な**逆止弁**（減圧式逆流防止器等）が用いられている。

05-32　難易度 ★★

直結給水システムの計画・設計に関する次の記述のうち、**不適当**なものはどれか。

(1) 直結給水システムにおける対象建築物の階高が4階程度以上の給水形態は、基本的には直結増圧式給水であるが、配水管の水圧等に余力がある場合は、直結直圧式で給水することができる。

(2) 直結給水システムにおける高層階への給水形態は、直結加圧形ポンプユニットを直列に設置する。

(3) 給水装置工事主任技術者は、既設建物の給水設備を受水槽式から直結式に切り替える工事を行う場合は、当該水道事業者の直結給水システムの基準等を確認し、担当部署と建築規模や給水計画を協議する。

(4) 建物の高層階へ直結給水する直結給水システムでは、配水管の事故等により負圧発生の確率が高くなることから、逆流防止措置を講じる。

(5) 給水装置は、給水装置内が負圧になっても給水装置から水を受ける容器などに吐出した水が給水装置内に逆流しないよう、末端の給水用具又は末端給水用具の直近の上流側において、吸排気弁の設置が義務付けられている。

05-33　難易度 ★★

直結式給水による25戸の集合住宅での同時使用水量として、次のうち、**最も適当なもの**はどれか。

ただし、同時使用水量は、標準化した同時使用水量により計算する方法によるものとし、1戸当たりの末端給水用具の個数と使用水量、同時使用率を考慮した末端給水用具数、並びに集合住宅の給水戸数と同時使用戸数率は、それぞれ**表-1**から**表-3**までのとおりとする。

(1) 420L/分
(2) 470L/分
(3) 520L/分
(4) 570L/分
(5) 620L/分

表-1　1戸当たりの末端給水用具の個数と使用水量

末端給水用具	個数	使用水量（L/min）
台所流し	1	12
洗濯流し	1	20
洗面器	1	10
浴槽（和式）	1	20
大便器（洗浄タンク）	1	12

表-2　総末端給水用具数と同時使用水量比

総末端給水用具数	1	2	3	4	5	6	7	8	9	10	15	20	30
同時使用水量比	1.0	1.4	1.7	2.0	2.2	2.4	2.6	2.8	2.9	3.0	3.5	4.0	5.0

表-3　給水戸数と同時使用戸数率

給水戸数	1〜3	4〜10	11〜20	21〜30	31〜40	41〜60	61〜80	81〜100
同時使用戸数率（%）	100	90	80	70	65	60	55	50

直結給水システムの計画・設計問題である。

⑴ 4 階程度から 6 階程度まで、基本的には**直結増圧式給水**であるが、**配水管の水圧等に余力がある場合**には、特例として**直結直圧式**で給水することができる。適当な記述である。

⑵ 直結給水システムにおける高層階への給水形態は、**直結加圧形ポンプユニットを直列**に設置する。適当な記述である。

⑶ 給水装置工事主任技術者は、既設建物の給水設備を受水槽式から**直結式に切り替える工事を行う場合**は、当該水道事業者の**直結給水システム**の基準等を確認し、担当部署と建築規模や給水計画を協議する。適当な記述である。

⑷ 建物の高い所まで直結給水する**直圧給水システムの末端**では、配水管の事故等により発生する**負圧発生の確率がより高くなる**ことから、給水の万全を期すため、**逆流防止措置**を講じる。適当な記述である。 **よく出る**

⑸ 給水装置の逆流防止措置は、配水管の断水等により給水装置内の**負圧**になっても給水装置から水を受ける容器などに吐出した水が給水装置内に逆流しないよう末端の給水用具又は末端給水用具の**直近の上流側**において、**負圧破壊性能又は逆流防止性能**を有する給水用具の設置あるいは**吐水口空間の確保**が義務つけられている（令 5 条 1 項、基準省令 5 条）。不適当な記述である。

したがって、不適当なものは⑸である。　　　　　　　　　　　　□**正解⑸**

> 要点：建物の高層階げ直接給水する直結給水システムの末端では，配水管の事故等により発生する負圧発生がより高くなる。

直結式給水による集合住宅の同時使用水量を求める問題である。 **よく出る**

同時使用水量比と**同時使用戸数率**で集合住宅の同時使用水量を求めるものである。

①まず、集合住宅の 1 戸の同時使用水量（Q1）を求める。

表 -1 より、末端給水用具数は **5 個**、その使用水量の合計は **74**（L/ 分）

表 -2 より、同時使用水量比は **2.2** である。

$$Q1 = \frac{12+20+10+20+12}{5} \times 2.2 = \frac{74}{5} \times 2.2 = 32.56 \text{（L/ 分）}$$

②表 -3 より 25 戸（Q25）の集合住宅の同時使用戸数率は **70%**（0.7）である。

Q 25 = 32.56（L/ 分）× 25（戸）× 0.7 = **569.8**（L/ 分）≒ 570L/ 分となる。

したがって、最も適当なものは⑷である。　　　　　　　　　　□**正解⑷**

05-34

難易度 ★★★

図-1に示す直結式給水による戸建住宅で、**口径決定に必要となる全所要水頭**して、適当なものはどれか。

ただし、計画使用水量は同時使用率を考慮して**表-1**により算出するものとし、器具の損失水頭は器具ごとに使用水量において**表-2**により、給水管の動水勾配は**表-3**によるものとする。なお、管の曲がり、分岐による損失水頭は考慮しないものとする。

※凡例
20-5.0
  20：口径（mm）
  5.0：給水管延長（m）

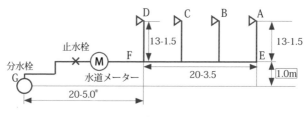

図-1

(1) 8.7m
(2) 9.7m
(3) 10.7m
(4) 11.7m
(5) 12.7m

表-1　計画使用水量

給水用具名	同時使用の有無	計画使用水量（L/分）
A 台所流し	使用	12
B 洗面器	-	8
C 大便器	-	12
D 浴　槽	使用	20

表2　器具の損失水頭

給水用具等	損失水頭（m）
給水栓 A(台所流し)	0.8
給水栓 D(浴槽)	2.1
水道メーター	1.5
止水栓	1.3
分水栓	0.5

表2　給水管の動水勾配

流量(L/分)	口径 13mm（‰）	20mm（‰）
12	230	40
20	600	80
32	1300	180

直結給水による給水装置の全所要水頭を算出する問題である。

1. まず、計画使用水量を**同時使用率**で表すと**表-1**のように、給水栓数 2 ～ 4 の場合は 2 となり 、A の台所流し、D の浴槽が選択されている。次に、給水装置の末端から、各分岐点での所要水頭を求める。この場合、F が分岐点となるので、**①A ～ E ～ F 間**と**②D ～ F 間**の 2 管路となる。それぞれ算出すると下表の①、②となる。

① A ～ E ～ F 間の所要水頭

区　　間	容量 (L/ 分)	口径 (mm)	動水勾配 (‰)	延長 (m)	損失水頭 (m)	立ち上げ高さ (m)	**所要水頭** (m)	備考
給水栓 A	12	13	給水用具の損失水頭		0.8	—	0.8	表 - 2 より
給水栓 A ～ E 間	12	13	230	1.5	0.345	1.5	1.845	図 -1 より
給水栓 E ～ F 間	12	20	230	3.5	0.85	—	0.805	
						①計	**3.445**	

② D ～ F 間の所要水頭

給水栓 D	20	13	—	—	2.0	-	2.1	図 -2 より
給水栓 D ～ F 間	20	13	—	—	0.9	1.5	2.4	図 -1 より
						②計	**4.5**	

$$※損失水頭 = \frac{動水勾配}{1000} × 管延長$$

2. ここで、分岐点 F から①A ～ E ～ F の間の所要水頭、②D ～ F 間の所要水頭を比較すると、①＜②となり、この装置を使用するには **4.5m** を採用する。

③F ～ G 間の所要水頭

給水管 F ～ G	**32**	20	80	5.0	0.9	1.0	1.9	表 -1.3 より
水道メーター	32	20	—	—	1.5	—	1.5	
止水栓	32	20	—	—	1.5	—	1.3	表 - 2 より
分水栓	32	20	—	—	0.5	—	0.5	
						③計	**5.2**	

3. また、管路③F ～ G 間の流量は、
A 台所流し（12L/ 分）と D 浴槽（20L/ 分）をカバーする **32L/ 分**となる。

4. 総じて全所要水頭は、② 4.5m+ ③ 5.2m ＝ 9.7m となる。
したがって、適当なものは(2)である。　　　　　　　　　　　　□**正解(2)**

05-35 難易度 ★★

受水槽式による総戸数50戸（2LDKが20戸、3LDKが30戸）の集合住宅1棟の標準的な受水槽容量の範囲として、次のうち、最も適当なものどれか。

ただし、2LDK1戸当たりの居住人員は2.5人、3LDK1戸当たりの居住人員は3人とし、1人1日当たりの使用水量は250Lとする。

(1)　14㎥～21㎥
(2)　17㎥～24㎥
(3)　20㎥～27㎥
(4)　23㎥～30㎥
(5)　26㎥～33㎥

6. 給水装置工事事務論

05-36 難易度 ★

指定給水装置工事事業者（以下、本問においては「指定事業者」という。）及び給水装置工事主任技術者（以下、本問においては「主任技術者」という。）に関する次の記述のうち、適当なものはどれか。

(1)　指定事業者は、厚生労働省令で定める給水装置工事の事業の運営に関する基準に従い適正な給水装置工事の事業の運営に努めなければならない。

(2)　主任技術者は、指定事業者の事業活動の本拠である事業所ごとに選任され、個別の給水装置工事ごとに水道事業者から指名されて、調査、計画、施工、検査の一連の給水装置工事業務の技術上の管理を行う。

(3)　指定事業者から選任された主任技術者は、水道法の定めにより給水装置工事に従事する者の技術力向上のために、研修の機会を確保することが義務付けられている。

(4)　指定事業者及び主任技術者は、水道法に違反した場合、厚生労働大臣から指定の取り消しや主任技術者免状の返納を命じられることがある。

05-35 出題頻度 03-34 , 01-34 , 29-34 , 26-32

重要度 ★★★★
text. P.26 〜 32

受水槽容量の範囲を求める問題である。

①総戸数 50 戸の集合住宅（2LDK が 20 戸、3LDK が 30 戸）を広さ別に計算し、その合計を求める。

条件から

2LDK:20 （戸） × 2.5 （人） × 250 （L） = 12,500 （L/ 分） = 12.5 （㎥）

3LDK:30 （戸） × 3.0 （人） × 250 （L） = 22,500 （L/ 分） = 22.5 （㎥）

50 （戸） 　　　　　　　　　　　　　　　　　　　　35 （㎥）

②標準的受水槽の容量は、計画使用水量の **4/10 〜 6/10** 程度の範囲である。

35 （㎥） × （4/10 〜 6/10）

= **14㎥〜 21㎥**

したがって、最も適当なものは(1)である。　　　　　　　　□**正解(1)**

05-36 出題頻度 30-36

重要度 ★★
text. P.52 〜 57

指定事業者及び主任技術者に関する問題である。

(1) 指定事業者は、厚生労働省令で定める**給水装置工事の事業の運営に関する基準**に従い**適正な給水装置工事の事業の運営に努めなければならない**。適当な記述である。

(2) 指定事業者において、主任技術者を**事業所ごとに選任**し、**個別の工事ごとに指名**しなければならず、給水装置工事の調査・計画・施工・検査の一連の業務の**技術上の管理**等を行う（則 21 条、法 25 条の 4）。不適当な記述である。 よく出る

(3) 指定事業者は、主任技術者及びその他の給水装置工事に従事する者の給水装置工事の**施工技術の向上**のために、**研修の機会**を確保するよう努めること（則 36 条④号）。不適当な記述である。 よく出る

(4) **水道事業者**による**指定の取消し**は、法 25 条の 11 第 1 項各号に規定されている。また**主任技術者の免状の返納**は、水道法に違反したとき、**厚生労働大臣**がその返納を命ずることができる（法 25 条の 5 第 3 項）と規定する。不適当な記述である。

したがって、適当なものは(1)である。　　　　　　　　□**正解(1)**

要点：工事事業者は主任技術者の職務が円滑に遂行できるように**支援**する。一方，主任技術者は常に技術の研鑽に努め，**技術の向上**を図る。

05-37　給水装置工事の記録及び保存に関する次の記述の正誤の組み合わせうち、適当なものはどれか。

難易度 ★★★

ア　給水装置工事主任技術者は、施主の氏名又は名称、施行場所、完了年月日、給水装置工事主任技術者の氏名、竣工図、使用した材料に関する事項、給水装置の構造材質基準への適合性確認の方法及びその結果についての記録を作成し、保存しなければならない。

イ　指定給水装置工事事業者は、給水装置工事の施行を申請したとき用いた申請書に記録として残すべき事項が記載されていれば、その写しを記録として保存してもよい。

ウ　給水装置工事主任技術者は、単独水栓の取り替えなど給水装置の軽微な変更であっても、給水装置工事の記録を作成し、保存しなければならない。

エ　指定給水装置工事事業者は、水道法に基づき施主に給水装置工事の記録の写しを提出しなければならない。

	ア	イ	ウ	エ
(1)	誤	正	誤	正
(2)	正	正	誤	誤
(3)	誤	誤	正	正
(4)	正	誤	正	誤

05-38　建築基準法に基づき建築物に設ける飲料水の配管設備に関する次の記述のうち、不適当なものはどれか。

難易度 ★

(1)　給水立て主管からの各階への分岐管等主要な分岐管には、分岐点に近接した部分で、かつ、操作を容易に行うことができる部分に安全弁を設けること。

(2)　ウォーターハンマーが生ずるおそれがある場合においては、エアチャンバーを設けるなど有効なウォーターハンマー防止のための措置を講ずること。

(3)　給水タンク内部に飲料水の配管設備以外の配管設備を設けないこと。

(4)　給水タンクの上にポンプ、ボイラー、空気調和機等の機器を設ける場合は、飲料水を汚染することのないように衛生上必要な措置を講ずること。

05-37 出題頻度 04-39 , 01-39 , 30-37 , 29-36 , 27-37

重要度 ★★★★
text. P.57,212

給水装置工事の記録及び保存に関する問題である。 よく出る

ア　施行した給水装置工事ごとに指名した主任技術者に次の各号（イ　施主の氏名又は名称、ロ　施行場所、ハ　完了年月日、ニ　給水装置工事主任技術者の氏名、ホ　竣工図、ヘ　使用した材料に関する事項、ト　給水装置の構造材質基準への適合性確認の方法及びその結果）に掲げる事項に関する記録を作成させ、当該記録をその作成した日から **3年間** 保存すること（則36条⑥号）。正しい記述である。

イ　記録の方法については特に様式が定められていないので、**施行を申請したとき用いた申請書に記録として残すべき事項が記載されていれば、その写しを記録として保存してもよい**。正しい記述である。 よく出る

ウ　則13条に規定する**給水装置の軽微な変更を除く**（則36条⑥号括弧書き）と規定する。誤った記述である。

エ　水道事業者は、指定給水装置工事事業者に対し、当該指定給水装置工事事業者が給水区域において施行した給水装置工事に関し **必要な報告** 又は **資料の提出** を求めることができる（法25条の10）と規定する。施主に工事記録の写しを提出する規定はない。誤った記述である。

したがって、正誤の組み合わせのうち、適当なものは(2)である。　　□**正解(2)**

> 要点：この記録は、指名された主任技術者が作成することになるが、主任技術者の指導監督のもとで**他の従業員**が行っても良い。

05-38 出題頻度 03-37 , 01-60 , 30-60 , 29-60 , 28-55

重要度 ★★
text. P.204〜209

飲料水の配管設備に関する問題である。 よく出る

(1)　給水立て主管から各階への分岐管には、分岐点に近接した部分で、かつ、操作を容易に行うことができる部分に **止水弁** を設けること（建設省告示1406号）。不適当な記述である。 よく出る

(2)　ウォーターハンマーが生ずるおそれがある場合においては、**エアチャンバー**を設けるなど有効な**ウォーターハンマー防止**のための措置を講ずること。 よく出る

(3)　**給水タンク内部に飲料水の配管設備以外の配管設備を設けない**こと。

(4)　給水タンクの上にポンプ、ボイラー、空気調和機等の機器を設ける場合は、飲料水を汚染することのないように**衛生上必要な措置**を講ずること。

したがって、不適当なものは(1)である。　　□**正解(1)**

> 要点：給水タンク等の天井,底又は周壁は,建築物の他の部分と兼用しないこと。また,内部には,飲料水の配管設備以外の配管設備を設けないこと。

check □□□

05-39
難易度 ★★★

給水装置の構造及び材質の基準に係る**認証制度**に関する次の記述の正誤の組み合わせのうち、適当なものはどれか。

ア 自己認証は、給水管、給水用具の製造業者等が自ら又は製品試験機関等に委託して得たデータや作成した資料等に基づき、性能基準適合品であることを証明するものである。

イ 自己認証において各製品は、設計段階で基準省令に定める性能基準に適合していることを証明することで、認証品として使用できる。

ウ 第三者認証は、中立的な第三者機関が製品や工場検査等を行い、基準に適合しているものについては基準適合品として登録して認証製品であることを示すマークの表示を認める方法である。

エ 日本産業規格（JIS規格）に適合している製品及び日本水道協会による団体規格等の検査合格品は、全て性能基準適合品である。

	ア	イ	ウ	エ
(1)	正	正	誤	誤
(2)	誤	正	正	誤
(3)	誤	正	誤	正
(4)	正	誤	正	誤
(5)	正	誤	誤	正

05-40
難易度 ★★★

給水装置用材料の基準適合品に関する次の記述の正誤の組み合わせのうち、適当なものはどれか。

ア 給水装置用材料が使用可能か否かは、基準省令に適合しているか否かであり、この判断のために製品等に表示している適合マークがある。

イ 厚生労働省では、製品ごとのシステム基準への適合性に関する情報を全国で利用できるよう、給水装置データベースを構築している。

ウ 厚生労働省の給水装置データベースに掲載されている情報は、製造業者等の自主情報に基づくものであり、その内容は情報提供者が一切の責任を負う。

エ 厚生労働省の給水装置データベースの他に、第三者認証機関のホームページにおいても情報提供サービスが行われている。

	ア	イ	ウ	エ
(1)	誤	正	誤	正
(2)	誤	誤	正	正
(3)	正	誤	正	誤
(4)	正	正	誤	誤

05-39 出題頻度 `04-37` , `30-40` , `29-39` , `28-39`   重要度 ★★★
text. P.209～215

構造・材質基準の認証制度に関する問題である。

ア　自己認証は、製造業者が、**自らの責任のもと、給水管、給水用具等を性能基準適合品として製造・販売**している。この証明は、製造業者頭が自ら又は製品試験機関に委託して得たデータや作成した資料等によって行うものである。正しい記述である。

イ　自己認証は、各製品が、**設計段階で基準省令に定める性能基準に適合**していることの証明と当該製品が、**製造段階で品質の安定性**が確保されていることの証明が必要である。誤った記述である。 **よく出る**

ウ　**第三者認証**は、製品業者の希望に応じて中立的な第三者認証機関が基準に適合するか否かを**製品サンプル試験**で判定するとともに、基準適合品が**安定・継続して製造されている**か否か等の検査を行なって、基準適合性を認定した上で、当該認定機関の**認証マーク**の表示を認めるものである。正しい記述である。

エ　**日本産業規格**による **JIS認証**（JISマーク表示品）、（公社）**日本水道協会**（日水協）等の検査合格品があるが、**基準省令に定められている性能基準は給水管及び給水用具ごとにその性能と設置場所に応じて適用される**。全て性能基準適合品であることは言えない。誤った記述である。。

したがって、生後の組み合わせのうち、適当なものは(4)である。　　　　**□正解(4)**

> 要点：JISマーク表示は，登録認証機関が製造工場の品質管理体制の審査及び製品のJIS適合試験を行い，適合は製品にJISマークの表示を認める制度となりJISマークと認証機関のマークが表示されている。

05-40 出題頻度 `04-37` , `29-39` , `26-39`   重要度 ★★★
text. P.215

給水装置用材料の基準適合品に関する問題である。

ア　給水装置用材料が使用可能か否かは、基準省令に適合しているか否かであり、これを**消費者、指定給水装置工事事業者、水道事業者等が判断**することになる。この判断のために製品等に表示している 認証マーク がある。誤った記述である。

イ　認証マーク制度の円滑な実施の為に厚生労働省では、製品ごとの**性能基準への適合性**に関する情報が全国的に利用できるよう、**給水装置データベース**を構築している。誤った記述である。 **よく出る**

ウ　厚生労働省の**給水装置データベース**に掲載されている情報は、**製造業者等の自主情報**に基づくものであり、**その内容は情報提供者が一切の責任を負う**。正しい記述である。

エ　厚生労働省の給水装置データベースの他に、**第三者認証機関のホームページにおいても情報提供サービスが行われている**。正しい記述である。

したがって、正誤の組み合わせのうち、適当なものは(2)である。　　　　**□正解(2)**

> 要点：データベースには，基準に適合した製品名，製造業社名，基準適合の内容，基準適合性の証明方法及び基準適合性を証明したものに関する情報を集積している。

7. 給水装置の概要

05-41
難易度 ★

ライニング鋼管に関する次の記述の正誤の組み合わせうち、適当なものはどれか。

ア　ライニング鋼管は、管の内面、あるいは管の内外面に硬質ポリ塩化ビニルやポリエチレン等のライニングを施し、強度に対してはライニングが、耐食性等については鋼管が分担できるようにしたものである。

イ　硬質塩化ビニルライニング鋼管は、屋内配管には SGP-VA、屋内配管及び屋外露出配管には SGP-VB、地中埋設配管及び屋外露出配管には SGP-VD が使用されることが一般的である。

ウ　管端防食形継手は、硬質塩化ビニルライニング鋼管用、ポリエチレン粉体ライニング鋼管用としてそれぞれ別に規格化されている。

エ　管端防食継手には、内面に樹脂被覆したものと、内外面とも樹脂被覆したものがある。外面被覆管を地中埋設する場合は、外面被覆等の耐食性を配慮した継手を使用する。

	ア	イ	ウ	エ
(1)	誤	正	正	誤
(2)	正	誤	正	誤
(3)	誤	正	誤	正
(4)	正	誤	誤	正

05-42
難易度 ★

合成樹脂管に関する次の記述のうち、不適当なものはどれか。

(1) ポリブテン管は、高温時でも高い強度を保ち、しかも金属管に起こりやすい腐食もないので温水用配管に適している。

(2) 水道用ポリエチレン二層管は、低温での耐衝撃性に優れ、耐寒性であることから寒冷地の配管に多く使われている。

(3) 架橋ポリエチレン管は、耐熱性、耐寒性及び耐食性に優れ、軽量で柔軟性に富んでおり、管内にスケールが付きにくく、流体抵抗が小さい等の特徴を備えている。

(4) 硬質ポリ塩化ビニル管は、耐食性、特に耐電食性に優れるが、他の樹脂管に比べると引張降伏強さが小さい。

ライニング鋼管に関する問題である。

ア　ライニング鋼管は、管の内面又は管の内外面を樹脂等でライニングしたもので、**強度に対しては、鋼管**が、**耐食性等には、塩化ビニルやポリエチレンの樹脂ライニングが分担**する。管の材料特性を有効利用したものである。誤った記述である。

イ　**硬質塩化ビニルライニング鋼管**は、屋内配管には SGP-VA、屋内配管及び屋外露出配管には SGP-VB、地中埋設配管及び屋外露出配管には SGP-VD が使用されることが一般的である。。正しい記述である。

ウ　ライニング鋼管のネジ接合部の侵食防止には、 **管端防食継手** が効果的である。この継手は硬質塩化ビニルライニング鋼管及びポリエチレン粉体ライニング鋼管と兼用である。誤った記述である。 **よく出る**

エ　**管端防食継手**には、内面に樹脂被覆したものと、内外面とも樹脂被覆したものがある。**外面被覆管**を地中埋設する場合は、**外面被覆**等の耐食性を配慮した継手を使用する。正しい記述である。

したがって、適当な正誤の組み合わせは(3)である。　　　　　□**正解(3)**

要点：ライニング鋼管は，道路内，宅地内及び屋内の広い範囲の配管に用いられる。

合成樹脂管に関する問題である。

(1)　**ポリブテン管**は、**高温時でも高い**強度を保ち、しかも金属管に起こりやすい**腐食もないので温水用配管に適している**。適当な記述である。

(2)　**水道用ポリエチレン二層管**は、**低温での耐衝撃性に優れ、耐寒性があることから**寒冷地での配管に多く使用されている。適当な記述である。

(3)　**架橋ポリエチレン管**は、**耐熱性、耐寒性及び耐食性**に優れ、軽量で柔軟性に富んでおり、**管内にスケールが付きにくく、流体抵抗が小さい**等の特徴を備えている。適当な記述である。 **よく出る**

(4)　**硬質ポリ塩化ビニル管**は、他の樹脂管と比べ、**引張降伏強さは比較的大きく**、特に**耐食性、耐電食性が大きく、耐アルカリ性も大**で、かつ土質をきらわない。不適当な記述である。

したがって、不適当なものは(4)である。　　　　　□**正解(4)**

要点：架橋ポリエチレン管及びポリブテン管は，屋内配管の**ヘッダー工法**や**先分岐工法**，さや管ヘッダー工法等において給水・給湯用の配管に用いられている。

05-43 塩化ビニル管に関する次の記述の正誤の組み合わせのうち、適当なものはどれか。

難易度 ★

ア 硬質ポリ塩化ビニル管用継手は、硬質ポリ塩化ビニル製及びダクタイル鋳鉄製のものがある。また、接合方法は、接着剤によるTS接合とゴム輪によるRR接合がある。

イ 耐衝撃性硬質ポリ塩化ビニル管は、硬質ポリ塩化ビニル管の耐衝撃強度を高めるように改良されたものであり、長期間、直射日光に当たっても耐衝撃強度が低下することはない。

ウ 耐熱性硬質ポリ塩化ビニル管は、金属管と比べ温度による伸縮性が大きいため、配管方法によってその伸縮を吸収する必要がある。

エ 耐熱性硬質ポリ塩化ビニル管は、硬質ポリ塩化ビニル管を耐熱用に改良したものであり、瞬間湯沸器用の配管に適している。

	ア	イ	ウ	エ
(1)	正	誤	誤	正
(2)	正	誤	正	誤
(3)	誤	正	正	誤
(4)	誤	正	誤	正

05-44 銅管に関する次の記述のうち、不適当なものはどれか。

難易度 ★

(1) 引張強度に優れ、材質により硬質・軟質の2種類があり、軟質銅管は4～5回の凍結では破裂しない。

(2) 耐食性に優れるため薄肉化しているので、軽量で取扱いが容易である。

(3) アルカリに侵されず、スケールの発生も少なく、遊離炭酸が多い水に適している。

(4) 外傷防止と土壌腐食防止を考慮した被膜管があり、配管現場では、管の保管、運搬に際して凹み等をつけないよう注意する必要がある。

05-43 出題頻度 04-46 , 03-43 , 02-41 , 30-47　　重要度 ★★★　text. P.257〜263

　硬質塩化ビニル管に関する問題である。**ア　硬質ポリ塩化ビニル管用継手**は、**硬質ポリ塩化ビニル製及びダクタイル鋳鉄製**のものがある。また、接合方法は、接着剤による **TS 接合**とゴム輪による **RR 接合**がある。正しい記述である。

イ　耐衝撃性硬質ポリ塩化ビニル管は、硬質ポリ塩化ビニル管の耐衝撃強度を高めるように改良されたものであるが、長期間、**直射日光に当たると、耐衝撃強度が低下する**ことがあるので注意が必要である。誤った記述である。**よく出る**

ウ　耐熱性硬質ポリ塩化ビニル管は、金属管と比べ**温度による伸縮性が大きい**ため、配管方法によってその**伸縮を吸収する**必要がある。正しい記述である。

エ　耐熱性硬質ポリ塩化ビニル管は、給湯配管に用いられる。硬質ポリ塩化ビニル管を耐熱性に改良したものである。しかし、**瞬間湯沸器には機器作動に異常があった場合、管の使用温度を超えることもあるため使用してはならない**。誤った記述である。**よく出る**

　したがって、正誤の組み合わせのうち、適当なものは(2)である。　　□**正解(2)**

> 要点:耐熱性硬質ポリ塩化ビニル管は，金属館に比べ温度による**伸縮量が大きい**ため，配管方法によってその伸縮を吸収する必要がある。

05-44 出題頻度 04-46 , 03-41 , 02-42 , 01-42 , 30-47　　重要度 ★★　text. P.236

　銅管に関する問題である。**よく出る**

(1)　**引張強度に優れ**、材質により硬質・軟質の 2 種類があり、**軟質銅管は 4〜5 回の凍結では破裂しない**。適当な記述である。

(2)　耐食性に優れるため**薄肉化**しているので、**軽量で取扱いが容易**である。適当な記述である。

(3)　銅管は、アルカリに侵されず、スケールの発生も少ない。しかし、遊離炭酸が多い水質には適さない。不適当な記述である。**よく出る**

(4)　**外傷防止**と**土壌腐食防止**を考慮した 被膜管 があり、配管現場では、管の保管、運搬に際して凹み等をつけないよう注意する必要がある。適当な記述である。

　したがって、不適当なものは(3)である。　　□**正解(3)**

> 要点：銅管は、多くの給湯配管に使用される。耐食性に優れているため、薄肉化しているので、軽量で取り扱いが容易である。

05-45 難易度 ★

給水用具に関する次の記述の正誤の組み合わせのうち、適当なものはどれか。

ア　冷水機（ウォータークーラー）は、冷却タンクで給水管路内の水を任意の一定温度に冷却し、押ボタン式又は足踏式の開閉弁を操作して、冷水を射出する給水用具である。

イ　瞬間湯沸器は、器内の熱交換器で熱交換を行うもので、水が熱交換器を通過する間にガスバーナ等で加熱する構造である。

ウ　貯湯湯沸器は、給水管に直結し有圧のまま給水管路内に貯えた水を加熱する構造の湯沸器で、湯温に連動して自動的に燃料通路を開閉あるいは電源を入り切り（ON/OFF）する機能を持っている。

エ　自動冷媒ヒートポンプ給湯機は、熱源に太陽光を利用しているため、消費電力が少ない湯沸器である。

	ア	イ	ウ	エ
(1)	正	誤	誤	正
(2)	正	正	誤	誤
(3)	誤	正	誤	正
(4)	誤	正	正	誤

05-46 難易度 ★★

直結加圧形ポンプユニットに求められる性能に関する次の記述のうち、**不適当なもの**はどれか。

(1)　始動・停止による配水管の圧力変動が極小であり、ポンプ運転による配水管の圧力に脈動がないこと。

(2)　吸込側の水圧が異常低下した場合には自動停止し、水圧が復帰した場合には自動復帰すること。

(3)　使用水量が多い場合に自動停止すること。

(4)　圧力タンクは、ポンプが停止した後も、吐出圧力、吸込圧力及び自動停止の性能を満足し、吐出圧力が保持できる場合は設置しなくてもよい。

05-45

給水用具に関する問題である。

ア　**冷水機**（ウォータークーラー）は、冷却タンクで給水管路内の水を**任意の一定温度に冷却し**、押ボタン式又は足踏式の開閉弁を操作して、**冷水を射出**する給水用具である。正しい記述である。

イ　**瞬間湯沸器は**、器内の**熱交換器で熱交換**を行うもので、水が熱交換器を通過する間に**ガスバーナ等で加熱する**構造である。正しい記述である。

ウ　**貯湯湯沸器**は、給水管に直結し有圧のまま**貯湯槽内に貯えた水を加熱する**構造の湯沸器で、湯温に連動して自動的に**燃料通路を開閉**あるいは**電源を入り切り（ON/OFF）**する機能を持っている。誤った記述である。

エ　**自然冷媒ヒートポンプ給湯機**（エコキュート）は、熱源に **大気熱** を利用しているため、消費電力が少ない湯沸器である。誤った記述である。**よく出る**
したがって、正誤の組み合わせのうち、適当なものは(2)である。　□**正解(2)**

> **要点**：地中熱利用ヒートポンプには、地中の熱を間接的に利用する**クローズドループ**と、地下水の熱を直接的に利用する**オープンループ**がある。

05-46

直結加圧形ポンプユニットに関する問題である。**よく出る**

(1)　始動・停止による配水管の圧力変動が極小であり、ポンプ運転による<u>配水管の圧力に脈動がない</u>こと。適当なな記述である。

(2)　吸込側の**水圧が異常低下**した場合には**自動停止**し、**水圧が復帰**した場合には**自動復帰**すること。適当なな記述である。

(3)　**使用水量が少ない場合に自動停止**すること。不適当な記述である。

(4)　圧力タンクは、**ポンプが停止した後も、吐出圧力、吸込圧力及び自動停止の性能を満足し、吐出圧力が保持できる場合は設置しなくてもよい**。適当な記述である。
したがって、不適当なものは(3)である。　□**正解(3)**

> **要点**：吸込側の水圧が、異常上昇した場合自動停止し（バイパスにより）**直結直圧給水**ができること。

05-47
難易度 ★

給水用具に関する次の記述の ▢ 内に入る語句の組み合わせのうち、適当なものはどれか。

① 甲型止水栓は、止水部が落しこま構造であり、損失水頭は ｱ 。

② ボール止水栓は、弁体が球状のため90°回転で全開・全閉することのできる構造であり、損失水頭は ｲ 。

③ 仕切弁は、弁体が鉛直方向に上下し、全開・全閉する構造であり、全開時の損失水頭は ｳ 。

④ 玉形弁は、止水部が吊りこま構造であり、弁部の構造から流れがS字形となるため、損失水頭は ｴ 。

	ア	イ	ウ	エ
(1)	小さい	大きい	小さい	小さい
(2)	大きい	大きい	小さい	小さい
(3)	小さい	大きい	大きい	大きい
(4)	大きい	小さい	小さい	大きい
(5)	大きい	小さい	大きい	小さい

05-48
難易度 ★★★

給水用具に関する次の記述の正誤の組み合わせのうち、適当なものはどれか。

ア サーモスタット式の混合水栓は、流水抵抗によってこまパッキンが摩耗するので、定期的なこまパッキンの交換が必要である。

イ シングルレバー式の混合水栓は、シングルカートリッジを内蔵し、吐水・止水、吐水量の調整、吐水温度の調整ができる。

ウ 不凍給水栓は、外とう管が揚水管（立上り管）を兼ね、閉止時に揚水管（立上り管）及び地上配管内の水を排水できる構造を持つ。

エ 不凍水抜栓は、排水口が凍結深度より浅くなるよう埋設深さを考慮する。

	ア	イ	ウ	エ
(1)	誤	正	正	誤
(2)	正	誤	誤	正
(3)	正	正	誤	誤
(4)	誤	誤	正	誤
(5)	誤	正	誤	正

05-47

出題頻度 **03-44** , **01-47** , **30-41**

重要度 ★★

text. P.252～263

止水栓の損失水頭に関する記述である。

① **甲型止水栓**は、止水部が落しこま構造であり、損失水頭は **大きい** 。

② **ボール止水栓**は、弁体が球状のため **90°回転**で全開・全閉することのできる構造であり、損失水頭は **小さい** 。

③ **仕切弁**は、弁体が鉛直方向に上下し、全開・全閉する構造であり、全開時の損失水頭は **小さい** 。

④ **玉形弁**は、止水部が吊りこま構造であり、弁部の構造から流れが **S字形**となるため、損失水頭は **大きい** 。

したがって、□□内に入る語句の組み合わせのうち適当なものは(4)である。**正解(4)**

> 要点：**逆止弁付ボール式伸縮止水栓**は，止水機構が上流側と下流側の2柔構造になっており，上流側には90°開閉式のボール弁を備え，下流側には流量調整が可能なバネリフト式逆止弁を内蔵している。

05-48

出題頻度 **03-46** , **02-47**

重要度 ★

text. P.139～141,275～276

水栓類に関する問題である。 **よく出る**

ア **サーモスタット式混合水栓**は、湯と水の割合を自動的に調節する機能を持つ、**サーモバルブ**という調節弁があるが、これの部品として、**形状記憶合金（SMA）バネ**がある。故障が多いので、この部品の交換が必要となる。誤った記述である。

イ **シングルレバー式混合水栓**は、湯側、水側の**止水カートリッジ**があり、1つのレバーハンドルで水の温度と量を調節できる。正しい記述である。

ウ **不凍給水栓**は、外とう管が揚水管（立上り管）を兼ね、**閉止時に揚水管及び地上配管内の水を排水弁から凍結深度以上の地中に排水する**構造の不凍栓である。正しい記述である。

エ **不凍水抜き栓**は、外とう管と揚水管（立上り管）が分離され、**閉止時に揚水管及び地上配管内の水を排水弁から凍結深度以上の深さの地中に排水する**構造の不凍栓である。誤った記述である。

したがって、正誤の組み合わせのうち、語句のものは(1)である。　　□**正解(1)**

> 要点：サーモスタット式はシングルレバー式に比べ，設定温度に対し安定させることが簡単にできる。

05-49　給水用具に関する次の記述のうち、不適当なものはどれか。

難易度 ★★

(1) 逆止弁は、逆圧による水の逆流を防止する給水用具であり、ばね式、リフト式等がある。

(2) 定流量弁は、オリフィス式、ニードル式、ばね式等による流量調整機構によって、一次側の圧力に関わらず流量が一定になるよう調整する給水用具である。

(3) 減圧弁は、設置した給水管や貯湯湯沸器等の水圧が設定圧力よりも上昇すると、給水管路及び給水用具を保護するために弁体が自動的に開いて過剰圧力を逃し、圧力が所定の値に降下すると閉じる機能を持っている。

(4) 吸排気弁は、給水立管頂部に設置され、管内に負圧が生じた場合に自動的に多量の空気を吸気して給水管内の負圧を解消する機能を持った給水用具である。

05-50　水道メーターに関する次の記述の正誤の組み合わせうち、適当なものはどれか。

難易度 ★

ア　水道メーターは、需要者が使用する水量を積算計量する計量器であり、水道法に定める特定計量器の検定に合格したものを設置しなければならない。

イ　水道メーターは、許容流量範囲を超えて水を流すと、正しい計量ができなくなるおそれがあるため、水道メーターの呼び径を決定する際には、適正使用流量範囲、瞬時使用の許容流量等に十分留意する必要がある。

ウ　水道メーターの計量方法は、流れている水の流速を測定して流量に換算する流速式（推測式）と、水の体積を測定する容積式（実測式）に分類され、我が国で使用されている水道メーターは、ほとんどが容積式である。

エ　水道メーターの遠隔指示装置は、設置した水道メーターの表示水量を水道メーターから離れた場所で能率よく検針するために設けるものであり、発信装置（又は記憶装置）、信号伝送部（ケーブル）及び受信器から構成される。

	ア	イ	ウ	エ
(1)	正	誤	誤	正
(2)	誤	正	正	誤
(3)	正	誤	正	誤
(4)	誤	誤	正	正
(5)	誤	正	誤	正

05-49

給水用具に関する問題である。

⑴　**逆止弁**は、逆圧による水の**逆流を弁体により防止**する給水用具で、ばね式、リフト式、スイング式、ダイヤフラム式等がある。適当な記述である。

⑵　**定流量弁**は、オリフィス式、ニードル式、ばね式等による流量調整機構によって、**一次側の圧力に関わらず流量が一定になるよう調整する**給水用具である。適当な記述である。

⑶　**減圧弁**は、通過する流体の圧力エネルギーにより弁体の開度を変化させ、**高い一時圧力から所定の低い二次圧力に減圧する圧力調整弁**である。記述は、安全弁（逃し弁）のことである。不適当な記述である。**よく出る**

⑷　**吸排気弁**は、給水立管頂部に設置され、**管内に負圧が生じた場合に自動的に多量の空気を吸気して給水管内の負圧を解消する機能を持った**給水用具である。適当な記述である。
したがって、不適当なものは⑶である。　　　　　　　　　　　　□**正解⑶**

> 要点：圧力式バキュームブレーカは、常時水圧は掛かるが、**逆圧の掛からない配管部分**に設置する。

05-50

水道メーターに関する問題である。

ア　水道メーターは、給水装置に取付け、需要者が使用する水量を積算計量する計量器で、料金算定の基礎となるもので、**計量法**（所管は経済産業省）に定める**特定計量器の検定に合格したもの**でなければならない。誤った記述である。

イ　水道メーターは、許容流量範囲を超えて水を流すと、正しい計量ができなくなるおそれがあるため、水道メーターの呼び径を決定する際には、**適正使用流量範囲、瞬時使用の許容流量**等に十分留意する必要がある。正しい記述である。

ウ　水道メーターの計量方法には、流れている水の流速を測定して流量に換算する**流速式**（推測式）と水の体積を測定する**容積式**（実測式）に分類される。**我国で使用されている水道メーターはほとんが流速式**であり、その中で**羽根車式**が一般的である。誤った記述である。**よく出る**

エ　水道メーターの**遠隔指示装置**は、設置した水道メーターの表示水量を**水道メーターから離れた場所で能率よく検針する**ために設けるものであり、**発信装置**（又は記憶装置）、**信号伝送部**（ケーブル）及び**受信器**から構成される。正しい記述である。
したがって、正誤の組み合わせうち適当なものは⑸である。　　　　□**正解⑸**

> 要点：メーターは、主に羽根車の回転数と通過水量が比例することに着目して計量する羽根車式が使用されている。

05-51　難易度 ★★★

水道メーターに関する次の記述のうち、不適当なものはどれか。

(1)　水道メーターは、各水道事業者により、使用する形式が異なるため、設計に当たっては、あらかじめ確認する必要がある。

(2)　接戦流羽根車式水道メーターは、計量室内に設置された羽根車にノズルから接線方向に噴射水流を当て、羽根車を回転させて通過水量を積算表示する構造である。

(3)　軸流羽根車式水道メーターは、管状の器内に設置された流れに垂直な軸をもつ螺旋状の羽根車を回転させて、積算計量する構造である。

(4)　電磁式水道メーターは、給水管と同じ呼び径の直管で機械的可動部がないため耐久性に優れ、小流量から大流量まで広範囲な計測に適している。

05-52　難易度 ★★★

給水用具の故障と対策に関する次の記述の、不適当なものはどれか。

(1)　受水槽のボールタップからの補給水が止まらないので原因を調査した。その結果、ボールタップの弁座が損傷していたので、ボールタップのパッキンを取替えた。

(2)　大便器洗浄弁から常に大量の水が流出していたので原因を調査した。その結果、ピストンバルブの小孔が詰まっていたので、ピストンバルブを取り外して小孔を掃除した。

(3)　副弁付定水位弁から水が出ないので原因を調査した。その結果、ストレーナに異物が詰まっていたので、分解して清掃した。

(4)　水栓を開閉する際にウォーターハンマーが発生するので原因を調査した。その結果、水圧が高いことが原因であったので減圧弁を設置した。

05-51
出題頻度 **04- 48** , **03- 53** , **01- 48** , **30- 48**　　　重要度　★
text. P.292〜297

水道メーターに関する問題である。

(1)　水道メーターの型式は多数あり、**各水道事業者により使用する型式が異なる**ため、給水装置の設計に当たっては、あらかじめ型式、口径等を確認する必要がある。適当な記述である。

(2)　**接戦流羽根車式水道メーター**は、計量室内に設置された羽根車にノズルから**接線方向**に噴射水流を当て、羽根車を回転させて通過水量を積算表示する構造である。適当な記述である。

(3)　**軸流羽根車式水道メーター**は、<u>管状の器内に設置された**流れに平行な軸を持つ螺旋状の羽根車**</u>を回転させて、積算計量するもので、たて形とよこ形がある。不適当な記述である。

(4)　**電磁式水道メーター**は、給水管と同じ**呼び径の直管で機械的可動部がないため耐久性に優れ**、小流量から**大流量まで広範囲な計測に適している**。適当な記述である。
したがって、不適当なものは(3)である。　　　　　　　　□**正解(3)**

> 要点：たて形軸流羽根車式は，メーターケースに流入した水流が，整流機を通って，垂直に設置された螺旋羽根車に沿って下方から上方に流れ，羽根車を回転させる構造で，**損失水頭がやや大きい**。

05-52
出題頻度 **04- 50** , **04- 51**　　　重要度　★★
text. P.298〜303

給水用具の故障と対策に関する問題である。

(1)　**ボールタップの水が止まらない**原因として、**弁座の損傷又は摩耗**が挙げられるが、この場合は、**ボールタップを取り替える**。不適当な記述である。

(2)　**大便器洗浄弁**から常に大量の水が流出していたので原因を調査した。その結果、**ピストンバルブの小孔が詰まっていたので、ピストンバルブを取り外して小孔を掃除した**。適当な記述である。**よく出る**

(3)　**副弁付定水位弁**から水が出ないので原因を調査した。その結果、**ストレーナに異物が詰まっていた**ので、**分解して清掃**した。適当な記述である。

(4)　水栓の開閉で、**水圧が異常に高いときは、減圧弁を設置する**。適当な記述である。
したがって、不適当なものは(1)である。　　　　　　　　□**正解(1)**

> 要点：水栓の故障では、キャップナット部からの水漏れがある。**スピンドル又はキャップナット内部を取り替える**。

05-53 難易度 ★★★
給水用具の故障の原因に関する次の記述のうち、不適当なものはどれか。

(1) ピストン式定水位弁から水が出ない場合、ピストンのＯリングが摩耗して作動しないことが一因と考えられる。

(2) ボールタップ付ロータンクに水が流入せず貯まらない場合、ストレーナに異物が詰まっていることが一因と考えられる。

(3) 小便器洗浄弁から多量の水が流れ放しとなる場合、開閉ねじの開け過ぎが一因と考えられる。

(4) 大便器洗浄弁の吐水量が少ない場合、ピストンバルブのＵパッキンが摩耗していることが一因と考えられる。

(5) ダイヤフラム式ボールタップ付ロータンクが故障し、水が出ない場合、ボールタップのダイヤフラムの破損が一因と考えられる。

8. 給水装置施工管理法

05-54 難易度 ★
給水装置工事の**工程管理**に関する次の記述の 内に入る語句の組み合わせのうち、適当なものはどれか。

工程管理は、 ア に定めた工期内に工事を完了するため、事前準備の イ や水道事業者、建設業者、道路管理者、警察署等との調整に基づき工程管理計画を作成し、これに沿って、効率的かつ経済的に工事を進めていくことである。

工程管理するための工程表には、 ウ 、ネットワーク等がある。

	ア	イ	ウ
(1)	工事標準仕様書	現地調査	出来形管理表
(2)	工事標準仕様書	材料手配	バーチャート
(3)	契約書	現地調査	出来形管理表
(4)	契約書	現地調査	バーチャート
(5)	契約書	材料手配	出来形管理表

05-53 出題頻度 `04-50` `04-51`   重要度 ★★
　　　　　　　　　　　　　　　　　　　text. P.285～286

給水装置の故障の原因に関する問題である。

⑴　**ピストン式定水位弁**から水が出ないのは、**ピストンのO̅リングの摩耗**による不作動が考えられ、対策としてしてO̅リングの**取替**が必要である。適当な記述である。

⑵　**ボールタップ付ロータンクの水が出ず貯まらない**のは、**ストレーナに異物が詰まっている**ことが考えられる。これは分解して清掃する。適当な記述である。

⑶　**小便器洗浄弁**から吐水量が多い場合、**水量調節ねじの開け過ぎ**が原因である。**水量調節ねじを右に回して吐水量を減らす。**不適当な記述である。 `よく出る`

⑷　**ダイヤフラム式ボールタップ付ロータンク**で水が出ない一因では、**ボールタップのダイヤフラムの損傷**（摩耗切れ、穴あき等）が考えられ、**ストレーナ部を分解して清掃**する。適当な記述である。

したがって、不適当なものは⑶である。　　　　　　□**正解⑶**

> 要点：小便器洗浄弁の故障と対策は大便器洗浄弁と同様である。

05-54 出題頻度 `03-57` `02-56` `01-51` `29-54`   重要度 ★
　　　　　　　　　　　　　　　　　　　text. P.310～312

工程管理に関する問題である。 `よく出る`

工程管理は、**契約書**に定めた工期内に工事を完了するため、事前準備の **現地調査** や水道事業者、建設業者、道路管理者、警察署等との調整に基づき**工程管理計画**を作成し、これに沿って、効率的かつ経済的に工事を進めていくことである。

工程管理するための工程表には、**バーチャート**、ネットワーク等がある。

したがって、□内に入る語句の組み合わせとして適当なものは⑷である。 **正解⑷**

> 要点：工程管理の使用計画では，①機械及び工事用材料の手配，②技術者，配管技能者を含む作業従事者の手配がある。

05-55
難易度 ★★

給水装置工事施工における**品質管理項目**に関する次の記述のうち、不適当なものはどれか。

(1) 給水管及び給水用具が給水装置の構造及び材質の基準に関する省令の性能基準に適合したもので、かつ検査等により品質確認されたものを使用する。

(2) サドル付分水栓の取付けボルト、給水管及び給水用具の継手等で締付けトルクが設定されているものは、その締付け状況を確認する。

(3) 配水管への取付口の位置は、他の給水装置の取付口と 30cm以上の離隔を保つ。

(4) サドル付分水栓を取付ける管が鋳鉄管の場合、穿孔断面の腐食を防止する防食コアを装着する。

(5) 施工した給水装置の耐久試験を実施する。

05-56
難易度 ★

給水装置工事の**工程管理**に関する次の記述の ☐ 内に入る語句の組み合わせのうち、適当なものはどれか。

工程管理は、一般的に計画、実施、 ア に大別することができる。計画の段階では、給水管の切断、加工、接合、給水用具据え付けの順序と方法、建築工事との日程調整、機械器具及び工事用材料の手配、技術者や配管技能者を含む イ を手配し準備する。工事は ウ の指導監督のもとで実施する。

	ア	イ	ウ
(1)	管理	作業従事者	給水装置工事主任技術者
(2)	検査	作業従事者	技能を有する者
(3)	管理	作業主任者	給水装置工事主任技術者
(4)	検査	作業主任者	給水装置工事主任技術者
(5)	管理	作業主任者	技能を有する者

05-55

出題頻度 `04-58` , `02-58` , `01-55`

重要度 ★
text. P.314

構造材質基準等水道法令適合に関する問題である。

(1) 給水管及び給水用具が給水装置の構造及び材質の基準に関する**省令の性能基準に適合**したもので、かつ検査等により**品質確認されたものを使用**する。適当な記述である。

(2) サドル付分水栓の取付けボルト、給水管及び給水用具の継手等で**締付けトルク**が設定されているものは、その締付け状況を**確認**する。適当な記述である。

(3) 配水管への取付口の位置は、他の給水装置の取付口と `30㎝` 以上の離隔を保つ。適当な記述である。

(4) サドル付分水栓を取付ける管が**鋳鉄管**の場合、穿孔断面の腐食を防止する `防食コア` を装着する。適当な記述である。 **よく出る**

(5) 施工した給水装置の `耐圧試験` を実施する。不適当な記述である。
したがって、不適当なものは(5)である。 □**正解(5)**

> 要点：サドル付分水栓を鋳鉄管に取り付ける場合，鋳鉄管の内面ライニングに適した穿孔ドリルを使用する。

05-56

出題頻度 `02-56` , `29-54`

重要度 ★★
text. P.311

給水装置工事の施工管理上の留意点に関する問題である。 **よく出る**

工程管理は、一般的に**計画**、**実施**、`管理` に大別することができる。計画の段階では、給水管の切断、加工、接合、給水用具据え付けの順序と方法、建築工事との日程調整、機械器具及び工事用材料の手配、技術者や配管技能者を含む `作業従事者` を手配し準備する。工事は `給水装置工事主任技術者` の指導監督のもとで実施する。

したがって、□内に入る語句の組み合わせは(1)である。 □**正解(1)**

- 諏訪のアドバイス

○建設業法施行令改正 (2023 (R05) 年1月)

※（ ）内は建築一式工事の場合	現行	改正後
特定建設の許可、監理技術者の配置、施工体制台帳の作成を要する下請け代金箔の下限	4,000 万円 （6,000 万円）	**4,500 万円** （**7,000 万円**）
主任技術者及び監理技術者の専任を要する請負代金額の下限	3,500 万円 （7,000 万円）	**4,000 万円** （**8,000 万円**）
特定建設工事の下請代金額の上限	3,500 万円	**4,000 万円**

※一般建設業にとっては、施工できる工事の範囲が広がったメリットがある。

check □□□

05-57 　給水装置工事の施工管理に関する次の記述のうち、不適当なものはどれか。

難易度 ★

(1) 施工計画書には、現地調査、水道事業者等との協議に基づき作業の責任を明確にした施工体制、有資格者名簿、施工方法、品質管理項目及び方法、安全対策、緊急時の連絡体制と電話番号、実施工程表等を記載する。

(2) 施工に当たっては、施工計画書に基づき適正な施工管理を行う。具体的には、施工計画に基づく工程、作業時間、作業手順、交通規制等に沿って工事を施行し、必要の都度工事目的物の品質確認を実施する。

(3) 常に工事の進捗状況について把握し、施工計画時に作成した工程表と実績とを比較して工事の円滑な進行を図る。

(4) 配水管からの分岐以降水道メーターまでの工事は、道路上での工事を伴うことから、施工計画書を作成して適切に管理を行う必要があるが、水道メーター以降の工事は、宅地内での工事であることから、その限りではない。

(5) 施工計画書に品質管理項目と管理方法、管理担当者を定め品質管理を実施するとともに、その結果を記録にとどめる他、実施状況を写真撮影し、工事記録としてとどめておく。

05-58 　給水装置工事における埋設物の安全管理に関する次の記述の正誤の組み合わせのうち、適当なものはどれか。

難易度 ★

ア　工事の施行に当たっては、地下埋設物の有無を十分に調査するとともに、近接する埋設物がある場合は、道路管理者に立会いを求めその位置を確認し、埋設物に損傷を与えないよう注意する。

イ　工事に施行に当たって掘削部分に各種埋設物が露出する場合には、防護協定などを遵守して措置し、当該埋設物管理者と協議の上で適切な表示を行う。

ウ　工事中、予期せぬ地下埋設物が見つかり、その管理者がわからない場合は、安易に不明埋設物として処理するのではなく、関係機関に問い合わせるなど十分な調査を経て対応する。

エ　工事中、火気に弱い埋設物又は可燃性物質の輸送管等の埋設物に接近する場合は、溶接機、切断機等火気を伴う機械器具を使用しない。ただし、やむを得ない場合は、所管消防署と協議し、保安上必要な措置を講じてから使用する。

	ア	イ	ウ	エ
(1)	誤	正	誤	正
(2)	正	誤	正	誤
(3)	誤	誤	正	正
(4)	正	正	誤	正
(5)	誤	正	正	誤

05-57

出題頻度 04-56 , 04-57 , 03-56

重要度 ★★
text. P.306〜310

施工管理に関する問題である。

(1) **施工計画書には**、現地調査、水道事業者等との協議に基づき**作業の責任を明確にした施工体制**、有資格者名簿、**施工方法、品質管理項目及び方法、安全対策、緊急時の連絡体制**と**電話番号、実施工程表**等を記載する。適当な記述である。

(2) 施工に当たっては、**施工計画書**に基づき適正な施工管理を行う。具体的には、**施工計画に基づく工程、作業時間、作業手順、交通規制**等に沿って工事を施行し、**必要の都度工事目的物の品質確認を実施**する。適当な記述である。

(3) 常に工事の**進捗状況**について把握し、施工計画時に作成した**工程表と実績とを比較**して工事の円滑な進行を図る。適当な記述である。

(4) 水道メーター以降末端給水用具までの**宅地内**工事であっても、あらかじめ水道事業者の承認を受けた工法、工期その他工事上の条件に適合する必要がある。不適当な記述である。**よく出る**

(5) 施工計画書に**品質管理項目**と**管理方法**、**管理担当者を定め品質管理を実施**するとともに、その結果を記録にとどめる他、実施状況を写真撮影し、**工事記録として**とどめておく。適当な記述である。

したがって、不適当なものは(4)である。　　　　　　**□正解(4)**

要点：**品質管理記録**は，施工管理の結果であり適正な工事を証明する証（あかし）となるので，主任技術者は品質管理の実施とその記録の作成を行う必要がある。この品質管理は，宅地内工事も同様である。

05-58

出題頻度 03-59 , 02-59 , 30-52

重要度 ★★★
text. P.315〜316

埋設物の安全管理に関する問題である。

ア 工事の施工に当たっては、地下埋設物の有無を十分に調査するとともに、近接する埋設物がある場合は、当該 埋設物管理者 に**立会いを求める**等その位置を確認し、埋設物の損傷を与えないよう注意する。誤った記述である。**よく出る**

イ 工事に施行に当たって掘削部分に各種埋設物が露出する場合には、**防護協定**などを遵守して措置し、当該**埋設物管理者と協議**の上で適切な表示を行う。正しい記述である。

ウ 工事中、**予期せぬ地下埋設物**が見つかり、その管理者がわからない場合は、安易に不明埋設物として処理するのではなく、**関係機関に問い合わせる**など十分な調査を経て対応する。正しい記述である。

エ 工事中、火気に弱い埋設物又は可燃性物質の輸送管等の埋設物に接近する場合は、**溶接機、切断機等火気を伴う機械器具を使用しない**。ただし、やむを得ない場合は、当該 埋設物管理者 と協議し、保安上必要な措置を講じてから使用する。誤った記述である。**よく出る**

したがって、正誤の組み合わせのうち、適当なものは(5)である。　　**□正解(5)**

要点：水中ポンプその他の電気関係器材は，常に点検と修理を行い正常な状態で作動させる。

05-59
難易度 ★★

次のア～エの記述のうち、**建設工事公衆災害**に該当する組み合わせとして適当なものはどれか。

ア 水道管を毀損したため，断水した。
イ 交通整理員が交通事故に巻き込まれ、死亡した。
ウ 作業員が掘削溝に転落し、負傷した。
エ 工事現場の仮舗装が陥没し、そこを通行した自転車が転倒して、運転者が負傷した。

(1) アとエ
(2) イとエ
(3) イとウ
(4) アとウ
(5) ウとエ

05-60
難易度 ★★

建設工事公衆災害防止対策要綱に関する次の記述のうち、**不適当**なものはどれか。

(1) 施工者は、歩行者通路とそれに接する車道の交通の用に供する部分との境及び歩行者用通路との境は、必要に応じて移動さくを間隔をあけないようにし、又は移動さくの間に安全ロープ等を張ってすき間のないよう措置しなければならない。

(2) 施工者は、道路上において又は道路に接して土木工事を夜間施行する場合には、道路上又は道路に接する部分に設置したさく等に沿って、高さ 1m 程度のもので夜間 150m 前方から視認できる光度を有する保安灯を設置しなければならない。

(3) 施工者は、工事を予告する道路標識、標示板等を、工事箇所の前方 50m から 500m の間の路側又は中央帯のうち視認しやすい箇所に設置しなければならない。

(4) 施工者は、道路を掘削した箇所を埋め戻したのち、仮舗装を行う際にやむを得ない理由で段差が生じた場合は、10% 以内の勾配ですりつけなければならない。

(5) 施工者は、歩行者用通路には、必要な標識等を掲げ、夜間には、適切な照明等を設けなければならない。また、歩行に危険のないよう段差や路面の凹凸をなくすとともに、滑りにくい状態を保ち、必要に応じてスロープ、手すり及び視覚障害者誘導用ブロック等を設けなければならない。

05-59 出題頻度 `03-60` `30-54` `28-59`　　　重要度 ★★★★
text. P.317

建設工事公衆災害の事故防止に関する問題である。**よく出る**

公衆災害とは、土木工事に当たって、<u>当該工事の関係以外の第三者（**公衆**）に対する身体及び財産に関する**危害**並びに**迷惑**（**公衆災害**）</u>をいう。

ア　建設工事公衆災害となる。
イ　交通事故となる。
ウ　建設工事の事故となる。
エ　建設工事公衆災害となる。

建設工事公衆災害となるのはアとエであり、適当な組み合わせは(1)である。**正解(1)**

要点：公災防（建設工事公衆災害防止対策要綱）第1（目的）を把握しておく。

05-60 出題頻度 `04-59` `04-60` `03-59` `02-60`　　　重要度 ★★★★
text. P.318〜319

「公災防」第3章「交通対策」の問題である。**よく出る**

(1)　施工者は、歩行者通路とそれに接する車道の交通の用に供する部分との境及び歩行者用通路との境は、必要に応じて**移動さくを間隔をあけないように**し、又は移動さくの間に**安全ロープ**等を張ってすき間のないよう措置しなければならない（公災防第27第2項）。適当な記述である。

(2)　施工者は、道路上において又は道路に接して土木工事を夜間施行する場合には、道路上又は道路に接する部分に設置したさく等に沿って、高さ**1m** 程度のもので夜間 **150m** 前方から視認できる光度を有する 保安灯 を設置しなければならない（同第24第1項）。適当な記述である。

(3)　施工者は、工事を予告する**道路標識**、**標示板**等を、工事箇所の前方 **50m** から **500m** の間の**路側**又は**中央帯**のうち視認しやすい箇所に設置しなければならない（同第24第3項）。適当な記述である。

(4)　施工者は、道路を掘削した箇所を車両の交通の用に供しようとするときは、埋め戻したのち、原則として、**仮舗装**を行い、又は**覆工**を行う等の措置を講じなければならない。この場合、周囲の路面との段差を生じないようにしなければならない。やむを得ない理由で**段差**が生じた場合は **5%** 以内の勾配で**擦り付け**なければならない（同第26第1項）。不適当な記述である。

(5)　施工者は、歩行者用通路には、必要な**標識**等を掲げ、夜間には、適切な**照明**等を設けなければならない。また、歩行に危険のないよう段差や路面の凹凸をなくすとともに、滑りにくい状態を保ち、必要に応じて**スロープ**、**手すり**及び**視覚障害者誘導用ブロック**等を設けなければならない（同第27第3項）。適当な記述である。

したがって、不適当なものは(4)である。　　　　　　　　　□**正解(4)**

success point

合格するという信念を持つ！

　人は同じような時間で、働き、努力する。
　しかし、現実には貧富の差があり、能力に差があるように見える。
　だが、真実は、かの人と自己は何の違いもない！
　足りないのは成功する信念を持つか、持たないかの違いだ。
　この給水装置工事主任技術者合格はその第一歩だ！

私は必ず合格する！！

R **04** 年度

2022

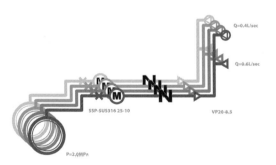

Q=0.4L/sec

Q=0.6L/sec

SSP-SUS316 25-10

VP20-8.5

P=2.0MPa

1. 公衆衛生概論

04-1
難易度 ★

水道法において定義されている**水道事業**等に関する次の記述のうち、不適当なものはどれか。

(1) 水道事業とは、一般の需要に応じて、水道により水を供給する事業をいう。ただし、給水人口が 100 人以下である水道によるものを除く。

(2) 簡易水道事業とは、水道事業のうち、給水人口が 5,000 人以下の事業をいう。

(3) 水道用水供給事業とは、水道により、水道事業者に対してその用水を供給する事業をいう。

(4) 簡易専用水道とは、水道事業の用に供する水道及び専用水道以外の水道であって、水道事業から受ける水のみを水源とするもので、水道事業からの水を受けるために設けられる水槽の有効容量の合計が 100㎥以下のものを除く。

04-2
難易度 ★

水道水の**水質基準**に関する次の記述のうち、不適当なものはどれか。

(1) 味や臭気は、水質基準項目に含まれている。

(2) 一般細菌の基準値は、「検出されないこと」とされている。

(3) 総トリハロメタンとともに、トリハロメタン類のうち 4 物質について各々基準値が定められている。

(4) 水質基準は、最新の科学的知見に照らして改正される。

04-1 出題頻度 `30- 2` , `26- 3` , `24- 7` 重要度 ★★
text. P.28 ～ 29

水道法第 3 条の用語の定義に関する問題である。

(1) **水道事業**とは、一般の需要に応じて、水道により水を供給する事業をいう。ただし、給水人口が 100 人以下 である水道によるものを除く。適当な記述である。 **よく出る**

(2) **簡易水道事業**とは、水道事業のうち、給水人口が 5.000 人以下 の事業をいう。適当な記述である。

(3) **水道用水供給事業**とは、水道により、水道事業者に対してその用水を供給する事業をいう。適当な記述である。

(4) **簡易専用水道**とは、水道事業の用に供する水道及び専用水道以外の水道であって、水道事業から受ける水のみを水源とするもので、水道事業からの水を受けるために設けられる水槽の有効容量の合計が 10m以下 のものを除く。不適当な記述である。 **よく出る**
したがって、不適当なものは(4)である。 □**正解(4)**

要点：**専用水道**：100 人を超える者に居住に必要な水を供給するもの。

04-2 出題頻度 `03- 2` , `01- 2` , `30- 1` , `29- 3` , `26- 2` 重要度 ★★
text. P.13 ～ 16,30

水質基準に関する問題である。

(1) 異常な臭味がないこと。ただし、消毒による臭味は除く。と規定する（法 4 条 1 項）。適当な記述である。

(2) **一般細菌**の基準値は、1 ml の検水において集落数が **100 個以下**としている。**大腸菌**については**検出されないこと**とする。不適当な記述である。

(3) **総トリハロメタン**は、基準値が 0.1mg/L 以下とされるが、次の 4 物質、**クロロホルム**（同 0.06㎎ /L 以下）、**ジブロモクロロメタン**（同 0.1㎎ /L 以下）、**ブロモジクロロメタン**（同 0.03㎎ /L 以下）及び**ブロモホルム**（同 0.09㎎ /L 以下）の合計として定められている。適当な記述である。

(4) 水質基準は逐次改正方式を採用しており、最新の知見により常に見直しを図るものとしている。適当な記述である。
したがって、不適当なものは(2)である。 □**正解(2)**

要点：この分野では、**化学物質と健康影響**及び**生活用水と利水障害**も押さえて置く。

check □□□

04-3 塩素消毒及び残留塩素に関する次の記述のうち、不適当なものはどれか。

難易度 ★

(1) 残留塩素には遊離残留塩素と結合残留塩素がある。消毒効果は結合残留塩素の方が強く、残留効果は遊離残留塩素の方が持続する。

(2) 遊離残留塩素には、次亜塩素酸と次亜塩素酸イオンがある。

(3) 水道水質基準に適合した水道水では、遊離残留塩素のうち、次亜塩素酸の存在比が高いほど、消毒効果が高い。

(4) 一般に水道で使用されている塩素系消毒剤としては、次亜塩素酸ナトリウム、液化塩素（液体塩素）、次亜塩素酸カルシウム（高度さらし粉を含む）がある。

2. 水道行政

04-4 水道事業者等の水質管理に関する次の記述のうち、不適当なものはどれか。

難易度 ★★

(1) 水道により供給される水が水質基準に適合しないおそれがある場合は臨時の検査を行う。

(2) 水質検査に供する水の採取の場所は、給水栓を原則とし、水道施設の構造等を考慮して、当該水道により供給される水が水質基準に適合するかどうかを判断することができる場所を選定する。

(3) 水道法施行規則に規定する衛生上必要な措置として、取水場、貯水池、導水渠、浄水場、配水池及びポンプ井は、常に清潔にし、水の汚染防止を十分にする。

(4) 水質検査を行ったときは、これに関する記録を作成し、水質検査を行った日から起算して 1 年間、これを保存しなければならない。

04-3

出題頻度 **05-2**, **02-3**, **01-1**, **29-2**, **28-2**

重要度 ★★
text. P.17 ～ 18

塩素消毒に関する問題である。

⑴、⑵、⑶ 残留塩素には、遊離残留塩素と結合残留塩素が含まれる。**殺菌効果**は、**遊離残留塩素の方が強く**、この中でも**次亜塩素イオン**より、**次亜塩素酸の方が強く**、その比率が高いほど、消毒効果が高い。**残留効果**は、**結合残留塩素の方が持続**する。⑴は不適当な記述であり、⑵、⑶は適当な記述である。

⑷ 一般に使用される消毒剤は、**液化**（液体）**塩素**、**次亜塩素酸ナトリウム**及び**次亜塩素酸カルシウム**（高度さらし粉）がある。液化塩素の消毒効果は、次亜塩素ナトリウムより高い。次亜塩素酸カルシウムは保存性が高い。適当な記述である。

したがって、不適当なものは⑴である。 □**正解⑴**

> 要点：塩素消毒の義務：**遊離残留塩素を 0.1mg/L**（結合残留塩素の場合は 0.4mg/L）以上保持すること。

04-4

出題頻度 **05-4**, **03-4**, **02-4**, **24-6**

重要度 ★★
text. P.40 ～ 43

水質管理に関する問題である。

⑴ 法 20 条 1 項の**臨時の水質検査**は、「水道により供給される水が水質基準に適合しないおそれがある場合に基準の表に掲げる事項について検査を行うものとする。」等規定している（則 15 条 2 項①～③号）。適当な記述である。

⑵ 検査に供する水（試料）の採取の場所は、**給水栓**を原則とし、水道施設の構造等を考慮して、当該水道により供給される水が**水質基準に適合するかどうかを判断することができる場所**を選定すること（則 15 条 1 項②号）。適当な記述である。

⑶ 法 22 条の規定により水道事業者が講じなければならない**衛生上必要な措置**は、「取水場、貯水池、導水きょ、浄水場、配水池及びポンプせいは常に清潔にし、水の汚染の防止を充分にすること」等である（則 17 条 1 項①～③号）。適当な記述である。

⑷ 水道事業者は、則 15 条の規定による**水質検査**を行ったときは、これに関する**記録を作成**し、水質検査を行った日から起算して **5 年間**、これを**保存**しなければならない（法 20 条 2 項）。不適当な記述である。

したがって、不適当なものは⑷である。 □**正解⑷**

> 要点：**定期の水質検査**は，一日 1 回以上行う**色及び濁り**並びに**消毒の残留効果**に関する検査等を行う。

04-5 難易度 ★★ 簡易専用水道の管理基準に関する次の記述のうち、不適当なものはどれか。

(1) 有害物や汚水等によって水が汚染されるのを防止するため、水槽の点検等の必要な措置を講じる。

(2) 設置者は、毎年 1 回以上定期に、その水道の管理について、地方公共団体の機関又は厚生労働大臣の登録を受けた者の検査を受けなければならない。

(3) 供給する水が人の健康を害するおそれがあることを知ったときは、直ちに給水を停止し、かつ、その水を使用することが危険である旨を関係者に周知させる措置を講じる。

(4) 給水栓により供給する水に異常を認めたときは。水道水質基準の全項目について水質検査を行わなければならない。

04-6 難易度 ★★ 指定給水装置工事事業者の 5 年ごとの更新時に、**水道事業者が確認することが望ましい事項**に関する次の記述の正誤の組み合わせのうち、適当なものはどれか。

ア 指定給水装置工事事業者の受注実績

イ 給水装置工事主任技術者等の研修会の受講状況

ウ 適切に作業を行うことができる技能を有する者の従事状況

エ 指定給水装置工事事業者の講習会の受講実績

	ア	イ	ウ	エ
(1)	正	正	正	正
(2)	正	誤	正	正
(3)	誤	誤	正	誤
(4)	誤	正	誤	誤
(5)	誤	正	正	正

04-5　出題頻度 `05-5` `02-5` `01-4` `24-10` `21-9`　　重要度 ★★

text. P.47

簡易専用道の管理基準（法 34 条の 2 第 1 項、則 55 条）の問題である。

⑴　水槽の掃除を毎年 1 回以上定期に行うこと（則 55 条①号）と規定する。適当な記述である。

⑵　簡易専用水道の設置者は、当該簡易専用水道の管理について、則 56 条の定めるところにより、**毎年 1 回以上定期**に、**地方公共団体の機関又は厚生労働大臣の登録を受けた者**の**検査**を受けなければならない（法 34 条の 2 第 2 項）。適当な記述である。

⑶　**供給する水が人の健康を害するおそれがあることを知ったときは、直ちに給水を停止し、かつ、その水を使用することが危険である旨を関係者に周知させる措置を講じる**こと（則 55 条④号）。適当な記述である。

⑷　給水栓における水の**色、濁り、臭い、味**、その他の状態により、供給する水に**異常を認めたときは、水質基準に関する省令の表の左欄に掲げる事項のうち必要なものについて検査**を行うこと（同則③号）。不適当な記述である

したがって、不適当なものは⑷である。　　　　　　　　□**正解⑷**

要点：簡易専用水道の 34 条機関：登録簡易水道期間の定期的な検査を受ける必要がある。

04-6　出題頻度 `03-5` `02-7`　　　　　　　　重要度 ★★★

text. P.52

工事事業者の 5 年ごとの指定の更新確認に関する問題である。

●指定更新の確認事項

①指定給水装置工事事業者の 講習会の受講実績

②指定給水装置工事事業者の 業務内容

③給水装置工事主任技術者等の 研修会の受講状況

④ 適切に作業を行うことができる技術を有する者の従事状況

以上から、アは何れにも該当しないので、誤った記述である。

　　　　　　　イは③に該当するので、正しい記述である。

　　　　　　　ウは④に該当するので、正しい記述である

　　　　　　　エは①に該当するので、正しい記述である。

したがって、適当な組み合わせは⑸である。　　　　　□**正解⑸**

04-7	水道法に関する次の記述の正誤の組み合わせのうち、適当なものはどれか。
難易度 ★★★	

ア　国、都道府県及び市町村は水道の基盤の強化に関する施策を策定し、推進又は実施するよう努めなければならない。

イ　国は広域連携の推進を含む水道の基盤を強化するための基本方針を定め、都道府県は基本方針に基づき、水道基盤強化計画を定めなければならない。

ウ　水道事業者等は、水道施設を適切に管理するための水道施設台帳を作成し、保管しなければならない。

エ　指定給水装置工事事業者の 5 年ごとの更新制度が導入されたことに伴って、給水装置工事主任技術者も 5 年ごとに更新を受けなければならない。

	ア	イ	ウ	エ
(1)	正	誤	誤	正
(2)	正	正	誤	誤
(3)	誤	誤	正	正
(4)	正	誤	正	誤
(5)	誤	正	誤	正

04-8	水道法第 14 条の供給規程が満たすべき要件に関する次の記述のうち、不適当なものはどれか。
難易度 ★★	

(1)　水道事業者及び指定給水装置工事事業者の責任に関する事項並びに給水装置工事の費用の負担区分及びその額の算出方法が、適正かつ明確に定められていること。

(2)　料金は、能率的な経営の下における適正な原価に照らし、健全な経営を確保することができる公正妥当なものであること。

(3)　特定の者に対して不当な差別的取扱いをするものでないこと。

(4)　貯水槽水道が設置される場合においては、貯水槽水道に関し、水道事業者及び当該貯水槽水道の設置者の責任に関する事項が、適正かつ明確に定められていること。

04-7 出題頻度 `05-9` `02-6` 重要度 ★★
text. P.27

水道行政と水道事業に関する問題である。

ア 関係者の責務の明確化：国、都道府県及び市町村は水道の**基盤の強化に関する施策を策定**し、推進又は実施することとする（法2条の2第1項）。正しい記述である。

イ 広域連携の推進：①国は広域連携の推進を含む水道の基盤を強化するための**基本方針**を定めることとする。②都道府県は基本方針に基づき、関係市町村及び水道事業者の同意を得て 水道基盤強化計画 を定めることとなる（同法2条の2第2項）。誤った記述である。

ウ 適切な資産管理の推進：水道事業者等は、水道施設を適切に管理するための 水道施設台帳 を**作成**し、**保管**しなければならない。正しい記述である。

エ 指定給水装置工事事業者制度の改善：資質の保持や実態との乖離の防止を図るため、指定給水装置工事事業者の指定に**更新制**（ 5年 とする）**を導入**する（法25条の3の2）。給水装置工事主任技術者の更新の規定は設けていない。誤った記述である。

したがって、適当な組み合わせは(4)である。 □**正解(4)**

> 要点：水道法は，水道に関して，国，国民，都道府県，市町村，水道事業者等の責務を定めているので抑えて置く。

04-8 出題頻度 `02-8` `30-8` `28-8` `27-4` `27-5` 重要度 ★★★
text. P.33〜34

供給規程に関する問題である。

(1) 水道事業者及び 水道の需要者の責任 に関する事項並びに給水装置工事の費用の負担区分及びその額の算出方法が、適正かつ明確に定められていること（法14条2項③号）と規定する。不適当な記述である。

(2) 料金は、能率的な経営の下における適正な原価に照らし、**健全な経営を確保する**ことができる**公正妥当**なものであること（同項①号）と規定。適当な記述である。

(3) 特定の者に対して不当な**差別的取扱い**をするものでないこと（同項④号）と規定。適当な記述である。

(4) **貯水槽水道**が設置される場合においては、貯水槽水道に関し、 **水道事業者及び当該貯水槽水道の設置者の責任に関する事項か、適正かつ明確に定められていること**（同項⑤号）。適当な記述である。

したがって、不適当なものは(1)である。 □**正解(1)**

> 要点：水道事業者は，**料金**，**給水装置工事の費用の負担区分**その他の供給条件について**供給規程**に定めなければならない（法14条1項）。

---

check □□□

04- 9

難易度 ★★★★

水道施設運営権に関する次の記述のうち、不適当なものはどれか。

(1) 地方公共団体である水道事業者は、民間資金等の活用による公共施設等の整備等の促進に関する法律（以下本問においては「民間資金法」という。）の規定により、水道施設運営等事業に係る公共施設運営権を設定しようとするときは、あらかじめ、都道府県知事の許可を受けなければならない。

(2) 水道施設運営等事業は、地方公共団体である水道事業者が民間資金法の規定により水道施設運営権を設定した場合に限り、実施することができる。

(3) 水道施設運営権を有する者が、水道施設運営等事業を実施する場合には、水道事業経営の認可を受けることを要しない。

(4) 水道施設運営権を有する者は、水道施設運営等事業について技術上の業務を担当させるため、水道施設運営等事業技術管理者を置かなければならない。

- 諏訪のアドバイス -

水道施設運営権

　各水道事業者の厳しい経営環境等から地方公共団体は「民間資金法」に基づく地方議会の承認等の手続きを経て、水道法に基づく**厚生労働大臣の許可**を受け、民間事業者に施設の運営権の設定を促すものである。

　運営権者は、設置された運営権の範囲で水道施設を運営し、利用料金を自ら収受する。地方公共団体は、運営権者が設定する水道施設の利用料金の範囲等を事前に条例で定めるとともに、運営権者の監視・監督を行う。

重要度　★★

text.　P.45～46

水道施設運営権に関する問題である。

⑴　地方公共団体である**水道事業者は**、民間資金等の活用による公共施設等の整備等の促進に関する法律（以下本問においては「民間資金法」という。）の規定により、水道施設運営等事業に係る公共施設運営権（水道施設運営権）を**設定**しようとするときは、あらかじめ厚生労働大臣の**許可**を受けなければならない（法24条の4第1項）。不適当な記述である。

⑵　**水道施設運営等事業**は、地方公共団体である水道事業者が民間資金法の規定により**水道施設運営権を設定した場合に限り、実施することができる**（同条2項）。適当な記述である。

⑶　水道施設運営権を有する者（水道施設運営権者）が、水道施設運営等事業を実施する場合には、水道事業経営の認可を受けることを要しない（同条3項）。適当な記述である。

⑷　水道施設運営権を有する者（水道施設運営権者）は、水道施設運営等事業について技術上の業務を担当させるため、**水道施設運営等事業技術管理者**を一人置かなければならない（同条の7第1項）。適当な記述である。

したがって、不適当なものは⑴である。

□**正解⑴**

要点：**水道施設運営権者**が水道施設運営等事業を実施する場合には，水道事業経営の**認可**（法6条1項）を受けることを要しない（法24条3項）。

check □□□

3. 給水装置工事法

04-10 難易度 ★★

水道法施行規則第 36 条の**指定給水装置工事事業者の事業の運営**に関する次の記述の ☐ 内に入る語句の組み合わせのうち、適当なものはどれか。

水道法施行規則第 36 条第 1 項第 2 号に規定する「適切に作業を行うことができる技能を有する者」とは、配水管への分水栓の取付け、配水管の穿孔、給水管の接合等の配水管から給水管を分岐する工事に係る作業及び当該分岐部から ア までの配管工事に係る作業について、配水管その他の地下埋設物に変形、破損その他の異常を生じさせることがないよう、適切な イ 、 ウ 、地下埋設物の エ の方法を選択し、正確な作業を実施することができる者をいう。

	ア	イ	ウ	エ
(1)	水道メーター	給水用具	工 程	移 設
(2)	宅 地 内	給水用具	工 程	防 護
(3)	水道メーター	資機材	工 法	防 護
(4)	止 水 栓	資機材	工 法	移 設
(5)	宅 地 内	給水用具	工 法	移 設

04-11 難易度 ★★

給水管の取出しに関する次の記述の正誤の組み合わせのうち、適当なものはどれか。

ア 配水管を断水して T 字管、チーズ等により給水管を取り出す場合は、断水に伴う需要者への広報等に時間を要するので、充分に余裕を持って水道事業者と協議し、断水作業、通水作業等の作業時間、雨天時の対応等を確認する。
イ ダクタイル鋳鉄管の分岐穿孔に使用するサドル付分水栓用ドリルは、エポキシ樹脂粉体塗装の場合とモルタルライニング管の場合とでは、形状が異なる。
ウ ダクタイル鋳鉄管のサドル付分水栓等による穿孔箇所には、穿孔部のさびこぶ発生防止のため、水道事業者が指定する防食コアを装着する。
エ 不断水分岐作業の場合には、分岐作業終了後に充分に排水すれば、水質確認を行わなくてもよい。

	ア	イ	ウ	エ
(1)	正	正	正	誤
(2)	誤	誤	正	誤
(3)	誤	正	誤	正
(4)	正	正	誤	正
(5)	正	正	誤	誤

04-10
出題頻度 `03-10` `02-10` `29-8` `28-10`　　　重要度 ★★★
text. P.56〜57,63

則 36 条の事業の運営に関する問題である。

水道法施行規則第 36 条第 1 項第 2 号に規定する「適切に作業を行うことができる技能を有する者」とは、配水管への分水栓の取付け、配水管の穿孔、給水管の接合等の配水管から給水管を分岐する工事に係る作業及び当該分岐部から水道メーターまでの配管工事に係る作業について、配水管その他の地下埋設物に変形、破損その他の異常を生じさせることのないよう、適切な資機材、工法、地下埋設物の防護の方法を選択し、正確な作業を実施することができる者をいう。

したがって、適当な語句の組み合わせ(3)である。　　　　　　　**正解(3)**

> 要点：主任技術者及びその他の給水装置工事に従事する者の給水装置工事の施工技術の向上のために, 研修の機会を確保するよう努めること（則 36 条④号）。

04-11
出題頻度 `05-10` `03-11` `03-12` `02-11` `0-11` `30-10` `29-11` `27-11`　　　重要度 ★★★
text. P.63〜64

給水管の取出しに関する問題である。

ア　配水管を断水して T 字管、チーズ等により給水管を取り出す場合は、**断水に伴う需要者への広報等に時間を要する**ので、充分に余裕を持って水道事業者と協議し、断水作業、通水作業等の作業時間、雨天時の対応等を確認する。正しい記述である。

イ　ダクタイル鋳鉄管の分岐穿孔に使用する**サドル付分水栓用ドリル**は、エポキシ樹脂粉体塗装の場合と**モルタルライニング管**の場合とでは、**形状が異なる**。正しい記述である。

ウ　ダクタイル鋳鉄管のサドル付分水栓等による穿孔箇所には、穿孔部のさびこぶ発生防止のため、**水道事業者が指定する**防食コアを装着する（ダクタイル鋳鉄管に装着するコアは非密着性形と密着形がある。）。正しい記述である。

エ　不断水分岐作業の場合は、分岐終了後、**水質確認**（残留塩素、臭い、色、濁り、味の確認）を行う。誤った記述である。

したがって、適当な正誤の組み合わせは(1)である。　　　　　□**正解(1)**

> 要点：給水管の分岐には, 配水管の管種及び口径並びに給水管の口径に応じサドル付分水栓, 分水栓, 割 T 字管等を用いる方法か, 配水管を切断し, T 字管, チーズ等を用いて取出す方法による。

04-12

難易度 ★★★

配水管からの分岐穿孔に関する次の記述のうち、**不適当なもの**はどれか。

(1) 割T字管は、配水管の管軸頂部にその中心線がくるように取り付け、給水管の取出し方向及び割T字管が管軸方向から見て傾きがないか確認する。

(2) ダクタイル鋳鉄管からの分岐穿孔の場合、割T字管の取り付け後、分岐部に水圧試験用治具を取り付けて加圧し、水圧試験を行う。負荷水圧は、常用圧力＋0.5MPa以下とし、最大1.2MPaとする。

(3) 割T字管を用いたダクタイル鋳鉄管からの分岐穿孔の場合、穿孔はストローク管理を確実に行う。また、穿孔中はハンドルの回転が重く感じ、センサードリルの穿孔が終了するとハンドルの回転は軽くなる。

(4) 割T字管を用いたダクタイル鋳鉄管からの分岐穿孔の場合、防食コアを穿孔した孔にセットしたら、拡張ナットをラチェトスパナで締め付ける。規定量締付け後、拡張ナットを緩める。

(5) ダクタイル鋳鉄管に装着する防食コアの挿入機及び防食コアは、製造者及び機種等により取扱いが異なるので、必ず取扱説明書を読んで器具を使用する。

04-13

難易度 ★

給水管の明示に関する次の記述の正誤の組み合わせのうち、**適当なもの**はどれか。

ア 道路管理者と水道事業者等道路地下占用者の間で協議した結果に基づき、占用物埋設工事の際に埋設物頂部と路面の間に折り込み構造の明示シートを設置している場合がある。

イ 道路部分に布設する口径75mm以上の給水管には、明示テープ等により管を明示しなければならない。

ウ 道路部分に給水管を埋設する際に設置する明示シートは、水道事業者の指示により、指定された仕様のものを任意の位置に設置する。

エ 明示シートの色は、水道管は青色、ガス管は緑色、下水道管は茶色とされている。

	ア	イ	ウ	エ
(1)	正	誤	正	正
(2)	誤	正	誤	正
(3)	正	正	誤	正
(4)	正	誤	正	誤
(5)	誤	正	正	誤

04-12 出題頻度 初出　　　　　　　重要度 ★★
text. P.70

割T字管の分岐穿孔に関する問題点である。

(1) 割T字管は、配水管の**管軸水平部にその中心線がくるように取付け、給水管の取り出し方向及び割T字管が管水平方向から見て傾きがないかを確認する**。記述は、サドル付分水栓の取付けの場合である。不適当な記述である。

(2) ダクタイル鋳鉄管からの分岐穿孔の場合、割T字管の取り付け後、分岐部に水圧試験用治具を取り付けて加圧し、**水圧試験**を行う。**負荷水圧**は、常用圧力**+0.5MPa**以下とし、最大**1.2MPa**とする行う。　適当な記述である。

(3) 穿孔はストロール管理を確実に行う。また穿孔中は、ハンドルの回転を**重く**感じる。センタードリルの穿孔が終了するとハンドルの回転は**軽く**なるので、この時排水ホースを開く。適当な記述である。**よく出る**

(4) 割T字管を用いたダクタイル鋳鉄管からの分岐穿孔の場合、**防食コア**を穿孔した孔にセットしたら、拡張ナットをラチェトスパナで締め付ける。**規定量締付け後、拡張ナットを緩める**。適当な記述である。

(5) ダクタイル鋳鉄管に装着する**防食コアの挿入機及び防食コア**は、**製造者及び機種等により取扱いが異なる**ので、必ず取扱説明書を読んで器具を使用する（サドル付分水栓の場合も同様である。）。適当な記述である。
したがって、不適当なものは(1)である。　　　　　　□**正解(1)**

要点：割T字管の穿孔作業では、合フランジの吐水部へ排水用ホースを連結し、**下水溝へ切粉を直接排水しないようにホースの先端はバケツ等に差し込む**。

04-13 出題頻度 05-13 , 02-14 , 28-13 , 25-14　　重要度 ★★
text. P.99〜101

給水管の明示に関する問題である。

ア　**道路管理者**と**水道事業者**等道路地下占用者の間で協議した結果に基づき、占用物埋設工事の際に**埋設物頂部と路面の間に折り込み構造の明示シートを設置**している場合がある。正しい記述である。

イ　道路部分に布設する**口径75mm以上**の給水管には、**明示テープ**等により管を明示しなければならない。正しい記述である。

ウ　**口径75mm以上**の給水管の埋設では、埋設時に**明示シート**の設置を実施しているところことがある。これには、**水道事業者の指示**により、指定する仕様のものを**指定された位置**に設置する。誤った記述である。

エ　明示シートの色は、水道管は**青色**、ガス管は**緑色**、下水道管は**茶色**とされている正しい記述である。
したがって、適当な正誤の組み合わせは(3)である。　　□**正解(3)**

要点：埋設管の明示に用いるビニールテープ等の地色は、全国的に統一されている。その他、道路管理者の指定した地下埋設物についてはその都度定める。

04-14　水道メーターの設置に関する次の記述のうち、不適当なものはどれか。
難易度 ★★★

(1)　メーターますは、水道メーターの呼び径が50mm以上の場合はコンクリートブロック、現場打ちコンクリート、金属製等で、上部に鉄蓋を設置した構造とするのが一般的である。

(2)　水道メーターの設置は、原則として道路境界線に最も近接した宅地内で、メーターの計量及び取替え作業が容易であり、かつ、メーターの損傷、凍結等のおそれがない位置とする。

(3)　水道メーターの設置に当っては、メーターに表示されている流水方向の矢印を確認した上で水平に取り付ける。

(4)　集合住宅の配管スペース内の水道メーター回りは弁栓類、継手が多く、漏水が発生しやすいため、万一漏水した場合でも、居室側に浸水しないよう、防水仕上げ、水抜き等を考慮する必要がある。

(5)　集合住宅等の複数戸に直結増圧式等で給水する建物の親メーターにおいては、ウォータハンマーを回避するため、メーターバイパスユニットを設置する方法がある。

04-15　スプリンクラーに関する次の記述の正誤の組み合わせのうち、適当なものはどれか。
難易度 ★★

ア　消防法の適用を受ける水道直結式スプリンクラー設備の設置に当たり、分岐する配水管からスプリンクラーヘッドまでの水理計算及び給水管、給水用具の選定は、給水装置工事主任技術者が行う。

イ　消防法の適用を受けない住宅用スプリンクラーは、停滞水が生じないよう日常生活において常時使用する水洗便器や台所水栓等の末端給水栓までの配管途中に設置する。

ウ　消防法の適用を受ける乾式配管方式の水道直結式スプリンクラー設備は、消火時の水量をできるだけ多くするため、給水管分岐部と電動弁との間を長くすることが望ましい。

エ　平成19年の消防法改正により、一定規模以上のグループホーム等の小規模社会福祉施設にスプリンクラーの設置が義務付けられた。

	ア	イ	ウ	エ
(1)	正	誤	正	誤
(2)	誤	正	誤	正
(3)	正	正	誤	正
(4)	正	誤	誤	正
(5)	誤	正	正	誤

04-14 出題頻度 `05-14` `03-14` `02-15` `01-18` `30-15` `28-15`　重要度 ★　text. P.90〜92

水道メーターの設置に関する問題である。

(1) 呼び径 **13〜40mm** の水道メーターの場合は、**鋳鉄製、プラスチック製、コンクリート製**等のメーターますとし、呼び径が **50mm以上の場合はコンクリートブロック、現場打ちコンクリート、金属製**等で、上部に**鉄蓋**を設置した構造とするのが一般的である。
適当な記述である。

(2) 水道メーターの設置は、原則として**道路境界線に最も近接した宅地内**で、メーターの計量及び取替え作業が容易であり、かつ、メーターの損傷、凍結等のおそれがない位置とする。適当な記述である。

(3) 水道メーターの設置に当っては、メーターに表示されている**流水方向の矢印を確認**した上で**水平**に取り付ける。適当な記述である。

(4) 集合住宅の配管スペース内の水道メーター回りの弁栓類、継手が多く、漏水が発生しやすいため、万一漏水した場合でも、居室側に浸水しないよう、**防水仕上げ、水抜き**等を考慮する必要がある。適当な記述である。

(5) 集合住宅等の複数戸に直結増圧式等で給水する建物の親メーターあるいは直結給水の商業施設等では、**水道メーター取替時等に断水による影響を回避するため、メーターバイパスユニット**を設置する方法がある。不適当な記述である。
したがって、不適当なものは(5)である。　□**正解(5)**

要点：最近の集合住宅では，メーター着脱が容易な**メーターユニット**が多く用いられている。

04-15 出題頻度 `05-15` `03-19` `02-18` `01-19` `30-19` `29-14` `27-16`　重要度 ★★★　text. P.92〜93

スプリンクラーに関する問題である。

ア **水道直結式スプリンクラー設備（消防法の適用を受ける）**の設置にあたり、**分岐する配水管からスプリンクラーヘッドまでの水理計算及び給水管、給水用具の選定**は、**消防設備士**が行う。誤った記述である。

イ **住宅用スプリンクラー（消防法の適用を受けない）**は、**停滞水**が生じないよう日常生活において**常時使用する水洗便器や台所水栓等の末端給水栓までの配管途中**に設置する。正しい記述である。

ウ 乾式スプリンクラー設備の配管においては、**給水管の分岐から電動弁までの間の停滞水をできるだけ少なくするため、給水管分岐部と電動弁との間を なるべく短くする** ことが望ましい。誤った記述である。

エ 平成19年の消防法改正により、一定規模以上のグループホーム等の**小規模社会福祉施設にスプリンクラーの設置が義務付けられた**。正しい記述である。
したがって、適当な正誤の組み合わせは(2)である。　□**正解(2)**

要点：水道直結式スプリンクラー設備の工事は，水道法に定める給水装置工事として**指定給水装置工事事業者**が施工する。

04-16 難易度 ★

給水装置の構造及び材質の基準に関する省令に関する次の記述のうち、不適当なものはどれか。

(1) 給水装置の接合箇所は、水圧に対する充分な耐力を確保するためその構造及び材質に応じた適切な接合が行われたものでなければならない。

(2) 弁類（耐寒性能基準に規定するものは除く。）は、耐久性能基準に適合したものを用いる。

(3) 給水管及び給水用具は、最終の止水機構の流出側に設置される給水用具を含め、耐圧性能基準に適合したものを用いる。

(4) 配管工事に当たっては、管種、使用する継手、施工環境及び施工技術等を考慮し、最も適当と考えられる接合方法及び工具を用いる。

04-17 難易度 ★★

給水管の配管工事に関する次の記述のうち、不適当なものはどれか。

(1) 水圧、水撃作用等により給水管が離脱するおそれのある場所には、適切な離脱防止のための措置を講じる。

(2) 宅地内の主配管は、家屋の基礎の外回りに布設することを原則とし、スペースなどの問題でやむを得ず構造物の下を通過させる場合は、さや管を設置しその中に配管する。

(3) 配管工事に当たっては、漏水によるサンドブラスト現象などにより他企業埋設物への損傷を防止するため、他の埋設物との離隔は原則として30cm以上確保する。

(4) 地階あるいは2階以上に配管する場合は、原則として階ごとに止水栓を設置する。

(5) 給水管を施工上やむを得ず曲げ加工して配管する場合、曲げ配管が可能な材料としては、ライニング鋼管、銅管、ポリエチレン二層管がある。

04-16 出題頻度 `03-20` `02-38` `29-21`　　重要度 ★★★

text. P.87,114〜145

配管の工事の構造・材質基準に係る事項に関する問題である。

(1)　給水装置の**接合箇所**は、**水圧に対する充分な耐力を確保するため**その構造及び材質に応じた 適切な接合 が行われたものでなければならない（基準省令1条2項）。適当な記述である。

(2)　弁類（**耐寒性能基準に規定するものは除く。**）は、耐久性能基準 に適合したものを用いる（同省令7条）。適当な記述である。

(3)　給水管及び給水用具は、**最終の止水機構の流出側に設置される給水用具を除き**、耐圧性能基準 に適合したものを用いる（同省令1条1項）。不適当な記述である。

(4)　配管工事における接合の良否は極めて重要である。配管工事に当たっては、**管種、使用する継手、施工環境及び施工技術**等を考慮し、最も適当と考えられる接合方法及び工具を用いる 。適当な記述である。

したがって、不適当なものは(3)である。　　□**正解(3)**

要点：給水管及び給水用具は，**基準省令に定められた性能基準及び給水装置のシステム基準に適合し**ていることを確認する。

04-17 出題頻度 `02-17` `02-19` `01-14` `30-18` `29-12` `29-19` `28-18`　　重要度 ★★★

text. P.71,87〜89,98

配管工事の留意点に関する問題である。

(1)　**水圧、水撃作用**等により給水管が離脱するおそれのある場所には、適切な 離脱防止 のための措置を講じる。適当な記述である。

(2)　**家屋の主配管**は、**家屋の基礎の外回り**に布設することを原則とし、スペースなどの問題でやむを得ず構造物の下を通過させる場合は、**さや管**を設置しその中に配管する。適当な記述である。

(3)　給水管がガス管等、他の埋設物に近接して布設されると**漏水による** サンドブラスト現象 等が生じ、他の企業埋設物に損傷を与えることがある。このため他の埋設物より原則として 30cm以上 の離隔を確保する。適当な記述である。

(4)　地階又は2階以上の配管部分に修理や改造工事に備えて、原則として**各階ごとに止水栓**を取り付けることが望ましい。適当な記述である。 よく出る

(5)　給水栓の配管は、原則として**直管及び継手**を接続することにより行う。施工上やむを得ず曲げ加工を行う場合は、管材質に応じた適正な加工を行う。直管を**曲げ配管**できる材料としては、**ステンレス鋼鋼管、銅管、ポリエチレン二層管**がある。不適当な記述である。

したがって、不適当なものは(5)である。　　□**正解(5)**

要点：**空気たまりを生じるおそれのある場所**にあっては，**空気弁を設置する。**空気たまりを生じるおそれのある場所とは，**水路の上越部，行き止り配管の先端部，鳥居配管形状**になっている箇所等があげられる。

04-18 難易度 ★

給水管及び給水用具の選定に関する次の記述の □ 内に入る語句の組み合わせのうち、適当なものはどれか。

給水管及び給水用具は、配管場所の施工条件や設置環境、将来の維持管理等を考慮して選定する。

配水管の取付口から ア までの使用材料等については、地震対策並びに漏水時及び災害時等の イ を円滑かつ効率的に行う観点から、 ウ が指定している場合が多いので確認する。

	ア	イ	ウ
(1)	水道メーター	応急給水	厚生労働省
(2)	止水栓	緊急工事	厚生労働省
(3)	止水栓	応急給水	水道事業者
(4)	水道メーター	緊急工事	水道事業者

04-19 難易度 ★

各種の水道管の継手及び接合方法に関する次の記述のうち、不適当なものはどれか。

(1) ステンレス鋼鋼管のプレス式継手による接合は、専用締付け工具を使用するもので、短時間に接合ができ、高度な技術を必要としない方法である。

(2) ダクタイル鋳鉄管のNS形及びGX形継手は、大きな伸縮余裕、曲げ余裕をとっているため、管体に無理な力がかかることなく継手の動きで地盤の変動に適応することができる。

(3) 水道給水用ポリエチレン管のEF継手による接合は、融着作業中のEF接続部に水が付着しないように、ポンプによる充分な排水を行う。

(4) 硬質塩化ビニルライニング鋼管のねじ接合において、管の切断は、パイプカッター、チップソーカッター、ガス切断等を使用して、管軸に対して直角に切断する。

(5) 銅管の接合には継手を使用するが、25mm以下の給水管の直管部は、胴接ぎとすることができる。

04-18

出題頻度 **初出**

重要度 ★★

text. P.71

配管材料の選定に問題である。

配管材料は、配管場所に応じた適切な管種が必要である。なお、配水管の**取付口**から **水道メーター** までの**使用材料**等については、地震、台風や漏水時及び**災害時**の **緊急工事** を円滑かつ効率的に行う観点から、**水道事業者** において**指定**している場合が多いので、**確認**する必要がある。

したがって、適当な語句の組み合わせは(4)である。　　　　　　□**正解(4)**

> 要点：配管工事の施工に当たっては，施工現場の環境等を勘案し，これらに適した管を選定し，それらの性能を最大限に発揮する適切な接合を行う。

04-19

出題頻度 **05-18** , **03-17** , **30-17** , **29-16** , **29-17** , **28-16** , **28-19**

重要度 ★★★

text. P.71～86

各種管の継手と接合に関する問題である。

(1) **プレス式継手**は、屋内配管及び可とう性、抜出し阻止力等をそれほど必要としない箇所の地中埋設管に使用される。接合は**専用締付け**（プレス）を使用するので短時間に接合でき、**高度の技術を必要としない**特色がある。適当な記述である。

(2) **NS 形及び GX 形継手**は、大地震でしかも地盤が悪い場合を想定して大きな**伸縮余裕、曲げ余裕**を取っているため、管体に無理な力がかかることなく継手の動きで地盤の変動に適応することができる。適当な記述である。

(3) 水道給水用ポリエチレン管及び水道配水用ポリエチレン管は、**融着作業中の EF接続部**に水が付着しないように、ポンプによる**十分な排水**、雨天時は**テントによる雨よけ**等の対策を講じる。適当な記述である。

(4) ライニング鋼管の切断は、**自動金鋸盤**（帯鋸盤、弦鋸盤）ねじ切機に搭載された**自動丸鋸機**を使用し、管軸に対して直角に切断する。高熱となるパイプカッターやチップソーカッター、ガス切断、高速砥石は樹脂部に影響を及ぼすので使用しない。不適当な記述である。

(5) 銅管の接合には、**はんだ接合**と**ろう接合**がある。接合には継手（ソケット、エルボ、チーズ等）を使用するが、**25mm以下の給水管の直管部は 胴継ぎ とすることができる**。適当な記述である。

したがって、不適当なものは(4)である。　　　　　　□**正解(4)**

> 要点：**水圧**，**水撃作用**等により，給水管の接合部が**離脱**するおそれがある継手は，硬質ポリ塩化ビニル管の **RR 継手**，ダクタイル鋳鉄管の **K 形及び T 形継手**がある。

4. 給水装置の構造及び性能

04-20 給水装置に関する規定に関する次の記述のうち、不適当なものはどれか。
難易度 ★★★

(1) 給水装置が水道法に定める給水装置の構造及び材質の基準に適合しない場合、水道事業者は供給規程の定めるところにより、給水契約の申し込みの拒否又は給水停止ができる。

(2) 水道事業者は、給水区域において給水装置工事を適正に施行することができる者を指定できる。

(3) 水道事業者は、使用中の給水装置について、随時現場立ち入り検査を行うことができる。

(4) 水道技術管理者は、給水装置工事終了後、水道技術管理者本人又はその者の管理の下、給水装置の構造及び材質の基準に適合しているか否かの検査を実施しなければならない。

04-21 以下の給水装置のうち、通常の使用状態において、**浸出性能基準の適用対象外**となるものの組み合わせのうち、適当なものはどれか。
難易度 ★

ア　食器洗い機
イ　受水槽用ボールタップ
ウ　冷水機
エ　散水栓

(1)　ア、イ
(2)　ア、ウ
(3)　ア、エ
(4)　イ、ウ
(5)　イ、エ

04-20 出題頻度 `05-20` `05-21` `01-20` `28-24`　　　　重要度　★★
text. P.36〜40

給水装置に係る水道法の規定に関する問題である。

(1)　水道事業者は、当該水道によって水の供給を受ける者の**給水装置の構造及び材質が、令6条1項で定める基準に適合していないとき**は、供給規程の定めるところにより、その者の**給水契約の申込みを拒み**又はその者が給水装置をその基準に適合させるまでの間そのものに対する**給水を停止することができる**（法16条）。適当な記述である。

(2)　水道事業者は、当該水道によって水の供給を受ける者の**給水装置の構造及び材質**が法16条の規定に基づく令6条で定める**基準に適合することを確保するため**、当該水道事業者の給水区域において**給水装置工事を適正に施行することができると認められる者を** 指定 **をすることができる**（法16条の2第1項）。適当な記述である。

(3)　水道事業者は、 日出後日没前に限り 、その職員をして**当該水道によって水の供給を受けるものの土地または建物に、立ち入り給水装置を検査させることができる**（法7条本文）。不適当な記述である。

(4)　**水道技術管理者**の技術上の管理の一つに、「**給水装置の構造及び材質が法16条による令5条で定める基準に適合しているかどうかの** 検査（法19条2項③号）」と規定する。適当な記述である。
したがって、不適当なものは(3)である。　　　　　　□**正解(3)**

04-21 出題頻度 `05-22` `03-20` `30-25` `29-23` `28-26`　　　　重要度　★★
text. P.120

浸出基準の適用対象に関する問題である。

表　浸出性能基準適用対象器具の目安

	適用対象器具例	適用対象外の器具例
給水管及び末端給水用具以外の給水用具	○給水管 ○継手類 ○バルブ類 ○受水槽用ボールタップ ○先止め式瞬間湯沸器及び貯湯湯沸器	- -
末端給水用具	○台所用、洗面所用等の水栓 ○元止め式瞬間湯沸器及び貯蔵湯沸器 ○浄水機※、自動販売機、ウォータークーラー（冷水機）	○風呂用、洗浄用、食器洗浄用の水栓 ○洗浄弁、洗浄弁座、**散水栓** ○水栓便器のロータンク用ボールタップ ○風呂給湯専用の給湯機及び風呂釜 ○**自動食器洗機**

※浄水器については、テキストp121参照

したがって、上表より適用外の器具例の組み合わせは、アとエの(3)である。**正解(3)**

check □□□

04-22
難易度 ★★

給水装置の負圧破壊性能基準に関する次の記述の正誤の組み合わせのうち、適当なものはどれか。

ア　水受け部と吐水口が一体の構造であり、かつ水受け部の越流面と吐水口の間が分離されていることにより水の逆流を防止する構造の給水用具は、負圧破壊性能試験により流入側からマイナス20kPaの圧力を加えたとき、吐水口から水を引き込まないこととされている。

イ　バキュームブレーカとは、器具単独で販売され、水受け容器からの取付け高さが施工時に変更可能なものをいう。

ウ　バキュームブレーカは、負圧破壊性能試験により流入側からマイナス20kPaの圧力を加えたとき、バキュームブレーカに接続した透明管内の水位の上昇が75mmを超えないこととされている。

エ　負圧破壊装置を内部に備えた給水用具とは、製品の仕様として負圧破壊装置の位置が施工時に変更可能なものをいう。

	ア	イ	ウ	エ
(1)	誤	正	誤	正
(2)	誤	正	誤	誤
(3)	誤	誤	誤	正
(4)	正	誤	正	誤
(5)	正	誤	正	正

04-23
難易度 ★★★

給水装置の耐久性能基準に関する次の記述の正誤の組み合わせのうち、適当なものはどれか。

ア　耐久性能基準は、頻繁に作動を繰り返すうちに弁類が故障し、その結果、給水装置の耐久性、逆流防止等に支障を生じることを防止するためのものである。

イ　耐久性能基準は、制御弁類のうち機械的・自動的に頻繁に作動し、かつ通常消費者が自らの意思で選択し、又は設置・交換しないような弁類に適用される。

ウ　耐久性能試験において、弁類の開閉回数は10万回とされている。

エ　耐久性能基準の適用対象は、弁類単体として製造・販売され、施工時に取り付けられるものに限られる。

	ア	イ	ウ	エ
(1)	正	正	正	誤
(2)	正	誤	正	正
(3)	誤	正	正	正
(4)	正	正	誤	正
(5)	正	正	正	正

04-22

負圧破壊性能基準に関する問題である。

ア　水受け部と吐水口が一体の構造であり、かつ、水受け部の越流面の間が分離されていることにより水の逆流を防止する構造の給水用具（**吐水口一体型給水用具**）は、負圧破壊性能試験により流入側から ― 54kPa の圧力を加えたとき、吐水口から水を引き込まない こと。誤った記述である。

イ　バキュームブレーカとは、器具単独で販売され、**水受け容器からの取付け高さが施工時に変更可能なもの**をいう。正しい記述である。

ウ　バキュームブレーカは、負圧破壊性能試験により流入側から ― 54kPa の圧力を加えたとき、バキュームブレーカに接続した透明管内の水位の上昇が 75㎜ を超えないこと。誤った記述である。

エ　負圧破壊装置を内部に備えた給水用具とは、吐水口水没型のボールタップ、大便器洗浄弁当にように、負圧破壊装置が組み込まれおり、製品の仕様として**負圧破壊装置の位置が一定に固定されている**ものをいう。誤った記述である。

したがって、適当な正誤の組み合わせは(2)である。　　　　　□**正解(2)**

> 要点：**減圧式逆流防止器**の流入側から― 54Kpa の圧力を 30 秒間加え , 透明管内の水位上昇が **3㎜以下**であることを確認する。

04-23

耐久性能基準に関する問題である。

ア　耐久性能基準は、**頻繁に作動を繰り返すうちに弁類が故障し**、その結果、**給水装置の耐久性、逆流防止等に支障を生じることを防止するためのもの**である。正しい記述である。

イ　耐久性能基準は、制御弁類のうち**機械的・自動的に頻繁に作動**し、かつ通常**消費者が自らの意思で選択し、又は設置・交換しないような弁類に適用**される。正しい記述である。

ウ　耐久性能試験によると弁類の開閉回数は **10 万回** とする。正しい記述である。

エ　耐久性能基準の適用対象は、**弁類単体として製造・販売され、施工時に取り付けられるもの**に適用される。正しい記述である。

したがって、適当な正誤の組み合わせは(5)である。　　　　　□**正解(5)**

> 要点：耐久性能基準：**浸出性能を除いたのは , 開閉作動により材質等が劣化することは考えられず , 浸出性能の変化が生じることはないと考えられる**ことによる。

04-24 難易度 ★
水道水の汚染防止に関する次の記述のうち、不適当なものはどれか。

(1) 末端部が行き止まりとなる給水装置は、停滞水が生じ、水質が悪化するおそれがあるため極力避ける。やむを得ず行き止まり管となる場合は、末端部に排水機構を設置する。

(2) 合成樹脂管をガソリンスタンド、自動車整備工場等に埋設配管する場合は、油分などの浸透を防止するため、さや管などにより適切な防護措置を施す。

(3) 一時的、季節的に使用されない給水装置には、給水管内に長期間水の停滞を生じることがあるため、適量の水を適時飲用以外で使用することにより、その水の衛生性を確保する。

(4) 給水管路に近接してシアン、六価クロム等の有毒薬品置場、有害物の取扱場、汚水槽等の汚染源がある場合は、給水管をさや管などにより適切に保護する。

(5) 洗浄弁、洗浄装置付便座、ロータンク用ボールタップは、浸出性能基準の適用対象外の給水用具である。

04-25 難易度 ★
水撃作用の防止に関する次の記述の正誤の組み合わせのうち、適当なものはどれか。

ア 水撃作用が発生するおそれのある箇所には、その直後に水撃防止器具を設置する。

イ 水栓、電磁弁、元止め式瞬間湯沸器は作動状況によっては、水撃作用が生じるおそれがある。

ウ 空気が抜けにくい鳥居配管がある管路は水撃作用が発生するおそれがある。

エ 給水管の水圧が高い場合は、減圧弁、定流量弁等を設置し、給水圧又は流速を下げる。

	ア	イ	ウ	エ
(1)	誤	正	正	正
(2)	正	誤	正	誤
(3)	正	正	誤	正
(4)	誤	正	正	誤
(5)	誤	正	誤	正

04-24 出題頻度 `03-25` , `02-28` , `01-26` , `30-22` , `29-25` , `28-23`　　重要度 ★★★★
text. P.124 〜 125

水の汚染防止に関する問題である。

(1) 末端部が**行き止まりとなる給水装置**は、停滞水が生じ、水質が悪化するおそれがあるため極力避ける。やむを得ず生き止まり管となる場合は、**末端部に排水機構を設置する**（基準省令2条2項）。適当な記述である。

(2) 鉱油類、有機溶剤その他の油類が浸透するおそれのある場所に設置されている給水装置は、当該油類が浸透するおそれのない材質のもの又は **さや管** 等により適切な防護のための措置が講じられているものでなければならない（同令2条4項）。適当な記述である。

(3) **一時的、季節的に使用されない給水装置**には、給水管内に長期間水の停滞を生じることがあるため、適量の水を**適時飲用以外で使用する**ことにより、その水の衛生性を確保す。適当な記述である。

(4) 給水装置は、シアン、六価クロムその他水を汚染するおそれのある物を**貯留**し、又は**取扱う施設**に **近接** して設置されてはならない（同令2条3項）。不適当な記述である。

(5) 洗浄弁、洗浄装置付便座、ロータンク用ボールタップは、浸出性能基準の**適用対象外**の給水用具である（2022年度出題問題21解説参照。）。適当な記述である。
したがって、不適当なものは(4)である。　　□**正解(4)**

要点：TS継手の接着剤が多すぎるときや，鋼管のネジ切りの際の切削油の付着，シール材が多いとき等は，水道水質に悪影響を与える。

04-25 出題頻度 `03-21` , `02-24` , `01-23` , `28-21` , `27-23`　　重要度 ★★
text. P.127

水撃作用（ウォーターハンマ）防止に関する問題である。

ア ウォーターハンマの発生するおそれのある箇所には、**その手前**（上流側）に**近接して水撃防止器具**を設置する。誤った記述である。

イ ①**水栓**（主にシングルレバー式混合水栓）、②**ボールタップ**、③**電磁弁**（全自動洗濯機や食器洗い機等の電磁弁内臓の給水用具を含む。）、④**元止め式瞬間湯沸器**は、開閉時間が短く、作動状況によってはウォーターハンマを生じるおそれがある。正しい記述である。

ウ 空気が抜けにくい**鳥居配管**がある管路は水撃作用が発生するおそれがある。正しい記述である。

エ 給水管の水圧が高い場合は、**減圧弁、定流量弁**等を設置し、給水圧又は流速を下げる。正しい記述である。
したがって、適当な正誤の組み合わせは(1)である。　　□**正解(1)**

要点：給水用具自体が水撃性能を有しない場合でも給水装置として水撃限界性能を確保していること。

check □□□

04-26

難易度 ★

クロスコネクションに関する次の記述の正誤の組み合わせのうち、適当なものはどれか。

ア　給水管と井戸水配管を直接連結する場合，両管の間に逆止弁を設置し、逆流防止の措置を講じる必要がある。

イ　給水装置と受水槽以下の配管との接続はクロスコネクションではない。

ウ　クロスコネクションは、水圧状況によって給水装置内に工業用水、排水、ガス等が逆流するとともに、配水管を経由して他の需要者にまでその汚染が拡大する非常に危険な配管である。

エ　一時的な仮設であっても、給水装置とそれ以外の水管を直接連結してはならない。

	ア	イ	ウ	エ
(1)	誤	誤	正	正
(2)	誤	正	正	正
(3)	正	誤	正	誤
(4)	誤	誤	正	誤
(5)	正	誤	誤	誤

04-27

難易度 ★

呼び径 20㎜の給水管から水受け容器に給水する場合、逆流防止のために確保しなければならない吐水口空間について、下図に示す水平距離 (A, B) と垂直距離 (C, D) の組み合わせのうち、適当なものはどれか。

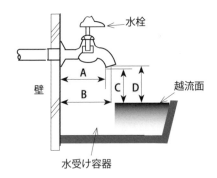

(1)　A、C

(2)　A、D

(3)　B、C

(4)　B、D

04-26

出題頻度 05-26 , 03-24 , 02-29 , 01-25 , 30-21 , 29-27 , 27-26

重要度 ★★★

text. P.152

クロスコネクション防止に関する問題である。**よく出る**

ア、エ　安全な水を確保するため、**給水装置と当該給水類以外の水管、その他の設備**とは、たとえ **仕切弁** や **逆止弁** が介在しても、また、**一時的な 仮設** であってもこれを **直接連結することは絶対行ってはならない**。アは誤った記述であり、エは正しい記述である。

イ　クロスコネクションの多くは、井戸水、工業用水、**受水槽以下の配管**及び事業活動で用いられている給水装置に該当しない水を使用する器具で見受けられる。誤った記述である。

ウ　クロスコネクションは、**水圧状況**によって給水装置内に工業用水、排水、ガス等が逆流するとともに、配水管を経由して他の需要者にまでその汚染が拡大する非常に危険な配管である。正しい記述である。

したがって、適当な正誤の組み合わせは(1)である。　　　　　□**正解(1)**

要点：当該給水装置以外の水管その他の設備に直接連結されていないこと（令6条1項⑥号）。

04-27

出題頻度 05-27 , 03-29 , 01-27 , 30-28 , 28-27 , 26-27

重要度 ★★

text. P.133〜134

吐水口空間の設定に関する問題である。**よく出る**

表　吐水口空間の設定

垂直及び水平距離＼吐水口の内径	25mm以下の場合	25mmを超える場合
①吐水口から越流面まで	吐水口の**最下端から越流面までの垂直距離**	吐水口の最下端から越流面までの垂直距離
②壁からの離れ	近接壁から**吐水口の中心**	近接壁から吐水口の最下端の壁側の外表面

設問の呼び径 20mmであるので、上表の「**25mm以下の場合**」に該当する。
そのため

①**吐水口から越流面までの垂直距離**：吐水口の**最下端から越流面までの垂直距離**となり図の **C** が該当する。

②**壁からの離れの水平距離**：近接壁から**吐水口の中心**となり、図の **B** が該当する。

したがって、水平距離、垂直距離の適当な組み合わせは(3)である。　□**正解(3)**

要点：吐水口空間については，呼び径が 25mm以下と 25mmを超える場合との数値を抑えておくこと。

04-28 難易度 A 給水装置の寒冷地対策に用いる**水抜き用給水用具の設置**に関する次の記述のうち、不適当なものはどれか。

(1) 水道メーター下流側で屋内立上り管の間に設置する。

(2) 排水口は、凍結深度より深くする。

(3) 水抜き用の給水用具以降の配管は、できるだけ鳥居配管やU字形の配管を避ける。

(4) 排水口は、管内水の排水を容易にするため、直接汚水ます等に接続する。

(5) 水抜き用の給水用具以降の配管が長い場合には、取り外し可能なユニオン、フランジ等を適切な箇所に設置する。

04-29 難易度 ★ 給水装置の逆流防止のために圧力式バキュームブレーカを図のように設置する場合、**バキュームブレーカの下端から確保しなければならない区間**とその組み合わせのうち、適当なものはどれか。

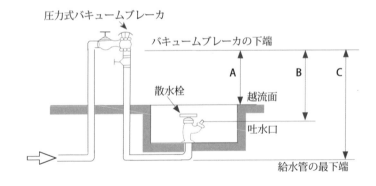

	〔確保しなければならない区間〕	〔確保しなければならない距離〕
(1)	A	100mm以上
(2)	A	150mm以上
(3)	B	150mm以上
(4)	B	200mm以上
(5)	C	200mm以上

04

04-28 出題頻度 02-26 , 01-28 , 30-29 , 28-29 , 27-22   重要度 ★★
text. P.141

水抜き用給水用具の設置に関する問題である。

(1) **水道メーター下流側で屋内立上り管の間**に設置する。適当な記述である。

(2) **排水口は、凍結深度より深く**する。適当な記述である。

(3) 水抜き用の給水用具以降の配管は、できるだけ**鳥居配管**や**U字形**の配管を避ける。やむを得ず水の抜けない位置に**空気流入**用又は**排水用の栓類**を取付けて、凍結防止上に対処する。適当な記述である。

(4) 水抜き用給水用具は、汚水ます等には直接排水せず、**間接排水**とする。不適当な記述である。（よく出る）

(5) 水抜き用の給水用具以降の配管が長い場合には、万一凍結した際に解氷する作業の便を図るため、取り外し可能な**ユニオン**、**フランジ**等を適切な箇所に設置する。適当な記述である。

したがって、不適当なものは(4)である。　　　　　　　　　□**正解(4)**

要点：先上がり配管・埋設配管は，1/300 以上の勾配とし，露出の横走り配管は 1/100 以上の勾配をつける。

04-29 出題頻度 27-21 , 26-28 , 23-27   重要度 ★★★★
text. P.132、135

バキュームブレーカの設置位置に関する問題である。

○負圧破壊性能を有するバキュームブレーカ下端又は逆流防止性能が働く位置（取付基準線）と水受け容器の越流面との間隔を**150mm以上**確保する。

○**圧力式バキュームブレーカ**は、バキュームブレーカに**逆圧**（背圧）がかからず、かつ越流面までの距離を **150mm以上** 確保しなければならない。

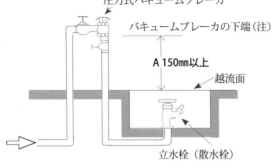

したがって、適当な組み合わせは(2)である。　　　　　　　□**正解(2)**

check □□□

5. 給水装置計画論

04-30 難易度 ★

給水方式に関する次の記述の正誤の組み合わせのうち、適当なものはどれか。

ア 受水槽式は、配水管の水圧が変動しても受水槽以下の設備は給水圧、給水量を一定の変動幅に保持できる。

イ 圧力水槽式は、小規模の中層建物に多く使用されている方式で、受水槽を設置せずに、ポンプで圧力水槽に貯え、その内部圧力によって給水する方式である。

ウ 高置水槽式は、一つの高置水槽から適切な水圧で給水できる高さの範囲は10階程度なので、それを超える高層建物では高置水槽や減圧弁をその高さに応じて多段に設置する。

エ 直結増圧式は、給水管の途中に直結加圧形ポンプユニットを設置し、圧力を増して直結給水する方法である。

	ア	イ	ウ	エ
(1)	正	正	誤	誤
(2)	正	誤	正	正
(3)	誤	誤	正	誤
(4)	誤	正	誤	正
(5)	正	正	正	誤

04-31 難易度 ★

受水槽式の給水方式に関する次の記述の正誤の組み合わせのうち、適当なものはどれか。

ア 配水管の水圧低下を引き起こすおそれのある施設等への給水は受水槽式とする。

イ 有毒薬品を使用する工場等事業活動に伴い、水を汚損するおそれのある場所、施設等への給水は受水槽式とする。

ウ 病院や行政機関の庁舎等において、災害時や配水施設の事故等による水道の断減水時にも給水の確保が必要な場合の給水は受水槽式とする。

エ 受水槽は、定期的な点検や清掃が必要である。

	ア	イ	ウ	エ
(1)	正	正	誤	正
(2)	誤	正	正	正
(3)	正	正	正	誤
(4)	正	誤	正	正
(5)	正	正	正	正

04-30 出題頻度 `05-31` `03-30` `02-31` `01-32` `30-30` `29-30` `28-31` 重要度 ★★★ text. P.156～159

給水方式に関する問題である。

ア **受水槽式**は、配水管の水圧が変動しても受水槽以下の設備は**給水圧、給水量を一定の変動幅に保持**できる。正しい記述である。

イ **圧力水槽式**は、小規模の中小建物に多く使用されている方式で、**受水槽に受水した後**、ポンプで 圧力水槽 に貯え、その**内部圧力**によって給水する方式である。誤った記述である。 **よく出る**

ウ **高置水槽式**は、一つの高置水槽から適切な水圧で給水できる高さの範囲は 10 階 程度なので、それを超える高層建物では**高置水槽**や**減圧弁**をその高さに応じて多段に設置する。正しい記述である。

エ **直結増圧式**は、給水管の途中に 直結加圧形ポンプユニット を設置し、圧力を増して直結給水する方法である。正しい記述である。

したがって、適当な正誤の組み合わせは(2)である。 □**正解(2)**

> 要点：受水槽式給水方式では，**受水槽入口**までが給水装置であり，受水槽以下はこれに当たらない。

04-31 出題頻度 `03-32` `01-31` `30-31` `29-31` `28-31` 重要度 ★★ text. P.158～159

受水槽式給水を必要とされた場合に関する問題である。

ア 一時に多量の水を使用するとき、又は使用水量の変動が大きいとき等に、**配水管の水圧低下を引き起こすおそれ**がある場合。正しい記述である。

イ シアン、六価クロム等の**有毒薬品**を使用する工場等、事業活動に伴い、**水を汚染するおそれのある**場所に給水する場合への水の供給（基準省令5条2項）。正しい記述である。 **よく出る**

ウ 病院や行政機関等の庁舎、デパート等の施設への水の供給、コンピューター等の冷却水の供給等において**災害時、配水施設の事故**等による水道の断減水時にも給水が必要な場合。正しい記述である。

エ 受水槽は、定期的な**点検**や**清掃**等適正に管理を行わなければならず、特に夏場の水温上昇や滞留時間の長時間化があること等により需要者に水質に対する不安を抱かせる要因となっている。正しい記述である。

したがって、適当な正誤の組み合わせは(5)である。 □**正解(5)**

> 要点：受水槽式給水の**ポンプ直送式**は，受水槽に受水したのち，使用水量に応じてポンプの**運転台数**の制御や**回転数制御**によって給水方式である。

04-32
難易度 ★★

給水装置工事の**基本調査**に関する次の記述の正誤の組み合わせのうち、適当なものはどれか。

ア　基本調査は、計画・施工の基礎となるものであり、調査の結果は計画の策定、施工、さらには給水装置の機能にも影響する重要な作業である。

イ　水道事業者への調査項目は、既設給水装置の有無、屋外配管、供給条件、配水管の布設状況などがある。

ウ　現地調査確認作業は、道路管理者への埋設物及び道路状況の調査や、所轄警察署への現場施工環境の確認が含まれる。

エ　工事申込者への調査項目は、工事場所、使用水量、既設給水装置の有無、工事に関する同意承諾の取得確認などがある。

	ア	イ	ウ	エ
(1)	正	誤	誤	正
(2)	誤	正	誤	正
(3)	正	誤	正	正
(4)	正	正	誤	正
(5)	誤	正	正	誤

04-33
難易度 ★★★

計画使用水量に関する次の記述の正誤の組み合わせのうち、適当なものはどれか。

ア　計画使用水量は、給水管口径等の給水装置系統の主要諸元を計画する際の基礎となるものであり、建物の用途及び水の使用用途、使用人数、給水栓の数等を考慮した上で決定する。

イ　直結増圧式給水を行うに当たっては、1 日当たりの計画使用水量を適正に設定することが、適切な配管口径の決定及び直結加圧形ポンプユニットの適正容量の決定に不可欠である。

ウ　受水槽式給水における受水槽への給水量は、受水槽の容量と使用水量の時間的変化を考慮して定める。

エ　同時使用水量とは、給水装置に設置されている末端給水用具のうち、いくつかの末端給水用具を同時に使用することによってその給水装置の流れる水量をいう。

	ア	イ	ウ	エ
(1)	正	誤	正	誤
(2)	誤	正	誤	正
(3)	正	誤	誤	正
(4)	正	誤	正	正
(5)	誤	正	誤	誤

04-32 出題頻度 `02-30` `18-35` `12-36`　　　　重要度　★
text. P.155

給水装置工事の基本調査に関する問題である。

ア　基本調査は、**計画・施工の基礎**となるものであり、**調査の結果は計画の策定、施工、さらには給水装置の機能にも影響する**重要な作業である。正しい記述である。

イ　基本調査において、**水道事業者に確認**するものには、既設給水装置の有無、屋外配管、供給条件、配水管の敷設状況、現地の施設環境等がある。正しい記述である。

ウ　現地の確認作業は多々あるが、道路の状況は道路管理者、各種埋設物については**埋設物管理者**、現地の施工環境の確認には所轄警察署長も含まれる。誤った記述である。

エ　工事申込者への調査項目は、工事場所、使用水量、既設給水装置の有無、工事に関する同意承諾の取得確認などがある。正しい記述である。

したがって、適当な正誤の組み合わせは(4)である。　　　　□**正解(4)**

要点：各種埋設物の有無は，水道事業者や警察ではなく，**埋設物管理者**に確認する。

04-33 出題頻度 `28-32` , `25-32` , `22-32`　　　　重要度　★★
text. P.175,182

計画使用水量に関する問題である。

ア　**計画使用水量**は、給水管口径等の給水装置系統の**主要諸元を計画する際の基礎**となるものであり、**建物の用途及び水の使用用途、使用人数、給水栓の数**等を考慮した上で決定する。正しい記述である。

イ　直結増圧給水を行うに当たっては、**同時使用水量**を適正に設定することは、**適切な配管口径の決定**及び**直結加圧形ポンプユニットの適正容量の決定**に不可欠である。誤った記述である。

ウ　受水槽式給水における受水槽への給水量は、**受水槽の容量と使用水量の時間的変化**を考慮して定める。一般に受水槽への単位時間あたりの給水量は**1日あたりの計画使用水量**を使用時間で除した水量とする。正しい記述である。

エ　**同時使用水量**とは、給水装置に設置されている末端給水用具のうち、いくつかの末端給水用具を**同時に使用する**ことによってその**給水装置の流れる水量**をいう。正しい記述である。

したがって、適当なものは(4)である。　　　　□**正解(4)**

要点：**計画一日使用水量**とは，給水装置に給水する水量であって，一日当たりのものをいい，受水槽式給水の場合の受水槽容量の基礎となるものである。

04-34

難易度 ★★

図-1に示す事務所ビル全体（6事務所）の同時使用水量を**給水用具給水負荷単位**により算定した場合、次のうち、適当なものはどれか。

ここで、6つの事務所には、それぞれ大便器（洗浄弁）、小便器（洗浄弁）、洗面器、事務室用流し、掃除用流しが1栓ずつ設置されているものとし、各給水用具の給水負荷単位及び同時使用水量との関係は、**表-1**及び**図-2**を用いるものとする。

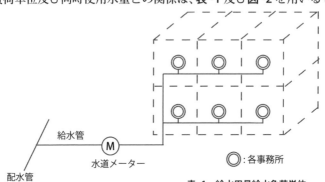

給水管
水道メーター
配水管
◎：各事務所

(1)　約　60L/min
(2)　約150L/min
(3)　約200L/min
(4)　約250L/min
(5)　約300L/min

表-1　給水用具給水負荷単位

器具名	水　栓	器具給水負荷単位
大便器	洗浄弁	10
小便器	洗浄弁	5
洗面器	給水栓	2
事務室用流し	給水栓	3
掃除用流し	給水栓	4

（注）この図の曲線①は大便器洗浄弁の多い場合、曲線②は大便器洗浄タンク（ロータンク便器等）の多い場合に用いる。

給水用具給水負荷単位数→

図-2　給水用具給水負荷単位による同時使用水量

給水用具給水負荷単位による同時水量を求める問題である。

1 まず事務所ビル全体（6つの事務所）の給水用具負荷単位を求める。**図-1**及び**表-1**より
次表の給水用具負荷単位数を求める。各事務所には次の給水用具が1栓ずつ設置されている。

給水用具	水栓	給水用具給水負荷単位×器具数（6）	給水用具負荷単位数
大便器	洗浄弁（FB）	10 × 6	60
小便器	洗浄弁（FB）	5 × 6	30
洗面器	給水栓	2 × 6	12
事務室用流し	給水栓	3 × 6	18
掃除用流し	給水栓	4 × 6	24
合　計			144

給水用具給水負荷単位数（給水器具単位数）は、**144**である。

2 次に図-2の給水用具給水負荷単位による同時使用水量を求める。

この場合、大便器洗浄弁（FB），小便器洗浄弁（FB）が用いられていることから、**図-2の①
の曲線**を利用する。

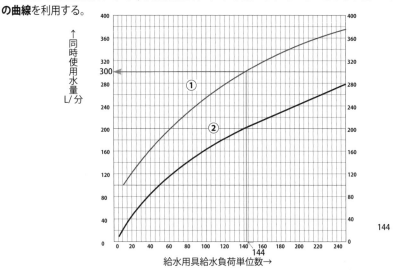

図-2　給水用具給水負荷単位による同時使用水量

給水負荷単位数**144**を横軸にマークし、そこから上に伸ばし、**曲線①**との交点を左に辿る
と同時使用量が求められる。

つまり、**300**（L/min）となる。

したがって、適当なものは(5)である。　　　　　　　　　　　　　　　**□正解(5)**

check □□□

04-35
難易度 ★★★

図-1に示す給水装置における**直結加圧形ポンプユニットの吐水圧**（圧力水頭）として、次のうち、最も近い値はどれか。

ただし、給水管の摩擦損失水頭と逆止弁による損失水頭は考慮するが、管の曲がりによる損失水頭は考慮しないものとし、給水管の流量と動水勾配の関係は図-2を用いるものとする。また、計算に用いる数値条件は次の通りとする。

① 給水栓の使用水量　　　　　　　　120L/min
② 給水管及び給水用具の口径　　　　40mm
③ 給水栓を使用するために必要な圧力　5m
④ 逆止弁の損失水頭　　　　　　　　10m

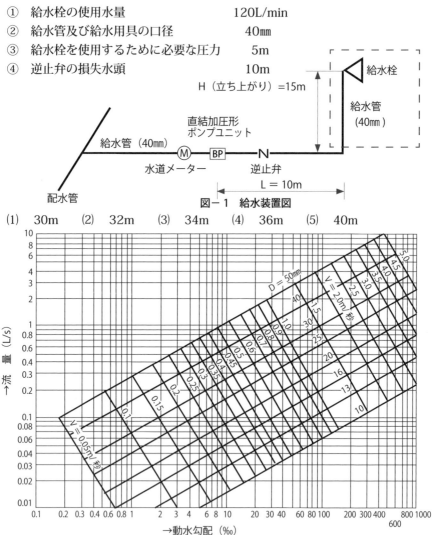

図-1　給水装置図

(1)　30m　　(2)　32m　　(3)　34m　　(4)　36m　　(5)　40m

図-2　ウェストン公式による給水管の流量図

直結加圧形ポンプユニットの吐水圧（圧力水頭）を求める問題である。

　　P7 = P4 + P5 + P6

つまり、直結加圧形ポンプユニットの吐水圧（圧力水頭）（**P7**）

　　　　＝直結加圧形ポンプユニットの下流側の給水管及び給水用具の損失水頭（**P4**）

　　　　＋末端最高位の給水用具を使用するために必要な圧力（圧力水頭）（**P5**）

　　　　＋直結加圧形ポンプユニットと末端最高位の給水用具との高低差（**P6**）

となる。

1 　条件①：給水栓の使用水量　120L/min=2.0L/s

　　条件②：給水管、給水用具の口径　40mm

　　これらと、**図-2**（ウェストン公式による流量図）より、動水勾配80（‰）が求められる。

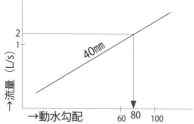

　上図より給水管の損失水頭（動水勾配×管の長さ）を求める。

　　管の長さは**図-1**の直結加圧形ポンプユニットから水平距離 L = 10m と

　H（立ち上がり）=15m の合計 **25m** となる。

　$\dfrac{80}{1000} \times (10+15) = 2.0m$

2 　直結加圧形ポンプユニットの吐水圧（P7）

　　　＝給水管の損失水頭＋給水管の立ち上がり高さ（図1）

　　　＋給水栓を使用するために必要な圧力（条件③）＋逆止弁の損失水頭（条件④）

　　　＝2.0+15+5+10

　　　＝32m

したがって、最も近い値は(2)である。　　　　　　　　　　　　　□**正解(2)**

check □□□

6. 給水装置工事事務論

04-36
難易度 ★

給水装置の**構造及び材質の基準**（以下本問においては「構造材質基準」という。）に関する次の記述のうち、不適当なものはどれか。

⑴ 厚生労働省令に定められている「構造材質基準を適用させるために必要な技術的細目」のうち、個々の給水管及び給水用具が満たすべき性能及びその定量的な判断基準（以下本問においては「性能基準」という。）は4項目の基準からなっている。

⑵ 構造材質基準適合品であることを証明する方法は、製造業者等が自らの責任で証明する「自己認証」と第三者機関に依頼して証明する「第三者認証」がある。

⑶ JISマークの表示は、国の登録を受けた民間の第三者機関がJIS適合試験を行い、適合した製品にマークの表示を認める制度である。

⑷ 厚生労働省では製品ごとの性能基準への適合性に関する情報が、全国的に利用できるよう、給水装置データベースを構築している。

04-37
難易度 ★★★

個々の給水管及び給水用具が**満たすべき性能及びその定量的な判断基準に**（以下本問においては「性能基準」という。）に関する次の記述のうち、不適当なものはどれか。

⑴ 給水装置の構造及び材質の基準（以下本問においては「構造材質基準」という。）に関する省令は、性能基準及び給水装置工事が適正に施行された給水装置であるか否かの判断基準を明確化したものである。

⑵ 給水装置に使用する給水管で、構造材質基準に関する省令を包含する日本産業規格（JIS規格）や日本水道協会規格（JWWA規格）等の団体規格に適合した製品も使用可能である。

⑶ 第三者認証を行う機関の要件及び業務実施方法については、国際整合化等の観点から、ISOのガイドラインに準拠したものであることが望ましい。

⑷ 第三者認証を行う機関は、製品サンプル試験を行い、性能基準に適しているか否かを判定するとともに、基準適合製品が安定・継続して製造されているか否かの検査を行って基準適合性を認証した上で、当該認証機関の認証マークを製品に表示することを認めている。

⑸ 自己認証においては、給水管、給水用具の製造業者が自ら得たデータや作成した資料等に基づいて、性能基準適合品であることを証明しなければならない。

04-36

出題頻度　01-40 , 30-38 , 29-39 , 28-39　　重要度　★★
text.　P.209～215

構造材質基準に関する問題である。

⑴　令6条に掲げる給水装置の構造及び材質の基準は、「構造材質基準の適用するために必要な、**技術的細目**は**厚生労働省令で定める。**」として給水装置の構造及び材質の基準に関する省令（**基準省令**）にその技術的細目である**7項目**の基準省令が定められている。不適当な記述である。

⑵　構造材質基準適合品であることを証明する方法は、製造業者等が自らの責任で証明する「**自己認証**」と第三者機関に依頼して証明する「**第三者認証**」がある。適当な記述である。

⑶　JISマーク表示は、国の登録を受けた民間の第三者機関（**登録認証機関**）が製造工場の**品質管理体制の審査**及び製品の**JIS適合試験**を行い、適合した製品にJISマークの表示を認める制度となり、JISマークと認証機関のマークが表示されている。適当な記述である。

⑷　厚生労働省では、製品ごとの性能基準への適合性に関する情報が全国的に利用できるよう、**給水装置データベース**を構築し、消費者、指定給水装置工事事業者、水道事業者が利用できるようにしている。適当な記述である。
したがって、不適当なものは⑴である。　　　　　　　　　　□**正解⑴**

04-37

出題頻度　05-39 , 05-40 , 30-40 , 29-39　　重要度　★★★★
text.　P.39,56,214

構造材質基準に関する問題である。　**よく出る**

⑴　基準省令は個々の給水管及び給水用具が満たすべき性能及びその定量的な判断基準（**性能基準**）及び給水装置工事が適正に施行された給水装置であるか否かの判断基準（**システム基準**）により構成されている。適当な記述である。

⑵　給水装置に使用する給水管で、構造材質基準に関する省令を包含する**日本産業規格**（JIS規格）や**日本水道協会規格**（JWWA規格）等の団体規格に適合した製品も使用可能である。適当な記述である。

⑶　**第三者認証を行う機関の要件**及び**業務実施方法**については、国際整合化等の観点から、**ISOガイドライン**に準拠したものであることが望ましい。

⑷　**第三者認証を行う機関**は、**製品サンプル試験**を行い、**性能基準に適合しているか否かを判定**するとともに、基準適合製品が**安定・継続して製造されているか否か等の検査**を行って基準適合性を認証した上で、当該**認証機関の認証マークを製品に表示することを認めている**。適当な記述である。

⑸　給水管、給水用具の製造者等は、自らの責任のもとで性能基準適合品を製造、販売することができるが、性能基準適合品であることの証明を、**製造業者が自ら又は製品試験機関等に委託して得たデータや作成した資料**によって行うことを自己認証という。不適当な記述である。
したがって、不適当なものは⑸である。　　　　　　　　　　□**正解⑸**

check □□□

04-38 難易度 A

給水装置工事における**給水装置工事主任技術者**（以下本問については「主任技術者」という。）**の職務**に関する次の記述の正誤の組み合わせのうち、適当なものはどれか。

ア 主任技術者は、公道下の配管工事について工事の時期、工事方法等について、あらかじめ水道事業者から確認を受けることが必要である。

イ 主任技術者は、施主から工事に使用する給水管や給水用具を指定された場合、それらが給水装置の構造及び材質の基準に関する省令に適合しない場合でも、現場の状況に合ったものを使用することができる。

ウ 主任技術者は、工事に当たり施工後では確認することが難しい工事目的物の品質を、施工の過程においてチェックする品質管理を行う必要がある。

エ 主任技術者は、工事従事者の健康状態を管理し、水系感染症に注意して、どのような給水装置工事においても水道水を汚染しないように管理する。

	ア	イ	ウ	エ
(1)	誤	正	誤	正
(2)	正	誤	誤	正
(3)	正	誤	正	正
(4)	誤	誤	正	誤

04-39 難易度 ★

給水装置工事の**記録、保存**に関する次の記述のうち、適当なものはどれか。

(1) 給水装置工事主任技術者は、給水装置工事を施行する際に生じた技術的な問題点等について、整理して記録にとどめ、以後の工事に活用していくことが望ましい。

(2) 指定給水装置工事事業者は、給水装置工事の記録として、施主の氏名又は名称、施行の場所、竣工図等の記録を作成し、5年間保存しなければならない。

(3) 給水装置工事の記録作成は、指名された給水装置工事主任技術者が作成するが、いかなる場合でも他の従業員が行なってはいけない。

(4) 給水装置工事の記録については、水道法施行規則に定められた様式に従い作成しなければならない。

04-38 出題頻度 `03-39` `02-36` `01-36` `01-37` `30-36` `30-39` `29-37`

重要度 ★★
text. P.204～209

主任技術者の職務に関する問題である。 **よく出る**

ア 主任技術者は、給水装置工事の調査段階において、道路下の配管工事については、**工事の時期、時間帯、工事方法について、あらかじめ水道事業者から確認を受ける**他、道路管理者から道路掘削許可、道路占用許可や所轄警察署からの道路使用許可を受ける必要がある。正しい記述である。

イ 給水装置工事の計画段階において、現場によっては、施主（需要者）から、工事に使用する給水管や給水用具を指定された場合、それらが基準に適合しないものであれば、**使用できない理由を明確にして施主（需要者）等に説明**しなければならない。誤った記述である。

ウ 給水装置工事の施工段階において、工事の実施に当たっては、**施工後では、確認することが難しい工事目的物の品質を施工の各過程において確認する**というような品質管理を行う。正しい記述である。

エ 主任技術者は、工事従事者の健康状態を管理し、**水系感染症**に注意して、どのような給水装置工事においても水道水を汚染しないように管理する。正しい記述である。

したがって、適当な正誤の組み合わせは(3)である。 □**正解(3)**

04-39 出題頻度 `01-39` `30-37` `29-36` `27-37`

重要度 ★★
text. P.212,57

工事の記録の保存に関する問題である。

(1) 給水装置工事主任技術者は、給水装置工事を施行する際に生じた**技術的な問題点**等について、整理して記録にとどめ、以後の工事に活用していくことが望ましい。適当な記述である。

(2) 指定給水装置工事事業者は、給水装置工事の記録として、**施主の氏名**又は**名称**、**施行の場所、竣工図**等の記録を作成し、**3年間保存**しなければならない。不適当な記述である。

(3) 工事記録の作成は、指名された給水装置工事主任技術者が作成することになるが、当該**給水装置工事主任技術者の指導・監督のもとで他の従業員が行ってもよい**。不適当な記述である。

(4) 記録については、特に**様式が定められているものではない**。水道事業者に給水装置工事に申請したときに用いた申請書に記録として残すべき事項が記載されていれば、その**写し**も活用できるので、**事務の遂行に最も都合が良い方法で記録を作成して保存すれば良い**。不適当な記述である。

したがって、適当な記述は(1)である。 □**正解(1)**

> 要点：保存は最近の**電子記録**も活用できる。

check □□□

04-40 難易度 ★★ 建設業法に関する次の記述のうち、不適当なものはどれか。

(1) 建設業を営む場合には、建設業の許可が必要であり、許可要件として、建設業を営なもうとするすべての営業所ごとに、一定の資格又は実務経験を持つ専任の技術者を置かなければならない。

(2) 建設業を営なもうとする者のうち、2 以上の都道府県の区域内に営業所を設けて営業をしようとする者は、本店のある管轄の都道府県知事の許可を受けなければならない。

(3) 建設業法第 26 条第 1 項に規定する主任技術者及び同条第 2 項に規定する監理技術者は、同法に基づき、工事を適正に実施するため、工事の施工計画の作成、工程管理、品質管理、その他の技術上の管理や工事の施工に従事する者の技術上の指導監督を行う者である。

(4) 工事 1 件の請負代金の額が建築一式工事にあっては 1,500 万円に満たない工事又は延べ面積が 150㎡ に満たない木造住宅工事、建築一式工事以外の建設工事にあっては 500 万円未満の軽微な工事のみを請け負うことを営業とする者は、建設業の許可は必要がない。

7. 給水装置の概要

04-41 難易度 ★ 給水用具に関する次の記述の正誤の組み合わせうち、適当なものはどれか。

ア 単水栓は、給水の開始、中止及び給水装置の修理その他の目的で給水を制限又は停水するために使用する給水用具である。

イ 甲型止水栓は、流水抵抗によって、こまパッキンが摩耗して止水できなくなるおそれがある。

ウ ボールタップは、浮玉の上下によって自動的に弁を開閉する構造になっており、水洗便器のロータンクや受水槽の水を一定量貯める給水用具である。

エ ダイヤフラム式ボールタップは、圧力室内部の圧力変化を利用しダイヤフラムを動かすことにより吐水、止水を行うもので、給水圧力による止水位の変動が大きい。

	ア	イ	ウ	エ
(1)	誤	正	正	誤
(2)	正	誤	誤	正
(3)	正	誤	正	誤
(4)	誤	誤	正	正
(5)	誤	正	誤	正

04-40 出題頻度 `03-40` , `02-40` , `29-58`　　　重要度 ★★
　　　　　　　　　　　　　　　　　　　　　　　　text. P.217 〜 223

建設業法に関する問題である。

(1)　建設業を営なもうとする者は、国土交通大臣又は都道府県知事の**許可**を受けることが必要で、すべての**営業所ごとに一定の資格又は実務経験を有するものを専任の技術者**として置かなければならない（建設業法 3 条、7 条、15 条）。適当な記述である。

(2)　**2 以上の都道府県の区域内に営業所を設けて営業しようとする場合**にあっては、**国土交通大臣の許可**を得なければならない（同法 3 条 1 項）。不適当な記述である。

(3)　**主任技術者**及び**監理技術者**は、工事現場における建設工事を適正に実施するため、当該建設工事の**施工計画の作成**、**工程管理**、**品質管理**その他の技術上の管理及び当該建設工事の**施工に従事する者**の**技術上の指導監督**の職務を誠実に行わなければならない（同法 26 条の 4）。適当な記述である。

(4)　建設業のうち、政令で定める**軽微な建設工事**（工事 1 件の請負金額が **500 万円未満の工事**、建築一式工事にあっては、**1,500 万円未満の工事又は延べ床面積が 150㎡未満の木造住宅工事**）のみを請け負うことを営業する者は、この限りでない（同法 3 条 1 項ただし書）。適当な記述である。

したがって、不適当なものは(2)である。　　　　　　　　　□**正解(2)**

04-41 出題頻度 `04-42` , `04-43` , `04-44` , `04-45` , `04-55` , `03-44` ,　　重要度 ★★★
　　　　　　　　`03-45` , `03-46` , `03-47` , `03-48`　　　　　　　**text.** P.263 〜 292

給水用具に関する問題である。

ア　**単水栓**は、弁の開閉により水又は温水のみを 1 つの水栓から吐水する水栓である。記述は**止水栓**のことである。誤った記述である。

イ　**甲型止水栓**は、止水部が落としこま構造であり、**損失水頭が大きい**。又流水抵抗によって、**こまパッキンが摩耗する**ので、止水できなくなるおそれがあり、**定期的な交換**が必要である。正しい記述である。

ウ　ボールタップは、**浮玉の上下によって自動的に弁を開閉する構造**になっており、一定の水を貯めるため、水洗便器のローランクや受水槽、貯蔵湯沸器等に給水する給水用具である。

エ　**ダイヤフラム式ボールタップ**の特徴として、①給水圧による**止水位の変動が極めて小さい**、②開閉が圧力室内の圧力変化を利用するため、止水間際のチョロチョロ水が流れたり、絞り音が生じたりすることがない等が挙げられる。誤った記述である。誤った記述である。

したがって、適当な正誤の組み合わせは(1)である。　　　　　□**正解(1)**

要点：定水位弁は，主弁として使用し小口径ボールタップを副弁として組み合わせて使用する。

---

check □□□

04-42
難易度 ★
給水用具に関する次の記述のうち、不適当なものはどれか。

(1) 各種分水栓は、分岐可能な配水管や給水管から不断水で給水管を取り出すための給水用具で、分水栓の他、サドル付分水栓、割 T 字管がある。

(2) 仕切弁は、弁体が鉛直方向に上下し、全開・全閉する構造であり、全開時の損失水頭は小さい。

(3) 玉型弁は、止水部が吊りこま構造であり、弁部の構造から流れが S 字形となるため損失水頭が小さい。

(4) 給水栓は、給水装置において給水管の末端に取り付けられ、弁の開閉により流量又は湯水の温度の調整等を行う給水用具である。

04-43
難易度 ★
給水用具に関する次の記述のうち、不適当なものはどれか。

(1) 減圧弁は、水圧が設定圧力よりも上昇すると、給水用具を保護するために弁体が自動的に開いて過剰圧力を逃し、圧力が所定の値に降下すると閉じる機能を持った給水用具である。

(2) 空気弁は、管頂部に設置し、管内に停滞した空気を自動的に排出する機能を持った給水用具である。

(3) 定流量弁は、オリフィス、ばね式等による流量調整機構によって、一次側の圧力に関わらず流量が一定になるよう調整する給水用具である。

(4) 圧力式バキュームブレーカは、給水・給湯系統のサイホン現象による逆流を防止するために、負圧部分へ自動的に空気を導入する機能を持ち、常時水圧は掛かるが逆圧の掛けない配管部分に設置する。

04-42

出題頻度 `04-41` `04-43` `04-44` `04-45` `03-44` `03-45` `03-46` `03-47` `03-48`　　重要度 ★★★

text. P.263 〜 292

(1) **分水栓**は、分岐可能な配水管や給水管から**不断水で給水管を取り出す**ための給水用具で、**分水栓**の他、**サドル付分水栓**、**割T字管**がある。

(2) **仕切弁**は、弁体が鉛直方向に上下し、全開・全閉する構造であり、**全開時の損失水頭は極めて小さい**。適当な記述である。

(3) **玉形弁**は止水部が吊りこま構造であり、弁部の構造から流れが S字形 となるため 損失水頭が大きい 。不適当な記述である。 **よく出る**

(4) **給水栓**は、給水装置において給水管の末端に取り付けられ、弁の開閉により流量又は湯水の温度の調整等を行う給水用具である。不適当な記述である。

したがって、不適当なものは(3)である。　　　　　　　　　　　□**正解(3)**

要点：各種給水用具の特徴と使用目的を抑えておく。

04-43

出題頻度 `05-49` `04-41` `04-42` `04-44` `04-45` `03-44` `03-45` `03-46` `03-47` `03-48`　　重要度 ★★★

text. P.263 〜 292

給水用具に関する問題である。 **よく出る**

(1) **減圧弁**は、通過する流体の圧力エネルギーにより弁体の開度を変化させ、**高い一次側圧力から、所定の低い二次側圧力に減圧する圧力調整弁**である。記述は**安全弁**の説明である。不適当な記述である。

(2) **空気弁**は、管頂部に設置し、**管内に停滞した空気を自動的に排出する機能を持った**給水用具である。適当な記述である。

(3) **定流量弁**は、オリフィス、ばね式等による流量調整機構によって、**一次側の圧力に関わらず流量が一定になるよう調整する**給水用具である。適当な記述である。

(4) **圧力式バキュームブレーカ**は、給水・給湯系統の**サイホン現象**による逆流を防止するために、**負圧部分へ自動的に空気を導入する機能を持ち、常時水圧は掛かるが、逆圧のかけない配管部分に設置する**。適当な記述である。

したがって、不適当なものは(1)である。　　　　　　　　　　　□**正解(1)**

要点：バキュームブレーカは，圧力式と大気圧式があるが，給水用具または水受け容器の**越流面から150mm以上高い位置**に取り付ける。

04-44
難易度 ★

給水用具に関する次の記述の　□　内に入る語句の組み合わせのうち、適当なものはどれか。

① 　ア　は、個々に独立して作動する第1逆止弁と第2逆止弁が組み込まれている。各逆止弁はテストコックによって、個々に性能チェックを行うことができる。

② 　イ　は、一次側の流水圧で逆止弁体を押し上げて通水し、停水又は逆圧時は逆止弁体が自重と逆圧で弁座を閉じる構造の逆止弁である。

③ 　ウ　は、独立して作動する第1逆止弁と第2逆止弁との間に一次側との差圧で作動する逃し弁を備えた中間室からなり、逆止弁が正常に作動しない場合、逃し弁が開いて排水し、空気層を形成することによって逆流を防止する構造の逆流防止器である。

④ 　エ　は、弁体がヒンジピンを支点として自重で弁座面に圧着し、通水時に弁体が押し開かれ、逆圧によって自動的に閉止する構造の逆止弁である。

	ア	イ	ウ	エ
(1)	複式逆止弁	リフト式逆止弁	中間室大気開放型逆流防止器	スイング式逆止弁
(2)	二重式逆流防止器	自重式逆止弁	減圧式逆流防止器	スイング式逆止弁
(3)	複式逆止弁	自重式逆止弁	減圧式逆流防止器	単式逆止弁
(4)	二重式逆流防止器	リフト式逆止弁	中間室大気開放型逆流防止器	単式逆止弁
(5)	二重式逆流防止器	自重式逆止弁	中間室大気開放型逆流防止器	単式逆止弁

04-45
難易度 ★

給水用具に関する次の記述のうち、**不適当な**ものはどれか。

(1) 逆止弁付メーターパッキンは、配管接合部をシールするメーター用パッキンにスプリング式の逆流防止弁を兼ね備えた構造である。逆流防止機能が必要な既設配管の内部に新たに設置することができる。

(2) 小便器洗浄弁は、センサーで感知し自動的に水を吐出させる自動式とボタン等を操作して水を吐出させる手動式の2種類があり、手動式にはニードル式、ダイヤフラム式の2つのタイプの弁構造がある。

(3) 湯水混合水栓は、湯水を混合して1つの水栓から吐水する水栓である。ハンドルやレバー等の操作により吐水、止水、吐水流量及び吐水温度が調整できる。

(4) 水道用コンセントは、洗濯機、自動食器洗い機との組合せに最適な水栓で、通常の水栓のように壁から出っ張らないので邪魔にならず、使用するときだけホースをつなげればよいので空間を有効に利用することができる。

| 04-44 | 出題頻度 | 04-41 | 04-42 | 04-43 | 04-45 | 04-55 | 03-44 | | 重要度 ★★ |
| | | 03-45 | 03-46 | 03-47 | 03-48 | | | | text. P.267～274 |

逆止弁に関する問題である。**よく出る**

① **二重式逆流防止器** は、個々に独立して作動する第1逆止弁と第2逆止弁が組み込まれている。各逆止弁は**テストコック**によって、個々の**性能チェック**を行うことができ、逆流防止弁の交換がカバーを外すことで配管に取り付けられたままできる。

② **自重式逆止弁** は、**一次側の流水圧で逆止弁体を押し上げて通水し、停水又は逆圧時は逆止弁体が自重と逆圧で弁座を閉じる**構造の逆止弁である。

③ **減圧式逆流防止器** は、独立して作動する第1逆止弁と第2逆止弁との間に**一次側との差圧で作動する逃し弁を備えた 中間室** からなり、**逆止弁が正常に作動しない場合、逃し弁が開いて排水し、空気層を形成することによって逆流を防止**する構造の逆流防止器である。

④ **スイング式逆止弁** は、**弁体がヒンジピンを支点として自重で弁座面に圧着し、**通水時に弁体が押し開かれ、逆圧によって自動的に閉止する構造の逆止弁である。
したがって、適当な語句の組み合わせは(2)である。　　　　□**正解(2)**

要点：逆止弁類は多種あるので，性能等の特徴を抑えておく。

| 04-45 | 出題頻度 | 04-41 | 04-42 | 04-43 | 04-55 | 03-44 | 03-45 | | 重要度 ★★★ |
| | | 03-46 | 03-47 | 03-48 | | | | | text. P.270,275,279 |

給水用具に関する問題である。

(1) **逆止弁付メーターパッキン**は、配管接合部をシールするメーター用パッキンにスプリング式の**逆流防止弁**を兼ね備えた構造である。逆流防止機能が必要な既設配管の内部に新たに設置することができる。水道メーター交換時には必ず交換する。適当な記述である。

(2) **小便器洗浄弁**は、センサーで感知し自動的に水を吐出させる**自動式**とボタン等を操作して水を吐出させる**手動式**の2種類があり、手動式には **ピストン式** 、**ダイヤフラム式**の2つのタイプの弁構造がある。適当な記述である。

(3) **湯水混合水栓**は、湯水を混合して1つの水栓から吐水する水栓である。ハンドルやレバー等の操作により吐水、止水、吐水流量及び吐水温度が調整できる。適当な記述である。

(4) **水道用コンセント**は、洗濯機、自動食器洗い機等との組み合わせにマッチした水栓で、一般水栓のような**出っ張りがないので**、駐車スペース等狭いところでも使用でき、必要な時にホースを取り付ければよく、空間を有効利用できるものである。適当な記述である。
したがって、不適当なものは(2)である。　　　　□**正解(2)**

check □□□

04-46
難易度 ★★

給水管に関する次の記述のうち、適当なものはどれか。

(1)　銅管は、耐食性に優れるため薄肉化しているので、軽量で取り扱いが容易である。また、アルカリに侵されず、スケールの発生も少ないが、遊離炭酸が多い水には適さない。

(2)　耐熱性硬質塩化ビニルライニング鋼管は、鋼管の内面に耐熱性硬質ポリ塩化ビニルをライニングした管である。この管の用途は、給水・給湯等であり、連続使用許容温度は 95℃以下である。

(3)　ステンレス鋼鋼管は、鋼管と比べると特に耐食性に優れている。軽量化しているので取り扱いは容易であるが、薄肉であるため強度的には劣る。

(4)　ダクタイル鋳鉄管は、鋳鉄組織中の黒鉛が球状のため、靭性がなく衝撃に弱い。しかし、引張り強さが大であり、耐久性もある。

04-47
難易度 ★

給水管の継手に関する次の記述の ▢ 内に入る語句の組み合わせのうち、適当なものはどれか。

①　架橋ポリエチレン管の継手の種類としては、メカニカル継手と ア 継手がある。

②　ダクタイル鋳鉄管の接合形式は多種類あるが、一般に給水装置では、メカニカル継手、 イ 継手及びフランジ継手の 3 種類がある。

③　水道用ポリエチレン二層管の継手は、一般的に ウ 継手が用いられる。

④　ステンレス鋼鋼管の継手の種類としては、 エ 継手とプレス式継手がある。

	ア	イ	ウ	エ
(1)	EF	RR	金属	スライド式
(2)	熱融着	プッシュオン	TS	スライド式
(3)	EF	プッシュオン	金属	伸縮可とう式
(4)	熱融着	RR	TS	伸縮可とう式
(5)	EF	RR	金属	伸縮可とう式

04-46

出題頻度 `05-41` `05-43` `05-44` `03-41` `02-41` `02-42` `01-42` `30-46` `30-47` `28-49`

重要度 ★★★

text. P.252～263

給水管に関する問題である。

⑴ **銅管**は、耐食性に優れるため薄肉化しているので、軽量で取り扱いが容易である。また、**アルカリに侵されず、スケールの発生も少ないが、** 遊離炭酸 **が多い水には適さない**。適当なな記述である。

⑵ **耐熱性硬質塩化ビニルライニング鋼管**は、鋼管の内面に耐熱性硬質ポリ塩化ビニルをライニングした管である。この管の用途は、**給水・給湯**等であり、**連続使用許容温度**は 85℃以下 である。不適当な記述である。

⑶ **ステンレス鋼鋼管**は、鋼管と比べると特に**耐食性**に優れている。軽量化しているので取り扱いは容易であるが、**薄肉**であるが**強度的に優れている**。不適当な記述である。不適当な記述である。

⑷ **ダクタイル鋳鉄管**は、鋳鉄組織中の**黒鉛が球状**のため、**強靭性に富み、衝撃に強く強度が大**である。また、引張り強さも大であり、**耐久性**もある。不適当な記述である。

したがって、適当なものは⑴である。 □**正解(1)**

> 要点：ライニング鋼管の継手は**ねじ継手**が一般的である。接合部は**管端防食継手**が効果的である。

04-47

出題頻度 `02-43` `01-43` `29-42` `27-50` `26-50`

重要度 ★★

text. P.252～263

継手に関する記述である。

① **架橋ポリエチレン管**の継手の種類としては、**メカニカル継手**と EF（電気融着式）継手 がある。

② **ダクタイル鋳鉄管**の接合形式は多種類あるが、一般に給水装置では、**メカニカル継手**、プッシュオン 継手及び**フランジ継手**の３種類がある。

③ **水道用ポリエチレン二層管**の継手は、管にコアを打ち込み樹脂製のリングを胴及びナットによって圧着し止水する。一般的に 金属 継手が用いられる。

④ **ステンレス鋼鋼管**の継手の種類としては、伸縮可とう式 継手と**プレス式継手**がある。

したがって、適当な語句の組み合わせは⑶である。 □**正解(3)**

> 要点：**耐熱性硬質ポリ塩化ビニル管**は,**90℃以下の給湯配管**に使用される。

04-48

難易度 ★

軸流羽車式水道メーターに関する次の記述の ▭ 内に入る語句の組み合わせのうち、適当なものはどれか。

　軸流羽根車式水道メータは、管状の器内に設置された流れに平行な軸を持つ螺旋状の羽根車を回転させて、積算計量する構造のものであり、たて形と横形の２種類に分けられる。

　たて形軸流羽根車式は、メーターケースに流入した水流が、整流器を通って、ア に設置された螺旋状羽根車に沿って流れ、羽根車を回転させる構造のものである。水の流れが水道メーター内で イ するため損失水頭が ウ 。

	ア	イ	ウ
(1)	垂　直	迂　流	小さい
(2)	水　平	直　流	大きい
(3)	垂　直	迂　流	大きい
(4)	水　平	迂　流	大きい
(5)	水　平	直　流	小さい

04-49

難易度 ★★

水道メーターに関する次の記述のうち、不適当なものはどれか。

(1) 水道の使用水量は、料金算定の基礎となるもので適正な計量が求められることから、水道メーターは計量法に定める特定計量器の検定に合格したものを設置する。

(2) 水道メーターは、検定有効期間が８年間であるため、その期間内に検定に合格した水道メーターと交換しなければならない。

(3) 水道メーターの技術進歩への迅速な対応及び国際整合化の推進を図るため、日本産業規格（JIS規格）が制定されている。

(4) 電磁式水道メーターは、水の流れと平行に磁界をかけ、電磁誘導作用により流れと磁界に平行な方向に誘起された起電力により流量を測定する器具である。

(5) 水道メーターの呼び径決定に際しては、適正使用流量範囲、一時的使用の許容範囲等に十分留意する必要がある。

04-48

出題頻度 **05-51** **03-53** **02-53** **01-48** **30-48**

重要度 ★
text. P.293

軸流羽根車式水道メーターに関する問題である。**よく出る**

軸流羽根車式水道メーターは、 管状の器内に設置された<u>流れに平行な軸を持つ螺旋状</u>の羽根車を回転させて、<u>積算計量する構造</u>のものであり、たて形と横形の 2 種類に分けられる。

たて形軸流羽根車式は、<u>メーターケースに流入した水流が、整流器を通って、</u> 垂直 <u>に設置された螺旋状羽根車に沿って</u> 下方から上方 <u>に S 字形に流れ、羽根車を回転させる構造</u>のものである。水の流れが水道メーター内で 迂流 するため損失水頭がやや 大きい 。

したがって、適当な語句の組み合わせは(3)である。 □**正解(3)**

要点：**よこ形**は，メーター内の水の流れが直流であるため**損失水筒は小さい**。あまり使用されない。

04-49

出題頻度 **05-50** **02-52** **01-48** **29-47** **29-48** **28-41**

重要度 ★★★
text. 257

水道メーターに関する問題である。**よく出る**

(1)、(2)　水道メーターの計量水量は、料金算定の水量管理の基礎となるもので適正な計量が求められることから、**計量法に定める特定計量器の検定に合格したもの**でなければならず、検定期間が 8年 であるため、**検定期間内に検定に合格したメーターと交換**しなければならない。(1)、(2)とも適当な記述である。

(3)　計量法の諸官庁である経済産業省は、<u>メーターの技術的進歩への迅速な対応及び国際整合化の推進を図るため</u>、新たに JIS（日本産業規格）を制定した。これにより 2011 年 4 月 1 日以降は全面的に**新 JIS メーター**が製造されている。適当な記述である。

(4)　電磁式水道メーターは、<u>水の流れの方向に</u>垂直<u>に磁界をかけると電磁誘導作用により、流れと磁界に</u>垂直<u>な方向へ起電力が誘起される器具</u>である。不適当な記述である。

(5)　メーターは、軽量流量範囲を超えて水を流すと正しい軽量ができなくなるおそれがある。このため、メーターの呼び径決定に際しては、**適正使用流量範囲、瞬時使用の許容流量**等に十分留意する必要がある。適当な記述である。

したがって、不適当なものは(4)である。 □**正解(4)**

要点：**新 JIS メーター**：国際整合化への観点から 2011（H23）年 4 月〜 2019（H31）年 3 月までの 8 年間で新基準メーターに切り替えるとしている。

04-50

難易度 ★★

給水用具の故障と修理に関する次の記述の正誤の組み合わせうち、適当なものはどれか。

ア 受水槽のボールタップの故障で水が止まらなくなったので、原因を調査した。その結果、パッキンが摩耗していたので、パッキンを取り替えた。

イ ボールタップ付ロータンクの水が止まらなかったので、原因を調査した。その結果、フロート弁の摩耗、損傷のためすき間から水が流れ込んでいたので、分解し清掃した。

ウ ピストン式定水位弁の水が止まらなかったので、原因を調査した。その結果、主弁座パッキンが摩耗していたので、主弁座パッキンを新品に取り替えた。

エ 水栓から不快音があったので、原因を調査した。その結果、スピンドルの孔とこま軸の外径が合わなく、がたつきがあったので、スピンドルを取り替えた。

	ア	イ	ウ	エ
(1)	正	誤	正	正
(2)	正	誤	誤	正
(3)	誤	正	誤	正
(4)	誤	正	正	誤
(5)	正	誤	正	誤

04-51

難易度 ★★★

給水用具の故障と修理に関する次の記述の正誤の組み合わせのうち、適当なものはどれか。

ア 大便器洗浄弁のハンドルから漏水していたので、原因を調査した。その結果、ハンドル部のパッキンが傷んでいたので、ピストンバルブを取り出し、Uパッキンを取り替えた。

イ 小便器洗浄弁の吐水量が多いので、原因を調査した。その結果、調節ねじが開け過ぎとなっていたので、調節ねじを左に回して吐水量を減らした。

ウ ダイヤフラム式定水位弁の故障で水が出なくなったので、原因を調査した。その結果、流量調節棒が締め切った状態になっていたので、ハンドルを回して所定の位置にした。

エ 水栓から漏水していたので、原因を調査した。その結果、便座に軽度の摩耗が見られたので、まずはパッキンを取り替えた。

	ア	イ	ウ	エ
(1)	正	誤	誤	正
(2)	誤	正	誤	正
(3)	正	正	誤	正
(4)	正	誤	正	誤
(5)	誤	誤	正	正

04-50 出題頻度 `05-52` `05-53` `04-51` `03-54` `03-55` `02-54` `02-55` `01-50` `30-49` `29-49` `29-50`　重要度 ★★★　text. P.298～303

給水用具の故障と修理に関する問題である。**よく出る**

ア　受水槽のボールタップの故障で**水が止まらなくなった**。調べてみると、**パッキンが摩耗**していたので、**パッキンを取り替えた**。正しい記述である。

イ　ボールタップ付ロータンクの<u>水が止まらない</u>現象があった。調べたところ、**フロート弁の摩耗、損傷**のため、隙間から水が流れ込んでいたので、**新しいフロート弁に交換**した。誤った記述である。

ウ　ピストン式定水位弁の<u>水が止まらなかった</u>。原因を調査したところ、**主弁座パッキンが摩耗**していたので、**主弁座パッキンを新品に取り替えた**。正しい記述である。

エ　水栓から**不快音**があり、調べたところ、**栓棒の穴とこま軸の外径が合わなくガタツキ**があったので、**摩耗したこまを新品に取り替えた**。誤った記述である。

したがって、適当な正誤の組み合わせは(5)である。　□**正解(5)**

> 要点：給水用具の故障と修理は毎年出題されるので，必ず抑えて置きたい。

04-51 出題頻度 `05-52` `05-53` `04-51` `03-54` `03-55` `02-54` `02-55` `01-50` `30-49` `29-49` `29-50`　重要度 ★★　text. P.298～303

給水用具の故障と修理に関する問題である。**よく出る**

ア　**大便器洗浄弁**の<u>ハンドルから漏水</u>していた。原因を調べたところ、<u>ハンドル部のパッキンに傷み</u>があったので、**パッキンを取り替えた**。誤った記述である。

イ　**小便器洗浄弁**の<u>吐水量が多い</u>ので、調べたところ、<u>水量調節ねじを開け過ぎている</u>ことがわかったので、**水量調節ねじを右に**回して**吐水量**を減らした。誤った記述である。

ウ　**ダイヤフラム式定水位弁**の故障で<u>水が出なくなった</u>。原因を調査した。その結果、<u>流量調節棒が**締め切った状態**</u>になっていたので、<u>ハンドルを回して**所定の位置**に</u>した。正しい記述である。

エ　**水栓**から<u>漏水</u>していた。原因を調査したところ、<u>弁座に軽度の**摩耗**</u>が見られたので、**パッキンを取り替えた**。正しい記述である。

したがって、適当な正誤の組み合わせは(5)である。　□**正解(5)**

> 要点：ボールタップの水が止まらないので原因を調べると，**弁座が損傷**していた。対策としてはボールタップを取替えた。

04-52
難易度 ★

湯沸器に関する次の記述の正誤の組み合わせうち、適当なものはどれか。

ア　地中熱利用ヒートポンプ給湯機は、年間を通して一定である地表面から約10m以深の安定した温度の熱を利用する。地中熱は日本中どこでも利用でき、しかも天候に左右されない再生可能なエネルギーである。

イ　潜熱回収型給湯器は、今まで利用せずに排気していた高温（200℃）の燃焼ガスを再利用し、水を潜熱で温めた後に従来の一次熱交換器で加温した温水を作り出す。

ウ　元止め式瞬間湯沸器は、給湯配管の通して湯沸器から離れた場所で使用できるもので、2カ所以上に給湯する場合に広く利用される。

エ　太陽熱利用貯湯湯沸器の二回路型は、給水管に直結した貯湯タンク内で太陽熱集熱器から送られる熱源を利用し、水を加熱する。

	ア	イ	ウ	エ
(1)	正	正	誤	正
(2)	正	誤	正	誤
(3)	正	誤	誤	正
(4)	誤	正	正	誤
(5)	誤	正	誤	正

04-53
難易度 ★

浄水器に関する次の記述のうち、不適当なものはどれか。

(1)　浄水器は、水道水中の残留塩素等の溶存物質、濁度等の減少を主目的としたものである。

(2)　浄水器のろ過材には、活性炭、ろ過膜、イオン交換樹脂等が使用される。

(3)　水栓一体型浄水器のうち、スパウト内部に浄水カートリッジがあるものは、常時水圧が加わらないので、給水用具に該当しない。

(4)　アンダーシンク形浄水器は、水栓の流入側に取り付けられる方式と流出側に取り付けられる方式があるが、どちらも給水用具として分類される。

04-52

出題頻度　05-45　03-49　02-48　02-49　01-44　30-43　29-46　27-47　　　重要度　★★　text. P.280～284

湯沸器に関する問題である。

ア　**地中熱利用ヒートポンプ給湯機**は、年間を通して一定である地表面から約 **10m** 以深の安定した温度の熱を利用する。地中熱は日本中どこでも利用でき、しかも天候に左右されない再生可能なエネルギーである。正しい記述である。

イ　**潜熱回収型給湯器**は、二次熱交換器を設けることにより、今まで利用せずに排気していた高温（ **200℃** ）の燃焼ガスを再利用し、水を潜熱で温めた後に従来の**一次熱交換器**で加温した温水を作り出す。正しい記述である。

ウ　**元止め式瞬間湯沸器**は、湯沸器から直接使用するもので、湯沸器に設置されている止水栓の開閉により、メインバーナーが点火、消化する構造になっている。出頭能力は小さい。記述は先止め式瞬間湯沸器の説明である。誤った記述である。

エ　**太陽熱利用湯沸器の二回路型**は、太陽集熱器と上水道が蓄熱槽内で別系統になっているものである。正しい記述である。

したがって、適当な正誤の組み合わせは(1)である。　　　　　　　　□**正解(1)**

要点：地中熱利用ヒートポンプには, 地中の熱を間接的に利用する**クローズドループ**と地下水の水を利用する**オープンループ**がある。

04-53

出題頻度　03-50　29-43　26-43　25-47　　　重要度　★★　text. P.285～286

浄水器に関する問題である。

(1)　浄水器は、水道水中の**残留塩素**等の溶存物質、**濁度**等の減少を主目的としたものである。適当な記述である。

(2)　浄水器の濾過材には、**活性炭**、**濾過膜**、**イオン交換樹脂**、ゼオライト等が使用される。適当な記述である。

(3)　**水栓一体型浄水器**は、給水栓内部に浄水能力のある**濾材（カートリッジ式）が内蔵**されているもので**給水用具に分類**される。水栓の**スパウト**（注ぎ口）部に小型のカートリッジを内蔵しているものが主流となっている。不適当な記述である。

(4)　**アンダーシンク形浄水器**は、水栓の流入側に取り付けられ常時水圧が加わる**先止め式**方式と**流出側に取り付けられる 元止め式**があるが、どちらも給水用具として分類される。適当な記述である。

したがって、不適当なものは(3)である。　　　　　　　　□**正解(3)**

要点：浄水器によって残留塩素が除去された器具内の滞留水は, 雑菌が繁殖しやすく, **細菌類の繁殖の温床**となる。

04-54

難易度 ★★

直結加圧形ポンプユニットに関する次の記述のうち、不適当なものはどれか。

(1) 直結加圧形ポンプユニットの構成は、ポンプ、電動機、制御盤、バイパス管、圧力発信機、流水スイッチ、圧力タンク等からなっている。

(2) 吸込側の圧力が異常低下した場合は自動停止し、吸込側の圧力が復帰した場合は手動で復帰させなければならない。

(3) 圧力タンクは、日本水道協会規格（JWWA B 130：2005）に定める性能に支障が生じなければ、設置する必要はない。

(4) 使用水量が少なく自動停止する時は吐水量は、10L/min 程度とされている。

04-55

難易度 ★

給水用具に関する次の記述のうち、不適当なものはどれか。

(1) 自動販売機は、水道水を内部タンクで受けたあと、目的に応じてポンプにより加工機構へ供給し、コーヒー等を販売する器具である。

(2) Y型ストレーナは、液体中の異物などをろ過するスクリーンを内蔵し、ストレーナ本体が配管に接続されたままの状態でも清掃できる。

(3) 水撃防止器は、封入空気等をゴム等により圧縮し、水撃を緩衝するもので、ベローズ形、エアバック形、ダイヤフラム式等がある。

(4) 温水洗浄装置付便座は、その製品の性能等の規格を JIS に定めており、温水発生装置で得られた温水をノズルから射出する装置を有した便座である。

(5) サーモスタット式の混合水栓は、湯側・水側の2つのハンドルを操作し、吐水・止水、吐水量の調整、吐水温度の調整ができる。

04-54

出題頻度　05-46 , 03-51 , 02-50 , 01-46 , 28-50　　　重要度　★★
text.　P.271〜276

直結加圧形ポンプユニットに関する問題である。**よく出る**

(1)　直結加圧形ポンプユニットの構成は、**ポンプ**、**電動**機、**制御盤**（インバータを含む）、**バイパス管**、**圧力発信機**、**流水スイッチ**、**圧力タンク**（設置が条件ではない）等からなっている。適当な記述である。

(2)　**吸込側の水圧が異常上昇した場合自動停止し、復帰した場合は自動復帰する**こと（「直結給水システム導入ガイドラインとその解説」の指針）。不適当な記述である。

(3)　**圧力タンクは**、日本水道協会規格（JWWA B 130：2005）に定める**性能に支障が生じなければ、設置する必要はない**。この規格の対象口径は 20mm〜 75mm である。適当な記述である。

(4)　**使用水量が少なく自動停止する時は吐水量**は、**10L/min** 程度とされている。適当な記述である。

したがって、不適当なものは(2)である。　　　　　□**正解(2)**

> 要点：ユニットには，ポンプを複数台設置し，1台が故障しても自動切り替えにより給水する機能や運転の偏りがないように自動的に交互運転する機能を有している。

04-55

出題頻度　02-44 , 02-45 , 02-46 , 02-47 , 01-47 , 30-41 , 29-44 , 29-45　　　重要度　★
text.　P.263〜294

給水用具に関する問題である。

(1)　**自動販売機**は、水道水を**内部タンク**で受けたあと、目的に応じてポンプにより加工機構へ供給し、コーヒー等を販売する器具である。適当な記述である。

(2)　**Y型ストレーナ**は、液体中の異物などをろ過するスクリーンを内蔵し、**ストレーナ本体が配管に接続されたままの状態でも清掃できる**。適当な記述である。

(3)　水撃防止器は、空気の弾力性等（封入空気等をゴム等により圧縮）を利用して、給水装置の管路途中や末端の器具等から発生する水撃作用を軽減するまたは緩和する給水用具で、**水撃作用発生のおそれのある箇所には、その手前**（上流側）に**近接して設置する**。ベローズ形、エアバック形、ピストン形、ダイヤフラム式等がある。適当な記述である。

(4)　**温水洗浄装置付便座**は、その製品の性能等の規格を JIS に定めており、温水発生装置で得られた温水をノズルから射出する装置を有した便座である。正しい記述である。適当な記述である。

(5)　**サーモスタット式湯水混合水栓**は、温度調整ハンドルの目盛を合わせることで安定した吐水温度を得ることができる。**吐水・止水、吐水量の調整は別途止水部で行う**。不適当な記述である。

したがって、不適当なものは(5)である。　　　　　□**正解(5)**

8. 給水装置施工管理法

04-56
難易度 ★

給水装置工事における**施工管理**に関する次の記述のうち、不適当なものはどれか。

(1) 配水管から分岐以降水道メーターまでの工事は、あらかじめ水道事業者の承認を受けた工法、工期その他の工事上の条件に適合するように施工する必要がある。

(2) 水道事業者、需要者（発注者）等が常に施工状況の確認ができるよう必要な資料、写真の取りまとめを行なっておく。

(3) 道路部掘削時に埋戻しに使用する埋戻し土は、水道事業者が定める基準等を満たした材料であるか検査・確認し、水道事業者の承諾を得たものを使用する。

(4) 工事着手に先立ち、現場付近の住民に対し、工事の施工について協力が得られるよう、工事内容の具体的な説明を行う。

(5) 工事の施工に当たり、事故が発生した場合は、直ちに必要な措置を講じた上で、事故の状況及び措置内容を水道事業者及び関係官公署に報告する。

04-57
難易度 ★

宅地内で**給水装置工事の施工管理**に関する次の記述の 内に入る語句の組み合わせのうち、適当なものはどれか。

宅地内での給水装置工事は、一般に水道メーター以降 ア までの工事である。 イ の依頼に応じて実施されるものであり、工事の内容によっては、建築業者等との調整が必要となる。宅地内での給水装置工事は、これらに留意するとともに、道路上での給水装置工事と同様に ウ の作成と、それに基づく工程管理、品質管理、安全管理等を行う。

	ア	イ	ウ
(1)	末端給水用具	施主（需要者等）	施工計画書
(2)	末端給水用具	水道事業者	工程表
(3)	末端給水用具	施主（需要者等）	工程表
(4)	建築物の外壁	水道事業者	工程表
(5)	建築物の外壁	施主（需要者等）	施工計画書

04-56 出題頻度 `05-57` `03-56` `02-57` `01-52` `01-53` `30-56` `29-56` `28-53`　　重要度 ★★　text. P.306〜307

給水装置工事の施工管理上の留意点に関する問題である。 よく出る

(1) **配水管から分岐以降水道メーターまで**の工事は、あらかじめ**水道事業者の承認を受けた工法、工期**その他の工事上の条件に**適合**するように施工する必要がある。適当な記述である。

(2) 水道事業者、需要者（発注者）等が常に施工状況の確認ができるよう**必要な資料、写真**の取りまとめを行なっておく。適当な記述である。

(3) 道路の埋戻しは、**道路管理者**の許可条件の下、指定された土砂を用いて、原則として厚さ30㎝を超えない層ごとにタンピングランク、その他の機械又は器具で**十分締め固め、将来陥没、沈下等を起こさないようにしなければならない。不適当な記述である。

(4) **工事着手に先立ち**、現場付近の住民に対し、工事の施工について協力が得られるよう、**工事内容**の具体的な**説明**を行う。適当な記述である。

(5) 工事の施工に当たり、事故が発生した場合は、**直ちに必要な措置を講じた上で、事故の状況及び措置内容を水道事業者**及び**関係官公署**に**報告**する。適当な記述である。

したがって、不適当なものは(3)である。　　　　□**正解(3)**

04-57 出題頻度 `05-57` `28-57` `26-60` `24-51`　　重要度 ★★　text. P.312

宅地なの給水装置工事の施工管理に関する問題である。

宅地内での給水装置工事は、一般に水道メーター以降 末端給水用具 までの工事である。 施主（需要者等） の依頼に応じて実施されるものであり、工事の内容によっては、**建築業者**等との調整が必要となる。宅地内での給水装置工事は、これらに留意するとともに、道路上での給水装置工事と同様に 施工計画書 の作成と、それに基づく**工程管理、品質管理、安全管理**等を行う。

したがって、適当な語句の組み合わせものは(1)である。　　　　□**正解(1)**

要点：給水装置工事の工程管理は，バーチャート工程表が一般的である。

04-58

難易度 ★

給水装置工事における**品質管理**について、穿孔後に確認する水質項目の組み合わせのうち、適当なものはどれか。

(1) 残留塩素	TOC	色	濁り	味
(2) におい	残留塩素	濁り	味	色
(3) 残留塩素	濁り	味	色	pH 値
(4) におい	濁り	残留塩素	色	TOC
(5) 残留塩素	におい	濁り	pH 値	色

04-59

難易度 ★★

建設工事公衆災害防止対策要綱に基づく交通対策に関する次の記述の正誤の組み合わせのうち、適当なものはどれか。

ア　施工者は、道路上に作業場を設ける場合は、原則として、交通流に対する正面から車両を出入りさせなければならない。ただし、周囲の状況等により止むを得ない場合においては、交通流に平行する部分から車両を出入りさせることができる。

イ　施工者は、道路上において土木工事を施工する場合には、道路管理者及び所轄警察署長の指示を受け、作業場出入口等に原則、交通誘導警備員を配置し、道路標識、保安灯、セイフティコーン又は矢印板を設置する等、常に交通の流れを阻害しないよう努めなければならない。

ウ　発注者及び施工者は、土木工事のために、一般の交通を迂回させる必要がある場合においては、道路管理者及び所轄警察署長の指示するところに従い、まわり道の入口及び要所に運転者又は通行者に見やすい案内用標示板等を設置し、運転者又は通行者が容易にまわり道を通過し得るようにしなければならない。

エ　施工者は、歩行者用通路とそれに接する車両の交通の用に供する部分との境及び歩行者用通路と作業場との境は、必要に応じ移動さく等間隔であけるように設置し、又は移動さくの間に保安灯を設置する等明確に区分する。

	ア	イ	ウ	エ
(1)	正	正	正	誤
(2)	正	誤	正	誤
(3)	誤	正	正	正
(4)	誤	正	正	誤
(5)	誤	正	誤	正

04-58 出題頻度 05-55 , 02-58 , 01-55

給水装置工事の品質管理項目の水質確認に関する問題である。**よく出る**

構造材質基準等水道法令適合に関する項目において、「穿孔後における**水質確認**(**残留塩素**、**色**、**味**、**濁り**、**臭い**)を行う。このうち、特に残留塩素の確認は穿孔した管が水道管であることの証(あかし)となることから必ず実施する。」としている。

したがって、適当な水質項目の組み合わせは⑵である。　　　　□**正解⑵**

> 要点：品質管理項目として，①**構造材質基準**等水道法令適合に関する項目と②品質管理が必要な項目に分類してあるので抑えておくのがポイント。

04-59 出題頻度 05-60 , 04-60 , 03-60 , 02-60 , 01-60 , 30-53 , 29-55 , 28-51 , 28-52

建設工事公衆災害防止対策要綱(以下「公災防」という。)に関する問題である。

よく出る

ア　施工者は、道路上に作業場を設ける場合は、原則として、交通流に対する**背面**から車両を出入りさせなければならない。ただし、周囲の状況等によりやむを得ない場合においては、交通流に**平行**する部分から車両を出入りさせることができる。この場合においては原則、**交通誘導員**を配置し、一般車両を優先するとともに公衆の通行に支障がないようにしなければならない(公災防第22)。誤った記述である。

イ　施工者は、道路上において土木工事を施工する場合には、道路管理者及び所轄警察署長の指示を受け、作業場出入口等に原則、交通誘導警備員を配置し、道路標識、保安灯、セイフティコーン又は矢印板を設置する等、常に交通の流れを阻害しないよう努めなければならない(公災防第24第4項)。正しい記述である。

ウ　発注者及び施工者は、土木工事のために、一般の交通を迂回させる必要がある場合においては、道路管理者及び所轄警察署長の指示するところに従い、**まわり道**の入口及び要所に運転者又は通行者に見やすい**案内用標示板**等を設置し、運転者又は通行者が容易にまわり道を通過し得るようにしなければならない(公災防第25第2項)。正しい記述である。

エ　施工者は、歩行者用通路とそれに接する車両の交通の用に供する部分との境及び歩行者用通路と作業場との境は、必要に応じ**移動さくを間隔を開けないように設置し、又は移動さくの間に安全ロープ等をはってすき間ができないように設置する**等明確に区分する(公災防第27第2項)。誤った記述である。

したがって、適当な組み合わせは⑷である。　　　　□**正解⑷**

> 要点：工事の施工にあたっては，あらかじめ当該**工事の概要**及び**公衆災害防止**に関する**取組内容**を付近の**居住者等**に周知する。

04-60

難易度 ★★

建設工事公衆災害防止対策要綱に基づく交通対策に関する次の記述のうち、不適当なものはどれか。

(1) 施工者は工事用の諸施設を設置する必要がある場合に当たっては、周辺の地盤面から高さ0.8m以上2m以下の部分については、通行者の視界を妨げることにないよう必要な措置を講じなければならない。

(2) 施工者は、道路を掘削した箇所を埋め戻したのち、仮舗装を行う際にやむをえない理由で段差が生じた場合は、10%以内の勾配ですりつけなければならない

(3) 施工者は、道路上において又は道路に接して土木工事をする場合には、工事を予告する道路標識、標示板等を、工事箇所の前方50mから500mの間の路側又は中央帯のうち視認しやすい箇所に設置しなければならない。

(4) 発注者及び施工者は、やむを得ず歩行者用通路を制限する必要がある場合、歩行者が安全に通行できるよう車道とは別に、幅0.9m以上（高齢者や車椅子使用者等の通行が想定されない場合は幅0.75m以上）、有効高さは2.1m以上の歩行者用通路を確保しなければならない。

(5) 発注者及び施工者は、車道を制限する場合において、道路管理者及び所轄警察署長から特に指示のない場合は、制限した後の道路の車線が1車線となる場合にあっては、その車道幅員は3m以上とし、2車線となる場合にあっては、その車道幅員は5.5m以上とする。

- 諏訪のアドバイス -

○ 5肢択一問題の対応

　2021年度の出題から、5肢択一問題が60問中42問出題された。実に70%である。2022年度は、39問であった。

　この試験の初年度は3肢択一で、その後は20年以上4肢択一であった。

　5肢択一になっても、難易度は変わるものでないことを言っておこう。

　5肢択一になると、文章も散漫となり、出題の意図が絞り切れていない。テキストを読み、過去の問題をしっかりやれば、合格点は必ず取れる。

　5肢択一に迷わされることなく解答を絞ること！！

04-60

「公災防」第 3 章「交通対策」の問題である。**よく出る**

(1)　施工者は工事用の諸施設を設置する必要がある場合に当たっては、周辺の地盤面から高さ **0.8m 以上 2m 以下**の部分については、通行者の**視界を妨げることにないよう必要な措置**を講じなければならない。（公災防第 23 第②号）。適当な記述である。

(2)　施工者は、道路を掘削した箇所を車両の用に供しようとするときは、埋め戻したのち、原則として**仮舗装**を行い、又は**覆工**を行う等の措置を講じなければならない。やむを得ない理由で**段差**が生じた場合は、5% 以内 の勾配で**すりつけ**なければならない（同第 26 第 1 項）。不適当な記述である。

(3)　施工者は、道路上において又は道路に接して土木工事をする場合には、工事を予告する**道路標識、標示板**等を、工事箇所の 前方 50m から 500m の間 の**路側**又は**中央帯**のうち視認しやすい箇所に設置しなければならない（同第 24 第 3 項）。適当な記述である。

(4)　発注者及び施工者は、やむを得ず**歩行者用通路**を制限する必要がある場合、歩行者が安全に通行できるよう車道とは別に、幅 0.9m 以上 （高齢者や車椅子使用者等の通行が想定されない場合は幅 **0.75m 以上**）、有効高さは 2.1m 以上 の歩行者用通路を確保しなければならない（同第 27 第 1 項）。適当な記述である。

(5)　発注者及び施工者は、車道を制限する場合において、道路管理者及び所轄警察署長から特に指示のない場合は、制限した後の道路の車線が **1 車線**となる場合にあっては、その車道幅員は 幅 3m 以上 とし、**2 車線**となる場合にあっては、その車道幅員は 5.5m 以上 とする（同第 25 第 1 項①号）。適当な記述である。

したがって、不適当なものは(2)である。　　　　　　　　　　□**正解(2)**

> 要点：道路上等では，高さ 1m 程度のもので夜間 150m 前方から視認できる光度を有する保安灯を設置しなければならない。

success point

人目惚れは避けよ！

　学習を進めていくと分かると思うが、感心して心ひかれる問題などひとつもない！
　ましてや、60 問もあり、それがまた 4 肢にわかれる。
　どんな人でもこれでは目映りしてしまう！
　キメ手は、顔とお尻が問題だ！

第一印象が大事でも、早飲み込みをしてはいけない！

R 03 年度

2021

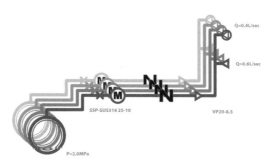

1. 公衆衛生概論

03-1
難易度 ★

水道施設とその機能に関する次の記述のうち、不適当なものはどれか。

	水道施設	機　能
(1)	浄水施設	原水を人の飲用に適する水に処理する。
(2)	配水施設	一般の需要に応じ、必要な浄水を供給する。
(3)	貯水施設	水道の原水を貯留する。
(4)	導水施設	浄水施設を経た浄水を配水施設に導く。
(5)	取水施設	水道の水源から原水を取り入れる。

03-2
難易度 ★

水道法第 4 条に規定する**水質基準**に関する次の記述のうち、不適当なものはどれか。

(1) 外観は、ほとんど無色透明であること。

(2) 異常な酸性又はアルカリ性を呈しないこと。

(3) 消毒による臭味がないこと。

(4) 病原生物に汚染され、又は病原生物に汚染されたことを疑わせるような生物若しくは物質を含むものでないこと。

(5) 銅、鉄、弗素、フェノールその他の物質をその許容量をこえて含まないこと。

水道施設の機能面からの分類の問題である。 **よく出る**

　水道施設とは、「水道のための①取水施設、②貯水施設、③導水施設、④浄水施設、⑤送水施設及び⑥配水施設であって、当該水道事業者、水道用水供給事業者又は専用水道の設置者の管理に属するものをいう。」としている。

　このうち、③**導水施設**とは、**取水施設を経た原水を浄水場へ導くための施設**。

　　　　　　　⑤**送水施設**とは、浄水を配水施設に送るための施設。　としている。

　したがって、設問(1)、(2)、(3)、(5)は適当、(4)の導水施設の機能的記述は、不適当である。　　　　　　　　　　　　　　　　　　　　　　　　　　　　□**正解(4)**

> 要点：○導水施設：取水施設を経た原水を浄水場へ導くための施設。
> 　　　○送水施設：浄水を配水施設に送るための施設。
> 　　　この2つの施設を混同させる問題が多い。

水質基準（法4条1項）の規定要件では、

① **病原生物に汚染され**、又は**病原生物に汚染されたことを疑わせるような生物**若しくは**物質**を含むものでないこと。

② **シアン、水銀**その他の**有害物質**を含まないこと。

③ **銅、鉄、弗素、フェノール**その他の物質をその**許容量を超えて含まない**こと。

④ **異常な酸性又はアルカリ性**を呈しないこと。

⑤ **異常な臭味がない**こと。ただし、消毒による臭味は除く。 **よく出る**

⑥ 外観は、ほとんど**無色透明**であること。

　したがって、(1)は⑥、(2)は④、(4)は①、(5)は③に規定するが、(3)は⑤の規定の但し書きにより、不適当である。　　　　　　　　　　　　　　　　　　　　　□**正解(3)**

> 要点：水質基準（51項目）の他に，「水質管理目標設定項目」「要検討項目」が設定されている。
> 　　　おさえておこう。

03-3 難易度 ★

水道の利水障害（日常生活での水利用への差し障り）に関する次の記述のうち、不適当なものはどれか。

(1) 藻類が繁殖するとジェオスミンや 2-メチルイソボルネオール等の有機物が産生され、これらが飲料水に混入すると着色の原因となる。

(2) 飲料水の味に関する物質として、塩化物イオン、ナトリウム等があり、これらの飲料水への混入は主に水道原水や工場排水等に由来する。

(3) 生活廃水や工場排水に由来する界面活性剤が飲料水に混入すると泡立ちにより、不快感をもたらすことがある。

(4) 利水障害の原因となる物質のうち、亜鉛、アルミニウム、鉄、銅は水道原水に由来するが、水道に用いられた薬品や資機材に由来することもある。

2. 水道行政

03-4 難易度 ★★★

水質管理に関する次の記述のうち、不適当なものはどれか。

(1) 水道事業者は、水質検査を行うため、必要な検査施設を設けなければならないが、厚生労働省令の定めるところにより、地方公共団体の機関又は厚生労働大臣の登録を受けた者に委託して行うときは、この限りではない。

(2) 水質基準項目のうち、色及び濁り並びに消毒の残留効果については、1日1回以上検査を行わなければならない。

(3) 水質検査に供する水の採取の場所は、給水栓を原則とし、水道施設の構造等を考慮して、水質基準に適合するかどうかを判断することができる場所を選定する。

(4) 水道事業者は、その供給する水が人の健康を害するおそれがあることを知ったときは、直ちに給水を停止し、かつ、その水を使用することが危険である旨を関係者に周知させる措置を講じなければならない。

03-3

出題頻度　02-2　28-3　24-2　　　　重要度　★★
text. P.23

　生活用水の利水障害に関する問題である。

①**臭気**：湖沼の富栄養化等による藻類の繁殖で、**ジェオスミン**や**2-メチルボルネオール**等の有機物が産生され、これらが飲料水に混入すると、カビ臭の原因となる。着色の原因としていない。この他、工場排水等から**フェノール**があり、少量でも混入があると不快臭の原因となる。人工甘味料の**チクロ**も悪臭の原因となる。

②**味**：飲料水の味に関する物質として、主に**鉄**、**ナトリウム**、**亜鉛**、**塩素イオン**等があるが、飲料水への混入は、水道原水や工場排水に由来するもので、鉄や亜鉛は水道管から溶出することもある。

③**色等**：飲料水の着色としては、**亜鉛**、**鉄**、**銅**、**マンガン**、**アルミニウム**等の物質がある。これらは土壌中から或いは工場排水等に由来するものがある。**亜鉛、鉄、銅、アルミニウム**は**資機材**や水道水の**薬品**に由来することもある。又、生活排水や工場用水からの**界面活性剤**が飲料水に混入し、**泡立ち**が生じることもある。よく出る

　したがって、設問(1)は①より不適当、(2)は②により適当、(3)、(4)は③により適当である。　　　　□**正解(1)**

要点：人の健康障害の他に，特定の汚染物質が，日常生活での水利用への差し障りとなる（利水障害）ことがある。

03-4

出題頻度　05-4　04-4　02-4　25-6　　　　重要度　★★
text. P.40～44

水質管理の問題である。

(1)　水道事業者は、定期及び臨時の水質検査を行うため、必要な**検査施設**を設けなければならない。ただし、当該水質検査を厚生労働省令の定めるところにより、地方公共団体の機関又は厚生労働大臣の登録を受けた者に委託して行うときは、この限りではない（法20条1項、3項）。適当な記述である。

(2)　**定期の水質検査**は、「**1日1回以上行う色**及び**濁り**並びに**消毒の残留効果**に関する**検査**（則15条1項①号イ）としているが、**水質基準項目**については、項目によりおおむね1ケ月に1回以上又は3ケ月に1回以上の検査を行うこと（同則1項③号イ～ハ）と規定。不適当な記述である。よく出る

(3)　検査に供する水の採取の場所は、**給水栓を原則**とし、水道施設の構造等を考慮して、**当該水道により供給される水が水質基準に適合するかどうかを判断することができる場所を選定する**こと（則15条1項③号）と規定。適当な記述である。

(4)　水道事業者は、その**供給する水が人の健康を害するおそれがあることを知ったとき**は、**直ちに給水を停止**し、かつ、**その水を使用することが危険である旨を関係者に周知**させる措置を講じなければならない（法23条1項）。適当な記述である。

よく出る

　したがって、不適当なものは(2)である。　　　　□**正解(2)**

03-5

指定給水装置工事事業者が5年ごとの更新時に、**水道事業者が確認することが望ましい事項**に関する次の記述の正誤の組み合わせのうち、適当なものはどれか。

難易度 ★★★

ア　給水装置工事主任技術者等の研修会の受講状況
イ　指定給水装置工事事業者の講習会の受講実績
ウ　適切に作業を行うことができる技能を有する者の従事状況
エ　指定給水装置工事事業者の業務内容（営業時間、漏水修繕、対応工事等）

	ア	イ	ウ	エ
(1)	誤	正	正	正
(2)	正	誤	正	正
(3)	正	正	誤	正
(4)	正	正	正	誤
(5)	正	正	正	正

03-6

水道法に規定する**水道事業等の認可**に関する次の記述の正誤の組み合わせのうち、適当なものはどれか。

難易度 ★

ア　水道法では、水道事業者を保護育成すると同時に需要者の利益を保護するために、水道事業者を監督する仕組みとして、認可制度をとっている。
イ　水道事業を経営しようとする者は、市町村長の認可を受けなければならない。
ウ　水道事業経営の認可制度によって、複数の水道事業者の給水区域が重複することによる不合理・不経済が回避される。
エ　専用水道を経営しようとする者は、市町村長の認可を受けなければならない。

	ア	イ	ウ	エ
(1)	正	正	正	正
(2)	正	誤	正	誤
(3)	誤	正	誤	正
(4)	正	誤	正	正
(5)	誤	正	誤	誤

03-5
出題頻度 04-6 , 02-7　重要度 ★★★　text. P.51～52

指定の更新の確認事項に関するの問題である。
① 指定給水装置工事事業者の講習会の受講実績
　○指定した水道事業者が実施している講習会の受講実績の確保。
　○参加していない場合、不参加の理由の聞き取りと受講への動機付け。
② 指定給水装置工事事業者の業務内容
　○水道利用者（需要者）に提供する指定給水装置工事事業者に関する**情報充実の観点**から指定給水装置工事事業者の業務内容（営業時間、漏水修繕、対応工事等）の確保。
③ 給水装置工事主任技術者の研修会の受講状況
　○選任している給水装置工事主任技術者及びその他の給水装置工事に従事する者の**研修受講状況の確認**（外部研修、自社内研修等の受講確認）。
④ 適切に作業を行うことができる技能を有する者の従事状況
　○過去１年間の給水装置工事（配水工事から水道メーターまで）で、主に配置した＜**適切に作業を行うことができる技能を有する者**＞についての確認（雇用関係、下請等の制限はない）。
　○配水管の分水栓の取付け、配水管の穿孔、給水管接合の有無の確認。
以上から、アは③、イは①、ウは④、エは②に該当する。
したがって、適当な正誤の組み合わせは(5)である。　□**正解(5)**

要点：指定の更新は，給水装置工事を適正に行うための資質の保持や実態との乖離の防止を図るため，工事業者の指定に**5年間の有効期間**を設けたものである。

03-6
出題頻度 05-7 , 01-9 , 29-4 , 26-7　重要度 ★★　text. P.31

水道事業等の認可に関する問題である。
ア、イ、ウ　水道事業を経営しようとする者は、**厚生労働大臣の認可**を受けなければならない。水道事業を**地域独占事業**として経営する権利を国が与えることとして、水道事業者を**保護育成**すると同時に**需要者の利益を保護**するために**国が監督**するという仕組みとして**認可制度**をとっている（法6条1項）。この認可制度により複数の水道事業者の給水区域が**重複することによる不合理・不経済が回避**され、有限な水資源の公平な配分の実現が図られ、さらに水道を利用する国民の利益が保護されている（法8条1項④号）。また、**水道用水供給事業も同様の認可**を受ける（法26条）。アは正しい。イは誤っている。ウは正しい記述である。
エ　**専用水道**の布設工事をしようとする者は、**都道府県知事の確認**を受けなければならない（法23条「確認」）。誤った記述である。
したがって、適当な組み合わせは(2)である。　□**正解(2)**

03-7 給水装置工事主任技術者について水道法に定められた次の記述の正誤の組み合わせのうち、適当なものはどれか。
難易度 ★

ア 指定給水装置工事事業者は、工事ごとに、給水装置工事主任技術者を選任しなければならない。

イ 指定給水装置工事事業者は、給水装置工事主任技術者を選任した時は、遅滞なくその旨を国に届け出なければならない。これを解任した時も同様とする。

ウ 給水装置工事主任技術者は、給水装置工事に従事する者の技術上の指導監督を行わなければならない。

エ 給水装置工事主任技術者は、給水装置工事に係る給水装置が構造及び材質の基準に適合していることの確認を行わなければならない。

	ア	イ	ウ	エ
(1)	正	正	誤	誤
(2)	正	誤	正	誤
(3)	誤	正	誤	正
(4)	誤	誤	正	正
(5)	誤	正	誤	誤

03-8 水道法第19条に規定する水道技術管理者の事務に関する次の記述のうち、不適当なものはどれか。
難易度 ★

(1) 水道施設が水道法第5条の規定による施設基準に適合しているかどうかの検査に関する事務に従事する。

(2) 配水施設以外の水道施設又は配水池を新設し、増設し、又は改造した場合における、使用開始前の水質検査及び施設検査に関する事務に従事する。

(3) 水道により供給される水の水質検査に関する事務に従事する。

(4) 水道事業の予算・決算台帳の作成に関する事務に従事する。

(5) 給水装置が水道法第16条の規定に基づき定められた構造及び材質の基準に適合しているかどうかの検査に関する事務に従事する。

03-7 出題頻度 `02-36` , `01- 6` , `29- 7` , `28- 7` , `27- 7` , `25-10`　　重要度　★★★★
　　　　　　　　　　　　　　　　　　　　　　　　　　　　　　　text.　P.52 〜 53

　給水装置工事主任技術者の職務等の問題である。

ア　指定給水装置工事事業者は、**事業所ごとに** 第 3 項各号に掲げる職務をさせるため、厚生労働省令で定めるところにより、給水装置工事主任技術者**免状の交付**を受けている者のうちから、給水装置工事主任技術者を**選任**しなければならない（法 25 条の 4 第 1 項）。誤った記述である。

イ　指定給水装置工事事業者は、給水装置工事主任技術者を**選任**したときは、**遅滞なく**、その旨を **水道事業者に届け出** なければならない。これを**解任した時も同様**とする（法 25 条の 4 第 2 項）。誤った記述である。

ウ、エ　給水装置工事主任技術者は、次に掲げる職務を誠実に行わなければならない（法 25 条の 4 第 3 項）。

1　給水装置工事に関する**技術上の管理**
2　給水装置工事に**従事する者の技術上の指導監督**
3　給水装置工事に係る給水装置の**構造及び材質**が法 16 条の規定に基づく政令で**定める基準に適合していることの確認**。

ウは上記 2 より正しい。エは上記 3 より正しい。
したがって、適当なものは(4)である。　　　　　　　　　　　　　□**正解(4)**

> 要点：指定のを失う。

03-8 出題頻度 `05- 9` , `30- 4` , `26- 6` , `25- 9`　　重要度　★★
　　　　　　　　　　　　　　　　　　　　　　　　　text.　P.39

　水道技術管理者の事務に関する問題である。**よく出る**

　水道技術管理者は、次の掲げる事項に関する事務に**従事**し、及びこれらの事務に従事する他の職員を**監督**しなければならない（法 19 条）。

(1)　水道施設が法 5 条の規定による**施設基準に適合**しているかどうかの検査（同条同項①号）と規定。適当な記述である。

(2)　法 13 条に規定する（水道事業者は、配水施設以外の**水道施設**又は**配水池を新設**し、**増設**し又は**改造**した場合、〜これらの施設を使用して給水を開始しようとするとき）**水質検査**及び**施設検査**（同項②号）と規定する。適当な記述である。

(3)　法 20 条 1 項（定期及び臨時の水質検査）の規定による**水質検査**（同項④号）と規定する。適当な記述である。

(4)　※設問のような事務に従事することはない。不適当な記述である。

(5)　**給水装置の構造及び材質が法 16 条で定める基準**に適合しているかどうかの**検査**（同項③号）と規定する。適当な記述である。

したがって、不適当なものは(4)である。　　　　　　　　　　　□**正解(4)**

> 要点：水道事業者は，水道の管理について技術上の業務を担当させるため，水道技術管理者を 1 人置かなければならない。ただし，自ら水道技術管理者となることを妨げない（法 19 条 1 項）。

03- 9　水道事業の経営全般に関する次の記述のうち、不適当なものはどれか。

難易度 ★★★

(1)　水道事業者は、水道の布設工事を自ら施行し、又は他人に施行させる場合においては、その職員を指名し、又は第三者に委嘱して、その工事の施行に関する技術上の監督業務を行わせなければならない。

(2)　水道事業者は、水道事業によって水の供給を受ける者から、水質検査の請求を受けたときは、すみやかに検査を行い、その結果を請求者に通知しなければならない。

(3)　水道事業者は、水道法施行令で定めるところにより、水道の管理に関する技術上の業務の全部又は一部を他の水道事業者若しくは水道用水供給事業者又は当該業務を適正かつ確実に実施することができる者として同施行令で定める要件に該当するものに委託することができる。

(4)　地方公共団体である水道事業者は、民間資金等の活用による公共施設等の整備等の促進に関する法律に規定する公共施設等運営権を設定しようとするときは、水道法に基づき、あらかじめ都道府県知事の認可を受けなければならない。

水道事業経営の問題である。

⑴　水道事業者は、水道の布設工事を自ら施行し、又は他人に施行させる場合においては、その**職員を指名**し、又は**第三者に委託**して、その工事の施行に関する**技術上の監督**業務を行わせなければならない（布設工事の監督、法12条1項）と規定する。適当な記述である。

⑵　水道事業者は、法18条1項（**水質検査**）**の請求**を受けたときは、速やかに**検査**を行い、その結果を請求者に**通知**しなければならない（検査の請求、法18条2項）。適当な記述である。

⑶　水道事業者は、政令で定めるところにより、**水道の管理に関する技術上の業務全部又は一部を他の水道事業者若しくは水道用水供給事業者**又は当該業務を適正かつ、確実に実施することができる者（**水道管理業務受諾者**）として政令で定める要件に該当するものに 委託 することができる（業務の委託、法24条の3）。適当な記述である。

⑷　地方公共団体である水道事業者は、「民間資金法」に規定する「水道施設運営権」を設定しようとするときは、あらかじめ 厚生労働大臣の許可 を受けなければならない（水道施設運営権の認可、法24条の4）。不適当な記述である。

したがって、不適当なものは⑷である。　　　　　　　　　　　□**正解⑷**

要点：水道事業は,市町村が経営するという原則を残しつつ,経営基盤の脆弱性を補うため官民連携を進め,**水道施設の運営権を民間事業者に設定することができる**ようにしたもので,運営権者は,水道施設を運営し,利用料金を収受することとした。

141

3. 給水装置工事法

03-10
難易度 ★

水道法施行規則第 36 条第 1 項第 2 号の**指定給水装置工事事業者
における**「**事業の運営の基準**」に関する次の記述の ◻︎ 内に入る語
句の組み合わせのうち、 適当なものはどれか。

「適切に作業を行うことができる技能を有する者」とは、配水管への分水栓の取付
け、配水管の ア 、給水管の接合等の配水管から給水管を分岐する工事に係る作業
及び当該分岐部から イ までの配管工事に係る作業について、当該 ウ その他の地
下埋設物に変形、破損その他の異常を生じさせることがないよう、適切な資機材、工
法、地下埋設物の防護の方法を選択し、 エ を実施できる者をいう。

	ア	イ	ウ	エ
(1)	点 検	止 水 栓	給水管	技術上の監理
(2)	点 検	水道メーター	給水管	正 確 な 作 業
(3)	穿 孔	止 水 栓	配水管	技術上の監理
(4)	穿 孔	水道メーター	給水管	技術上の監理
(5)	穿 孔	水道メーター	配水管	正 確 な 作 業

03-11
難易度 ★★

配水管からの給水管の**取出し**に関する次の記述の正誤の組み合わ
せのうち、適当なものはどれか。

ア 配水管への取付口の位置は、他の給水装置の取付口から 30 センチメートル以上
離し、また、給水管の口径は、当該給水装置による水の使用量に比し、著しく過
大でないこと。

イ 異形管から給水管を取り出す場合は、外面に付着した土砂や外面被覆材を除去し、
入念に清掃したのち施工する。

ウ 不断水分岐作業の終了後は、水質確認（残留塩素の測定及び色、におい、濁り、
味の確認）を行う。

エ ダクタイル鋳鉄管の分岐穿孔に使用するサドル付分水栓用ドリルの先端角は、一
般的にモルタルライニング管が 90°～ 100°で、エポキシ樹脂粉体塗装管が 118°
である。

	ア	イ	ウ	エ
(1)	正	正	誤	正
(2)	誤	誤	正	誤
(3)	正	誤	正	誤
(4)	誤	正	誤	正
(5)	正	誤	正	正

03-10

重要度 ★★

text. P.57,63

事業の運営の基準（則 36 条 1 項二号）に関する問題である。

「**適切に作業を行うことができる技能を有する者**」とは、配水管への分水栓の取付け、配水管の 穿孔 、給水管の接合等の配水管から給水管を分岐する工事に係る作業及び当該分岐部から 水道メーター までの配管工事に係る作業について、当該 配水管 その他の地下埋設物に変形、破損その他の**異常**を生じさせることのないよう、適切な資機材、工法、地下埋設物の防護の方法を選択し、正確な作業 を実施することができる者をいう。

したがって、正しい語句の組み合わせ(5) である。　　　　　　　　　　**正解(5)**

> 要点：水道事業者の給水区域において，給水装置工事を施行しようとするときは，あらかじめ**当該水道事業者の承認**を受けた**工法・工期**その他工事上の条件に適合するように当該工事を施行すること（則 36 条 1 項③号）。

03-11

重要度 ★★

text. P.36,63 〜 64

給水管の取出し（令 6 条 1 項等）に関する問題である。

ア　配水管の取付口は、他の給水装置の取付口から **30cm 以上離れている**こと、配水管への取付口における給水管の口径は、当該給水装置による**水の使用量の比し、著しく過大でないこと**。（令 6 条 1 項①、②号）正しい記述である。**よく出る**

イ　給水管の取出しは、配水管の直管部から行う。**異形管は及び継手部からは、管の取出しは行わない**。また、維持管理を考慮して配水管等の継手端面からも 30cm 以上離す必要がある。誤った記述である。

ウ　不断水分岐作業の場合は、分岐作業終了後、**水質確認（残留塩素の測定及び味、色、におい、濁りの確認）**を行う。正しい記述である。

エ　ダクタイル鋳鉄管の分岐穿孔に使用する**サドル付分水栓用ドリル**は、**モルタルライニング管のエポキシ樹脂粉体塗装の場合とでは、形状が異なる**。

①**モルタルライニング管**のドリルは一般的に先端角が 118° のものを使用する。

②**エポキシ樹脂粉体塗装**のドリルは、先端角が 90 〜 100° で水道事業者の指示する角度のものを使用する。誤った記述である。

したがって、適当な正誤の組み合わせは(3)である。　　　　　□**正解(3)**

> 要点：サドル付分水栓のダクタイル鋳鉄管の穿孔箇所には，穿孔断面の防食のための**防食コア**を装着する。

03-12

難易度 ★

ダクタイル鋳鉄管からのサドル付分水栓穿孔作業に関する次の記述の正誤の組み合わせのうち、適当なものはどれか。

ア　サドル付分水栓を取り付ける前に、弁体が全閉状態になっていること、パッキンが正しく取り付けられていること、塗装面がねじ等に傷がないこと等を確認する。

イ　サドル付分水栓は、配水管の管軸頂部にその中心線がくるように取り付け、給水管の取出し方向及びサドル付分水栓が管軸方向から見て傾きがないことを確認する。

ウ　サドル付分水栓の穿孔作業に際し、サドル付分水栓の吐水部又は穿孔機の排水口に排水用ホースを連結し、ホース先端を下水溝に直接接続し、確実に排水する。

エ　穿孔中はハンドルの回転が軽く感じるが、穿孔が完了する過程においてハンドルが重くなるため、特に口径50mmから取り出す場合にはドリルの先端が管底に接触しないよう注意しながら完全に穿孔する。

	ア	イ	ウ	エ
(1)	誤	正	誤	誤
(2)	正	誤	誤	正
(3)	誤	正	正	誤
(4)	正	誤	正	誤
(5)	誤	正	誤	正

サドル付分水栓のダクタイル鋳鉄管分岐穿孔に関する問題である。

ア　サドル付分水栓を取り付ける前に弁体が **全開** 状態になっているか、パッキンが正しく取り付けられているか、塗装面やねじ等に傷がないか等、サドル付分水栓が正常かどうかを確認する。誤った記述である。

イ　サドル付分水栓は、配水管の**管軸頂部にその中心線**がくるように取り付け、給水管の取出し方向及びサドル付分水栓が管軸方向から見て**傾きがない**ことを確認する。正しい記述である。

ウ　サドル付分水栓の吐水部又は穿孔機の排水口に排水用ホースを直結し、下水溝へ切粉を直接排水しないように**ホースの先端はバケツ等排水受け**に差し込む。誤った記述である。

エ　**穿孔中ハンドルの回転が 軽く** 感じる。ドリル先端が管内面に突き出し始め、穿孔が完了する過程において、ハンドルが軽くなるため、特に**口径 50mm**の場合には**ドリルの先端が管底に接触しないよう注意**しながら、完全に穿孔する。誤った記述である。

したがって、適当な正誤の組み合わせは(1)である。　　　　　　　　　　□**正解(1)**

要点：サドル付分水栓の取付位置を変えるときは，サドル取付ガスケットを保護するため，管表面を擦らないように，**サドル付分水栓を持ち上げて移動させる**。

03-13

難易度 ★

止水栓の設置及び給水管の防護に関する次の記述の正誤の組み合わせのうち、 適当なものはどれか。

ア　止水栓は、給水装置の維持管理上支障がないよう、メーターボックス（ます）又は専用の止水栓きょう内に収納する。

イ　給水管を建物の柱や壁等に添わせて配管する場合には、外力、自重、水圧等による振動やたわみで損傷を受けやすいので、クリップ等のつかみ金具を使用し、管を 3 〜 4m の間隔で建物に固定する。

ウ　給水管を構造物の基礎や壁を貫通させて設置する場合は、構造物の貫通部に配管スリーブ等を設け、スリーブとの間隙を弾性体で充填し、給水管の損傷を防止する。

エ　給水管が水路を横断する場所にあっては、原則として水路を上越しして設置し、さや管等による防護措置を講じる。

	ア	イ	ウ	エ
(1)	誤	正	誤	正
(2)	正	誤	誤	正
(3)	正	誤	正	誤
(4)	正	正	誤	誤
(5)	誤	正	正	誤

03-14

難易度 ★★★

水道メーターの設置に関する次の記述のうち、不適当なものはどれか。

(1)　水道メーターの設置に当たっては、水道メーターに表示されている流水方向の矢印を確認したうえで取り付ける。

(2)　水道メーターの設置は、原則として道路境界線に最も近接した宅地内で、水道メーターの計量及び取替作業が容易であり、かつ、水道メーターの損傷、凍結等のおそれがない位置とする。

(3)　呼び径が 50㎜以上の水道メーターを収納するメーターボックス（ます）は、コンクリートブロック、現場打ちコンクリート、金属製等で、上部に鉄蓋を設置した構造とするのが一般的である。

(4)　集合住宅等の複数戸に直結増圧式等で給水する建物の親メーターにおいては、ウォーターハンマーを回避するため、メーターバイパスユニットを設置する方法がある。

(5)　水道メーターは、傾斜して取り付けると、水道メーターの性能、計量精度や耐久性を低下させる原因となるので、水平に取り付けるが、電磁式のみ取付姿勢は自由である。

03-13　出題頻度　30-14 , 27-15 , 26-13　　重要度 ★★　　text. P.89,101〜102

止水栓の設置、給水管の防護に関する問題である。

ア　**止水栓**は、給水装置の維持管理上支障がないよう、**メーターボックス**（ます）又は専用の**止水栓きょう**内に収納する。正しい記述である。

イ　建物の柱や壁等に添わせて配管する場合には、外力、自重、水圧等による振動やたわみで損傷を受けやすいので、クリップ等の**つかみ金具**を使用し、管を**1〜2 m** の間隔で建物に固定する。誤った記述である。

ウ　給水管を構造物の基礎や壁を貫通させて設置する場合は、構造物の貫通部に**配管スリーブ**等を設け、スリーブとの間隙を**弾性体**で充填し、給水管の損傷を防止する。正しい記述である。

エ　給水管の水路を横断する場合は、水路の清掃や流下物等による管の損傷を避けるため、管はなるべく**水路の下**に鋼管等の**さや管**の中に入れて設置する。誤った記述である。**よく出る**

したがって、適当な正誤の組み合わせは(3)である。　　　　□**正解(3)**

> 要点：配水管等から分岐して最初に設置する**止水栓**の位置は、原則として**宅地内の道路境界線の近く**とする。

03-14　出題頻度　05-14 , 04-14 , 02-15 , 01-17 , 30-15 , 28-15 , 26-14　　重要度 ★★★　　text. P.90

水道メーターの設置に関する問題である。

(1)　水道メーターの設置に当たっては、水道メーターに表示されている**流水方向の矢印を確認**した上で**水平**に取り付ける。適当な記述である。

(2)　水道メーターの設置は、原則として**道路境界線に最も近接した宅地内**で、水道メーターの計量及び取替作業が容易であり、かつ、水道メーターの損傷、凍結等のおそれがない位置とする。適当な記述である。

(3)　水道メーターの呼び径が **13〜40mm** の場合、**金属性**、**プラスチック製**又は**コンクリート製**等のメーターボックスとする。呼び径が **50mm以上**の場合は**コンクリートブロック**、**現場打ちコンクリート**、**金属製**等で、上部に**鉄蓋**を設置した構造とするのが一般的である。適当な記述である。**よく出る**

(4)　集合住宅の複数戸に直結増圧式で給水する建物の親メーターや直結給水の商業施設等においては、メーター取替え時に **断水** による影響を回避するため、**メーターバイパスユニット**を設置する方法がある。不適当な記述である。

(5)　水道メーターは、傾斜して取り付けると水道メーターの性能、計量精度や耐久性を低下させる原因になるので、**水平**に取り付ける。なお、メーターの機種によっては、**メーター前後に所定の直管部**を確保する必要がある。**電磁式水道メーター**だけは、可動部がないため、耐久性があり、**取付姿勢は自由**で、横配管や斜め配管、たて配管への取付けが可能である。適当な記述である。

したがって、不適当なものは(4)である。　　　　□**正解(4)**

> 要点：水道メーターは、一般的に地中に設置されるが、維持管理上、場所によっては、地上に設置されることもある。

03-15
難易度 ★

「給水装置の構造及び材質の基準に関する省令」に関する次の記述のうち、不適当なものはどれか。

(1) 家屋の主配管とは、口径や流量が最大の給水管を指し、配水管からの取り出し管と同口径の部分の配管がこれに該当する。

(2) 家屋の主配管は、配管の経路について構造物の下の通過を避けること等により、漏水時の修理を容易に行うことができるようにしなければならない。

(3) 給水装置の接合箇所は、水圧に対する充分な耐力を確保するためにその構造及び材質に応じた適切な接合が行われているものでなければならない。

(4) 弁類は、耐久性能試験により 10 万回の開閉操作を繰り返した後、当該省令に規定する性能を有するものでなければならない。

(5) 熱交換器が給湯及び浴槽内の水等の加熱に兼用する構造の場合、加熱用の水路については、耐圧性能試験により 1.75 メガパスカルの静水圧を 1 分間加えたとき、水漏れ、変形、破損その他の異常を生じないこと。

03-16
難易度 ★★★

配管工事の留意点に関する次の記述のうち、不適当なものはどれか。

(1) 水路の上越し部、鳥居配管となっている箇所等、空気溜まりを生じるおそれがある場所にあっては空気弁を設置する。

(2) 高水圧が生じる場所としては、配水管の位置に対し著しく低い場所にある給水装置などが挙げられるが、そのような場所には逆止弁を設置する。

(3) 給水管は、将来の取替え、漏水修理等の維持管理を考慮して、できるだけ直線に配管する。

(4) 地階又は 2 階以上に配管する場合は、修理や改造工事に備えて、各階ごとに止水栓を設置する。

(5) 給水管の布設工事が 1 日で完了しない場合は、工事終了後必ずプラグ等で汚水やごみ等の侵入を防止する措置を講じておく。

03-15 出題頻度 `05-17` `02-21` `01-21` `30-16` `30-20` `29-12`　重要度 ★★
text. P.87,113,142 ～ 143

構造・材質の基準に関する問題である。

(1)　**家屋の主配管**とは、口径や流量が最大の給水管を指し一般的には、1 階部分に布設された 水道メーターと同口径の部分の配管 がこれに該当する。不適当な記述である。　よく出る

(2)　家屋の主配管を家屋のたたき等の構造物の下に布設すると、容易に漏水修理を行うことはできず、需要者及び水道事業者にとっても大きな支障が生じるため、**家屋の基礎の外回りに布設する**ことを原則とする。適当な記述である。

(3)　給水装置の接合箇所は、**水圧に対する充分な耐力を確保**するためにその構造及び材質に応じた**適切な接合**が行われているものでなければならない（基準省令 1 条 2 項）。適当な記述である。

(4)　**弁類**は、耐久性能試験により 10万回 の開閉操作を繰り返した後、当該給水管に係る**耐圧性能、水撃限界性能、逆流防止性能及び負圧破壊性能**を有するものでなければならない。なお、耐寒性能基準には耐久性能基準も規定されているため本基準では重複を排除している（同省令 7 条関係）。適当な記述である。

(5)　**熱交換器**が給湯及び浴槽内の水等の加熱に兼用する構造の場合、加熱用の水路については、耐圧性能試験により **1.75MPa の静水圧を 1 分間**加えたとき、水漏れ、変形、破損その他の異常を生じないこと。適当な記述である。

したがって、不適当なものは(1)である。　よく出る　□**正解(1)**

> 要点：近年の配管工法では，寒冷地を除き，ユニット内の水漏れが容易に収まることを期待して，天井配管が漸増している。

03-16 出題頻度 `05-16` `02-17` `01-14` `30-18` `29-12` `29-18` `27-19`　重要度 ★★★
text. P.88 ～ 89

配管工事の留意点の問題である。

(1)　水路の上越し部、鳥居配管となっている箇所等、**空気溜まり**を生じるおそれがある場所にあっては**空気弁**を設置する。適当な記述である。

(2)　**高水圧**が生じる場所としては、配水管の位置に対し著しく低い場所にある給水装置などが挙げられるが、そのような場所には 減圧弁 を設置する。不適当な記述である。　よく出る

(3)　給水管は、将来の取替え、漏水修理等の維持管理を考慮して、できるだけ**直線**に配管する。適当な記述である。

(4)　地階又は 2 階以上に配管する場合は、修理や改造工事に備えて、**各階ごとに止水栓**を設置する。適当な記述である。

(5)　給水装置工事は、いかなる場合でも衛生に十分注意し、工事の中断時または 1 日の工事終了後には、管端に**プラグ**等で**栓**をし、汚水等が流入しないようにする。適当な記述である。

したがって、不適当なものは(2)である。　□**正解(2)**

03-17 難易度 ★★★ 給水管の接合に関する次の記述の正誤の組み合わせのうち、適当なものはどれか。

ア　水道用ポリエチレン二層管の金属継手による接合においては、管種（1 ～ 3 種）に適合したものを使用し、接合に際しては、金属継手を分解して、袋ナット、樹脂製リングの順序で管に部品を通し、樹脂製リングは割りのない方を袋ナット側に向ける。

イ　硬質塩化ビニルライニング鋼管のねじ継手に外面樹脂被覆継手を使用する場合は、埋設の際、防食テープを巻く等の防食処理等を施す必要がある。

ウ　ダクタイル鋳鉄管の接合に使用する滑剤は、継手用滑剤に適合するものを使用し、グリース等の油剤類は使用しない。

エ　水道配水用ポリエチレン管の EF 継手による接合は、長尺の陸継ぎが可能であり、異形管部分の離脱防止対策が不要である。

	ア	イ	ウ	エ
(1)	正	正	誤	誤
(2)	誤	正	正	誤
(3)	誤	正	誤	正
(4)	正	誤	誤	正
(5)	誤	誤	正	正

03-18 難易度 ★★ 給水装置の維持管理に関する次の記述のうち、不適当なものはどれか。

(1)　給水装置工事主任技術者は、需要者が水道水の供給を受ける水道事業者の配水管からの分岐以降水道メーターまでの間の維持管理方法に関して、必要の都度需要者に情報提供する。

(2)　配水管からの分岐以降水道メーターまでの間で、水道事業者の負担で漏水修繕する範囲は、水道事業者ごとに定められている。

(3)　水道メーターの下流側から末端給水用具までの間の維持管理は、すべて需要者の責任である。

(4)　需要者は、給水装置の維持管理に関する知識を有していない場合が多いので、給水装置工事主任技術者は、需要者から給水装置の異常を告げられたときには、漏水の見つけ方や漏水の予防方法などの情報を提供する。

(5)　指定給水装置工事事業者は、末端給水装置から供給された水道水の水質に関して異常があった場合には、まず給水用具等に異常がないか確認した後に水道事業者に報告しなければならない。

03-17

出題頻度 `05-18` `04-19` `30-17` `29-16` `29-17` `28-16` `28-19` `27-17`

重要度 ★★★

text. P.72～83

給水管の接合に関する問題である。

ア　**PP** の**金属継手**による接合において継手は管種（1～3種）に適合したものを使用する。継手を分解し、袋ナット、樹脂リングの順序で管に部品を通す。リング割りのある方を袋ナット側に向ける。誤った記述である。**よく出る**

イ　**ライニング鋼管**のねじ継手には、**管端防食継手**を使用する。また、埋設には**外面樹脂被覆継手**を使用する。外面樹脂被覆継手を使用しない場合は防食テープを巻く等の防食処理等を施す必要がある。誤った記述である。

ウ　**ダクタイル鋳鉄管**の接合に使用する滑剤は、**継手用滑剤**に適合するものを使用し、グリース等の油剤類は使用しない。正しい記述である。

エ　**水道配水用ポリエチレン管**の **EF 継手接合**では、管重量が軽量である上、継手が融着により一体化されているため、**長尺の陸継ぎ**が可能である。異形管接合の**離脱防止対策が不要**である。正しい記述である。**よく出る**

したがって、適当な正誤の組み合わせは(5)である。　　　　□**正解**(5)

> 要点：水道給水用ポリエチレン管の接合には通常，**EF 継手**と**メカニカル継手**が用いられる。メカニカル継手の接合は、水道用ポリエチレン二層管と同様の方法で行う。

03-18

出題頻度 `02-16` `01-18` `28-14`

重要度 ★★★

text. P.105～110

給水装置の維持管理に関する問題である。

(1)　給水装置工事主任技術者は、給水装置の維持管理に関して**配水管からの分岐以降水道メーターまで**と**水道メーターから末端給水用具まで**を区分して情報提供や需要者の依頼に対応する必要がある。適当な記述である。

(2)　配水管から分岐以降水道メーターまでの間の漏水修繕等の維持管理では、水道事業者が**無料修繕を行う範囲**が、水道事業者によってその取扱が異なる。適当な記述である。

(3)、(4)　**水道メーターの下流側から末端給水用具までの維持管理は、全て需要者の責任**となる。しかしながら、ほとんどの需要者が維持管理に関する知識を有していないため、給水装置工事主任技術者は、需要者から給水装置の異常を告げられたときには、漏水に係る対策等の**情報を提供**する。(3)、(4)とも適当な記述である。

(5)　水道水の濁り、着色、異臭味等**水質の異常**が発生した場合には、水道事業者に連絡し水質検査を依頼する等直ちに原因を究明するとともに、**適切な対策を講じる**必要がある（法 23 条参照）。不適当な記述である。**よく出る**

したがって、不適当なものは(5)である。　　　　□**正解**(5)

> 要点：主任技術者は，**給水装置工事の責任者**として需要者との接点にあり，十分にその知識・技術を有することから給水装置の維持管理について適切な情報提供を行う必要がある。

check ☐☐☐

03-19

難易度 ★★

消防法の適用を受けるスプリンクラーに関する次の記述のうち、不適当なものはどれか。

(1) 平成 19 年の消防法改正により、一定規模以上のグループホーム等の小規模社会福祉施設にスプリンクラーの設置が義務付けられた。

(2) 水道直結式スプリンクラー設備の工事は、水道法に定める給水装置工事として指定給水装置工事事業者が施工する。

(3) 水道直結式スプリンクラー設備の設置で、分岐する配水管からスプリンクラーヘッドまでの水理計算及び給水管、給水用具の選定は、消防設備士が行う。

(4) 水道直結式スプリンクラー設備は、消防法令適合品を使用するとともに、給水装置の構造及び材質の基準に関する省令に適合した給水管、給水用具を用いる。

(5) 水道直結式スプリンクラー設備の配管は、消火用水をできるだけ確保するために十分な水を貯留することができる構造とする。

4. 給水装置の構造及び性能

03-20

難易度 ★★

給水管及び給水用具の耐圧、浸出以外に適用される性能基準に関する次の組み合わせのうち、適当なものはどれか。

(1) 給水管： 耐 久、 耐 寒、 逆流防止

(2) 継 手： 耐 久、 耐 寒、 逆流防止

(3) 浄水器： 耐 寒、 逆流防止、 負圧破壊

(4) 逆止弁： 耐 久、 逆流防止、 負圧破壊

03-19 出題頻度 05-15 , 04-15 , 02-18 , 01-19 , 30-19 , 29-14 , 27-16 　重要度 ★★★★
text. P.92〜93

水道直結式スプリンクラー設備に関する問題である。

⑴　2007（H19）年、消防法の改正により一定規模以上のグループホーム等の小規模社会福祉施設にスプリンクラーの設置義務が課された。適当な記述である。

⑵　水道直結式スプリンクラー設備の工事は、水道法に定める給水装置工事として**指定給水装置工事事業者**が施工する。適当な記述である。

⑶　水道直結式スプリンクラー設備の設置で、分岐する**配水管からスプリンクラーヘッドまでの水理計算**及び**給水管、給水用具の選定**は、消防設備士 が行う。適当な記述である。

⑷　水道直結式スプリンクラー設備は、消防法令適合品 を使用するとともに、**基準省令に適合した給水管、給水用具**であること。また、設置された設備は、**構造材質基準に適合**していること。適当な記述である。

⑸　この設備において、停滞水を生じさせない配管 とするとして、①**湿式配管**（末端給水栓までの配管途中にスプリンクラーを設置し、常時充水されている配管方式）と②**乾式配管**（火災感知器作動時のみ配管に充水する配管方式）がある。不適当な記述である。

したがって、不適当なものは⑸である。　　　　　□**正解⑸**

要点：水道直結式スプリンクラー設備の配管方法は，消防設備士の指示による。

03-20 出題頻度 05-22 , 04-16 , 02-38 , 29-21 , 25-21 , 24-30 　重要度 ★
text. P.145

適用される性能基準の問題である。

⑴　給水管：**耐圧**、**浸出**以外の性能基準は適当されない。不適当である。

⑵　継手：**耐圧**性能以外は適用されない。不適当である。

⑶　浄水器：浸出性能以外は適用されない。不適当である。

⑷　逆止弁：**耐圧**、**逆流防止**、**耐久性能**が適用される。また、設置場所により**負圧破壊性能基準**が適用される。

したがって、適当な組み合わせは⑷である。　　　　　□**正解⑷**

要点：性能基準の確認は，製造業者が自らの責任で製品に係る試験成績書等により基準適合性を証明する**自己認証**又は第三者認証機関による証明を利用する**第三者認証**により判断することとしている。

03-21
難易度 ★★

給水装置の**水撃限界性能基準**に関する次の記述のうち、不適当なものはどれか。

(1) 水撃限界性能基準は、水撃作用により給水装置に破壊等が生じることを防止するためのものである。

(2) 水撃作用とは、止水機構を急に閉止した際に管路内に生じる圧力の急激な変動作用をいう。

(3) 水撃限界性能基準は、水撃発生防止仕様の給水用具であるか否かを判断する基準であり、水撃作用を生じるおそれのある給水用具はすべてこの基準を満たしていなければならない。

(4) 水撃限界性能基準の適用対象の給水用具には、シングルレバー式水栓、ボールタップ、電磁弁（電磁弁内蔵の全自動洗濯機、食器洗い機等）、元止め式瞬間湯沸器がある。

(5) 水撃限界に関する試験により、流速 2 メートル毎秒又は動水圧を 0.15 メガパスカルとする条件において給水用具の止水機構の急閉止をしたとき、その水撃作用により上昇する圧力が 1.5 メガパスカル以下である性能を有する必要がある。

03-22
難易度 ★★★

給水用具の**逆流防止性能基準**に関する次の記述の □ 内に入る数値の組み合わせのうち、適当なものはどれか。

減圧式逆流防止器の逆流防止性能基準は、厚生労働大臣が定める逆流防止に関する試験により ア キロパスカル及び イ メガパスカルの静水圧を ウ 分間加えたとき、水漏れ、変形、破損その他の異常を生じないとともに、厚生労働大臣が定める負圧破壊に関する試験により流入側からマイナス エ キロパスカルの圧力を加えたとき、減圧式逆流防止器に接続した透明管内の水位の上昇が 3 ミリメートルを超えないこととされている。

	ア	イ	ウ	エ
(1)	3	1.5	5	54
(2)	5	3	5	5
(3)	3	1.5	1	54
(4)	5	1.5	5	5
(5)	3	3	1	54

03-21
出題頻度 `04-25` , `29-20` , `27-28` , `25-24`　　重要度 ★★
text. P.125～127

水撃限界性能基準に関する問題である。

(1) 本基準は、給水用具の止水機構が急閉止する際に生じる**水撃作用**（ウォーターハンマー）により、給水装置に破壊等が生じることを防止するためのものである。適当な記述である。

(2) 水撃作用とは、止水機構を急に閉止した際に管路内に生じる圧力の急激な**変動作用**をいう。適当な記述である。

(3) 本基準は水撃防止仕様の給水用具であるか否かの判断基準であり、水撃作用を生じるおそれのある給水用具がすべてこの基準を満たしていなければならないわけではない。不適当な記述である。

(4) この基準の適用対象は、**水撃作用を生じるおそれのある給水用具**であり**シングルレバー式水栓**、**ボールタップ**、**電磁弁**（電磁弁内蔵の全自動洗濯機、食器洗い機等）、**元止め式瞬間湯沸器**等が該当する。適当な記述である。

(5) 本基準は、水撃限界に関する試験により当該給水用具内の**流速を 2m 毎秒**又は当該給水用具内の**動水圧を 0.15MPa** とする条件において給水用具を急閉止した時、その水撃作用により 上昇する圧力が 1.5MPa 以下 である性能を有するものでなければならない。適当な記述である。

したがって、不適当なものは(3)である。　　□**正解(3)**

> 要点：水撃限界性能基準に適合しない給水用具であっても，当該給水用具の**上流側に近接して**，エアチャンバーその他の水撃防止器具を設置すればよい。

03-22
出題頻度 `01-22` , `30-26` , `29-22` , `26-22` , `23-26`　　重要度 ★★
text. P.128

減圧式逆流防止器の逆流防止性能基準は、厚生労働大臣が定める**逆流防止に関する試験**により 3 kPa 及び 1.5 MPa の静水圧を 1 分間加えたとき、水漏れ、変形、破損その他の異常を生じないとともに、厚生労働大臣が定める**負圧破壊に関する試験**により**流入側**から － 54 kPa の圧力を加えたとき、減圧式逆流防止器に接続した**透明管内の水位の上昇が 3㎜を超えない**こととされている。 **よく出る**

したがって、適当な語句の組み合わせは(3)である。　　□**正解(3)**

> 要点：逆流防止性能基準の適用対象は**逆止弁**， **減圧式逆流防止器**及び逆流防止性能を内部に備えた**給水用具**である。

check □□□

03-23 難易度 ★★

給水装置の構造及び材質の基準に定める**耐寒性能基準及び耐寒性能試験**に関する次の記述の正誤の組み合わせのうち、適当なものはどれか。

ア　耐寒性能基準は、寒冷地仕様の給水用具か否かの判断基準であり、凍結のおそれがある場所において設置される給水用具はすべてこの基準を満たしていなければならない。

イ　凍結のおそれがある場所に設置されている給水装置のうち弁類の耐寒性能試験では、零下20℃プラスマイナス2℃の温度で1時間保持した後に通水したとき、当該給水装置に係る耐圧性能、水撃限界性能、逆流防止性能及び負圧破壊性能を有するものであることを確認する必要がある。

ウ　低温に暴露した後確認すべき性能基準項目から浸出性能を除いたのは、低温暴露により材質等が変化することは考えられず、浸出性能に変化が生じることはないと考えられることによる。

エ　耐寒性能基準においては、凍結防止の方法は水抜きに限定している。

	ア	イ	ウ	エ
(1)	正	正	誤	誤
(2)	誤	誤	正	正
(3)	誤	誤	正	誤
(4)	正	誤	誤	正
(5)	誤	正	正	誤

03-24 難易度 ★

クロスコネクション及び水の汚染防止に関する次の記述の正誤の組み合わせのうち、適当なものはどれか。

ア　給水装置と受水槽以下の配管との接続はクロスコネクションではない。

イ　給水装置と当該給水装置以外の水管、その他の設備とは、仕切弁や逆止弁が介在しても、また、一時的な仮設であってもこれらを直接連結してはならない。

ウ　シアンを扱う施設に近接した場所があったため、鋼管を使用して配管した。

エ　合成樹脂管は有機溶剤などに侵されやすいので、そのおそれがある箇所には使用しないこととし、やむを得ず使用する場合は、さや管などで適切な防護措置を施す。

	ア	イ	ウ	エ
(1)	誤	正	誤	正
(2)	誤	正	正	誤
(3)	正	正	誤	誤
(4)	誤	誤	正	正
(5)	正	誤	誤	正

03-23 出題頻度 `02-27` `01-29` `30-27` `27-29` `24-28`　重要度 ★★　text. P.137～138

耐寒性能基準に関する問題である。

ア　本基準は、寒冷地仕様の給水用具か否かの判断基準であり、**凍結のおそれのある場所において設置される給水用具がすべてこの基準を満たしていなければならないわけではない**。誤った記述である。 `よく出る`

イ　凍結のおそれのある場所に設置されている給水用具のうち**弁類**（減圧弁、安全弁（逃し弁）、逆止弁、空気弁及び電磁弁）にあっては耐久性能試験により`10万回`の開閉操作を繰り返し、かつ耐寒性能により`-20±2℃`の温度で`1時間`保持した後に通水したとき、当該給水装置に係る**耐圧性能試験**、**水撃限界**、**逆流防止性能**及び**負圧破壊性能**を有するものでなければならない（省令6条）。正しい記述である。

ウ　低温に暴露した後確認すべき性能基準項目から**浸出性能を除いた**のは、**低温暴露により材質等が変化することは考えられず、浸出性能に変化が生じることはない**と考えられることによる。。正しい記述である。 `よく出る`

エ　構造が複雑で水抜きが必ずしも容易でない給水用具等においては、例えば通水時にヒーターで加熱する等の凍結防止方法の選択肢が考えられることから、`凍結防止の方法は、水抜きに限定しない`こととしている。誤った記述である。

したがって、適当な組み合わせは(5)である。　　　　　　　　　□**正解(5)**

> 要点：耐寒性能を有しない給水用具であっても、**断熱材で被覆**すること等により、凍結防止措置を講ぜられているものにあってはこの限りでない。

03-24 出題頻度 `05-26` `04-26` `02-29` `01-25` `30-21` `29-27` `27-26` `25-28`　重要度 ★★　text. P.152

クロスコネクション等水の汚染防止の問題である。

ア　クロスコネクンションの多くは、井戸水、工業用水、`受水槽以下の配管`及び**事業活動で用いられている液体の管**と接続した配管である。誤った記述である。 `よく出る`

イ　給水装置と当該給水装置以外の水管、その他の設備とは、**仕切弁や逆止弁が介在**しても、また、**一時的な仮設であっても**これらを**直接連結してはならない**。正しい記述である。

ウ　給水装置は、シアン、六価クロムその他水を**汚染**するおそれのある物を貯留し、または取り扱う施設に`近接して設置してはならない`（基準省令2条3項）と規定する。**汚染源**がある場合、その**影響のないところまで離して配管**する。誤った記述である。 `よく出る`

エ　鉱油類、有機溶剤その他の油類が浸透するおそれのある場所に設置されている給水装置は、当該**油類が浸透するおそれのない材質のもの**又は**さや管**等により防護のための措置が講じられているものでなければならない（省令2条4項）。正しい記述である。 `よく出る`

したがって、適当な組み合わせは(1)である。　　　　　　　　　□**正解(1)**

> 要点：当該給水装置以外の水管その他の設備に直接連結されていないこと（令6条1項⑥号）。

03-25
難易度 ★

水の汚染防止に関する次の記述のうち、不適当なものはどれか。

(1) 配管接合用シール材又は接着剤等は水道用途に適したものを使用し、接合作業において接着剤、切削油、シール材等の使用量が不適当な場合、これらの物質が水道水に混入し、油臭、薬品臭等が発生する場合があるので必要最小限の材料を使用する。

(2) 末端部が行き止まりの給水装置は、停滞水が生じ、水質が悪化するおそれがあるため極力避ける。やむを得ず行き止まり管となる場合は、末端部に排水機構を設置する。

(3) 洗浄弁、洗浄装置付便座、水洗便器のロータンク用ボールタップは、浸出性能基準の適用対象となる給水用具である。

(4) 一時的、季節的に使用されない給水装置には、給水管内に長期間水の停滞を生じることがあるため、まず適量の水を飲用以外で使用することにより、その水の衛生性を確保する。

(5) 分岐工事や漏水修理等で鉛製給水管を発見した時は、速やかに水道事業者に報告する。

逆流防止に関する問題である。

(1) 配管接合用シール材又は接着剤等は水道用途に適したものを使用する。接合作業において接着剤、切削油、シール材等の**使用量が不適当**な場合、これらの物質が水道水に混入し、**油臭、薬品臭等が発生する**場合があるので**必要最小限の材料を使用する。**適当な記述である。

(2) 末端部が行き止まりの給水装置は、停滞水が生じ、水質が悪化するおそれがあるため極力避ける必要がある。構造上やむを得ず**行き止まり管**の場合は、**末端部に排水機構を設置する**方法がある。適当な記述である。

(3) 給水管、継手及び給水管路の途中に設置される止水栓、逆止弁等の給水用具は飲用にも非飲用にも使用されるので、浸出性能基準に適合している必要がある。**浸出性能基準対象外**の給水用具としては、**洗浄弁、温水洗浄便座、ロータンク用ボールタップ**等がある。不適当な記述である。 よく出る

(4) **一時的、季節的に使用されない給水装置**には、給水管内に長期間水の停滞が生じることがある。このような場合は**適量の水を飲用以外で使用する**ことにより、その水の衛生性を確保することができる。適当な記述である。

(5) 分岐工事や漏水修理等で**鉛製給水管**を発見した時は、速やかに**水道事業者に報告**する。適当な記述である。

したがって、不適当なものは(3)である。

□**正解(3)**

要点・金属管，合成樹脂管の継手部に使用しているゴム輪（Oリング，シール材等）が有機溶剤等に長期接すると，劣化により漏水事故，水質事故を起こすことがある。

03-26
難易度 ★★

金属管の侵食に関する次の記述のうち、不適当なものはどれか。

(1) マクロセル侵食とは、埋設状態にある金属材質、土壌、乾湿、通気性、pH、溶解成分の違い等の異種環境での電池作用による侵食をいう。

(2) 金属管が鉄道、変電所等に近接して埋設されている場合に、漏洩電流による電気分解作用により侵食を受ける。このとき、電流が金属管から流出する部分に侵食が起きる。

(3) 通気差侵食は、土壌の空気の通りやすさの違いにより発生するものの他に、埋設深さの差、湿潤状態の差、地表の遮断物による通気差が起因して発生するものがある。

(4) 地中に埋設した鋼管が部分的にコンクリートと接触している場合、アルカリ性のコンクリートに接していない部分の電位が、コンクリートと接触している部分より高くなって腐食電池が形成され、コンクリートと接触している部分が侵食される。

(5) 埋設された金属管が異種金属の管や継手、ボルト等と接触していると、自然電位の低い金属と自然電位の高い金属との間に電池が形成され、自然電位の低い金属が侵食される。

03-27
難易度 ★

凍結深度に関する次の記述の ▢ 内に入る語句の組み合わせのうち、適当なものはどれか。

凍結深度は、 ア 温度が0℃になるまでの地表からの深さとして定義され、気象条件の他、 イ によって支配される。屋外配管は、凍結深度より ウ 布設しなければならないが、下水道管等の地下埋設物の関係で、やむを得ず凍結深度より エ 布設する場合、又は擁壁、側溝、水路等の側壁からの離隔が十分取れない場合等凍結深度内に給水装置を設置する場合は保温材（発泡スチロール等）で適切な防寒措置を講じる。

	ア	イ	ウ	エ
(1)	地中	管の材質	深く	浅く
(2)	管内	土質や含水率	浅く	深く
(3)	地中	土質や含水率	深く	浅く
(4)	管内	管の材質	浅く	深く

03-26

出題頻度 `01-24`, `30-23`, `29-26`, `28-22`, `27-25`

重要度 ★★★
text. P.146 ～ 151

水抜き用給水用具の設置に関する問題である。

(1) **マクロセル侵食**とは、埋設状態にある**金属材質**、**土壌**、**乾湿**、**通気性**、**pH**、**溶解成分の違い**等の異種環境での電池作用による侵食である。適当な記述である。

(2) 金属管が鉄道、変電所等に近接して埋設されている場合に、**漏洩電流**による電気分解作用により侵食を受ける。このとき、**電流が金属管から流出する部分に侵食が起きる**。適当な記述である。

(3) **通気差侵食**とは、**空気の通りやすい土壌と、通りにくい土壌とにまたがって金属管が配管されている場合**、環境の違いによる腐食電池が形成され、**電位の低い方が侵食される**。このほか、埋設深さの差、湿潤状態の差、地表の遮断物による通気差に起因するもの等がある。適当な記述である。

(4) **コンクリート／土壌系侵食**とは、地中に埋設した鋼管が部分的にコンクリートと接触していると、**コンクリートに接している部分の電位**がアルカリ性により、**接していない部分より高くなって**腐食電池が形成され、土壌に接している部分が侵食される。不適当な記述である。

(5) **異種金属接触侵食**とは、埋設された金属管が異種金属の管や継手、ボルト等に接触していると、**卑**な（**自然電位の低い**）と**貴**な（**自然電位の高い**）金属との間に電池が形成され、**卑な金属が侵食される**。適当な記述である。

したがって、不適当なものは(4)である。　　　　　　　　　　　□**正解(4)**

> 要点：○鋼管のねじ継手には，**管端防食継手**を使用する。
> 　　　○鋳鉄管の切管については，切り口に**ダクタイル補修用塗料**をする。

03-27

出題頻度 `05-27`

重要度 ★
text. P.139

凍結深度は、地中温度が **0℃**になるまでの地表からの深さとして定義され、気象条件の他、土質や含水率によって支配される。屋外配管は、凍結深度より 深く 布設しなければならないが、下水道管等の地下埋設物の関係で、やむを得ず凍結深度より 浅く 布設する場合、又は擁壁、側溝、水路等の側壁から離隔が十分取れない場合等凍結深度内に給水装置を設置する場合は**保温材**（発泡スチロール等）で適切な防寒措置を講じる。

したがって、適当な組み合わせは(3)である。　　　　　　　　　□**正解(3)**

> 要点：凍結のおそれのある場所の屋外配管は，原則として，土中に埋設し，かつ，埋設深度は**凍結深度**
> （札幌 90cm，長野 59cm，秋田 48cm，仙台 8cm……）より深くする。

check □□□

03-28
難易度 ★

給水装置の**逆流防止**に関する次の記述のうち、不適当なものはどれか。

(1) バキュームブレーカの下端又は逆流防止機能が働く位置と水受け容器の越流面との間隔を 100㎜以上確保する。

(2) 吐水口を有する給水装置から浴槽に給水する場合は、越流面からの吐水口空間は 50㎜以上を確保する。

(3) 吐水口を有する給水装置からプールに給水する場合は、越流面からの吐水口空間は 200㎜以上を確保する。

(4) 減圧式逆流防止器は、構造が複雑であり、機能を良好な状態に確保するためにはテストコックを用いた定期的な性能確認及び維持管理が必要である。

(5) ばね式、リフト式、スイング式逆止弁は、シール部分に鉄さび等の夾雑物が挟まったり、また、パッキン等シール材の摩耗や劣化により逆流防止性能を失うおそれがある。

03-29
難易度 ★

給水装置の**逆流防止**に関する次の記述の ☐ 内に入る語句の組み合わせのうち、適当なものはどれか。

呼び径が 20㎜を超え 25㎜以下のものについては、 ア から吐水口の中心までの水平距離が イ ㎜以上とし、 ウ から吐水口の エ までの垂直距離は オ ㎜以上とする。

	ア	イ	ウ	エ	オ
(1)	近接壁	100	越流面	最下端	100
(2)	越流面	50	近接壁	中 心	100
(3)	近接壁	50	越流面	最下端	50
(4)	越流面	100	近接壁	中 心	50

逆流防止に関する問題である。

(1)　負圧破壊性能を有する**バキュームブレーカの下端**又は**逆流防止機能が働く位置**（取付基準線）と水受け容器の**越流面との間隔**を `150㎜以上` 確保する。不適当な記述である。

(2)　吐水口を有する給水装置から**浴槽**に給水する場合は、越流面からの吐水口空間は `50㎜` **以上**を確保する。適当な記述である。

(3)　吐水口を有する給水装置から**プール等の水面が特に波立ちやすい水槽**ならびに**事業活動に伴い洗剤又は薬品を入れる水槽及び容器**に給水する場合は、越流面からの吐水口空間は `200㎜` **以上**を確保する。適当な記述である。

(4)　**減圧式逆流防止器**は、逆止弁に比べ損失水頭が大きいが、逆流防止に対する信頼は高い。しかしながら、構造が複雑であり、機能を良好な状態に確保するためにはテストコックを用いた**定期的な性能確認及び維持管理**が必要である。適当な記述である。

(5)　ばね式、リフト式、スイング式逆止弁は、**シール部分に鉄さび等の夾雑物が挟まったり、また、パッキン等シール材の摩耗や劣化により逆流防止性能を失う**おそれがある。適当な記述である。

したがって、不適当なものは(1)である。　　　　　　　　　　□**正解(1)**

要点：逆流防止基準は，給水装置を通じて汚水の逆流により，水道水の汚染や公衆衛生上の問題が生じることを防止するためのものである（省令5条1項）。

吐水口空間の基準に関する問題である。

表　呼び径25㎜以下の吐水口空間基準

呼び径の区分	近接壁から**吐水口の中心**までの**水平距離**	**越流面から吐水口最下端**までの**垂直距離**
13㎜以下	25㎜以上	25㎜以上
13㎜を超え 20㎜以下	40㎜以上	40㎜以上
20㎜を超え 25㎜以下	50㎜以上	50㎜以上

上表より、アは近接壁、イは50㎜、ウは越流面、エは最下端、オは50㎜で、適当な語句の組み合わせは(3)である。　　　　　　　　　　□**正解(3)**

要点：吐水口を有する給水装置が，上表に掲げる基準に適合すること（省令5条1項②号）。

5. 給水装置計画論

03-30
難易度 ★

給水方式に関する次の記述の正誤の組み合わせのうち、適当なものはどれか。

ア　直結式給水は、配水管の水圧で直結給水する方式（直結直圧式）と、給水管の途中に圧力水槽を設置して給水する方式（直結増圧式）がある。

イ　直結式給水は、配水管から給水装置の末端まで水質管理がなされた安全な水を需要者に直接給水することができる。

ウ　受水槽式給水は、配水管から分岐し受水槽に受け、この受水槽から給水する方式であり、受水槽流出口までが給水装置である。

エ　直結・受水槽併用式給水は、一つの建築物内で、直結式、受水槽式の両方の給水方式を併用するものである。

	ア	イ	ウ	エ
(1)	正	正	誤	誤
(2)	正	誤	誤	正
(3)	正	誤	正	誤
(4)	誤	誤	正	正
(5)	誤	正	誤	正

03-31
難易度 ★

給水方式の決定に関する次の記述のうち、不適当なものはどれか。

(1)　水道事業者ごとに、水圧状況、配水管整備状況等により給水方式の取扱いが異なるため、その決定に当たっては、計画に先立ち、水道事業者に確認する必要がある。

(2)　一時に多量の水を使用するとき等に、配水管の水圧低下を引き起こすおそれがある場合は、直結・受水槽併用式給水とする。

(3)　配水管の水圧変動にかかわらず、常時一定の水量、水圧を必要とする場合は受水槽式とする。

(4)　直結給水システムの給水形態は、階高が4階程度以上の建築物の場合は基本的には直結増圧式給水であるが、配水管の水圧等に余力がある場合は、特例として直結直圧式で給水することができる。

(5)　有毒薬品を使用する工場等事業活動に伴い、水を汚染するおそれのある場所に給水する場合は受水槽式とする。

03-30 出題頻度 `05-31` `04-30` `02-31` `01-32` `30-30` `29-30` `28-31` 重要度 ★
`27-31` text. P.156～157

給水方式に関する問題である。

ア **直結式給水**は、配水管の水圧で直結給水する方式（直結直圧式）と給水管の途中に**直結加圧形ポンプユニット**を設置して給水する方式（直結増圧式）がある。誤った記述である。

イ 直結式給水は、配水管から給水装置の末端まで**水質管理**がなされた安全な水を需要者に直接給水することができる。正しい記述である。

ウ **受水槽式給水**は、配水管から分岐し受水槽に受け、この受水槽から給水する方式であり、受水槽**入口**までが給水装置であり、**受水槽以下はこれに当たらない**。誤った記述である。 **よく出る**

エ **直結・受水槽併用式給水**は、**一つの建築物内で、直結式、受水槽式の両方の給水方式**を併用するものである。正しい記述である。

したがって、適当な組み合わせは(5)である。 □**正解(5)**

> 要点：給水方式には，配水管の水圧を利用して給水する直結式と，配水管から分岐し受水槽に受け給水する受水槽式がある。

03-31 出題頻度 `02-31` `01-32` `30-31` `29-30` 重要度 ★★
text. P.157～159

給水方式の決定に関する問題である。

(1) **水道事業者ごとに**、水圧状況、配水管整備状況等により**給水方式の取扱いが異なる**ため、その決定に当たっては、計画に先立ち、水道事業者に**確認**する必要がある。適当な記述である。

(2) **受水槽式**の適用条件としては、**一時に多量の水を使用するとき**、又は、**使用水量の変動が大きいとき等に配水管の水圧低下を引き起こすおそれがある場合**等があげられる。不適当な記述である。 **よく出る**

(3) 配水管の水圧変動にかかわらず、**常時一定の水量、水圧を必要とする場合**は**受水槽式**とする。適当な記述である。

(4) 直結給水システムの給水形態は、4階程度からは基本的には**直結増圧式給水**であるが、配水管の水圧等に余力がある場合は、特例として**直結直圧式**で給水することができる。適当な記述である。

(5) **有毒薬品**を使用する工場等事業活動に伴い、水を汚染するおそれのある場所に給水する場合は**受水槽式**とする。適当な記述である。

したがって、不適当なものは(2)である。 □**正解(2)**

> 要点：直結増圧式は，**直送式**（直結加圧形ポンプユニットにより，高置のタンクを利用するもの）と**高置水槽式**がある。直結加圧形ポンプユニットは，口径 **20mm～75mm**までが規格されている。

03-32

難易度 ★

受水槽式給水に関する次の記述のうち、不適当なものはどれか。

(1)　病院や行政機関の庁舎等において、災害時や配水施設の事故等による水道の断減水時にも、給水の確保が必要な場合は受水槽式とする。

(2)　配水管の水圧が高いときは、受水槽への流入時に給水管を流れる流量が過大となって、水道メーターの性能、耐久性に支障を与えることがある。

(3)　ポンプ直送式は、受水槽に受水した後、使用水量に応じてポンプの運転台数の変更や回転数制御によって給水する方式である。

(4)　圧力水槽式は、受水槽に受水した後、ポンプで高置水槽へ汲み上げ、自然流下により給水する方式である。

(5)　一つの高置水槽から適切な水圧で給水できる高さの範囲は、10 階程度なので、高層建物では高置水槽や減圧弁をその高さに応じて多段に設置する必要がある。

出題頻度 **04- 31** , **01- 31** , **30- 30** , **29- 31** , **28- 31** , **27- 30** , **26- 31** 　　重要度　★
text. P.158

受水槽給水に関する問題である。

(1)　病院や行政機関の庁舎等において、災害時や配水施設の事故等による**水道の断減水時**にも、給水の確保が必要な場合は受水槽式とする。適当な記述である。

(2)　**配水管の水圧が高い**ときは、受水槽への流入時に給水管を流れる流量が過大となって、**水道メーターの性能、耐久性に支障を与える**ことがある。適当な記述である。

(3)　**ポンプ直送式**は、受水槽に受水した後、使用水量に応じてポンプの**運転台数の変更**や**回転数制御**によって給水する方式である。適当な記述である。

(4)　**圧力水槽式**は、小規模の中層建物に多く使用されている方式で、受水槽に受水した後、**ポンプで圧力水槽に貯え**、その**内部圧力によって給水する方式**である。不適当な記述である。**よく出る**

(5)　一つの高置水槽から適切な水圧で給水できる高さの範囲は、**10 階**程度なので、高層建物では**高置水槽**や**減圧弁**をその高さに応じて多段に設置する必要がある。適当な記述である。

したがって、不適当なものは(4)である。

□**正解(4)**

要点：受水槽は，定期的な点検や清掃など適正な管理が必要なこと，夏場の水質劣化がある。

167

03-33 難易度 ★★

直結式給水による 15 戸の集合住宅での**同時使用水量**として、次のうち、最も近い値はどれか。

ただし、同時使用水量は、標準化した同時使用水量により計算する方法によるものとし、1 戸当たりの末端給水用具の個数と使用水量、同時使用率を考慮した末端給水用具数、並びに集合住宅の給水戸数と同時使用戸数率は、それぞれ**表 -1** から**表 -3** までのとおりとする。

(1) 580L/min
(2) 610L/min
(3) 640L/min
(4) 670L/min
(5) 700L/min

表 -1　1 戸当たりの末端給水用具の個数と使用水量

給水用具	個数	使用水量（L/min）
台所流し	1	25
洗濯流し	1	25
洗面器	1	10
浴槽（洋式）	1	40
大便器（洗浄タンク）	1	15
手洗器	1	5

表 -2　総末端給水用具数と同時使用水量比

総末端給水用具数	1	2	3	4	5	6	7	8	9	10	15	20	30
同時使用水量比	1.0	1.4	1.7	2.0	2.2	2.4	2.6	2.8	2.9	3.0	3.5	4.0	5.0

表 -3　給水戸数と同時使用戸数率

戸　数	1 〜 3	4 〜 10	11 〜 20	21 〜 30	31 〜 40	41 〜 60	61 〜 80	81 〜 100
同時使用戸数率（%）	100	90	80	70	65	60	55	50

03-34 難易度 ★

受水槽式による総戸数 100 戸（2LDK が 40 戸、3LDK が 60 戸）の集合住宅 1 棟の**標準的な受水槽容量の範囲**として、次のうち、最も適当なものはどれか。

ただし、2LDK1 戸当たりの居住人員は 3 人、3LDK1 戸当たりの居住人員は 4 人とし、1 人 1 日当たりの使用水量は 250L とする。

(1) 24㎥ 〜 42㎥
(2) 27㎥ 〜 45㎥
(3) 32㎥ 〜 48㎥
(4) 36㎥ 〜 54㎥
(5) 45㎥ 〜 63㎥

03-33

集合住宅の同時使用水量を求める問題である。**よく出る**

① まず、**1 戸あたりの同時使用水量**（Q_1）を求める。

表-1 より給水用具数は6個、その使用水量は **120**（L/min）．

表-2 より**同時使用水量比**は、総末端給水用具数が 6 であるから **2.4** と読める。

$$Q_1 = \frac{25+25+10+40+15+5}{6} \times 2.4 = \frac{120}{6} \times 2.4 = 48 \text{（L/min）}$$

② 次に集合住宅 15 戸の同時使用水量を求める。全体の使用水量（Q_{30}）とすると、

表-3 より 15 戸の**同時使用戸数率**は、11 ～ 20 戸の **80%** の範囲となるので、求める同時使用水量は

$Q_{15} = 48$（Q_1）$\times 15$（戸）$\times 0.8$（80%）$= 576$（L/min）$\fallingdotseq 580$（L/min）

したがって、最も適当なものは(1)である。　　　　　　　□**正解(1)**

要点：まず集合住宅の 1 戸の同時使用水量を求め，全戸の使用水量を求める。

03-34

集合住宅の受水槽容量の範囲を求める問題である。

① 総戸数 100 戸のグレード別に使用水量を求め、その合計を求める。

条件より

2LDK：40（戸）× 3（人）× 250（L）= 30,000（L/分）= 30（㎥）

3LDK：60（戸）× 4（人）× 250（L）= 60,000（L/分）= 60（㎥）

100（戸）　　　　　　　　　　　　　　　　　90㎥

② 受水槽容量は、計画使用水量の **4/10 ～ 6/10** 程度が**標準**であるので、この受水槽容量の範囲は次のように求まる。

90（㎥）×（4/10 ～ 6/10）= 36（㎥）～ 54（㎥）

したがって、最も適当なものは(4)である。　　　　　　　□**正解(4)**

03-35

難易度 ★★

図-1に示す給水管（口径25mm）において、AからFに向かって48L/minの水を流した場合、**管路A～F間の総損失水頭**として、次のうち、最も近い値はどれか。

ただし、総損失水頭は管の摩擦損失水頭と高低差のみの合計とし、水道メーター、給水用具類は配管内に無く、管の曲がりによる損失水頭は考慮しない。また、給水管の水量と動水勾配の関係は、図-2を用いて求めるものとする。

なお、A～B、C～D、E～Fは水平方向に、B～C、D～Eは鉛直方向に配管されている。

(1) 4m　　(2) 6m　　(3) 8m　　(4) 10m　　(5) 12m

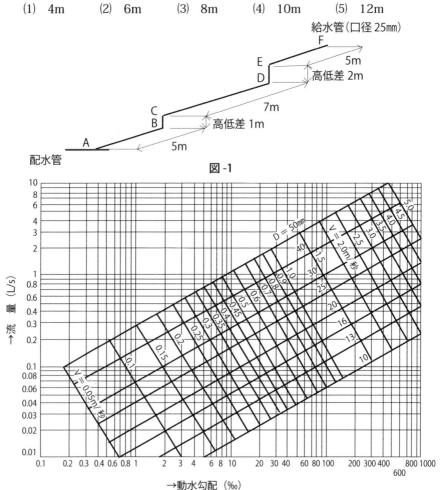

図-1

図-2　ウエストン公式による給水管の流量図

損失水頭を求める問題である。**よく出る**

損失水頭は、管の摩擦損失水頭（①）と高低差（②）の合計として求める。

1. まず管の損失水頭を求める。

管の摩擦損失水頭は、**図-2**の流量図を用いて求めるものである。

条件は、口径が 25㎜、A〜F 間の流量が 48L/min であるから 0.8L/sec となる。

流量と口径から**図-2**を読み取ると、
動水勾配 **140**（‰）が求まる。

また、管の長さは**図-1**より
20m（A〜F：5+1+7+2+5）

管の摩擦損失水頭＝動水勾配×管の長さ

$$= \frac{140}{1000} \times 20 = \textbf{2.8} \ (m) \cdots\cdots\cdots ①$$

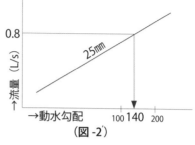

（図-2）

2. 次に、A〜F 間の高低差を求める。

高低差があるのは、B〜D 間の 1m 及び D〜E 間の 2m である。

高低差＝ 1+ 2 ＝ **3**（m）…………　②

ゆえに、損失水頭は、①＋②＝ 2.8 ＋ 3

$$= \textbf{5.8} \ (m) \fallingdotseq 6 \ m$$

したがって、適当なものは(2)である。

□**正解(2)**

6. 給水装置工事事務論

03-36 難易度 ★
労働安全衛生法上、酸素欠乏危険場所で作業する場合の事業者の措置に関する次の記述のうち、誤っているものはどれか。

(1) 事業者は、酸素欠乏危険作業主任者を選任しなければならない。

(2) 事業者は、作業環境測定の記録を 3 年間保存しなければならない。

(3) 事業者は、労働者を作業場所に入場及び退場させるときは、人員を点検しなければならない。

(4) 事業者は、作業場所の空気中の酸素濃度を 16% 以上に保つように換気しなければならない。

(5) 事業者は、酸素欠乏症等にかかった労働者に、直ちに医師の診察又は処置を受けさせなければならない。

03-37 難易度 ★
建築物に設ける**飲料水の配管設備**に関する次の記述の正誤の組み合わせのうち、適当なものはどれか。

ア ウォーターハンマーが生ずるおそれがある場合においては、エアチャンバーを設けるなど有効なウォーターハンマー防止のための措置を講ずる。

イ 給水タンクは、衛生上有害なものが入らない構造とし、金属性のものにあっては、衛生上支障のないように有効なさび止めのための措置を講ずる。

ウ 防火対策のため、飲料水の配管と消火用の配管を直接連結する場合は、仕切弁及び逆止弁を設置するなど、逆流防止の措置を講ずる。

エ 給水タンク内部に飲料水以外の配管を設置する場合には、さや管などにより、防護措置を講ずる。

	ア	イ	ウ	エ
(1)	正	誤	正	誤
(2)	正	正	誤	誤
(3)	誤	正	正	正
(4)	誤	誤	正	正
(5)	誤	正	誤	正

03-36 出題頻度 02-37 30-57 29-59 28-54 27-59 重要度 ★★★

text. P.232〜233

酸素欠乏危険場所の作業に関する問題である。

⑴ 事業者は酸素欠乏危険作業については、酸素欠乏危険作業主任者技能講習の修了者のうちから、**酸素欠乏危険作業主任者を選任**しなければならない（酸欠則11条、安衛令6条21号）。正しい記述である。

⑵ 事業主は、**酸素濃度測定**を行ったときは、その都度、一定事項を記録して、これを **3年間保存** しなければならない（酸欠則3条）。正しい記述である。

⑶ 事業者は、酸素欠乏危険作業に労働者を従事させるときは、労働者を当該作業を行う場所に**入場**させ及び**退場**させるときは、**人員を点検**しなければならない（同則8条）。正しい記述である。 よく出る

⑷ 事業者は、酸素欠乏危険作業に労働者を従事させる場合は、作業場所の**空気中の酸素濃度を** 18%以上 に保つよう換気しなければならない（同則5条）。誤った記述である。 よく出る

⑸ 事業者は、酸素欠乏症等にかかった労働者に、**直ちに医師の診察又は処置を受けさせなければならない**（同則17条）。正しい記述である。

したがって、誤っているものは⑷である。 □**正解⑷**

（※酸欠則：酸素欠乏症等防止規則、安衛令：労働安全衛生法施行令）

03-37 出題頻度 05-38 01-60 30-60 29-57 29-60 28-55 27-60 26-58 25-60 重要度 ★★★

text. P.235〜236

建築物に設ける飲料水の配管設備に関する問題である。

ア **ウォーターハンマー**が生ずるおそれがある場合においては、**エアチャンバー**を設けるなど有効なウォーターハンマー防止のための措置を講ずること（建設省告示第1597号第1第1号イ）。正しい記述である。

イ 給水タンクは、衛生上有害なものが入らない構造とし、金属性のものにあっては、衛生上支障のないように有効な**さび止め**のための措置を講ずること（建基令129条の2の4第2項5号）。正しい記述である。

ウ **飲料水の配管とその他の配管設備とは、直接連結させないこと**（同条1項）。仕切り弁、逆止弁を介しても直接連結となる。誤った記述である。 よく出る

エ **給水タンクの内部には、飲料水の配管設備以外の配管設備を設けないこと**（建設省告示第1597号第1第2号イ(3)）。誤った記述である。

したがって、適当な正誤の組み合わせは⑵である。 □**正解⑵**

要点：給水タンク等の上にポンプ，ボイラー，空気調和機等の機器を設ける場合においては飲料水を汚染することがないように衛生上必要な措置を講ずること。

03-38

難易度 ★

給水装置用材料の基準適合品の確認方法に関する次の記述の[　]内に入る語句の組み合わせのうち、適当なものはどれか。

給水装置用材料が使用可能か否かは、給水装置の構造及び材質の基準に関する省令に適合しているか否かであり、これを消費者、指定給水装置工事事業者、水道事業者等が判断することとなる。この判断のために製品等に表示している[ア]マークがある。

また、制度の円滑な実施のために[イ]では製品ごとの[ウ]基準への適合性に関する情報が全国的に利用できるよう[エ]データーベースを構築している。

	ア	イ	ウ	エ
(1)	認証	経済産業省	性　能	水道施設
(2)	適合	厚生労働省	システム	給水装置
(3)	適合	経済産業省	システム	水道施設
(4)	認証	厚生労働省	性　能	給水装置

03-39

難易度 ★★

給水装置工事主任技術者に求められる**知識と技能**に関する次の記述のうち、不適当なものはどれか。

(1) 給水装置工事は、工事の内容が人の健康や生活環境に直結した給水装置の設置又は変更の工事であることから、設計や施工が不良であれば、その給水装置によって水道水の供給を受ける需要者のみならず、配水管への汚水の逆流の発生等により公衆衛生上大きな被害を生じさせるおそれがある。

(2) 給水装置に関しては、布設される給水管や弁類等が地中や壁中に隠れてしまうので、施工の不良を発見することも、それが発見された場合の是正も容易でないことから、適切な品質管理が求められる。

(3) 給水条例等の名称で制定されている給水要綱には、給水装置工事に関わる事項として、適切な工事施行ができる者の指定、水道メーターの設置位置、指定給水装置工事事業者が給水装置工事を施行する際に行わなければならない手続き等が定められているので、その内容を熟知しておく必要がある。

(4) 新技術、新材料に関する知識、関係法令、条例等の制定、改廃についての知識を不断に修得するための努力を行うことが求められる。

03-38 出題頻度 04-37, 01-40, 30-38, 29-39, 29-40, 28-39, 27-39, 26-39, 25-39　　重要度　★　　text. P.215

　給水装置用材料が使用可能か否かは、給水装置の**構造及び材料の基準に関する省令に適合**しているか否かであり、これを消費者、指定給水装置工事事業者、水道事業者等が判断することとなる。この判断のために製品等に表示している **認証** マークがある。

　また、制度の円滑な実施のために **厚生労働省** では製品ごとの **性能** 基準への適合性に関する情報が全国的に利用できるよう **給水装置** データーベースを構築している。

　したがって、適当な組み合わせは(4)である。　　　　　　　□**正解(4)**

要点：製品の基準適合性や品質の安定性を示す証明書等は，製品の種類ごとに，消費者や指定給水装置工事事業者，水道事業者等に提出されることになる。

03-39 出題頻度 04-38, 01-36, 01-37, 30-39, 29-37, 28-36, 27-36　　重要度　★　　text. P.203〜205

　給水装置工事主任技術者に求められる知識と技能に関する問題である。

(1)　給水装置工事は、工事の内容が人の健康や生活環境に直結した給水装置の**設置**又は**変更**の工事であることから、設計や施工が不良であれば、その給水装置によって水道水の供給を受ける需要者のみならず、**配水管への汚水の逆流**の発生等により公衆衛生上大きな被害を生じさせるおそれがある。適当な記述である。

(2)　給水装置に関しては、布設される給水管や弁類等が**地中や壁中に隠れてしまうの**で、施工の不良を発見することも、それが発見された場合の是正も容易でないことから、**適切な品質管理**が求められる。適当な記述である。

(3)　**給水条例**等の名称で制定されている **供給規程** には給水装置工事に関わる事項として、**適切な工事施行ができる者の指定**、**水道メーターの設置位置**、**指定給水装置工事事業者が給水装置工事を施行する際に行わなければならない手続き**等が定められているので、その内容を熟知しておく。不適当な記述である。**よく出る**

(4)　**新技術、新材料に関する知識、関係法令、条例等の制定、改廃についての知識を不断に修得するための努力を行う**ことが求められる。適当な記述である。

　したがって、不適当なものは(3)である。　　　　　　　□**正解(3)**

要点：指定給水装置工事事業者の5年ごとの更新時に水道事業者が
　①指定給水装置工事事業者の講習会の受講実績，②指定給水装置工事事業者の業務内容，
　③給水装置工事主任技術者等の研修会受講状況，④適切に作業を行うこよができる技能を有する者の従事状況を確認することが望ましいとされている。

03-40

難易度 A

一般建設業において営業所ごとに専任する一定の資格と実務経験を有する者について、**管工事業で実務経験と認定される資格等**に関する次の記述のうち、不適当なものはどれか。

(1) 技術士の 2 次試験のうち一定の部門（上下水道部門、衛生工学部門等）に合格した者
(2) 建築設備士となった後、管工事に関し 1 年以上の実務経験を有する者
(3) 給水装置工事主任技術者試験に合格した後、管工事に関し 1 年以上の実務経験を有する者
(4) 登録計装試験に合格した後、管工事に関し 1 年以上の実務経験を有する者

7. 給水装置の概要

03-41

難易度 ★

給水管に関する次の記述のうち、不適当なものはどれか。

(1) ダクタイル鋳鉄管は、鋳鉄組織中の黒鉛が球状のため、靱性に富み衝撃に強く、強度が大であり、耐久性がある。
(2) 硬質ポリ塩化ビニル管は、難燃性であるが、熱及び衝撃には比較的弱い。
(3) ステンレス鋼鋼管は、薄肉だが、強度的に優れ、軽量化しているので取扱いが容易である。
(4) 波状ステンレス鋼管は、ステンレス鋼鋼管に波状部を施した製品で、波状部において任意の角度を形成でき、継手が少なくてすむ等の配管施工の容易さを備えている。
(5) 銅管は、アルカリに侵されず、遊離炭酸の多い水にも適している。

03-40　出題頻度　04-40 , 02-40 , 29-58

重要度　★★
text.　P.218,223

建設業法上の専任技術者の資格に関する問題である。

　管工事業では、建設業法施行規則7条の3において、一般建設業の**専任技術者の要件**として、実務経験と認定される資格等について、イ（一定の学校の指定学科卒業後の実務経験）、ロ（10年以上の実務経験を有する者）と同等以上と認定されている者。

① **1・2級管工事施工管理技士**
② **技術士2次試験**のうち一定部門（機械、上下水道、衛生工学部門等）
③ 一定の職種（建築配管、冷凍空調機器施工・配管等）の**1級技能士**又は**2級技能士合格後3年以上の実務経験を有する者**
④ **建築設備士資格取得後**1年以上の実務経験を有する者
⑤ **給水装置工事主任技術者**の**免状交付後**、**1年以上の実務経験**を有する者
⑥ **登録計装試験合格後**1年以上の実務経験を有する者

(1)は、上記②、(2)は、④、(4)は⑥に該当し、適当である。
(3)は、上記⑤の主任技術者の場合は、試験合格後でなく免状交付後である。不適当な記述である。

したがって、不適当なものは(3)である。　　　　　　　　□**正解(3)**

03-41　出題頻度　05-44 , 04-46 , 02-41 , 02-42 , 01-42 , 30-46 , 30-47 , 28-49 , 27-49

重要度　★★★★
text.　P.252～257

給水管に関する問題である。

(1) **ダクタイル鋳鉄管**は、鋳鉄組織中の黒鉛が球状のため、靭性に富み**衝撃に強く、強度が大**であり、**耐久性**がある。。適当な記述である。

(2) **硬質塩化ビニル管**は、耐食性、特に耐電食性に優れ、他の樹脂管に比べると**引張降伏強さが比較的大きい**が、**直射日光**や**温度変化による劣化**もあり、難燃性であるが熱及び衝撃には比較的弱い。適当な記述である。　**よく出る**

(3) **ステンレス鋼鋼管**は、鋼管に比べると特に**耐食性**に優れている。又、薄肉だが、強度的に優れ、軽量化しているので取り扱いが容易である。適当な記述である。

(4) **液状ステンレス鋼管**は、ステンレス鋼鋼管に波状部を施した製品で、波状部において任意の角度を形成でき、**継手が少なくてすむ**等の配管施工の容易さを備えている容易である。適当な記述である。

(5) 銅管は、**アルカリに侵されずスケールの発生も少ない**。しかし、遊離炭酸の多い水には適さない。不適当な記述である。**よく出る**

したがって、不適当なものは(5)である。　　　　　　　　□**正解(5)**

要点：水道配水用ポリエチレン管は、耐久性、耐食性、衛生性に優れ、管の柔軟性に加え、災害現場や池泥地においても施工可能で、管と継手が一体化しているので、地震、地盤変動等に適応する。

check □□□

03-42　給水装置に関する次の記述のうち、不適当なものはどれか。

難易度 ★

(1)　給水装置として取り扱われる貯湯湯沸器は、そのほとんどが貯湯部にかかる圧力が 100 キロパスカル以下で、かつ伝熱面積が 4㎡以下の構造のものである。

(2)　給湯用加圧装置は、貯湯湯沸器の一次側に設置し、湯圧が不足して給湯設備が満足に使用できない場合に加圧する給水用具である。

(3)　潜熱回収型給湯器は、今まで捨てられていた高温（約 200℃）の燃焼ガスを再利用し、水を潜熱で温めた後に従来の一次熱交換器で加温して温水を作り出す。従来の非潜熱回収型給湯器より高い熱効率を実現した給湯器である。

(4)　瞬間湯沸器は、給湯に連動してガス通路を開閉する機構を備え、最高 85℃程度まで温度を上げることができるが、通常は 40℃前後で使用される。

(5)　瞬間湯沸器の号数とは、水温 25℃上昇させたとき 1 分間に出るお湯の量 (L) の数字であり、水道水を 25℃上昇させ出湯したとき 1 分間に 20L 給湯できる能力の湯沸器が 20 号である。

03-43　硬質ポリ塩化ビニル管の施工上の注意点に関する次の記述のうち、不適当なものはどれか。

難易度 ★★

(1)　直射日光による劣化や温度の変化による伸縮性があるので、配管施工等において注意を要する。

(2)　接合時にはパイプ端面をしっかりと面取りし、継手だけでなくパイプ表面にも適量の接着剤を塗布し、接合後は一定時間、接合部の抜出しが発生しないよう保持する。

(3)　有機溶剤、ガソリン、灯油、油性塗料、クレオソート（木材用防腐剤）、シロアリ駆除剤等に、管や継手部のゴム輪が長期接すると、管・ゴム輪は侵されて、亀裂や膨潤軟化により漏水事故や水質事故を起こすことがあるので、これらの物質と接触させない。

(4)　接着接合後、通水又は水圧試験を実施する場合、使用する接着剤の施工要領を厳守して、接着後 12 時間以上経過してから実施する。

03-42

出題頻度 `05-45`, `01-41`, `29-41`, `27-47`, `26-47`

重要度 ★★★

text. P.287～284,291

湯沸器に関する問題である。

⑴ 給水装置として取り扱われる**貯湯湯沸器**は、そのほとんどが貯湯部にかかる圧力が **100kPa 以下** で、かつ伝熱面積が **4㎡以下** の構造のもので、**労働安全法施行令に規定するボイラー等に該当しない**。適当な記述である。

⑵ **給湯用加圧装置**は、貯湯湯沸器の **2次側** に設置し、湯圧が不足して給湯設備が満足に使用できない場合に加圧する給水用具である。不適当な記述である。

⑶ **潜熱回収型給湯器**は、今まで捨てられていた高温（約 **200℃** ）の燃焼ガスを再利用し、水を**潜熱で温めた後に従来の一次熱交換器で加温して温水を作り出す**。従来の非潜熱回収型給湯器より高い熱効率を実現した給湯器である。大阪ガスではエコジョーズの名称を用いている。適当な記述である。

⑷ **瞬間湯沸器**は、器内の熱交換器で熱交換を行うもので、水が熱交換器を通る間にガスバーナーで加熱する構造である。給湯に連動してガス通路を開閉する機構を備え、最高 **85℃** 程度まで温度を上げることができるが、通常は **40℃** 前後で使用される。適当な記述である。

⑸ 瞬間湯沸器の**号数**とは、**水温 25℃上昇させたとき 1 分間に出るお湯の量（L）の数字**であり、水道水を 25℃上昇させ出湯したとき 1 分間に 20L 給湯できる能力の湯沸器が 20 号である。適当な記述である。

したがって、不適当なものは⑵である。　　　　　　　□**正解⑵**

> 要点：自然冷媒ヒートポンプ給湯機（エコキュート）は，熱源に大気熱を利用しているため，消費電力が少ない湯沸器で，水の加熱が貯湯槽外で行われるため，安衛法施行令に定めるボイラーではない。

03-43

出題頻度 `05-43`, `02-41`, `30-47`

重要度 ★★

text. P.73,257～259

硬質ポリ塩化ビニル管の施工上の注意点に関する問題である。**よく出る**

⑴ **直射日光による劣化**や**温度の変化による伸縮性**があるので、配管施工等において注意を要する。適当な記述である。

⑵ 接合時にはパイプ端面をしっかり面取りし、継手だけでなくパイプ表面にも適量の接着剤を塗布し、接合後は一定時間、**接合部の抜出しが発生しないよう保持**する。適当な記述である。

⑶ 有機溶剤、ガソリン、灯油、油性塗料、クレオソート（木材用防腐剤）、シロアリ駆除剤等に、管や継手部のゴム輪が長期接すると、管・ゴム輪は侵されて、亀裂や膨潤軟化により漏水事故や水質事故を起こすことがあるので、これらの物質と接触させない。適当な記述である。

⑷ 接着接合後、通水または水圧試験を実施する場合、使用する接着剤の施工要領を遵守して、**接着後 24 時間以上**経過してから実施する。不適当な記述である。

したがって、不適当なものは⑷である。　　　　　　　□**正解⑷**

check □□□

03-44

難易度 ★

給水用具に関する次の記述の ☐ 内に入る語句の組み合わせのうち、適当なものはどれか。

① 甲形止水栓は、止水部が落しこま構造であり、損失水頭は極めて ア 。

② イ は、弁体が弁箱又は蓋に設けられたガイドによって弁座に対し垂直に作動し、弁体の自重で閉止の位置に戻る構造の逆止弁である。

③ ウ は、給水管内に負圧が生じたとき、逆止弁により逆流を防止するとともに逆止弁より二次側（流出側）の負圧部分へ自動的に空気を取り入れ、負圧を破壊する機能を持つ給水用具である。

④ エ は管頂部に設置し、管内に停滞した空気を自動的に排出する機能を持つ給水用具である。

	ア	イ	ウ	エ
(1)	大きい	スイング式逆止弁	吸気弁	空気弁
(2)	小さい	スイング式逆止弁	バキュームブレーカ	玉形弁
(3)	大きい	リフト式逆止弁	バキュームブレーカ	空気弁
(4)	小さい	リフト式逆止弁	吸気弁	玉形弁
(5)	大きい	スイング式逆止弁	バキュームブレーカ	空気弁

03-45

難易度 ★★

給水用具に関する次の記述の正誤の組み合わせのうち、適当なものはどれか。

ア 定水位弁は、主弁に使用し、小口径ボールタップを副弁として組み合わせて使用するもので、副弁の開閉により主弁内に生じる圧力差によって開閉が円滑に行えるものである。

イ 仕切弁は、弁体が鉛直方向に上下し、全開、全閉する構造であり、全開時の損失水頭は極めて小さい。

ウ 減圧弁は、設置した給水管路や貯湯湯沸器等の水圧が設定圧力よりも上昇すると、給水管路等の給水用具を保護するために弁体が自動的に開いて過剰圧力を逃し、圧力が所定の値に降下すると閉じる機能を持っている。

エ ボール止水栓は、弁体が球状のため90°回転で全開、全閉することのできる構造であり、全開時の損失水頭は極めて大きい。

	ア	イ	ウ	エ
(1)	誤	正	正	正
(2)	正	正	誤	誤
(3)	誤	誤	正	正
(4)	正	正	誤	正
(5)	誤	誤	誤	正

03-44 出題頻度 `05-47` , `02-45` , `02-46` , `02-47` , `01-47` , `30-41` 重要度 ★★★
`29-44` text. P.265～275

給水用具に関する問題である。 **よく出る**

① 甲形止水栓は、止水部が落としこま構造であり、**損失水頭は極めて 大きい** 。

② **リフト式逆止弁** は、弁体が弁箱又は蓋に設けられたガイドによって弁座に対し **垂直**に作動し、**弁体の自重で閉止の位置に戻る構造**の逆止弁である。

③ **バキュームブレーカ** は、給水管内に**負圧**が生じたとき、**逆止弁**により逆流を防止するとともに逆止弁により**二次側（流出側）の負圧部分へ自動的に空気を取り入れ、負圧を破壊する**機能を持つ給水用具である。

④ **空気弁** は管頂部に設置し、**管内に停滞した空気を自動的に排出する**機能を持つ給水用具である。

したがって、適当な語句の組み合わせは(3)である。 □**正解(3)**

03-45 出題頻度 `05-49` , `02-45` , `02-46` , `02-47` , `01-47` , `30-41` 重要度 ★★★
`29-44` text. P.265～279

給水用具に関する問題である。 **よく出る**

ア **定水位弁**は、主弁に使用し、小口径ボールタップを副弁として組み合わせて使用するもので、**副弁の開閉により主弁内に生じる圧力差によって開閉が円滑に行えるもの**である。主弁にはダイヤフラム式のものがある。正しい記述である。

イ **仕切弁**は、弁体が垂直に上下し、全開、全閉する構造であり、**全開時の損失水とは極めて小さい**。正しい記述である。

ウ **減圧弁**は、通過する液体の圧力エネルギーにより、弁体の開度を変化させ、**高い一次側圧力から、所定の低い二次側に減圧する** 圧力調整弁である。設問は、安全弁（逃し弁）のことである。誤った記述である。

エ **ボール止水栓**は、弁体が球状のため **90°回転で全開、全閉する**ことのできる構造であり、**損失水頭は極めて小さい**。誤った記述である。

したがって、適当な正誤の組み合わせは(2)である。 □**正解(2)**

要点：**中間室大気開放型逆流防止器**は，第1逆止弁と第2逆止弁の間に通気口を備え，逆流が発生すると通気口から排出し，低圧や汚染の危険度が低いものでの逆圧・負圧による逆流を防止する逆流防止器。

03-46
難易度 ★★★

給水用具に関する次の記述の正誤の組み合わせのうち、適当なものはどれか。

ア　ホース接続型水栓には、散水栓、カップリング付水栓等がある。ホース接続が可能な形状となっており、ホース接続した場合に吐水口空間が確保されない可能性があるため、水栓本体内にばね等の有効な逆流防止機能を持つ逆止弁を内蔵したものになっている。

イ　ミキシングバルブは、湯・水配管の途中に取り付けて、湯と水を混合し、設定温度の湯を吐水する給水用具であり、2ハンドル式とシングルレバー式がある。

ウ　逆止弁付メーターパッキンは、配管接合部をシールするメーター用パッキンにスプリング式の逆流防止弁を兼ね備えた構造であるが、構造が複雑で2年に1回交換する必要がある。

エ　小便器洗浄弁は、センサーで感知し自動的に水を吐出させる自動式とボタン等を操作し水を吐出させる手動式の2種類あり、手動式にはピストン式、ダイヤフラム式の二つのタイプの弁構造がある。

	ア	イ	ウ	エ
(1)	正	正	誤	誤
(2)	正	誤	誤	正
(3)	誤	正	正	正
(4)	誤	正	正	誤

給水用具に関する問題である。

ア　**ホース接続型水栓**には、散水栓、カップリング付水栓等がある。ホース接続が可能な形状となっており、ホース接続した場合に**吐水口空間が確保されない可能性がある**ため、水栓本体内にばね等の有効な**逆流防止機能を持つ逆止弁を内蔵**したものになっている。正しい記述である。

イ　**ミキシングバルブ**は、湯、水配管の途中に取り付けて、**湯と水を混合し、設定温度の湯を吐水する給水用具**であり、逆止弁が内蔵されたものと、設置される直近の配管に逆止弁を設けるものがある。**ハンドルは１つ**である。誤った記述である。

よく出る

ウ　**逆止弁付メーターパッキン**は、配管接合部をシールするメーター用パッキンにスプリング式の**逆流防止弁**を兼ね備えた構造である。逆流防止機能が必要な既設配管内の内部に新たに設置することができる。水道メーター交換時に必ず交換する。誤った記述である。

エ　**小便器洗浄弁**は、センサーで感知し自動的に水を吐出させる**自動式**と**ボタン**等を操作し水を吐出させる**手動式**のものと２種類があり、手動式にはピストン式、ダイヤフラム式の二つのタイプの弁構造がある。正しい記述である。

したがって、適当な語句の組み合わせは(2)である。　　　　　　　□**正解(2)**

要点：冷水機は，冷却中槽で給水管路内の水を任意の一定温度に冷却し，押ボタン式又は足踏式の開閉弁を操作して，冷水を射出する。

03-47

難易度 ★★

給水用具に関する次の記述の正誤の組み合わせのうち、適当なものはどれか。

ア　二重式逆流防止器は、個々に独立して作動する第1逆止弁と第2逆止弁が組み込まれている。各逆止弁はテストコックによって、個々に性能チェックを行うことができる。

イ　複式逆止弁は、個々に独立して作動する二つの逆止弁が直列に組み込まれている構造の逆止弁である。弁体は、それぞればねによって弁座に押しつけられているので、二重の安全構造となっている。

ウ　吸排気弁は、給水立て管頂部に設置され、管内に負圧が生じた場合に自動的に多量の空気を吸気して給水管内の負圧を解消する機能を持った給水用具である。なお、管内に停滞した空気を自動的に排出する機能を併せ持っている。

エ　大便器洗浄弁は、大便器の洗浄に用いる給水用具であり、また、洗浄管を介して大便器に直結されるため、瞬間的に多量の水を必要とするので配管は口径20mm以上としなければならない。

	ア	イ	ウ	エ
(1)	正	正	正	正
(2)	誤	正	誤	正
(3)	正	誤	正	誤
(4)	正	正	正	誤
(5)	正	誤	正	正

03-48

難易度 ★

給水用具に関する次の記述のうち、不適当なものはどれか。

(1)　ダイヤフラム式ボールタップの機構は、圧力室内部の圧力変化を利用しダイヤフラムを動かすことにより吐水、止水を行うものであり、止水間際にチョロチョロ水が流れたり絞り音が生じることがある。

(2)　単式逆止弁は、1個の弁体をばねによって弁座に押しつける構造のもので I 形と II 形がある。 I 形は逆流防止性能の維持状態を確認できる点検孔を備え、 II 形は点検孔のないものである。

(3)　給水栓は、給水装置において給水管の末端に取り付けられ、弁の開閉により流量又は湯水の温度調整等を行う給水用具である。

(4)　ばね式逆止弁内蔵ボール止水栓は、弁体をばねによって押しつける逆止弁を内蔵したボール止水栓であり、全開時の損失水頭は極めて小さい。

03-47 出題頻度 `02-45` , `02-46` , `02-47` , `01-47` , `30-41` , `29-44`　　　重要度　★★
text. P.267 ～ 280

給水用具に関する記述である。

ア　**二重式逆流防止器**は、個々に独立して作動する第1逆止弁と第2逆止弁が組み込まれている。**各逆止弁はテストコックによって、個々に性能チェックを行うことができる**。正しい記述である。 よく出る

イ　**複式逆止弁**は、個々に独立して作動する二つの逆止弁が直列に組み込まれている構造の逆止弁である。弁体は、それぞればねによって弁座に押しつけられているので、**二重の安全構造**となっている。正しい記述である。 よく出る

ウ　**吸排気弁**は、給水立て管頂部に設置され、**管内に負圧が生じた場合に自動的に多量の空気を吸気して給水管内の負圧を解消する機能**を持った給水用具である。なお、管内に**停滞して空気を自動的に排出する機能**を併せ持っている。正しい記述である。

エ　**大便器洗浄弁**は、大便器の洗浄に用いる給水用具であるが、瞬間的に多量の水を必要とするため、洗浄管を介して**大便器に直結される**ので、配管は口径 `25㎜以上` としなければならない。**バキュームブレーカ**を附帯する等逆流を防止する構造である。誤った記述である。

したがって、適当な正誤の組み合わせは(4)である。　　　　　　□**正解(4)**

03-48 出題頻度 `02-45` , `02-46` , `02-47` , `01-47` , `30-41` , `29-44`　　　重要度　★★★
text. P.267 ～ 279

給水用具に関する問題である。

(1)　**ダイヤフラム式ボールタップ**の機構は、圧力室内部の圧力変化を利用して**ダイヤフラム**を動かすことにより吐水、止水を行うものである。開閉が圧力室内の圧力変化を利用しているため、`止水間際にチョロチョロ水が流れたり絞り音が生じることはない`。不適当な記述である。 よく出る

(2)　**単式逆止弁**は、1個の弁体を**ばね**によって弁座に押しつける構造のもので I 形と II 形がある。 I 形は逆流防止性能の維持状態を確認できる**点検孔**を備え、 II 形は点検孔のないものである。適当な記述ある。

(3)　**給水栓**は、給水装置において給水管の末端に取り付けられ、弁の開閉により**流量**又は湯水の**温度調整**等を行う給水用具である。適当な記述である。

(4)　逆止弁内蔵の止水栓のうち、**ばね式逆止弁内蔵ボール止水栓**は、弁体をばねによって押しつける**逆止弁**を内蔵したボール止水栓であり、**全開時の損失水頭は極めて小さい**。適当な記述である。

したがって、不適当なものは(1)である。　　　　　　　　　□**正解(1)**

03-49 難易度 ★★ 湯沸器に関する次の記述の正誤の組み合わせのうち、適当なものはどれか。

ア　貯湯湯沸器は、有圧のまま貯湯槽内に貯えた水を直接加熱する構造の湯沸器で、給水管に直結するので、減圧弁及び安全弁（逃し弁）の設置が必須である。

イ　電気温水器は、熱源に大気熱を利用しているため、消費電力が少ない湯沸器である。

ウ　地中熱利用ヒートポンプシステムには、地中の熱を間接的に利用するオープンループと、地下水の熱を直接的に利用するクローズドループがある。

エ　太陽熱利用貯湯湯沸器のうち、太陽集熱装置系と水道系が蓄熱槽内で別系統になっている二回路型と、太陽集熱装置系内に水道水が循環する水道直結型は、給水用具に該当する。

	ア	イ	ウ	エ
(1)	正	正	誤	正
(2)	誤	誤	正	誤
(3)	誤	正	誤	誤
(4)	正	誤	正	正
(5)	正	誤	誤	正

03-50 難易度 ★ 浄水器に関するする次の記述の　　内に入る語句の組み合わせのうち、適当なものはどれか。。

浄水器は、水栓の流入側に取り付けられ常時水圧が加わる　ア　式と、水栓の流出側に取り付けられ常時水圧が加わらない　イ　式がある。

　イ　式については、浄水器と水栓が一体として製造・販売されているもの（ビルトイン型又はアンダーシンク型）は給水用具に該当　ウ　。浄水器単独で製造・販売され、消費者が取付けを行うもの（給水栓直結型及び据え置き型）は給水用具に該当　エ　。

	ア	イ	ウ	エ
(1)	先止め	元止め	する	しない
(2)	先止め	元止め	しない	する
(3)	元止め	先止め	する	しない
(4)	元止め	先止め	しない	する

湯沸器に関する問題である。**よく出る**

ア **貯湯湯沸器**は、給水管に直結し**有圧のまま**貯湯槽内に貯えた水を直接加熱する構造の湯沸器で、湯温に連動して自動的に燃料**通路を開閉**あるいは電源を**入り切り**（**ONN/OFF**）する機能を持っている。貯湯湯沸器は、給水管に直結するので、**減圧弁**や**安全弁**（逃し弁）の設置が必要である。正しい記述である。**よく出る**

イ **電気温水器**は、**電気によりヒーター部を加熱**しタンク内の水を温め貯蔵する湯沸器である。誤った記述である。

ウ **地中熱ヒートポンプシステム**の利用方法には、**地中の熱を間接的に利用する**クローズドループと**地下水の熱を直接的に利用する**オープンループ（地下水利用ヒートポンプシステム）がある。誤った記述である。

エ **太陽熱利用貯湯湯沸器**には、太陽熱槽内系と水道系が蓄熱槽内で別系統になっている**二回路型**と太陽熱集熱装置系内に水道水が循環する**水道直結型**がある。これらのうち、**水道直結型のみが給水用具**である。

したがって、適当な正誤の組み合わせは(5)である。　　　　□**正解(5)**

> 要点：貯湯湯沸器には，一つの熱源で２つの水路の水を温める１缶２水路貯湯湯沸器があり，貯湯槽内に浴槽内の水を加熱（追焚き）するための水路を設けた構造のものがある。

浄水器に関する問題である。

浄水器は、水栓の**流入側**に取り付けられ常時水圧が加わる**先止め**式と、水栓の**流出側**に取り付けられ常時水圧が加わらない**元止め**式がある。

元止め式については、浄水器と水栓が一体として製造・販売されているもの（**ビルトイン型又はアンダーシンク型**）は給水用具に該当**する**。浄水器単独で製造・販売され、消費者が取付けを行うもの（**給水栓直結型及び据え置き型**）は給水用具に該当**しない**。

したがって、適当な語句の組み合わせは(1)である。　　　　□**正解(1)**

> 要点：浄水器の中には、**残留塩素や濁度の減少**、**トリハロメタン**等の有機物、**鉛**、**臭気**等を減少させる性能を持つものがある。

03-51　難易度 ★★

直結加圧形ポンプユニットに関する次の記述のうち、不適当なものはどれか。

(1)　製品規格としては、JWWA B 130：2005（水道用直結加圧形ポンプユニット）があり、対象口径は 20㎜〜 75㎜である。

(2)　逆流防止装置は、ユニットの構成外機器であり、通常、ユニットの吸込側に設置するが、吸込圧力を十分確保できない場合は、ユニットの吐出側に設置してもよい。

(3)　ポンプを複数台設置し、1台が故障しても自動切替えにより給水する機能や運転の偏りがないように自動的に交互運転する機能等を有していることを求めている。

(4)　直結加圧形ポンプユニットの圧力タンクは、停電によりポンプが停止したときに水を供給するためのものである。

(5)　直結加圧形ポンプユニットは、メンテナンスが必要な機器であるので、その設置位置は、保守点検及び修理を容易に行うことができる場所とし、これに要するスペースを確保する必要がある。

03-52　難易度 ★

水道メーターに関する次の記述の正誤の組み合わせのうち、適当なものはどれか。

ア　水道メーターの計量方法は、流れている水の流速を測定して流量を換算する流速式（推測式）と、水の体積を測定する容積式（実測式）に分類される。わが国で使用されている水道メーターは、ほとんどが流速式である。

イ　水道メーターは、許容流量範囲を超えて水を流すと、正しい計量ができなくなるおそれがあるため、適正使用流量範囲、瞬時使用の許容流量等に十分留意して水道メーターの呼び径を決定する必要がある。

ウ　可逆式の水道メーターは、正方向と逆方向からの通過水量を計量する計量室を持っており、正方向は加算、逆方向は減算する構造である。

エ　料金算定の基礎となる水道メーターは、計量法に定める特定計量器の検定に合格したものを設置する。検定有効期間が8年間である。

	ア	イ	ウ	エ
(1)	誤	正	誤	正
(2)	正	正	誤	誤
(3)	正	正	誤	正
(4)	誤	誤	正	誤
(5)	正	正	正	正

03-51 出題頻度 05-46 , 04-54 , 02-50 , 01-46 , 28-50　　　重要度 ★★
text. P.288〜289

直結加圧形ポンプユニットに関する問題である。

⑴ 指針やその解説に沿った製品規格として「水道直結加圧形ポンプユニット（JWWA B 130）がある。この規格の対象口径は**20㎜〜75㎜**である。適当な記述である。

⑵ 逆流防止装置は、ユニットの**構成外機器**であり、通常、ユニットの**吸込側に設置**するが、吸込圧力を十分確保できない場合は、ユニットの**吐出側に設置してもよい**。適当な記述である。**よく出る**

⑶ ユニットには、**ポンプを複数台設置し、1台が故障しても自動切り替えにより給水する機能や運転の偏りがないように自動的に交互運転する機能**等を有していることを求めている。適当な記述である。**よく出る**

⑷ 吐出側の配管には、ポンプが停止した後の水圧保持のため に**圧力タンク**を設ける。ただし、圧力タンクを設けなくても吐出圧力、吸い込み圧力及び自動停止の性能を満足し、吐出圧力が保持できる場合はこの限りでない。不適当な記述である。

⑸ 直結加圧形ポンプユニットは、メンテナンスが必要な機器であるので、その設置位置は、**保守点検及び修理を容易に行うことができる場所**とし、これに要する**スペースを確保する**必要がある。適当な記述である。

したがって、不適当なものは⑷である。　　　　　□**正解⑷**

要点：「**直結給水システム導入ガイドラインとその解説**」を熟知する必要がある。

03-52 出題頻度 02-52 , 01-48 , 01-49 , 30-48 , 29-47 , 29-48 , 28-41
28-42 , 27-45　　　重要度 ★★★★
text. P.293〜297

水道メーターに関する問題である。

ア 水道メーターの計量方法は、流れている水の流速を測定して流量を換算する**流速式**（推測式）と、水の体積を測定する**容積式**（実測式）に分類される。わが国で使用されている水道メーターは、ほとんどが流速式である。

イ 水道メーターは、許容流量範囲を超えて水を流すと、正しい計量ができなくなるおそれがあるため、**適正使用流量範囲、瞬時使用の許容流量**等に十分留意して水道メーターの呼び径を決定する必要がある。

ウ **可逆式**の水道メーターは、正方向と逆方向からの通過水量を計量する計量室を持っており、**正方向は加算、逆方向は減算**する構造である。

エ 料金算定の基礎となる水道メーターは、**計量法に定める特定計量器の検定に合格したものを設置**する。**特定有効期間**は**8年間**である。**よく出る**

したがって、適当な正誤の組み合わせは⑸である。　　　□**正解⑸**

要点：中高層建物用メーターユニットは，パイプシャフト内に設置されるメーター周りの給水用具を一体化したもので，止水栓，減圧弁，逆流防止弁等を台座に取り付けた一体構造で，ねじ接合，又は圧着接合によってメーターの着脱を行うことができる。

03-53　難易度 ★

水道メーターに関する次の記述の正誤の組み合わせのうち、適当なものはどれか。

ア　たて形軸流羽根車式は、メーターケースに流入した水流が、整流器を通って、垂直に設置された螺旋状羽根車に沿って流れ、水の流れがメーター内で迂流するため損失水頭が小さい。

イ　水道メーターの表示機構部の表示方式は、計量値をアナログ表示する円読式と、計量値をデジタル表示する直読式がある。

ウ　電磁式水道メーターは、羽根車に永久磁石を取り付けて、羽根車の回転を磁気センサーで電気信号として検出し、集積回路により演算処理して、通過水量を液晶表示する方式である。

エ　接線流羽根車式水道メーターは、計量室内に設置された羽根車に噴射水流を当て、羽根車を回転させて通過流量を積算表示する構造である。

	ア	イ	ウ	エ
(1)	正	正	誤	正
(2)	正	誤	誤	正
(3)	誤	正	正	誤
(4)	正	誤	正	誤
(5)	誤	正	誤	正

03-54　難易度 ★★

給水用具の故障と対策に関する次の記述のうち、不適当なものはどれか。

(1)　水栓を開閉する際にウォーターハンマーが発生するので原因を調査した。その結果、水圧が高いことが原因であったので、減圧弁を設置した。

(2)　ピストン式定水位弁の故障で水が出なくなったので原因を調査した。その結果、ストレーナーに異物が詰まっていたので、新品のピストン式定水位弁と取り替えた。

(3)　大便器洗浄弁から常に大量の水が流出していたので原因を調査した。その結果、ピストンバルブの小孔が詰まっていたので、ピストンバルブを取り外し、小孔を掃除した。

(4)　小便器洗浄弁の吐水量が少なかったので原因を調査した。その結果、調節ねじが閉め過ぎだったので、調節ねじを左に回して吐水量を増やした。

(5)　ダイヤフラム式ボールタップ付ロータンクのタンク内の水位が上がらなかったので原因を調査した。その結果、排水弁のパッキンが摩耗していたので、排水弁のパッキンを交換した。

出題頻度	05-51	04-48	04-49	02-53	01-48	01-49	30-48	重要度 ★★★
	29-47	29-48	28-41	28-42	27-45			text. P.292～297

水道メーターに関する問題である。

ア **たて形軸流羽根車式**は、メーターケースに流入した水流が、整流器を通って、垂直に設置された螺旋状羽根車に沿って流れ、水の流れがメーター内で**迂流**するため~~損失水頭がやや大きい~~。誤った記述である。 **よく出る**

イ 水道メータの表示機構部の表示方式は、計量値を**アナログ**（回転指針）**表示**する**円読式**と計量値を**デジタル**（数字）**表示**する**直読式**がある。正しい記述である。

ウ **電磁式水道メーター**は、水の流れの方向に垂直に磁界をかけると、**電磁誘導作用**（フレミングの右手の法則）により、流れと磁界に垂直な方向に起電力が誘起され、磁界の磁束密度一定にすれば、**起電力は流速に比例した信号**となり、この信号に**管断面積を乗じて単位時間ごとにカウント**することにより、通過した**体積**を得ることができる。記述は、水道メーターの**遠隔指示装置**の「電子式表示方式」のことである。誤った記述である。

エ **接線流羽根車式水道メーター**は、計量室内に設置された**羽根車に噴射水流を当て**、羽根車を回転させて通過流量を積算表示する構造である。正しい記述である。
したがって、適当な正誤の組み合わせは(5)である。 □**正解(5)**

> 要点：よこ形軸流羽根車式は，給水管とメーター内の水の流れが直流であるため損失水頭は小さいが，羽根車の回転負荷がやや大きく，微小流域での性能が若干劣る。

03-54

出題頻度	05-52	05-53	02-54	02-55	01-50	30-49	重要度 ★★★★
	29-49	29-50	28-43	28-47	27-46		text. P.298～303

給水用具の故障と対策に関する問題である。

(1) 水栓において、**ウォーターハンマ**等の異音・振動があり、**水圧が異常に高い**ときは、**減圧弁**を設置する。適当な記述である。

(2) **ピストン式定水位弁の水が出ない**ので原因を調べたところストレーナへの異物の詰まりがあったので、**分解清掃**した。不適当な記述である。

(3) **大便器洗浄弁から常に水が流出**していたので、調べたところ、**ピストンバルブの小孔が詰まっている**ことがわかり、ピストンバルブを取り外し、小孔を掃除した。適当な記述である。 **よく出る**

(4) **小便器洗浄弁で吐水量が少なかった**ので、原因を調べみると、**水量ねじの閉め過ぎ**であることが判り、**水量調節ねじを左に回して吐水量を確保**した。適当な記述である。

(5) **ダイヤフラム式ボールタップで水が止まらず、タンク内の水位が上がっていなかった**ので調べてみたところ、**排水弁のパッキンの摩耗**と判り、**排水弁のパッキンを交換**した。適当な記述である。
したがって、不適当なものは(2)である。 □**正解(2)**

> 要点：大便器洗浄弁で水撃が生じることがあり，原因としては，ピストンバルブ，U パッキンの変形破損が考えられ，ピストンバルブを取り出し，U パッキンを取り替えた。

03-55
難易度 ★★

給水用具の故障と対策に関する次の記述の正誤の組み合わせのうち、適当なものはどれか。

ア　ボールタップ付ロータンクの故障で水が止まらないので原因を調査した。その結果、弁座への異物のかみ込みがあったので、新しいフロート弁に交換した。

イ　ダイヤフラム式定水位弁の水が止まらないので原因を調査した。その結果、主弁座へ異物のかみ込みがあったので、主弁の分解と清掃を行った。

ウ　小便器洗浄弁で少量の水が流れ放しであったので原因を調査した。その結果、ピストンバルブと弁座の間への異物のかみ込みがあったので、ピストンバルブを取り外し、異物を除いた。

エ　受水槽のオーバーブロー管から常に水が流れていたので原因を調査した。その結果、ボールタップの弁座が損傷していたので、パッキンを取り替えた。

	ア	イ	ウ	エ
(1)	誤	正	正	誤
(2)	正	誤	誤	正
(3)	誤	正	誤	正
(4)	正	誤	正	誤
(5)	誤	誤	正	正

03-55	出題頻度	05-52	05-53	04-50	04-51	02-54	02-55	重要度 ★★★★
		30-49	29-49	29-50	28-43	28-47	27-46	text. P.298〜303

給水用具の故障の問題である。

ア **ボールタップ付ロータンク**において、**水が止まらなかったので**調べてみると、**弁座に異物が噛んでいた**ので、分解して 異物を取り除いた 。誤った記述である。

イ **ダイヤフラム式定水位弁**で、水が止まらなかったので主弁座への異物の噛み込みと判別し、**主弁座の分解と清掃**で解消した。正しい記述である。

ウ **小便器洗浄弁**で少量の水が流出しているので、調べてみるとピストンバルブと便座の間に**異物の噛み込み**があったのでピストンバルブを取り外し、**異物を取り除いた**。正しい記述である。

エ 受水槽の**ボールタップの弁座の損傷**で水が止まらなかったので ボールタップを取り替えた 。誤った記述である。 **よく出る**

したがって、適当な正誤の組み合わせは(1)である。　　　　　　　　　□**正解(1)**

要点：ボールタップで，水が止まらない故障があり，**水撃作用（ウォーターハンマ）**が起き，水面が動揺して止水が不完全な状況であったので，**波立ち防止板**を設けた。

---

8. 給水装置施工管理法

03 56 給水装置工事の**施工管理**に関する次の記述の正誤の組み合わせのうち、適当なものはどれか。
難易度 ★

ア　施工計画書には、現地調査、水道事業者等との協議に基づき、作業の責任を明確にした施工体制、有資格者名簿、施工方法、品質管理項目及び方法、安全対策、緊急時の連絡体制と電話番号、実施工程表等を記載する。

イ　水道事業者、需要者（発注者）等が常に施工状況の確認ができるよう必要な資料、写真の取りまとめを行っておく。

ウ　施工に当たっては、施工計画書に基づき適正な施工管理を行う。具体的には、施工計画に基づく工程、作業時間、作業手順、交通規制等に沿って工事を施工し、必要の都度工事目的物の品質確認を実施する。

エ　工事の過程において作業従事者、使用機器、施工手順、安全対策等に変更が生じたときは、その都度施工計画書を修正し、工事従事者に通知する。

	ア	イ	ウ	エ
(1)	誤	正	正	正
(2)	正	誤	正	誤
(3)	誤	正	誤	正
(4)	誤	正	正	誤
(5)	正	正	正	正

03-57 給水装置工事における**工程管理**に関する次の記述のうち、不適当なものはどれか。
難易度 ★

(1)　給水装置工事主任技術者は、常に工事の進行状況について把握し、施工計画時に作成した工程表と実績とを比較して工事の円滑な進行を図る。

(2)　配水管を断水して給水管を分岐する工事は、水道事業者との協議に基づいて、断水広報等を考慮した断水工事日を基準日として天候等を考慮した工程を組む。

(3)　契約書に定めた工期内に工事を完了するため、図面確認による水道事業者、建設業者、道路管理者、警察署等との調整に基づき工程管理計画を作成する。

(4)　工程管理を行うための工程表には、バーチャート、ネットワーク等がある。

03-56

出題頻度　05-57 ・ 04-56 ・ 02-57 ・ 01-52 ・ 01-53 ・ 30-56 ・ 29-51 ・ 28-59 ・ 27-52

重要度　★★

text.　P.306〜307

施工管理の問題である。

ア　**給水装置工事主任技術者**は、現地調査、水道事業者等との協議等に基づき、作業の責任を明確にした施工体制、有資格者名簿、施工方法、品質管理項目及び方法、安全対策、緊急時の連絡体制と電話番号、実施工程表等を記載した**施工計画書**を作成し、**工事従事者に周知**する。正しい記述である。**よく出る**

イ　水道事業者、需要者（発注者）等が常に**施工状況の確認**ができるよう必要な**資料**、**写真**の取りまとめを行っておく。正しい記述である。

ウ　**施工管理**：施工に当たっては、**施工計画書**に基づき適正な施工管理を行う。具体的には、施工計画に基づく工程、作業時間、作業手順、交通規制等に沿って工事を施工し、必要の都度工事目的物の**品質確認**を実施する。正しい記述である。

エ　工事の過程において作業従事者、使用機器、施工手順、安全対策等に**変更**が生じたときは、その都度施工計画書を修正し、**工事従事者に通知**する。**よく出る**

したがって、適当な正誤の組み合わせは(5)である。　　　　□**正解(5)**

要点：給水装置工事における**施工管理の責任者**は，給水装置工事主任技術者である。

03-57

出題頻度　05-54 ・ 02-56 ・ 01-51 ・ 29-53 ・ 29-54 ・ 27-54

重要度　★★

text.　P.310〜312

給水装置工事の工程管理に関する問題である。

(1)　給水装置工事主任技術者は、常に工事の進行状況について把握し、施工計画時に作成した**工程表と実績とを比較して工事の円滑な進行を図る**。適当な記述である。

(2)　配水管を**断水**して給水管を分岐する工事は、水道事業者との協議に基づいて、断水広報等を考慮した断水工事日を基準日として天候等を考慮した工程を組む。適当な記述である。

(3)　**工程管理**は、契約書に定めた工期内に工事を完了するため、事前準備の現地調査や水道事業者、建設業者、道路管理者、警察署等との調整に基づき、**工程管理計画を作成**し、これに沿って、**効率的かつ経済的**に工事を進めていくことである。不適当な記述である。**よく出る**

(4)　工程管理を行うための工程表には、**バーチャート**、**ネットワーク**等がある。適当な記述である。

したがって、不適当なものは(3)である。　　　　□**正解(3)**

要点：断水連絡，布設替え，その他特に施工時間が定められた箇所における給水装置工事については，水道事業者や関連する事業者と事前に打合わせを行い，指定時間内において円滑な工程の進行を図る。

03-58

難易度 ★

給水装置工事における**使用材料**に関する次の記述の ☐ 内に入る語句の組み合わせのうち、適当なものはどれか。。

水道事業者は、 ア による給水装置の損傷を防止するとともに、給水装置の損傷の復旧を迅速かつ適切に行えるようにするために、 イ から ウ までの間の給水装置に用いる給水管及び給水用具について、その構造及び材質等を指定する場合がある。したがって、給水装置工事を受注した場合は、 イ から ウ までの使用材料について水道事業者 エ 必要がある。

	ア	イ	ウ	エ
(1)	災害等	配水管への取付口	水道メーター	に確認する
(2)	災害等	宅地内	水道メーター	の承認を得る
(3)	品質不良	配水管への取付口	末端の給水用具	の承認を得る
(4)	品質不良	宅地内	水道メーター	の承認を得る
(5)	災害等	配水管への取付口	末端の給水用具	に確認する

03-59

難易度 ★★

公道における給水装置工事の**安全管理**に関する次の記述の正誤の組み合わせのうち、適当なものはどれか。

ア　工事中、火気に弱い埋設物又は可燃性物質の輸送管等の埋設物に接近する場合は、溶接機、切断機等火気を伴う機械器具を使用しない。ただし、やむを得ない場合は、所轄消防署と協議し、保安上必要な措置を講じてから使用する。

イ　工事の施行に当たっては、地下埋設物の有無を十分に調査するとともに、近接する埋設物がある場合は、道路管理者に立会いを求めその位置を確認し、埋設物に損傷を与えないよう注意する。

ウ　工事の施行に当たって掘削部分に各種埋設物が露出する場合には、防護協定などを遵守して措置し、当該埋設物管理者と協議のうえで適切な表示を行う。

エ　工事中、予期せぬ地下埋設物が見つかり、その管理者がわからないときには、安易に不明埋設物として処理するのではなく、関係機関に問い合わせるなど十分な調査を経て対応する。

	ア	イ	ウ	エ
(1)	誤	正	誤	正
(2)	誤	正	誤	誤
(3)	誤	誤	正	正
(4)	正	正	誤	正
(5)	正	誤	正	誤

03-58 出題頻度 `30-55` `27-53` `24-60`　　　重要度 ★★
　　　　　　　　　　　　　　　　　　　　　text. P.308

配水管から分岐以降水道メーターまでの使用材料についての問題である。**よく出る**

水道事業者は、 災害等 による給水装置の損傷を防止するとともに、**給水装置の損傷の復旧を迅速かつ適切に行える**ようにするために、 配水管の取付口 から 水道メーター までの間の給水装置に用いる給水管及び給水用具について、その**構造及び材質等を指定する**場合がある。

したがって、給水装置工事を**受注**した場合は、 配水管の取付口 から 水道メーター までの**使用材料**について**水道事業者** に確認する 必要がある。

したがって、適当な語句の組み合わせは(1)である。　　　□**正解(1)**

要点：配水管の取付口から水道メーターの一次側工事は，水道事業者による材料指定があるので確認する。

03-59 出題頻度 `05-58` `02-59` `30-52` `28-60` `27-57`　　重要度 ★★★
　　　　　　　　　　　　　　　　　　　　　　　　text. P.315〜316

安全管理に関する問題である。

ア　工事中、**火気に弱い埋設物**又は**可燃性物質の輸送管**等の埋設物に**接近**する場合は、**溶接機、切断機等火気を伴う機械器具を使用しない**。ただし、やむを得ない場合は、当該**埋設物管理者**と協議し、保安上必要な措置を講じてから使用する。誤った記述である。**よく出る**

イ　工事の施行にあたっては、地下埋設物の有無を十分に調査するとともに、近接する埋設物である場合は、その 埋設物管理者 に立会いを求める等によってその位置を確認し、埋設物に損傷を与えないよう注意する。誤った記述である。**よく出る**

ウ　工事の施行に当たって掘削部分に**各種埋設物が露出**する場合には、**防護協定**などを遵守して措置し、当該**埋設物管理者**と協議のうえで適切な表示を行う。正しい記述である。

エ　工事中、**予期せぬ地下埋設物**が見つかり、その**管理者がわからない**ときには、安易に不明埋設物として処理するのではなく、**関係機関に問い合わせる**など十分な調査を経て対応する。正しい記述である。

したがって、適当な組み合わせは(3)である。　　　□**正解(3)**

要点：工事中は，各工事に適した工法に従って，設備の不備，不完全な施工等によって事故を起こすことがないよう十分に注意する。

03-60	次のア～オの記述のうち、**公衆災害**に該当する組み合わせとして、適当なものはどれか。

難易度 ★

ア　水道管を毀損したため、断水した。

イ　交通整理員が交通事故に巻き込まれ、死亡した。

ウ　作業員が掘削溝に転落し、負傷した。

エ　工事現場の仮舗装が陥没し、そこを通行した自転車が転倒し、負傷した。

オ　建設機械が転倒し、作業員が負傷した。

(1)　アとウ
(2)　アとエ
(3)　イとエ
(4)　イとオ
(5)　ウとオ

- 諏訪のアドバイス -

5 肢択一問題の対応

　2021 年度の出題から、5 肢択一問題が 60 問中 42 問出題された。実に 70%である。2022 年度は、これが 45 問となり 75% となっている。2023 年度は実に 80% 近くになるであろう！

　この試験の初年度は 3 肢択一で、その後は 20 年以上 4 肢択一であった。

　5 肢択一になっても、難易度は変わるものでないことを言っておこう。

　5 肢択一になると、文章も散漫となり、出題の意図が絞り切れないものもあるが、基本テキストに慣れ、過去の問題をしっかりやれば、合格点は必ず取れる。

　5 肢択一に迷わされることなく正答に導びくものが欲しい。

　それには「給水装置基本テキスト」を黒く汚れるまで何度でも繰り返すことである！！

出題頻度 `05-56` `01-57` `30-54` `29-55` `28-52` `27-56` `26-53`　　重要度 ★★★★
text. P.307,317

公衆衛生についての問題である。**よく出る**

建設工事公衆災害防止対策要綱（土木工事編）において、施工にあたって、当該工事の関係者以外の**第三者（公衆）の生命**、**身体**及び**財産**に関する**危害**並びに**迷惑**（**公衆災害**）と規定している。

このことから、

アは、第三者への財産毀損となり、公衆災害に当たる。

イは、関係者の災害であるから公衆災害に当たらない。

ウは、工事作業関係者の災害であるから公衆災害に当たらない。

エは、第三者に与えた災害であるので、公衆災害となる。

したがって、公衆災害に該当するのは、アとエである。

適当な組み合わせは(2)である。　　　　　　　　　　　　　　　　□**正解(2)**

要点：発注者及び施工者は，土木工事の施工により**公衆災害**が発生した場合には，**施工を中止**した上で直ちに**被害状況を把握**し，**速やかに関係機関に連絡**するとともに，**応急措置**，二次災害の防止措置を行わなければならない。

success point

顔とお尻に注目する！

　正解、あるいは不正解は出題者と解答者の格闘技である！
だからといって、満点をとる必要もないのだ！
　ときには、学習の終えていないところからも出題されるから内容を理解し、判断しないと正解は出せない！
　消去法でいけ！
　山かけはトロロ（トホホ）だ。
　設問の各肢は、正解なり、ひっかけなり、独特の顔付きをしているから、そのポイントを外さない。また、ひっかけは頭からしないのが普通だから、文末を注目する！

顔とお尻を愛せよ！

R **02** 年度

2020

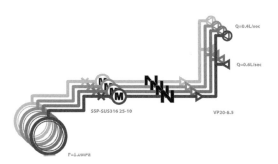

Q=0.4L/sec

Q=0.6L/sec

SSP-SUS316 25-10

VP20-8.5

F=1.0MPa

1. 公衆衛生概論

02-1
難易度 ★★

化学物質の飲料水への**汚染原因と影響**に関する次の記述のうち、不適当なものはどれか。

(1) 水道原水中の有機物と浄水場で注入される凝集剤とが反応して、浄水処理や給配水の過程で、発がん性物質として疑われるトリハロメタン類が生成する。

(2) ヒ素の飲料水への汚染は、地質、鉱山排水、工場排水等に由来する。海外では、飲料用の地下水や河川水がヒ素に汚染されたことによる、慢性中毒症が報告されている。

(3) 鉛製の給水管を使用すると、鉛は pH 値やアルカリ度が低い水に溶出しやすく、体内への蓄積により毒性を示す。

(4) 硝酸態窒素及び亜硝酸態窒素は、窒素肥料、家庭排水、下水等に由来する。乳幼児が経口摂取することで、急性影響としてメトロヘモグロビン血症によるチアノーゼを引き起こす。

02-2
難易度 ★

水道の**利水障害**（日常生活での水利用への差し障り）とその**原因物質**に関する次の組み合わせのうち、不適当なものはどれか。

	利水障害	原因物質
(1)	泡立ち	界面活性剤
(2)	味	亜鉛、塩素イオン
(3)	カビ臭	アルミニウム、フッ素
(4)	色	鉄、マンガン

02-1

化学物質による健康影響の問題である。

(1) 水道原水中の**フミン質**等の有機物と浄水場で注入される **塩素** 等が反応し、浄水処理や給配水の過程において、**トリハロメタン** 類やハロ酢酸類等の**消毒副生成物**が生成する。一部の消毒副生成物は、人への**発ガン性**が疑われている。不適当な記述である。

(2) **ヒ素**の飲料水への混入は、工場排水、地質、鉱山排水等に由来する。少量を長期間にわたり摂取した場合の中毒症状では、**皮膚の異常、末梢神経障害、皮膚ガン**等を引き起こすことにもなる。諸外国の事例では、ヒ素に汚染された水道水による慢性中毒症が報告されている。適当な記述である。

(3) **鉛**の飲料水への混入は、工場や鉱山の排水に由来することもあるが、多くは鉛製の給水管からの溶出による。特に、**pH 値やアルカリ度が低い水に溶出しやすい**。適当な記述である。**よく出る**

(4) **硝酸態窒素・亜硝酸態窒素**は、肥料、家庭排水、下水等に由来する。乳幼児が多量に経口摂取すると急性影響に**メトヘモグロビン血症**（チアノーゼ症）の事例がある。適当な記述である。

したがって、不適当なものは(1)である。　　□**正解(1)**

要点：**トリハロメタン**類：水道原水中の**フミン質**等の有機物質が浄水場で注入される**塩素**と反応して生成される物質である。

02-2

生活用水における利水障害の問題である。

特定の汚染物質が日常生活での水利用への障害（不快感等）となることがある。

(1) 生活用水、工場排水による**界面活性剤**（ABS 等）が飲料水に混入すると**泡立ち**がある。適当な記述である。

(2) 飲料水の**味**に関するものとして、**亜鉛、塩素イオン**、鉄、ナトリウム等があり、主に原水や工場排水等に由来するが、亜鉛、鉄は水道管からの溶出が考えられる。適当な記述である。

(3) 湖沼等の富栄養化等によって藻類が繁殖すると、**カビ臭**の原因となる**ジェスミン**や**2-メチルイソボルネオール**等の有機物質が産生され飲料水に混入する。不適当な記述である。**よく出る**

(4) 飲料水に**色**が付く物質は多々あるが、水道原水や工場排水等によるものとして、**亜鉄、アルミニウム、鉄、銅、マンガン**等がある。これらには、水道水に用いられた薬品や資機材に由来するものがある。適当な記述である。

したがって、不適当な組み合わせは(3)である。　　□**正解(3)**

要点：**利水障害**：健康障害とするまでもないが、特定の汚染物質が日常生活での水利用へ支障となることがある。

02-3 難易度 ★

残留塩素と消毒効果に関する次の記述のうち、不適当なものはどれか。

⑴ 残留塩素とは、消毒効果のある有効塩素が水中の微生物を殺菌消毒したり、有機物を酸化分解した後も水中に残留している塩素のことである。

⑵ 給水栓における水は、遊離残留塩素が 0.4mg/L 以上又は結合残留塩素が 0.1mg/L 以上保持しなくてはならない。

⑶ 塩素系消毒材として使用されている次亜塩素酸ナトリウムは、光や温度の影響を受けて徐々に分解し、有効塩素濃度が低下する。

⑷ 残留塩素濃度の測定方法の一つとして、ジエチル -p- フェニレンジアミン（DPD）と反応して生じる桃～桃赤色を標準比色液と比較して測定する方法がある。

2. 水道行政

02-4 難易度 ★★

水質管理に関する次の記述のうち、不適当なものはどれか。

⑴ 水道事業者は、毎事業年度の開始前に水質検査計画を策定しなければならない。

⑵ 水道事業者は、供給される水の色及び濁り並びに消毒の残留効果に関する検査を、3 日に 1 回以上行わなければならない。

⑶ 水道事業者は、水質基準項目に関する検査を、項目によりおおむね 1 カ月 1 回以上、又は 3 カ月に 1 回以上行わなければならない。

⑷ 水道事業者は、その供給する水が人の健康を害するおそれのあることを知ったときは、直ちに給水を停止し、かつ、その水を使用することが危険である旨を関係者に周知させる措置を講じなければならない。

⑸ 水道事業者は、水道の取水場、浄水場又は配水池において業務に従事している者及びこれらの施設の設置場所の構内に居住している者について、厚生労働省令の定めるところにより、定期及び臨時の健康診断を行わなければならない。

02-3

出題頻度 `05- 2`, `01- 1`, `29- 2`, `28- 2`　　　重要度 ★★
text. P.17 〜 18

残留塩素とその消毒効果に関する問題である。

(1) 残留塩素とは、消毒効果のある有効塩素が水中の微生物を殺菌消毒したり、有機物を酸化分解した後も水中に残留している塩素のことである。適当な記述である。

(2) 給水栓における水が、遊離残留塩素を **0.1mg/L**（結合残留塩素の場合は、**0.4mg/L**）以上保持するように**塩素消毒**すること（水道則 17 条 1 項③号）と規定している。不適当な記述である。 **よく出る**

(3) **次亜塩素酸ナトリウム**（NaClO）は、不安定な物質で、**光や温度の影響を受けて徐々に分解し、有効濃度が低下する**とともに、**水質基準項目の塩素酸が不純物として生成する**ため、貯蔵の期間や温度等の管理に留意をする必要がある。適当な記述である。

(4) 残留塩素の測定方法は多々あるが、給水栓の水質検査や作業現場で使いやすい簡易測定法としては、残留塩素が**ジエチル -P- フェニレンジアミン**（DPD）と反応にて生じる **桃〜桃赤色** を標準比色液として測定する方法がある。適当な記述である。

したがって、不適当なものは(2)である。　　　　　　　　　　　□**正解(2)**

> 要点：殺菌効果は，遊離残留塩素の方が強く，残留効果は結合残留塩素の方が持続する。

02-4

出題頻度 `05- 4`, `04- 4`, `03- 4`, `25- 6`, `19-10`　　　重要度 ★
text. P.39 〜 44

水質管理の規定の問題である。

(1) 水道事業者は毎事業年度前に、**定期及び臨時の水質検査の計画**（ **水質検査計画**）を策定しなければならない（則 15 条 6 項）と規定する。適当な記述である。

(2) 定期の水質検査では、**一日 1 回以上** 行う**色及び濁り**並びに**消毒の残留塩素**に関する検査（則 15 条 1 項①号）と規定する。不適当な記述である。 **よく出る**

(3) 水質管理項目については、項目により概ね **1 カ月に 1 回以上**又は **3 カ月に 1 回以上**の検査を行うこと。なお項目によっては、原水や浄水の水質に関する状況に応じて、合理的な範囲で**検査の回数を減じる**又は**省略を行う**ことができる（則 15 条 1 項③号、④号）と規定する。適当な記述である。

(4) 水道事業者は、その供給する水が**人の健康を害するおそれのあることを知ったとき**は、**直ちに給水を停止**し、かつ、その水を使用することが危険である旨を**関係者に周知**させる措置を講じなければならない（法 23 条 1 項）と規定する。適当な記述である。 **よく出る**

(5) 水道事業者は、水道の**取水場**、**浄水場**又は**配水池**において**業務に従事している者**及びこれらの**施設の設置場所の構内に居住している者**について、厚生労働省令の定めるところにより、**定期及び臨時の健康診断**を行わなければならない（法 21 条 1 項）と規定する。適当な記述である。

したがって、不適当なものは(2)である。　　　　　　　　　　　□**正解(2)**

check □□□

02- 5 難易度 ★★　　簡易専用水道の**管理基準**に関する次の記述のうち、不適当なものはどれか。

(1)　水槽の掃除を 2 年に 1 回以上定期に行う。

(2)　有害物や汚水等によって水が汚染されるのを防止するため、水槽の点検等を行う。

(3)　給水栓により供給する水に異常を認めたときは、必要な水質検査を行う。

(4)　供給する水が人の健康を害するおそれがあることを知ったときは、直ちに給水を停止する。

02- 6 難易度 ★★★　　平成 30 年に一部**改正された水道法**に関する次の記述のうち、不適当なものはどれか。

(1)　国、都道府県及び市町村の基盤の強化に関する施策を策定し、推進又は実施するよう努めなければならない。

(2)　国は広域連携の推進を含む水道の基盤を強化するための基本方針を定め、都道府県は基本方針に基づき、関係市町村及び水道事業者等の同意を得て、水道基盤強化計画を定めることができる。

(3)　水道事業者は、水道施設を適切に管理するための水道施設台帳を作成、保管しなければならない。

(4)　指定給水装置工事事業者の 5 年更新制度が導入されたことに伴って、その指定給水装置工事事業者が選任する給水装置工事主任技術者も 5 年ごとに更新を受けなければならない。

text. P.10,47

02-5

出題頻度 05-5, 04-5, 01-4, 24-10, 21-9, 20-1　　　重要度 ★★★

簡易専用道の管理基準（法34条の2第1項、則55条）の問題である。

⑴　水槽の**掃除**を**1年以内**ごとに**1回**、定期に行うこと（則55条①号）。不適当な記述である。**よく出る**

⑵　水槽の**点検**等有害物、汚水等によって水が汚染されることを防止するために必要な措置を講ずること（同則②号）。適当な記述である。

⑶　給水栓における**水の色**、**濁り**、**臭い**、**味**その他の状態により供給する水に**異常を認めたとき**は、水質基準に関する省令の事項のうち必要なものについて**検査**を行うこと（同則③号）。適当な記述である。

⑷　**供給する水が人の健康を害するおそれのあることを知ったときは直ちに給水を停止**し、かつ、その水を使用することが**危険である旨を関係者に周知**させる措置を講ずること（同則④号）適当な記述である

したがって、不適当なものは⑴である。　　　　　　　□**正解⑴**

要点：簡易専用水道の設置者は，その水道の管理について，地方公共団体の機関又は厚生労働大臣の登録を受けた者の**検査**を受けなければならない。

02-6

出題頻度 05-9, 04-7　　　重要度 ★★★

text. P.27,51～52

法改正に関する問題である。

⑴　国、都道府県及び市町村は、**水道の基盤の強化に関する基本的かつ総合的な施策を策定**し、及び**これを推進あるいは実施するよう努めなければならない**（法2条の2第1項～3項）と規定する。適当な記述である。

⑵　国は水道の基盤の強化に関する基本的かつ総合的な施策を策定し、都道府県はその区域の自然的社会的諸条件に応じてその区域内における市町村の区域を超えた広域的な水道事業者等の間の連携等の推進その他の**水道の基盤の強化に関する施策を策定**し、及びこれを実施するよう努めなければならない（法2条の2第1項、2項）。適当な記述である。

⑶　水道事業者は、水道施設を適切に管理するための**水道施設台帳**を**作成**、**保管**しなければならない（H30法律第92号、2022.9.30まで適用されない。）。適当な記述である。

⑷　法16条の2第1項の**指定は、5年**ごとにその**更新**を受けなければ、**その期間の経過によってその効力を失う**（法25条の3の2第1項）と規定するが、給水装置工事主任技術者についての5年の更新の規定は設けられていない。不適当な記述である。**よく出る**

したがって、不適当なものは⑷である。　　　　　　　□**正解⑷**

02-7 難易度 ★★★　指定給水装置工事事業者の 5 年ごとの更新時に、**水道事業者が確認することが望ましい事項**に関する次の記述の正誤の組み合わせのうち、適当なものはどれか。

ア　指定給水装置工事事業者の講習会の受講実績
イ　指定給水装置工事事業者の受注実績
ウ　給水装置工事主任技術者等の研修会の受講状況
エ　適切に作業を行うことができる技能を有する者の従事状況

	ア	イ	ウ	エ
(1)	正	誤	正	正
(2)	誤	正	正	誤
(3)	正	誤	正	誤
(4)	誤	誤	誤	正

02-8 難易度 ★　水道法第 14 条の**供給規程**に関する次の記述の正誤の組み合わせのうち、適当なものはどれか。

ア　水道事業者は、料金、給水装置工事の費用の負担区分その他の供給条件について、供給規程を定めなければならない。
イ　水道事業者は、供給規程を、その実施の日以降に速やかに一般に周知させる措置を取らなければならない。
ウ　供給規程は、特定のものに対して不当な差別的扱いをするものであってはならない。
エ　専用水道が設置される場合においては、専用水道に関し、水道事業者及び当該専用水道の設置者の責任に関する事項が、供給規程に適正、かつ、明確に定められている必要がある。

	ア	イ	ウ	エ
(1)	正	正	誤	誤
(2)	誤	正	正	誤
(3)	正	誤	正	正
(4)	誤	正	誤	正
(5)	正	誤	正	誤

02-7　出題頻度 04-6 , 03-5　　　重要度 ★★★　text. P.52

　水道事業者は、**指定期間の5年ごとの更新**の際には、次の項目を確認し、水道需要者の工事事業者を選択する際の有用な情報発信の一つとして活用することが有効としている。
① 　指定給水装置工事事業者の**講習会受講実績**
② 　指定給水装置工事事業者の**業務内容**
③ 　**給水装置工事主任技術者の研修会の受講状況**
④ 　**適切に作業を行うことができる技能を有する者の従事状況**
以上より、イの指定給水装置工事事業者の受注実績は確認項目としていない。
したがって、適当なものは(1)である。　　　　　　　　　　□**正解(1)**

> 要点：指定の要件：指定給水装置工事事業者は,5年ごとにその更新を受けなければその期間の経過
> によって,その効力を失う。

02-8　出題頻度 04-8 , 30-8 , 28-8 , 27-4 , 27-5 , 26-5 , 25-7 , 23-8　　重要度 ★★★★　text. P.33 ～ 34

　供給規程（法14条）の問題である。
ア　水道事業者は、**料金、給水装置工事の費用の負担区分**その他の**供給条件**について、**供給規程**を定めなければならない（法14条1項）。正しい記述である。
イ　水道事業者は、供給規程を**その実施の日までに一般に周知**させる措置を取らなければならない（同条4項）。誤った記述である。**よく出る**
ウ　特定の者に対して**不当な差別的取扱いをするものでないこと**（同条2項④号）。正しい記述である。
エ　**貯水槽水道**が設置される場合においては貯水槽水道に関し、**水道事業者及び当該貯水槽水道の設置者の責任に関する事項が適正かつ明確に定められていること**（同条2項②号）。誤った記述である。**よく出る**
したがって、適当な組み合わせは(5)である。　　　　　　　□**正解(5)**

> 要点：供給規程は,市町村においては「給水条例」等の名称を用いて水道事業者と需要者との給水契
> 約の内容を示す。

02- 9
難易度 ★★

水道法第 15 条の**給水義務**に関する次の記述の正誤の組み合わせのうち、適当なものはどれか。

ア　水道事業者は、当該水道により給水を受ける者が正当な理由なしに給水装置の検査を拒んだときには、供給規程の定めるところにより、その者に対する給水を停止することができる。

イ　水道事業者は、災害その他正当な理由があってやむを得ない場合には、給水区域の全部又は一部につきその間給水を停止することができる。

ウ　水道事業者は、事業計画に定める給水区域外の需要者から給水契約の申込みを受けたとしても、これを拒んではならない。

エ　水道事業者は、給水区域内であっても配水管が未施設である区域から給水の申込みがあった場合、配水管が敷設されるまでの期間の給水契約の拒否等、正当な理由がなければ、給水契約を拒むことはできない。

	ア	イ	ウ	エ
(1)	誤	正	正	誤
(2)	正	正	誤	正
(3)	正	誤	誤	正
(4)	誤	正	誤	正
(5)	正	誤	正	誤

02-9 出題頻度 `05-8` , `01-8` , `28-9` , `27-6` , `25-8` , `23-9`　　重要度 ★★★★

text. P.35

給水義務（法15条）の問題である。

ア　水道事業者は、当該水道により給水を受ける者が料金を支払わないとき、**正当な理由なしに給水装置の検査を拒んだとき**、その他正当な理由があるときは、常時給水義務（法15条2項本文）の規定にかかわらず、その理由が継続する間、供給規程の定めるところにより、**その者に対する給水を停止することができる**（法15条3項）。正しい記述である。**よく出る**

イ　水道事業者は、法40条1項の規定（水道水の緊急応援）による水の供給命令を受けた場合又は**災害**その他正当な理由があってやむを得ない事業がある場合を除き、給水を停止しようとする区域及び期間をあらかじめ関係者に**周知**させる措置を取らなければならない（同条2項）。正しい記述である。

ウ　水道事業者は、事業計画に定める 給水区域内 の需要者から給水契約の申込みを受けたときは、**正当な理由がなければ、これを拒んではならない**（同法1項）。誤った記述である。

エ　配水管布設地区からの申込み：水道事業者は配水管が未布設であっても、配水管が敷設されるまでの間、給水契約の申込みがあった場合、配水管が布設させるまでの間、給水契約の締結を拒否することは正当な理由となる。**配水管布設地区からの申込者が自己の費用で配水管を設置し、給水を申し込む場合については拒否することはできない**。正しい記述である。**よく出る**

したがって、適当な組み合わせは⑵である。　　　　　　　　□**正解⑵**

要点：給水義務は，水道の公共性を確保し，需要者の利益を保護するため，水道事業者に対して規制を課すものである。

3. 給水装置工事法

02-10
難易度 ★

水道法施行規則第 36 条の指定給水装置工事事業者の事業の運営に関する次の記述の □ 内に入る語句の組み合わせのうち、正しいものはどれか。

法施行規則第 36 条第 1 項第 2 号における「適切に作業を行うことができる技能を有する者」とは、配水管への分水栓の取付け、配水管の穿孔、給水管の接合等の配水管から給水管を分岐する工事に係る作業及び当該分岐部分から ア までの配管工事に係る作業について、配水管その他の地下埋設物に変形、破損その他の異常を生じさることのないよう、適切な イ 、 ウ 、地下埋設物の エ の方法を選択し、正確な作業を実施することができる者をいう。

	ア	イ	ウ	エ
(1)	水道メーター	資機材	工 法	防 護
(2)	止 水 栓	材 料	工 程	防 護
(3)	水道メーター	材 料	工 程	移 設
(4)	止 水 栓	資機材	工 法	移 設

02-11
難易度 ★★

配水管から給水管の**取出し方法**に関する次の記述のうち、不適当なものはどれか。

(1) サドル付分水栓によるダクタイル鋳鉄管の分岐穿孔に使用するドリルは、モルタルライニング管の場合とエポキシ樹脂粉体塗装管の場合とで形状が異なる。

(2) サドル付分水栓の穿孔作業に際し、サドル付分水栓の吐水部への排水ホースを連結させ、ホース先端は下水溝などへ直接接続し確実に排水する。

(3) ダクタイル鋳鉄管に装着する防食コアは非密着形と密着形があるが、挿入機は製造業者及び機種等により取扱いが異なるので、必ず取扱い説明書をよく読んで器具を使用する。

(4) 割 T 字管は、配水管の管軸水平部にその中心がくるように取付け、給水管の取出し方向及び割 T 字管の管水平方向から見て傾きがないか確認する。

02-10

則36条の工事事業者の事業の運営に関する問題である。

法施行規則第36条第1項第2号における「適切に作業を行うことができる技能を有する者」とは、配水管への分水栓の取付け、**配水管の穿孔、給水管の接合等の配水管から給水管を分岐する工事に係る作業**及び当該分岐部分から 水道メーター までの**配管工事**に係る作業について、**配水管その他の地下埋設物に変形、破損その他の異常**を生じさせることのないよう、適切な 資機材 、 工法 、地下埋設物の 防護 の方法を選択し、正確な作業を実施することができる者をいう。

したがって、正しい語句の組み合わせ(1)である。　　　　**正解(1)**

要点：事業の基準は，工事事業者が最低限遵守しなければならない事業の運営に関する事項である。

02-11

配水管からの給水管の取出し方法についての問題である。

(1) サドル付分水栓によるダクタイル鋳鉄管の**分岐穿孔に使用するドリル**は、**モルタルライニング管の場合とエポキシ樹脂粉体塗装管の場合とでは形状が異なる**。適当な記述である。**よく出る**

(2) サドル付分水栓の吐水部又は穿孔機の排水口に排水用ホースを連結し、下水溝等へ切り粉を直接排出しないように**ホースの先端は** バケツ等排水受け **に差し込む**。不適当な記述である。**よく出る**

(3) ダクタイル鋳鉄管に装着する**防食コア**は**非密着形**と**密着形**があるが、**挿入機は製造業者及び機種等により取扱いが異なるので、必ず取扱い説明書をよく読んで器具を使用する**。適当な記述である。

(4) 割T字管は、配水管の**管軸水平部にその中心がくるように取付け**、給水管の取出し方向及び割T字管の**管水平方向から見て傾きがないか確認**する。

したがって、不適当なものは(2)である。　　　　□**正解(2)**

要点：摩耗したドリル及びカッターは，管のライニングのめくれ，剥離等が生じやすいので使用しない。

02-12 難易度 ★★★

サドル付分水穿孔工程(1)〜(5) の記述のうち、不適当なものはどれか。

(1) 配水管がポリエチレンスリーブで被覆されている場合は、サドル付分水栓取付け位置の中心線より 20cm程度離れた両位置を固定用ゴムバンド等により固定してから、中心線に沿って切り開き、固定した位置まで折り返し、配水管の管肌をあらわす。

(2) サドル付分水栓のボルトナットの締め付けは、全体に均一になるように行う。

(3) サドル付分水栓の頂部のキャップを取外し、弁（ボール弁又はコック）の動作を確認してから弁を全閉にする。

(4) サドル付分水栓の頂部に穿孔機を静かに載せ、サドル付分水栓と一体となるように固定する。

(5) 穿孔作業は、刃先が管面に接するまでハンドルを静かに回転させ、穿孔を開始する。最初はドリルの芯がずれないようにゆっくりとドリルを下げる。

02-13 難易度 ★★

給水管の埋設深さ及び占用位置に関する次の記述の □ 内に入る語句の組み合わせのうち、 正しいものはどれか。。

道路法施行令第 11 条の 3 第 1 項第 2 号ロでは、埋設深さについて「水管又はガス管の本線の頂部と路面との距離が ア （工事実施上やむを得ない場合にあっては イ ）を超えていること」と規定されている。しかし、他の埋設物との交差の関係等で、土被りを標準又は規定値まで取れない場合は、 ウ と協議することとし、必要な防護措置を施す。

宅地内における給水管の埋設深さは、荷重、衝撃等を考慮して エ 以上を標準とする。

	ア	イ	ウ	エ
(1)	1.5m	0.9m	道路管理者	0.5m
(2)	1.2m	0.9m	水道事業者	0.5m
(3)	1.2m	0.6m	道路管理者	0.3m
(4)	1.5m	0.6m	水道事業者	0.3m
(5)	1.2m	0.9m	道路管理者	0.5m

02-12

サドル付分水栓穿孔の留意点である。

(1)　配水管がポリエチレンスリーブで被覆されている場合は、サドル付分水栓取付け位置の中心線より **20cm** 程度離れた両位置を **固定用ゴムバンド等により固定** してから、**中心線に沿って切り開き、固定した位置まで折り返し、配水管の管肌をあらわす**。適当な記述である。

(2)　サドル付分水栓の **ボルトナットの締め付け** は、全体に **均一** になるように行う。適当な記述である。

(3)　サドル付分水栓の頂部のキャップを取り外し、弁（ボール弁又はコック）の動作を確認してから **弁を** **全開** にする。不適当な記述である。 **よく出る**

(4)　サドル付分水栓の頂部に穿孔機を静かに載せ、サドル付分水栓と一体となるように固定する。適当な記述である。

(5)　穿孔作業は、刃先が管面に接するまでハンドルを静かに回転させ、穿孔を開始する。**最初はドリルの芯がずれないようにゆっくりとドリルを下げる**。適当な記述である。

したがって、不適当なものは(3)である。　　　　　　　　　　　□ **正解(3)**

> 要点：穿孔が終わったら，ハンドルを逆回転してスピンドルを最上部まで引き上げる。

02-13

給水管の埋設深さと占用位置に関する問題である。

道路法施行令第11条の3第1項第2号ロでは、**埋設深さ** について「水管又はガス管の本線の **頂部と路面との距離** が **1.2m** （工事実施上やむを得ない場合にあっては **0.6m** ）を超えていること」と規定されている。しかし、他の埋設物との交差の関係等で、**土被りを標準又は規定値まで取れない場合** は、**道路管理者** と協議することとし、必要な防護措置を施す。 **よく出る**

宅地内 における給水管の埋設深さは、荷重、衝撃等を考慮して **0.3m** 以上を標準とする。

したがって、適当な語句組み合わせは(3)である。　　　　　　　□ **正解(3)**

> 要点：浅層埋設がされる場合の歩道における管路の頂部と路面との距離は，0.5m 以下としない。

215

02-14　給水管の明示に関する次の記述のうち、不適当なものはどれか。

難易度 ★★

(1) 道路部分に布設する口径75mm以上の給水管に明示テープを設置する場合は、明示テープに埋設物の名称、管理者、埋設年度を表示しなければならない。

(2) 宅地部分に布設する給水管の位置については、維持管理上必要がある場合には、明示杭等によりその位置を明示することが望ましい。

(3) 掘削機械による埋設物の毀損事故を防止するため、道路内に埋設する際は水道事業者の指示により、指定された仕様の明示シートを指示された位置に設置する。

(4) 水道事業者によっては、管の天端部に連続して明示テープを設置することを義務付けている場合がある。

(5) 明示テープの色は、水道管は青色、ガス管は黄色、下水道館は緑色とされている。

02-15　水道メーターの設置に関する次の記述の正誤の組み合わせのうち、適当なものはどれか。

難易度 ★★★

ア　水道メーターの呼び径が13～40mmの場合は、金属製、プラスチック製又はコンクリート製等のメーターボックス（ます）とする。

イ　メーターボックス（ます）及びメーター室は、水道メーター取替え作業が容易にできる大きさとし、交換作業の支障となるため、止水栓は設置してはならない。

ウ　水道メーターの設置に当っては、メーターに表示されている流水方向の矢印を確認した上で水平に取り付ける。

エ　新築の集合住宅等の各戸のメーターの設置には、メーターバイパスユニットを使用する建物が多くなっている。

	ア	イ	ウ	エ
(1)	誤	正	誤	正
(2)	正	誤	正	誤
(3)	誤	誤	正	誤
(4)	正	正	誤	正
(5)	正	誤	正	正

02-14 出題頻度 `05-13` `04-13` `28-13` `25-14` `24-19` `23-12`　　重要度 ★★★
　　　　　　　　　　　　　　　　　　　　　　　　　　　　　　　　　text. P.99 ～ 101

給水管の明示に関する問題である。

(1) 道路部分に布設する**口径 75 mm 以上**の給水管には、**明示テープ**、明示シート等により管を明示する。明示テープには、**埋設物名称**、**管理者**、**埋設年度を表示**しなければならない（道路則 4 条の 3 第 2 項）。適当な記述である。

(2) **宅地部分**に布設する給水管の位置については、維持管理上必要がある場合には、**明示杭**等によりその位置を明示することが望ましい。適当な記述である。

(3) 道路掘削工事の際、掘削機械による埋設物毀損事故防止のため、給水管埋設工事では、**水道事業者の指示により、指定された仕様の明示シートを指示された位置に設置しなければならない**。適当な記述である。

(4) 水道事業者によっては、**管の天端部に連続して明示テープを設置することを義務付けている**場合がある。

(5) テープの色は、水道管は青色、工業用水管は白色、**ガス管は** 緑色 、**下水道管は** 茶色 、電話線は赤色、電力線はオレンジ色とされており、その他道路管理者が指定した地下埋設物については、その都度定めることになっている。不適当な記述である。 **よく出る**

したがって、不適当なものは(5)である。　　　　　　　　　　　　　□**正解(5)**

要点：宅地部分の引き込み位置の明示は，用地境界杭を基点に，分岐位置，止水用具，管末位置のオフセット図を作成し，工事完了図等に記録しておく。

02-15 出題頻度 `05-14` `04-14` `03-14` `01-17` `30-15` `28-15`　　重要度 ★★★★
　　　　　　　　　　　`26-14` `24-12` `23-13`　　　　　　　　　　text. P.90 ～ 92

メーターの設置に関する問題である。

ア　水道メーターの呼び径が **13 ～ 40㎜**の場合は、**金属製、プラスチック製又はコンクリート製**等のメーターボックス（ます）とする。正しい記述である。

よく出る

イ　メーターボックス（ます）及びメーター室は、検針が容易にできる構造とし、メーターの取替え作業が容易にできる大きさとする。メーター用**止水栓等が収容できる**ことが望ましい。誤った記述である。

ウ　水道メーターの設置に当っては、メーターに表示されている**流水方向の矢印を確認した上で水平に取り付ける**。。適当な記述である。

エ　新築の集合住宅等の各戸メーターの設置には、メーターの取替時に着脱を容易にするため、メーターユニット を使用する建物が多くなっている。**メーターバイパスユニット**は、メーター取り替え時の断水を回避するために設置する。誤った記述である。

したがって、適当な組み合わせは(2)である。 **よく出る**　　　　□**正解(2)**

要点：埋設用メーターユニットは，検定満期取替え時の漏水事故防止や取替え時間の短縮のため開発されたもので，止水栓，逆止弁，メーター脱着機能等で構成される。

check □□□

02-16 　給水装置の異常現象に関する次の記述のうち、不適当なものはどれか。

難易度 ★★★

(1) 既設給水管に亜鉛メッキ鋼管が使用されていると、内部に赤錆が発生しやすく、年月を経るとともに給水管断面が小さくなるので出水不良を起こすおそれがある。

(2) 水道水が赤褐色になる場合は、水道管内の錆が剥離・流出したものである。

(3) 配水管の工事等により断水すると、通水の際スケール等が水道メーターのストレーナに付着し出水不良となることがあるので、この場合はストレーナを清掃する。

(4) 配水管工事の際に水道水に砂や鉄粉が混入した場合、給水用具を損傷することもあるので、まず給水管を取り外して、管内からこれらを除去する。

(5) 水道水から黒色の微細片が出る場合、止水栓や給水栓に使われているパッキンのゴムやフレキシブル管の内層部の樹脂等が劣化し、栓の開閉を行なった際に細かく砕けて出てくるのが原因だと考えられる。

02-17 　配管工事の留意点に関する次の記述のうち、不適当なものはどれか。

難易度 ★

(1) 地階あるいは2階以上に配管する場合は、原則として各階ごとに逆止弁を設置する。

(2) 行き止まり配管の先端部、水路の上越し部、鳥居配管となっている箇所等のうち、空気溜まりを生じるおそれがある場所などで空気弁を設置する。

(3) 給水管を他の埋設管に近接して布設すると、漏水によるサンドブラスト（サンドエロージョン）現象により他の埋設管に損傷を与えるおそれがあることなどのため、原則として30cm以上離隔を確保し配管する。

(4) 高水圧を生じるおそれのある場所には、減圧弁を設置する。

(5) 宅地内の配管は、できるだけ直線配管とする。

02-16
出題頻度 **03-18** , **01-18** , **28-14** , **25-16**　　重要度 ★★
text. P.107～110

給水装置の異常現象の問題である。

(1) **管内に錆が付着した場合**：既設給水管に**亜鉛メッキ鋼管**等を使用していると内部に**赤錆**が発生しやすく、年月を経るとともに給水管断面が小さくなるので出水不良を起こす。この場合は**適正な口径に改造**する必要がある。適当な記述である。

(2) **赤褐色・黒褐色の場合**：**鋳鉄管の錆**が流速や流水の方向変化等により流出したもので、**一定時間排水すれば回復する**。適当な記述である。

(3) **水道メーターのストレーナにスケールが付着した場合**：配水管の工事等により断水すると、通水の際の水圧により**スケール**等が水道メーターのストレーナに付着し、出水不良となることがある。この場合、**ストレーナを清掃**する。適当な記述である。

(4) **水道水に砂・鉄粉等が混入している場合**：配水管や給水装置の工事の際に混入したものであることが多く、給水用具を損傷することもあるので**水道メーターを取外**して、管内から除去する。不適当な記述である。**よく出る**

(5) **黒色・白色・緑色の微細片が出る場合**：止水栓、給水栓に使われているパッキンやゴムや**フレキシブル管**（**継手**）の内層部の樹脂等が劣化し、栓の開閉の際、細かく砕けて出てくることがある。適当な記述である。

したがって、不適当なものは(4)である。　　□**正解(4)**

要点：水道メーターの下流側から末端給水用具までの間の維持管理は**すべて需要者の責任**である。

02-17
出題頻度 **05-16** , **04-17** , **03-16** , **01-14** , **30-18** , **29-12** , **29-18** , **29-19** , **28-18** , **27-19**　　重要度 ★★★
text. P.88～89,98

配管工事の留意点に関する問題である。

(1) 地階又は2階以上に配管する場合は、原則として**各階ごとに止水栓を設置**する。不適当な記述である。

(2) **空気溜り**を生じるおそれのある箇所（**水路の上越し部**、**行き止まり配管の先端部**、**鳥居配管**となっている箇所）にあっては**空気弁**を設置する。適当な記述である。

(3) **サンドブラスト現象**を未然に防止するとともに修復作業を考慮して、給水管を他の企業埋設管より原則として**30cm**以上離隔を確保し、配管する。適当な記述である。

(4) **高水圧**を生じるおそれのある場所（**水撃作用**が生じるおそれのある箇所、配水管の位置に対して**著しく低い箇所**にある給水装置、**直結増圧式給水による低層階部**）には**減圧弁**を設ける。適当な記述である。**よく出る**

(5) 宅地内配管は、将来の取替え、漏水修理等の維持管理を考慮し、できるだけ**直線配管**とする。適当な記述である。

したがって、不適当なものは(1)である。　　□**正解(1)**

要点：地階又は2階以上に配管する場合は，修理や改造工事に備えて，**各階ごとに止水栓を設置**する。

02-18 難易度 ★ 消防法の適用を受けるスプリンクラーに関する次の記述のうち、不適当なものはどれか。

(1) 水道直結式スプリンクラー設備の工事は、水道法に定める給水装置工事として指定給水装置工事事業者が施工する。

(2) 災害その他正当な理由によって、一時的な断水や水圧低下等による水道直結式スプリンクラー設備の性能が十分発揮されない状況が生じても水道事業者に責任がない。

(3) 湿式配管による水道直結式スプリンクラー設備は、停滞水が生じないよう日常生活において常時使用する水洗便器や台所水栓等の末端給水栓までの配管途中に設置する。

(4) 乾式配管による水道直結式スプリンクラー設備は、給水管の分岐から電動弁までの間の停滞水ができるだけ少なくするため、給水管分岐部と電動弁との間を短くすることが望ましい。

(5) 水道直結式スプリンクラー設備の設置に当たり、分岐する配水管からスプリンクラーヘッドまでの水理計算及び給水管、給水用具の選定は、給水装置工事主任技術者が行う。

02-19 難易度 ★ 給水管の配管工事に関する次の記述のうち、不適当なものはどれか。

(1) 水道用ポリエチレン二層管（1 種管）の曲げ半径は、管の外径の 25 倍以上とする。

(2) 水道配水用ポリエチレン管の曲げ半径は、長尺管の場合には外径の 30 倍以上、5m 管と継手を組み合わせて施工の場合には外径の 75 倍以上とする。

(3) ステンレス鋼鋼管を曲げて配管するとき、継手の挿し込み寸法等を考慮して、曲がりの始点又は終点からそれぞれ 10cm 以上の直管部分を確保する。

(4) ステンレス鋼鋼管を曲げて配管するときの曲げ半径は、管軸線上において、呼び径の 10 倍以上とする。

02-18

出題頻度　05-15，04-15，03-19，01-19，30-19，29-14，27-16　重要度　★★★★　text.　P.92〜93

「水道直結式スプリンクラー設備」に関する問題である。

(1)　水道直結式スプリンクラー設備の工事は、水道法に定める給水装置工事として**指定給水装置工事事業者**が施工する。適当な記述である。

(2)　災害その他正当な理由によって、**一時的な断水**や**水圧低下**等による水道直結式スプリンクラー設備の性能が十分発揮されない状況が生じても**水道事業者に責任がない**。適当な記述である。　**よく出る**

(3)　停滞水を発生させない配管方法として、湿式配管と乾式配管があるが、**湿式配管**による水道直結式スプリンクラー設備は、停滞水が生じないよう日常生活において常時使用する水洗便器や台所水栓等の**末端給水栓までの配管途中**に設置する。適当な記述である。

(4)　一方、乾式配管による水道直結式スプリンクラー設備は、給水管の分岐から電動弁までの間の停滞水をできるだけ少なくするため、**給水管分岐部と電動弁との間を短くする**ことが望ましい。適当な記述である。　**よく出る**

(5)　水道直結式スプリンクラー設備の設置に当たり、分岐する配水管からスプリンクラーヘッドまでの**水理計算**及び**給水管**、**給水用具の選定**は、**消防設備士**が行う。不適当な記述である。

したがって、不適当なものは(5)である。　　　　　　　　　　□**正解(5)**

> 要点：水道直結式スプリンクラー設備は水道法の適用を受ける。

02-19

出題頻度　04-17，01-15，30-18，29-19　重要度　★★★　text.　P.74〜80

配管工事に関する問題である。

(1)　PP（1種管）の曲げ半径は、日本ポリエチレンパイプシステム協会規格で管外径の「**25倍以上**」としているが、日本産業規格では管外径の「**20倍以上**」としている。これらのことから、2規格とも間違いとは言えない。解なし。

(2)　**水道配水用ポリエチレン管**の曲げ半径は、**長尺管**の場合には外径の**30倍以上**、**5m管と継手を組み合わせて施工の場合**には外径の**75倍以上**とする。適当な記述である。　**よく出る**

(3)　**ステンレス鋼鋼管**を曲げて配管するとき、継手の挿し込み寸法等を考慮して、曲がりの始点又は終点からそれぞれ**10cm**以上の**直管部分**を確保する。適当な記述である。

(4)　ステンレス鋼鋼管を曲げて配管するときの曲げ半径は、管軸線上において、**呼び径の4倍**以上とする。不適当な記述である。

したがって、不適当なものは(4)である。　　　　　　　　　　□**正解(4)**

※試験では、この設問に対して不備として、解答の全てを正解として扱った。

> 要点：ステンレス鋼鋼管の曲げ加工は，ベンダによって行い，加熱による**焼き曲げ加工は行わない**。

4. 給水装置の構造及び性能

02-20 難易度 ★★

水道法第 17 条（給水装置の検査）の次の記述において □ 内に入る語句の組み合わせのうち、正しいものはどれか。

水道事業者は、 ア 、その職員をして、当該水道によって水の供給を受ける者の土地又は建物に立ち入り、給水装置を検査させることができる。ただし、人の看取し、若しくは人の住居に使用する建物又は イ に立ち入るときは、その看取者、居住者又は ウ の同意を得なければならない。

	ア	イ	ウ
(1)	年末年始以外に限り	閉鎖された門内	土地又は建物の所有者
(2)	日出後日没前に限り	施錠された門内	土地又は建物の所有者
(3)	年末年始以外に限り	施錠された門内	これらに代るべき者
(4)	日出後日没前に限り	閉鎖された門内	これらに代るべき者

02-21 難易度 ★★★

給水装置の構造及び材質の基準に関する次の記述のうち、不適当なものはどれか。

(1) 最終の止水機構の流出側に設置される給水用具は、高水圧が加わらないことなどから耐圧性能基準の適用対象から除外されている。

(2) パッキンを水圧で圧縮することにより水密性を確保する構造の給水用具は、耐圧性能試験により 0.74 メガパスカルの静水圧を 1 分間加えて異常がないこととされている。

(3) 給水装置は、厚生労働大臣が定める耐圧に関する試験により 1.75 メガパスカルの静水圧を 1 分間加えたとき、水漏れ、変形、破損その他の異常を生じさせないこととされている。

(4) 家屋の主配管は、配管の経路について構造物の下の通過を避けること等により漏水時の修理を容易に行うことができるようにしなければならない。

02-20

出題頻度 **30- 6**, **28- 5**, **26- 6**　　　　重要度　★★★
text.　P.39

給水装置の検査（法17条）の検査についての問題である。

水道事業者は、| 日出後日没前に限り |、その職員をして、当該水道によって水の供給を受ける者の土地又は建物に立ち入り、**給水装置を検査**させることができる。ただし、人の看取し、若しくは人の住居に使用する建物又は | 閉鎖された門内 | に立ち入るときは、その看取者、居住者又は | これらに代わるべき者 | の**同意**を得なければならない。

したがって、適当な語句の組み合わせは(4)である。　　　　　　　　□**正解(4)**

> 要点：立入り検査は，給水装置の構造材質基準適合の検査として重要である。

02-21

出題頻度 **05- 17**, **03- 15**, **01- 21**, **30- 20**, **27- 23**, **25- 23**, **24- 25**　　　　重要度　★★★★
text.　P.112～115

耐圧性能基準に関する問題である。

(1)　**最終の止水機構の流出側に設置される給水用具**は、高水圧が加わらないことなどから**耐圧性能基準の適用対象から除外**されている（省令1条1項）。適当な記述である。

(2)　パッキンを水圧で圧縮することにより水密性を確保する構造の給水用具は、| 1.75MPa | の静水圧を1分間加えたとき、水漏れ、変形、破損その他の異常を生じない性能を有するとともに、| 20kPa | の静水圧を1分間加えたとき、水漏れ、変形、破損その他の異常を生じないこと（同条1項④号）。不適当な記述である。

(3)　**給水装置**は、厚生労働大臣が定める**耐圧に関する試験**により **1.75MPa** の静水圧を1分間加えたとき、水漏れ、変形、破損その他の異常を生じさせないこととされている（同条1項）。適当な記述である。

(4)　**家屋の主配管**は、配管の経路について**構造物の下の通過を避けること**等により漏水時の修理を容易に行うことができるようにしなければならない（同条3項）。適当な記述である。

したがって、不適当なものは(2)である。　　　　　　　　　　□**正解(2)**

> 要点：大気圧式バキュームブレーカ，シャワーヘッド等は高水圧が加わらないことから，耐圧性能基準の適用対象外としている。

02-22
難易度 ★★★

配管工事後の耐圧試験に関する次の記述のうち、不適当なものはどれか。

(1) 配管工事後の耐圧試験の水圧は、水道事業者が給水区域内の実情を考慮し、定めることができる。

(2) 給水装置の接合箇所は、水圧に対する充分な耐力を確保するためにその構造及び材質に応じた適切な接合が行われているものでなければならない。

(3) 水道用ポリエチレン二層管、水道給水用ポリエチレン管、架橋ポリエチレン管、ポリブテン管の配管工事後の耐圧試験を実施する際は、管が膨張し圧力が低下することに注意しなければならない。

(4) 配管工事後の耐圧試験を実施する際は、分水栓、止水栓等止水機構のある給水用具の弁はすべて「閉」状態で実施する。

(5) 配管工事後の耐圧試験を実施する際は、加圧圧力や加圧時間を適切な大きさ、長さにしなくてはならない。過大にすると柔軟性のある合成樹脂管や分水栓等の給水用具を損傷するおそれがある。

02-23
難易度 ★★★

給水装置の浸出性能基準に関する次の記述の正誤の組み合わせのうち、適当なものはどれか。

ア 浸出性能基準は、給水装置から金属等が浸出し、飲用に供される水が汚染されることを防止するためのものである。

イ 金属材料の浸出性能試験は、最終製品で行う器具試験のほか、部品試験や材料試験も選択することができる。

ウ 浸出性能基準の適用対象外の給水用具の例として、ふろ用の水栓、洗浄便座、ふろ給湯専用の給湯機があげられる。

エ 営業用として使用される製氷機は、給水管と接続口から給水用具内の水受け部への吐水口までの間の部分について評価を行えばよい。

	ア	イ	ウ	エ
(1)	正	正	誤	正
(2)	正	誤	正	正
(3)	誤	誤	誤	正
(4)	正	正	正	誤
(5)	誤	正	誤	誤

02-22

出題頻度　**29-24**，**27-23**，**26-26**，**25-23**　　　重要度　★★
text.　P.115 〜 116

配管工事後の耐圧試験に関する問題である。

(1)　配管工事後の耐圧性能に関しては、省令 1 条 2 項の規定はあるが、**定量的な基準はないので、水道事業者が給水区域内の実情を考慮し、試験水圧を定めることができる。** 適当な記述である。 **よく出る**

(2)　給水装置の接合箇所は、水圧に対する充分な耐力を確保するためにその構造及び材質に応じた**適切な接合**が行われているものでなければならない（省令 1 条 2 項）。適当な記述である。

(3)　新設工事における耐圧試験 **1.75MPa**1 分間の場合、柔軟性のある水道用ポリエチレン二層管、水道給水用ポリエチレン管、架橋ポリエチレン管、ポリブテン管においては、水圧が加わると**管が膨張し圧力が低下する**ので注意する。適当な記述である。

(4)　**止水栓**や**分水栓**の耐圧性能は、**弁**を「**開**」状態にしたときの性能であって、**止水性能を確保する試験ではない**。不適当な記述である。 **よく出る**

(5)　給水管の布設後に耐圧試験を行う際には、**加圧圧力や加圧時間を適切な大きさ・長さにする**必要がある。過大にすると柔軟性のある合成樹脂管や分水栓等の給水用具を損傷するおそれがあるためである。適当な記述である。 **よく出る**

したがって、不適当なものは(4)である。　　　　　　　　　　　　□**正解(4)**

> 要点：新設工事の場合は，適正な施工の観点から試験水圧 1.75MPa を 1 分間保持する水圧検査を実施することが望ましい。

02-23

出題頻度　**04-21**，**30-25**，**29-21**，**28-26**，**26-20**　　　重要度　★
text.　P.118 〜 120

浸出性能基準に関する問題である。

ア　浸出性能基準は、**給水装置から金属等が浸出し、飲用に供される水が汚染されることを防止**するためのものである。正しい記述である。

イ　浸出性能試験としては、**最終製品で行う器具試験の他、部品試験や材料試験も**選択することができるが、**金属材料については、材料試験を行うことができない**。金属の場合、最終試験と同じ材質の材料を用いても、表面加工方法、冷却方法が異なると金属等の浸出量が大きく異なるとされる。誤った記述である。

ウ　本基準の**適用対象外**の器具例としては、末端給水用具である①風呂用、洗髪用、食器洗浄用の水栓、②洗浄弁、洗浄便座、散水栓、③水栓便所のロータンク用ボールタップ、④風呂給湯用の給湯器及びふろ釜、⑤食器洗い機が挙げられる。正しい記述である。

エ　自動販売機や**製氷機**については、水道水として飲用されることはなく、通常は営業用として使われており、吐水口以降については食品衛生法に基づく規制が行われていること等から、**給水管との接続口から給水用具内の水受け部への吐水口までの間の部分について評価すれば良い**。正しい記述である。 **よく出る**

したがって、適当な組み合わせは(2)である。　　　　　　　　　□**正解(2)**

> 要点：浸出性能基準の適用対象は，通常の使用状態において，飲用に供する水が接触する可能性のある給水管・給水用具に限定される。

02-24　難易度 ★

水撃作用の防止に関する次の記述の正誤の組み合わせのうち、適当なものはどれか。

ア　水撃作用の発生により、給水管に振動や異常音がおこり，頻繁に発生すると管の破損や継手の緩みが生じ、漏水の原因ともなる。

イ　空気が抜けにくい鳥居配管がある管路は水撃作用が発生するおそれがある。

ウ　水撃作用の発生のおそれのある箇所には、その直後に水撃防止器具を設置する。

エ　水槽にボールタップで給水する場合は、必要に応じて波立ち防止板などを設置することが水撃作用の防止に有効である。

	ア	イ	ウ	エ
(1)	正	誤	誤	正
(2)	正	正	誤	正
(3)	誤	正	正	誤
(4)	誤	誤	正	誤
(5)	正	誤	正	正

02-25　難易度 ★★

給水装置の逆流防止に関する次の記述のうち、不適当なものはどれか。

(1)　水が逆流するおそれのある場所に、給水装置の構造及び材質の基準に関する省令に適合したバキュームブレーカを設置する場合は、水受け容器の越流面の上方 150mm以上の位置に設置する。

(2)　吐水口を有する給水装置から浴槽に給水する場合は、越流面からの吐水口空間は 50mm以上を確保する。

(3)　吐水口を有する給水装置からプール等の波立ちやすい水槽に給水する場合は、越流面からの吐水口空間は 100mm以上を確保する。

(4)　逆止弁は、逆圧により逆止弁の二次側の水が一次側に逆流するのを防止する給水用具である。

02-24　出題頻度 `04-25` `28-21` `27-23`　　重要度 ★★★　text. P.125

水撃防止に関する問題である。

ア　水撃作用の発生により、給水管に振動や異常音がおこり、頻繁に発生すると管の**破損や継手の緩みが生じ、漏水の原因**ともなる。正しい記述である。

イ　空気が抜けにくい**鳥居配管**等がある管路等、作業状況によりウォーターハンマーが生じるおそれがある。正しい記述である。

ウ　ウォーターハンマーが発生するおそれのある箇所には、その **手前** に近接して**水撃防止器**を設置する。誤った記述である。**よく出る**

エ　水槽にボールタップで給水する場合は、必要に応じて**波立ち防止板**などを設置する。正しい記述である。**よく出る**

したがって、適当な　組み合わせは(2)である。　　　　　□**正解(2)**

要点：水圧が高い場合は，**減圧弁・定流量弁**等を設置し給水圧又は流速を下げる。

02-25　出題頻度 `01-27` `30-28` `28-27` `27-20` `26-27`　　重要度 ★★★　text. P.131 ～ 134,267

逆流防止に関する問題である。

(1)　**逆流防止性能**または**負圧破壊性能**を有する給水用具を水の逆流を防止することができる適切な位置（負圧破壊性能を有するバキュームブレーカにあっては、水受け容器の越流面の上方 **150mm以上** の位置）に設置する（省令5条1項①号）。適当な記述である。

(2)　**浴槽**に給水する場合は越流面から吐水口空間は **50mm以上** を確保する。適当な記述である。

(3)　**プール**等の水面が特に波立やすい水槽並びに事業活動に伴い薬品を入れる槽並びに容器に給水する場合には、越流面からの吐水口空間は **200mm以上** を確保する。不適当な記述である。**よく出る**

(4)　逆止弁は、逆圧により逆止弁の**二次側の水が一次側に逆流するのを防止する**給水用具である。ばね式、リフト式、スイング式等の逆止弁がある。適当な記述である。

したがって、不適当なものは(3)である。　　　　　□**正解(3)**

要点：水を汚染するおそれのある**有毒物**等を取り扱う場所に給水する給水装置にあっては，**一般家庭よりも厳しい逆流防止措置**を講じる（給水方式を受水槽式とする。）。

02-26

難易度 ★★

寒冷地における**凍結防止対策**として設置する水抜き用の給水用具の設置に関する次の記述のうち、不適当なものはどれか。

(1) 水抜き用の給水用具は水道メーターの上流側に設置する。

(2) 水抜き用の給水用具の排水口付近には、水抜き用浸透ますの設置又は切込砂利等により埋戻し、排水を容易にする。

(3) 汚水ます等に直接接続せず、間接排水とする。

(4) 水抜き用の給水用具以降の配管は、できるだけ鳥居配管やU字形の配管を避ける。

(5) 水抜き用の給水用具以降の配管が長い場合には、取外し可能なユニオン、フランジ等を適切な箇所に設置する。

02-27

難易度 ★

給水装置の**耐寒に関する基準**に関する次の記述において、□内に入る数値の組み合わせのうち、正しいものはどれか。

　屋外で気温が著しく低下しやすい場所その他凍結のおそれのある場所に設置されている給水用具のうち、減圧弁、逃し弁、逆止弁、空気弁及び電磁弁にあっては、厚生労働大臣が定める耐久に関する試験により ア 万回の開閉操作を繰り返し、かつ、厚生労働大臣が定める耐寒に関する試験により イ 度プラスマイナス ウ 度の温度で エ 時間保持した後通水したとき、当該給水装置に係る耐圧性能、水撃限界性能、逆流防止性能及び負圧破壊性能を有するものでなければならないとされている。

	ア	イ	ウ	エ
(1)	1	0	5	1
(2)	1	− 20	2	2
(3)	10	− 20	2	1
(4)	10	0	2	2
(5)	10	0	5	1

02-26

出題頻度 `04-28` , `01-28` , `30-29` , `28-29` , `27-22` , `25-30`　　重要度 ★★★

text. P.139

水抜き用給水用具の設置に関する問題である。

(1) 水抜き用の給水用具は、**水道メーターの 下流側** で屋内立ち上がり管の間に設置する。不適当な記述である。 **よく出る**

(2) 水抜き用の給水用具の排水口付近には、**水抜き用浸透ます**の設置又は**切込砂利**等により埋戻し、排水を容易にする。適当な記述である。

(3) 汚水ます等に直接接続せず、**間接排水** とする。適当な記述である。

(4) 給水用具への配管は、できるだけ**鳥居配管**や **U 字形の配管は避け**、水抜栓から**先上がりの配管**とする。適当な記述である。

(5) 水抜き用の給水用具以降の配管が長い場合には、取外し可能な**ユニオン、フランジ**等を適切な箇所に設置する。

したがって、不適当なものは(1)である。　　　　　　　　□**正解(1)**

要点：排水口は，凍結震度より深くする。。

02-27

出題頻度 `03-23` , `01-29` , `30-27` , `27-29` , `24-28`　　重要度 ★★★

text. P.135

耐寒性能基準に関する問題である。

屋外で気温が著しく低下しやすい場所その他凍結のおそれのある場所に設置されている給水用具のうち、**減圧弁、逃し弁、逆止弁、空気弁**及び**電磁弁**にあっては、厚生労働大臣が定める耐久に関する試験により **10** 万回の**開閉操作**を繰り返し、かつ、厚生労働大臣が定める耐寒に関する試験により **− 20** 度プラスマイナス **2** 度の温度で **1** 時間保持した後通水したとき、当該給水装置に係る**耐圧性能、水撃限界性能、逆流防止性能**及び**負圧破壊性能**を有するものでなければならないとされている。

したがって、適当な組み合わせは(3)である。　　　　　　　　□**正解(3)**

要点：耐寒性能基準は，寒冷地仕様の給水用具か否かの判断基準であり，凍結のおそれのある場所において設置される給水用具がすべてこの基準を満たしていなければならないわけではない。

---

check □□□

02-28

難易度 ★

飲用に供する**水の汚染防止**に関する次の記述の正誤の組み合わせのうち、適当なものはどれか。

ア　末端部が行き止まりとなる配管が生じたため、その末端部に排水機構を設置した。

イ　シアンを扱う施設に近接した場所であったため、ライニング鋼管を用いて配管した。

ウ　有機溶剤が浸透するおそれのある場所であったため、硬質ポリ塩化ビニル管を使用した。

エ　配管接合用シール材又は接着剤は、これらの物質が水道水に混入し、油臭、薬品臭等が発生する場合があるので、必要最小限の量を使用した。

	ア	イ	ウ	エ
(1)	誤	誤	正	誤
(2)	誤	正	正	誤
(3)	正	誤	正	正
(4)	正	誤	誤	正
(5)	正	正	誤	正

02-29

難易度 ★★

クロスコネクションに関する次の記述の正誤の組み合わせのうち、適当なものはどれか。

ア　クロスコネクションは、水圧状況によって給水装置内に工業用水、排水、ガス等が逆流するとともに、配水管を経由して他の需要者にまでその汚水が拡大する非常に危険な配管である。

イ　給水管と井戸水配管の間に逆流を防止するための逆止弁を設置すれば直接連結してもよい。

ウ　給水装置と受水槽以下の配管との接続はクロスコネクションではない。

エ　一時的な仮設であれば、給水装置とそれ以外の水管を直接連結することができる。

	ア	イ	ウ	エ
(1)	正	誤	誤	正
(2)	誤	正	正	正
(3)	正	誤	正	誤
(4)	誤	正	正	誤
(5)	正	誤	誤	誤

02-28 出題頻度 `04-24` `03-25` `01-26` `30-22` `29 25` `28-23` `25-25`　　重要度 ★★★
　　text. P.122〜123

水の汚染防止に関する問題である。

ア　末端部が**行き止まりの給水装置**で、構造上やむを得ず行き止まり管となる場合の対処として、末端部に**排水機構**を設置する方法がある。正しい記述である。

イ　給水管路の途中に**有毒薬品置場**、有害物の取扱場、汚水槽等の**汚染源**がある場合は、給水管等が破損した際に有害物や汚物が水道水に混入するおそれがあるので、その 影響のないところまで離して配管する 。誤った記述である。**よく出る**

ウ　合成樹脂管は、有機溶剤に侵されやすいので、このような箇所には使用しない。やむを得ず使用する場合は、さや管 等で防護措置を施す。誤った記述である。**よく出る**

エ　配管接合用シール材又は接着剤等は、使用量が不適当な場合、これらの物質が水道水に混入し、油臭、薬品臭等が発生する場合があるので**必要最小限の材料使用する**。正しい記述である。

したがって、適当な組み合わせは(4)である。　　　　　　　　□**正解(4)**

> 要点：鉛製給水管が使用されている場合は，布設替えを行う。

02-29 出題頻度 `05-26` `04-26` `03-24` `01-25` `30-21` `29-27` `27-26` `27-47`　　重要度 ★★★★
　　text. P.150

クロスコネクションに関する問題である。

ア　クロスコネクションは、**水圧状況**によって給水装置内に工業用水、排水、ガス等が逆流するとともに、配水管を経由して他の需要者にまでその汚水が拡大する非常に危険な配管である。正しい記述である。

イ、エ　給水装置と当該給水装置以外の水管、その他の設備とは、**仕切弁や逆止弁が介在**しても、また、**一時的な仮設**であっても、これを直接連結することは絶対に行ってはならない。イ、エともに誤った記述である。**よく出る**

ウ　クロスコネクションの多くは、井戸水、工業用水、**受水槽以下の配管**及び事業活動で用いられている液体の管と接続した配管である。誤った記述である。**よく出る**

したがって、適当な組み合わせは(5)である。　　　　　　　　□**正解(5)**

> 要点：当該給水装置以外の水管その他の設備に直接連結されないこと（基準省令5条1項⑥号）。

7

7

5. 給水装置計画論

02-30 難易度 ★★
給水装置工事の**基本計画**に関する次の記述の正誤の組み合わせのうち、適当なものはどれか。

ア 給水装置の基本計画は、基本調査、給水方式の決定、計画使用水量及び給水管口径等の決定からなっており、極めて重要である。

イ 給水装置工事の依頼を受けた場合は、現場の状況を把握するために必要な調査を行う。

ウ 基本調査のうち、下水道管、ガス管、電気ケーブル、電話ケーブルの口径、布設位置については、水道事業者への確認が必要である。

エ 基本調査は、計画・施工の基礎となるものであり、調査の結果は計画の策定、施工、さらには給水装置の機能にも影響する重要な作業である。

	ア	イ	ウ	エ
(1)	誤	正	正	誤
(2)	正	誤	誤	正
(3)	正	正	誤	正
(4)	正	正	誤	誤
(5)	誤	誤	正	正

02-31 難易度 ★
給水方式の決定に関する次の記述のうち、不適当なものはどれか。

(1) 直結直圧式の範囲拡大の取り組みとして水道事業者は、現場における配水管からの水圧等の供給能力及び配水管の整備計画と整合させ、逐次その対象範囲の拡大を図っており、5階を超える建物をその対象としている水道事業者もある。

(2) 圧力水槽式は、小規模の中層建物に多く使用されている方式で、受水槽を設置せずにポンプで圧力水槽に貯え、その内部圧力によって給水する方式である。

(3) 直結増圧式による各戸への給水方法として、給水栓まで直結給水する直送式と、高所に置かれた受水槽に一旦給水し、そこから給水栓まで自然流下させる高置水槽式がある。

(4) 直結・受水槽併用式は、一つの建物内で直結式及び受水槽式の両方の給水方式を併用するものである。

(5) 直結給水方式は、配水管から需要者の設置した給水装置の末端まで有圧で直接給水する方式で、水質管理がなされた安全な水を需要者に直接供給することができる。

02-30

給水装置工事の基本計画に関する問題である。

ア 給水装置の**基本計画**は、**基本調査、給水方式の決定、計画使用水量及び給水管口径**等の**決定**からなっており、極めて重要である。正しい記述である。

イ 給水装置工事の依頼を受けた場合は、現場の状況を把握するために必要な調査を行う。正しい記述である。

ウ 調査項目の各種埋設物（水道・下水道・ガス・電気・電話等の口径、布設位置）については、埋設物管理者への確認が必要である。誤った記述である。**よく出る**

エ **基本調査**は、**計画・施工の基礎となるもの**であり、調査の結果は計画の策定、施工、さらには給水装置の機能にも影響する重要な作業である。正しい記述である。

したがって、適当な組み合わせは(3)である。 □**正解(3)**

> 要点：基本調査は場所により，①工事申込者に，②水道事業者に，③現地調査により確認するものがある。

02-31

給水方式の決定に関する問題である。

(1) **直結直圧式**の範囲拡大の取り組みとして水道事業者は、現場における配水管から水圧等の供給能力及び配水管の整備計画と整合させ、逐次その対象範囲の拡大を図っており、**5階を超える建物**をその対象としている水道事業者もある。適当な記述である。

(2) 受水槽式給水のうち、**圧力水槽式**は、小規模の中層建物に多く使用されている方式で、**受水槽に入水したのち、ポンプで圧力水槽に貯え、その内部圧力によって給水する方式**である。不適当な記述である。**よく出る**

(3) **直結増圧式**による各戸への給水方法として、給水栓まで直結給水する**直送式**と、高所に置かれた受水槽に一旦給水し、そこから給水栓まで自然流下させる**高置水槽式**がある。適当な記述である。

(4) 直結・受水槽併用式は、**一つの建物内で直結式及び受水槽式の両方の給水方式を併用**するものである。適当な記述である。

(5) **直結給水方式**は、配水管から需要者の設置した給水装置の**末端まで有圧**で直接給水する方式で、水質管理がなされた安全な水を需要者に直接供給することができる。適当な記述である。

したがって、不適当なものは(2)である。 □**正解(2)**

> 要点：直結加圧形ポンプユニットは，口径**20mm〜75mm**までが日本水道協会で規格化されている。

02-32
難易度 ★★

給水方式における**直結式**に関する次の記述のうち、不適当なものはどれか。

(1) 当該水道事業者の直結給水システムの基準に従い、同時使用水量の算定、給水管の口径決定、直結加圧形ポンプユニットの揚程の決定等を行う。

(2) 直結加圧形ポンプユニットは、算定した同時使用水量が給水装置に流れたとき、その末端最高位の給水用具に一定の余裕水頭を加えた高さまで水位を確保する能力を持たなければならない。

(3) 直結増圧式は、配水管が断水したときに給水装置からの逆圧が大きいことから直結加圧形ポンプユニットに近接して水抜き栓を設置しなければならない。

(4) 直結式給水は、配水管の水圧で直接給水する方式（直結直圧式）と、給水管の途中に直結加圧形ポンプユニットを設置して給水する方式（直結増圧式）がある。

02-33
難易度 ★★★

直結式給水による30戸の集合住宅での**同時使用水量**として、次のうち、最も適当なものはどれか。

ただし、同時使用水量は、標準化した同時使用水量により計算する方法によるものとし、1戸当たりの末端給水用具の個数と使用水量、同時使用率を考慮した末端給水用具数、並びに集合住宅の給水戸数と同時使用戸数率は、それぞれ**表-1**から**表-3**のとおりとする。

(1) 750L/分
(2) 780L/分
(3) 810L/分
(4) 840L/分
(5) 870L/分

表-1 1戸当たりの末端給水用具の個数と使用水量

給水用具	個数	使用水量（L/min）
台所流し	1	20
洗濯流し	1	20
洗面器	1	10
浴槽（和式）	1	30
大便器（洗浄タンク）	1	15
手洗器	1	5

表-2 末端給水用具数と同時使用水量比

総末端給水用具数	1	2	3	4	5	6	7	8	9	10	15	20	30
同時使用水量比	1.0	1.4	1.7	2.0	2.2	2.4	2.6	2.8	2.9	3.0	3.5	4.0	5.0

表-3 給水戸数と同時使用戸数率

戸数	1〜3	4〜10	11〜20	21〜30	31〜40	41〜60	61〜80	81〜100
同時使用戸数率（%）	100	90	80	70	65	60	55	50

02-32

出題頻度 **30- 32** , **28- 30** , **26- 30**

重要度 ★★
text. P.166 〜 167

直結給水システムに関する問題である。

⑴ 給水装置の計画・設計では、 **直結給水システムの基準**に従い、**同時使用水量の算定、給水管の口径決定、直結加圧形ポンプユニットの揚程の決定**等を行う。適当な記述である。

⑵ **直結加圧形ポンプユニット**は、算定した同時使用水量が給水装置に流れたとき、その**末端最高位の給水用具に一定の余裕水頭を加えた高さまで水位を確保する**能力を持たなければならない。適当な記述である。

⑶ **直結増圧式**は、配水管が断水したときに、給水装置からの逆圧が大きいことから直結加圧形ポンプユニットに近接して有効な **逆止弁** を設置すること。この逆止弁として、一般的には**減圧式逆流防止器**が用いられている。不適当な記述である。

よく出る

⑷ 直結式給水は、配水管の水圧で直接給水する方式（**直結直圧式**）と、給水管の途中に**直結加圧形ポンプユニット**を設置して給水する方式（**直結増圧式**）がある。
したがって、不適当なものは⑶である。　　　　　　　　　　　□**正解⑶**

要点：直結給水方式は，配水管から需要者の設置した**給水装置の末端まで有圧で直接給水する方式**で，水質管理がなされた安全な水を供給できるものである。

02-33

出題頻度 **05- 33** , **03- 33** , **01- 33** , **29- 33** , **27- 32** , **25- 34**

重要度 ★★★
text. P.187 〜 188

集合住宅の同時使用水量を計算する問題である。**よく出る**

① 表-1 より、一戸の同時使用水量（Q_1）を求める。
給水用具個数 **6 個**、使用水量の合計 **100L/min**
表-2 の**末端給水用具数**と**同時使用水量比**より **2.4** が得られる。
$Q_1 = \dfrac{100}{6} \times 2.4 = 40$（L/min）

② 次に 30 戸全体の使用水量（Q_{30}）を求める。
表-3 の**給水戸数**と**同時使用戸数率**より、戸数 21 〜 30 の同時使用戸数率は **70**（%）である。
$Q_{30} = 40\,(Q_1) \times 30\,(戸) \times \dfrac{70}{100} = 840$（L/min）
したがって、最も適当なものは⑷ である。　　　　　　　　　□**正解⑷**

要点：集合住宅等の同時使用水量は，一戸の平均的な同時使用水量を求め，全体戸数と同時使用戸数率より集合住宅の同時使用水量を求める方法である。

02-34
難易度 ★★★

図-1に示す管路において、**流速 V_2 の値**として、最も適当なものはどれか。

ただし、口径 $D_1 = 40$mm、口径 $D_2 = 25$mm、流速 $V_1 = 1.0$m/s とする。

(1) 1.6m/s
(2) 2.1m/s
(3) 2.6m/s
(4) 3.1m/s
(5) 3.6m/s

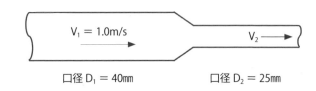

口径 $D_1 = 40$mm　　　　口径 $D_2 = 25$mm

図-1　管路図

02-35
難易度 ★★★

図-1に示す給水装置における B 点の**余裕水頭**として、次のうち、最も適当なものはどれか。

ただし、計算に当たっては、A ～ B 間の給水管の摩擦損失水頭、分水栓、甲形止水栓、水道メーター及び給水栓の損失水頭は考慮するが、曲がりによる損失水頭は考慮しないものとする。また、損失水頭等は、**図-2 から図-4**（P38 ～ 39）を使用して求めるものとし、計算に用いる数値条件は次の通りとする。

① A 点における配水管の水圧　水頭として 20m
② 給水栓の使用水量　0.6L/s
③ A ～ B 間の給水管、分水栓、甲形止水栓、水道メーター及び給水栓の口径　20mm

(1) 3.6m
(2) 5.4m
(3) 7.4m
(4) 9.6m
(5) 10.6m

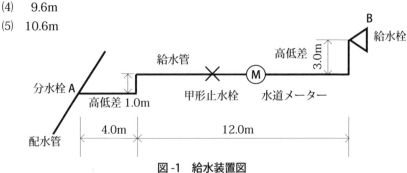

図-1　給水装置図

02-34 出題頻度 20-31

管路における流量と流速、断面積の関係から流速を求める問題である。
流量は流れの断面積と、その単位時間を進んだ距離の積（かけ算）である。
すなわち　断面積×流速　である。

　Q（流量）= A（断面積）× V（流速）

また **A = $\pi\ r^2$**(※円周率π = 3.14 とする。r：半径)

　与えられた条件は、口径 D_1 = 40mm、D_2 = 25mm、
　流速 V_1 = 1.0m/s　である。

①まず、D_1 = 40mmの断面積（$\pi\ r^2$）を求めると

　　20 × 20 × 3.14 = 1,256 ≒ 1,300 （mm²）

　　　　　　= 0.0013 （m²）（※流速は m で表されているのでmm²は 1,000,000 で割ることになる）

　同じく D_2 = 25mmの断面積は、

　　12.5 × 12.5 × 3.14 = 490.625 ≒ 500 = 0.0005 （m²）

②流れの連続性から、口径が変化しても流量は同じである（**Q = A_1V_1 = A_2V_2 連続
の式**）ので、流速 V_2 は次のように求まる。

　　0.0013 × 1.0 （V_1） = 0.0005 × V_2

　ゆえに $V_2 = \dfrac{0.0013}{0.0005}$ = 2.6 （m/s）

したがって、適当なものは⑶である。　　　　　　　　　　　　□**正解⑶**

02-35 出題頻度 29-35 , 24-35 , 22-33 , 22-34 , 21-34

余裕水頭を求める問題である。**よく出る**

　余裕水頭（h ④ ）を求めるには、配水管の水頭水圧（H）から給水管・給水用具の損失
水頭（h ① ,h ② ）及び給水栓の立ち上がり高さ（h ③ ）を差し引くことで求めることが
できる。

　つまり、**h ④ = H - (h ① +h ② +h ③)** …………⑴

　まず h ①の損失水頭を求める（図-1 より）。

　　L（管の総延長）= 4.0+1.0+12.0+3.0 =
20(m)

　条件②より、流量 0.6L/s、条件③より
口径 20mmが与えられている。

　図 -2（p.38）より、流量 0.6L/s のときの動水
勾配は 240 （‰）が求まる。

　給水管の損失水頭（h ① ）は、

　h ①$= \dfrac{240}{1000}$× 20 （m） = 4.8 （m） ………⑵

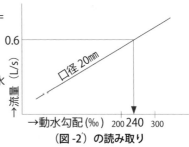

（図 -2´）の読み取り

次に**給水栓、給水用具の損失水頭（h ② ）**を求める。

h ②=分水栓 + 甲型止水栓 + 水道メーター + 給水栓（図 -3、図 -4 より）

= 0.6 （m）+1.8 （m）+2.0 （m）+1.8 （m）= 6.2 （m）………⑶解説は p.239 に続く

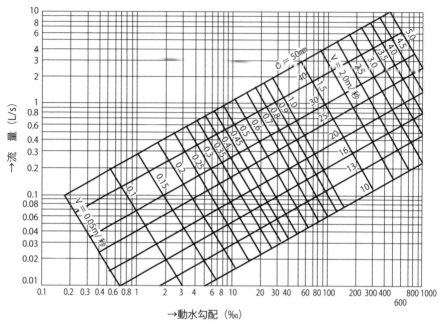

図 -2　ウエストン公式による給水管の流量図

口径 20mm

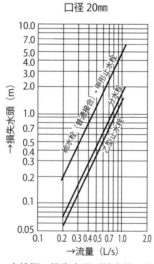

図 -3　水栓類の損失水頭（給水栓、止水栓、分水栓）

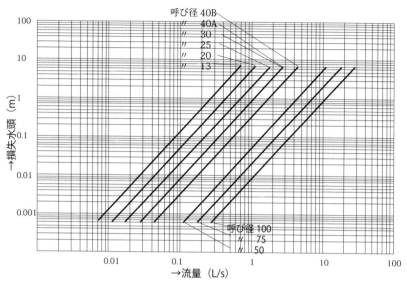

図 - 4　水道メーターの損失水頭

（p.237 からの 2-35 解説の続き）

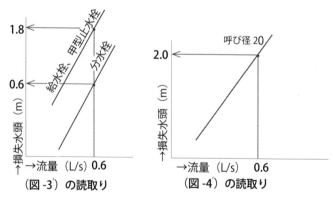

（図 -3'）の読取り　　　　（図 -4'）の読取り

最後に**給水栓の立上り高さの損失水頭（h ③）**を求めると、

h ③ = 1.0+3.0 = 4.0（m）………(1)

(2)、(3)、(4)を(1)に代入すると **B 点の余裕水頭**

h ④ = 20（条件①より）- (4.8+6.2+4.0)
= 20-15 = 5（m）

したがって、最も適当なものは(2)である。

□**正解(2)**

check □□□

6. 給水装置工事事務論

02-36

難易度 ★★

水道法に定める**給水装置工事主任技術者**に関する次の記述のうち、不適当なものはどれか。

(1) 給水装置工事主任技術者試験の受験資格である「給水装置工事の実務の経験」とは、給水装置の工事計画の立案、現場における監督、施行の計画、調整、指揮監督又は管理する職務に従事した経験、及び、給水管の配管、給水用具の設置その他給水装置工事の施行を実地に行う職務に従事した経験のことをいい、これらの職務に従事するための見習い期間中の技術的な経験は対象とならない。

(2) 給水装置工事主任技術者の職務のうち「給水装置工事に関する技術上の管理」とは、事前調査、水道事業者等との事前調整、給水装置の材料及び機材の選定、工事方法の決定、施工計画の立案、必要な機械器具の手配、施工管理及び工程毎の仕上がり検査等の管理をいう。

(3) 給水装置工事主任技術者の職務のうち「給水装置工事に従事する者の技術上の指導監督」とは、工事品質の確保に必要な、工事に従事する者の技能に応じた役割分担の指示、分担させた従事者に対する品質目標、工期その他施工管理上の目標に適合した工事の実施のための随時の技術的事項の指導及び監督をいう。

(4) 給水装置工事主任技術者の職務のうち「水道事業者の給水区域において施行する給水装置工事に関し、当該水道事業者と行う連絡又は調整」とは、配水管から給水管を分岐する工事を施行しようとする場合における配水管の位置の確認に関する連絡調整、工事に係る工法、工期その他の工事上の条件に関する連絡調整、及び軽微な変更を除く給水装置工事を完了した旨の連絡のことをいう。

出題頻度 | 04- 38 | 03- 7 | 01- 6 | 01- 36 | 29- 7 | 28- 7 | 27- 7　　　重要度　★★★　　text. P.52〜55

主任技術者の職務等に関する問題である。

(1) 受験資格は、**給水装置工事に関して 3 年以上の実務経験を有する者**（水道法 25 条の 6 第 2 項）としている。この「実務経験」には、設問にある給水装置工事の施行を実地に行う職務に従事した経験が該当するが、これらの職務に従事するための 技術を習得するための見習期間中の技術的経験も含まれる 。不適当な記述である。

(2)、(3)　法 25 条の 4 第 3 項に、給水装置工事主任技術者は次に掲げる職務を誠実に行わなければならないとしている。**よく出る**

●給水装置工事に関する技術上の管理（第①号）
①事前調査、②水道事業者との事前調整、③給水装置の材料及び機材の選定、④工事方法の決定、⑤施工計画の立案、⑥必要な機械器具の手配、⑦施工管理及び工程毎の仕上り検査の管理
●給水装置工事に従事する者の技術上の指導監督（第②号）
①工事品質の確保に必要な工事に従事する者の技能に応じた役割分担の指示②分担させた従事者に対する品質目標、工期その他施工管理上の目標に適合した工事の実施のための随時の技術的事項の指導及び監督

(2)、(3)とも適当な記述である。**よく出る**

(4)　規則 23 条に、法 25 条の 4 第 3 項④号の厚生労働省令で定める給水装置工事主任技術者の職務は、水道事業者の給水区域において施行する給水装置工事に関し、当該**水道事業者**と次の各号に掲げる**連絡又は調整**を行うこととすると規定する。

水道則第 23 条①〜③号　**よく出る**

①配水管から分岐して給水管を設ける工事を施行しようとする場合における**配水管の位置の確認**に関する連絡調整
②配水管から分岐して給水管を設ける工事及び給水装置の配水管への取付口から水道メーターまでの工事に係る**工法、工期**その他の工事上の条件に関する連絡調整
③**給水装置工事**（則 13 条に規定する給水装置の軽微な変更を除く）**を完了した旨の連絡**

適当な記述である。

したがって、不適当なものは(1)である。　　　　　　　　　　□**正解(1)**

02-37

難易度 ★★

労働安全衛生法施行令に規定する**作業主任者を選任しなければならない作業**に関する次の記述の正誤の組み合わせのうち、適当なものはどれか。

ア　掘削面の高さが 1.5m 以上となる地山の掘削の作業

イ　土止め支保工の切りばり又は腹おこしの取付け又は取外しの作業

ウ　酸素欠乏危険場所における作業

エ　つり足場、張り出し足場又は高さが 5m 以上の構造の足場の組み立て、解体又は変更作業

	ア	イ	ウ	エ
(1)	誤	正	正	正
(2)	正	誤	誤	正
(3)	誤	正	正	誤
(4)	正	誤	正	誤
(5)	誤	誤	誤	正

02-38

難易度 ★★

給水管に求められる性能基準に関する次の組み合わせのうち、適当なものはどれか。

(1)　耐圧性能基準と耐久性能基準

(2)　浸出性能基準と耐久性能基準

(3)　浸出性能基準と水撃限界性能基準

(4)　水撃限界性能基準と耐久性能基準

(5)　耐圧性能基準と浸出性能基準

02-37

作業主任者の選任（安衛法 14 条）に関する問題である。**よく出る**

安衛令 6 条抜粋（名称及び作業区分）

ア	地山の掘削作業主任者	掘削面の高さが **2m 以上** となる地山の掘削の作業（⑨号）
イ	土止め支保工作業主任者	土止め支保工の切りばり又は腹おこしの取付け又は取外しの作業（⑩号）
ウ	酸素欠乏危険作業主任者	**酸素欠乏危険場所**（酸素欠乏症及び硫化水素中毒にかかるおそれのある場所）における作業（㉒号）
エ	足場の組立て等作業主任者	つり足場。張り出し足場又は高さが **5m 以上**の構造の足場の組立て解体又は変更の作業（⑮号）

以上より、アが誤った記述である。イ、ウ、エは正しい記述である。

したがって、適当な組み合わせは(1)である。　　□**正解(1)**

> 要点：作業主任者の選任が必要な作業，就業制限にかかる作業，特別の教育が必要な作業を区分しておく。

02-38

給水管に適用される性能基準に関する問題である。**よく出る**

表 給水管・給水用具に適用される性能基準

給水管及び給水用具 ＼ 性能基準	耐圧	浸出	水撃限界	逆流防止	負圧破壊	耐寒	耐久
① 給水管	●	●	-	-	-	-	-
② 給水栓、ボールタップ	●	○	○	○	○	○	○
③ バルブ	●	○	○	-	-	○	○
④ 継 手	●	○	-	-	-	-	-
⑤ 浄水器	○	●	-	-	-	-	-
⑥ 湯沸器	○	○	○	○	○	-	-
⑦ 逆止弁	●	○	-	●	○	-	●
⑧ ユニット化装置	●	○	○	○	○	-	-
⑨ 自動食器洗い機、冷水機（ウォータークーラー）、洗浄弁座等	●	○	○	○	○	○	-

凡例 ●：常に適用される性能基準
　　○：給水用具の種類、用途（**飲用**に用いる場合、**浸出性能基準**が適用される）、設置場所により適用される性能基準
　　- ：適用外

①より給水管は**耐圧性能基準**及び**浸出性能基準**が適用される。

したがって、適当なものは(5)である。　　□**正解(5)**

243

02-39

難易度 ★★★

給水管及び給水用具の性能基準適合性の**自己認証**に関する次の記述のうち、適当なものはどれか。

(1) 需要者が給水用具を設置するに当たり、自ら希望する製品を自らの責任で設置することをいう。

(2) 製造業者等が自ら又は製品試験機関等に委託して得たデータや作成した資料等によって、性能基準適合品であることを証明することをいう。

(3) 水道事業者自らが性能基準適合品であることを証明することをいう。

(4) 指定給水装置工事事業者が工事で使用する前に性能基準適合性を証明することをいう。

02-40

難易度 ★★★

給水装置工事主任技術者と建設業法に関する次の記述のうち、不適当なものはどれか。

(1) 建設業の許可は、一般建設業許可と特定建設表許可の二つがあり、どちらの許可も建設工事の種類ごとに許可を取得することができる。

(2) 水道法による給水装置工事主任技術者免状の交付を受けた後、管工事に関し1年以上の実務経験を有する者は、管工事業に係る営業所専任技術者になることができる。

(3) 所属する建設会社と直接的で恒常的な雇用契約を締結している営業所専任技術者は、勤務する営業所の請負工事で、現場の業務に従事しながら営業所での職務も遂行できる距離と常時連絡を取れる体制を確保できれば、当該工事に専任を要しない監理技術者等になることができる。

(4) 2以上の都道府県の区域内に営業所を設けて建設業を営もうとする者は、本店のある管轄の都道府県知事の許可を受けなければならない。

自己認証に関する問題である。

(1)、(2)、(3) 給水管、給水用具の製造業者等は、自らの責任のもとで性能基準適合品を製造し、あるいは輸入することのみならず性能適合品であることを証明できなければ、消費者や指定給水装置工事事業者、水道事業者等の理解を得て販売することは困難となる。この証明を**製造業者等が自ら又は製品試験機関等に委託して得たデータや作成した資料によって行う**ことを**自己認証**という。(2)は適当な記述である。(1)、(3)は不適当な記述である。

(4) **自己認証のための基準適合性の証明**は、各製品が設計段階で基準省令に定める**性能基準に適合していること**の証明と当該製品が製造段階での**品質の安定性が確保されていること**の証明が必要となる。設計段階での基準適合性は、**自らが得た検査データや資料によって証明**してもよく、また、**第三者の製品試験機関等に委託して得たデータや作成した資料等によって行う**ことを自己認証という。不適当な記述である。

したがって、適当なものは(2)である。　　　　　　　　　　　　　　□**正解(2)**

> 要点：自己認証は，基準適合品であることを自らの責任において証明することが基本となっている。

建設業の許可に関する問題である。

(1) 建設業の許可は、営業所の設置場所により、国土交通大臣又は都道府県知事が行い、**建設工事の種類ごとに一般建設業と特定建設業**とに区分し、その許可を取得することができる（建設業法3条1項参照）。適当な記述である。

(2) 給水装置工事主任技術者として免状の交付を受けた後、**管工事に関し1年以上の実務経験を有する者は、**管工事業に係る営業所の「**専任の技術者**」及び**管工事業の現場の「主任技術者」となることができる**（同法7条②号）。適当な記述である。

(3) 当該営業所において請負契約が締結された建設工事であって、工事現場の職務に従事しながら実質的に営業所の専任技術者の職務にも従事する程度に**工事現場と営業所が近接し、**当該営業所との間で**常時連絡を取れる体制**にあるものについては、**所属建設業者と直接的かつ恒常的な雇用関係にある場合に限り、**当該工事の専任を要しない**監理技術者**等となることができる（監理技術者制度運用マニュアル）。適当な記述である。

(4) 建設業を営なもうとする者は、**二以上の都道府県の区域内に営業所**（本社又は支社等）**を設けて営業**しようとする場合にあっては 国土交通大臣の許可 を受けなければならない（同法3条1項）。不適当な記述である。

したがって、不適当なものは(4)である。　　　　　　　　　　　　　□**正解(4)**

> 要点：建設業の許可は，**5年ごとにその更新**を受けなければその時間の経過によって，その効力を失う。

7. 給水装置の概要

02-41

難易度 ★

給水管に関する次の記述のうち、不適当なものはどれか。

(1) 硬質ポリ塩化ビニル管は、耐食性、特に耐電食性に優れ、他の樹脂管に比べると引張降伏強さが大きい。

(2) ポリブテン管は、有機溶剤、ガソリン、灯油等に接すると、管に浸透し、管の軟化・劣化や水質事故を起こすことがあるので、これらの物質と接触させないよう注意が必要である。

(3) 耐衝撃性硬質ポリ塩化ビニル管は、硬質ポリ塩化ビニル管を外力がかかりやすい屋外配管用に改良したものであり、長期間直射日光に当たっても耐衝撃強度が低下しない。

(4) ステンレス鋼鋼管は、鋼管に比べると特に耐食性が優れている。また、薄肉だが強度的に優れ、軽量化しているので取扱いが容易である。

(5) 架橋ポリエチレン管は、長尺物のため、中間での接続が不要になり、施工も容易である。その特性から、給水・給湯の住宅の屋内配管で使用されている。

02-42

難易度 ★★

給水管に関する次の記述のうち、適当なものはどれか。

(1) ダクタイル鋳鉄管の内面防食は、直管はモルタルライニングとエポキシ樹脂粉体塗装があり、異形管はモルタルライニングである。

(2) 水道用ポリエチレン二層管は、柔軟性があり現場での手曲げ配管が可能であるが、低温での耐衝撃性が劣るため、寒冷地では使用しない。

(3) ポリブテン管は、高温時では強度が低下するため、温水用配管には適さない。

(4) 銅管は、アルカリに侵されず、スケールの発生も少ないが、遊離炭酸が多い水には適さない。

(5) 硬質塩化ビニルライニング鋼管は、鋼管の内面に硬質塩化ビニルをライニングした管で、外面仕様はすべて亜鉛めっきである。

02-41

出題頻度　| 05-42 | 05-43 | 04-46 | 03-41 | 01-42 | 30-46 | 重要度　★★★★★

| 30-47 | 28-49 | 27-49 | 26-49 | 25-42 | 23-43 | text.　P.260 ～ 271

給水管に関する問題である。

(1)　**硬質ポリ塩化ビニル管**は主に道路内及び宅地内の埋設管として用いられ、他の樹脂管に比べると**引張降伏強さが比較的大きい**。適当な記述である。

(2)　**ポリブテン管**は、高温時でも高い強度をもち、金属管に起こりやすい熱水浸食もないので温水配管に適しているが、**有機溶剤**、ガソリン、灯油、油性塗料、クレオソート等に接すると、管に浸透し、**管の軟化・劣化**や**水質事故を起こす**ことがある。適当な記述である。

(3)　**耐衝撃性硬質塩化ビニル管**は、硬質ポリ塩化ビニル管の耐衝撃度を高めるように改良されたものであるが、**長期間、直射日光に当たると耐衝撃強度が低下する**ことがある。不適当な記述である。**よく出る**

(4)　**ステンレス鋼鋼管**は、鋼管に比べると特に**耐食性**が優れている。また、薄肉だが**強度的に優れ**、**軽量化**しているので取扱いが容易である。　適当な記述である。

(5)　**架橋ポリエチレン管**は、**長尺物**のため、中間での接続が不要で施工も容易である。**耐熱性**、**耐寒性**並びに**耐食性**に優れ、**軽量で柔軟性**に富んでおり、集合住宅の給水・屋内配管に採用されている**ヘッダー工法**や**先分岐工法**、**さや管ヘッダー工法**に使用されている。適当な記述である。**よく出る**

したがって、不適当なものは(3)である。　　　　　　　　　□**正解(3)**

> 要点：水道配水用ポリエチレン管は、高密度ポリエチレン樹脂（PE100）を主原料とした50㎜以上の管で耐久性、耐食性、衛生性が優れる。

02-42

出題頻度　| 05-41 | 05-44 | 04-46 | 03-41 | 01-42 | 30-46 | 重要度　★★★★★

| 30-47 | 28-49 | 27-49 | 26-49 | 25-42 | 23-43 | text.　P.260 ～ 271

給水管に関する問題である。

(1)　**ダクタイル鋳鉄管**の内面防食は、直管は**モルタルライニング**と**エポキシ樹脂粉体塗装**があり、異形管は**エポキシ樹脂粉体塗装**である。不適当な記述である。

(2)　**水道用ポリエチレン二層管**は、軽量で柔軟性がある現場での手曲げ配管が可能であり、長尺物のため、少ない継手で施工でき、**低温での耐衝撃性に優れ、耐寒性がある**ことから、寒冷地の配管に多く使われている。不適当な記述である。

(3)　**ポリブテン管**は、高温時でも高い強度を有し、**金属管に起こりやすい侵食もない**ので、**温水用配管**に適している。不適当な記述である。

(4)　**銅管**は、アルカリに侵されず、スケールの発生も少ない。しかし**遊離炭酸の多い水には適さない**。適当な記述である。**よく出る**

(5)　**硬質ビニルライニング管**は、鋼管の内面に硬質塩化ビニルライニングしたもので、外面は、A管の**一次防錆塗装**、B管の**亜鉛めっき**、V管の**硬質塩化ビニル**の種類がある。不適当な記述である。

したがって、適当なものは(4)である。　　　　　　　　　□**正解(4)**

> 要点：水道給水用ポリエチレン管は、管の柔軟性に加え、電気融着等により管と継手が一体化し、地震、地盤変動等に適応できる。

02-43
難易度 ★★

給水管及び継手に関する次の記述の ▢ 内に入る語句の組み合わせのうち、適当なものはどれか。

① 架橋ポリエチレン管の継手の種類は、EF 継手と ▢ア がある。
② 波状ステンレス鋼管の継手の種類としては、▢イ と伸縮可とう式継手がある。
③ 水道用ポリエチレン二層管の継手には、一般的に ▢ウ が用いられる。
④ ダクタイル鋳鉄管の接合形式にはメカニカル継手、プッシュオン継手、▢エ の３種類がある。

	ア	イ	ウ	エ
(1)	TS 継手	ろう付・はんだ付継手	熱融着継手	管端防食形継手
(2)	メカニカル式継手	プレス式継手	金属継手	管端防食形継手
(3)	TS 継手	プレス式継手	金属継手	管端防食形継手
(4)	TS 継手	ろう付・はんだ付継手	熱融着継手	フランジ継手
(5)	メカニカル式継手	プレス式継手	金属継手	フランジ継手

02-44
難易度 ★

給水用具に関する次の記述の ▢ 内に入る語句の組み合わせのうち、適当なものはどれか。

① ▢ア は、個々に独立して作動する第１逆止弁と第２逆止弁が組み込まれている。各逆止弁はテストコックによって、個々の性能チェックを行うことができる。
② ▢イ は、弁体が弁箱又は蓋に設けられたガイドによって弁座に対し垂直に作動し、弁体の自重で閉止の位置に戻る構造の逆止弁である。
③ ▢ウ は、独立して作動する第１逆止弁と第２逆止弁との間に一次側との差圧で作動する逃し弁を備えた中間室からなり、逆止弁が正常に作動しない場合、逃し弁が開いて排水し、空気層を形成することによって逆流を防止する構造の逆流防止器である。
④ ▢エ は、弁体がヒンジピンを支点として自重で弁座面に圧着し、通水時に弁体が押し開かれ、逆圧によって自動的に閉止する構造の逆止弁である。

	ア	イ	ウ	エ
(1)	複式逆止弁	リフト式逆止弁	中間室大気開放型逆流防止器	スイング式逆止弁
(2)	二重式逆流防止器	リフト式逆止弁	減圧式逆流防止器	スイング式逆止弁
(3)	複式逆止弁	自重式逆止弁	減圧式逆流防止器	単式逆止弁
(4)	二重式逆流防止器	リフト式逆止弁	中間室大気開放型逆流防止器	単式逆止弁
(5)	二重式逆流防止器	自重式逆止弁	中間室大気開放型逆流防止器	単式逆止弁

02-43

出題頻度　04- 47 , 01- 43 , 29- 42 , 27- 50 , 26- 50 , 24- 45　重要度　★★★★★
text. P.260 ～ 271

給水管と継手に関する問題である。**よく出る**

① 　**架橋ポリエチレン管**の継手の種類には、**EF 継手**と**メカニカル式継手**がある。

② 　**波状ステンレス鋼管**の継手の種類としては、**プレス式継手**と**伸縮可とう式継手**がある。

③ 　**水道用ポリエチレン二層管**の継手には、一般的に、管にコアを打込み樹脂製のリングを胴及びナットによって圧着して止水する**金属継手**を使用する。

④ 　**ダクタイル鋳鉄管**の接合形式は、一般に給水装置では、**メカニカル継手**（GX形異形管、S50 形、K 形）、**プッシュオン継手**（GX 形直管、NS 形、T 形）及び**フランジ継手**の 3 種類がある。

したがって、適当な語句の組み合わせは(5)である。　　　　　□**正解(5)**

要点：水道配水用ポリエチレン管継手は，**EF 継手**，**金属継手**，**メカニカル継手**の 3 種である。

02-44

出題頻度　01- 47 , 30- 41 , 30- 44 , 29- 44 , 29- 46 , 28- 44
28- 45 , 27- 41 , 27- 43　重要度　★★★★
text. P.275 ～ 279

逆止弁の種類に関する問題である。**よく出る**

① 　**二重式逆流防止器**は、個々に独立して作動する第 1 逆止弁と第 2 逆止弁が組み込まれている。各逆止弁は**テストコック**によって、個々の**性能チェック**を行うことができる。

② 　**リフト式逆止め弁**は、弁体が弁箱又は蓋に設けられた**ガイド**によって弁座に対し垂直に作動し、**弁体の自重で閉止の位置に戻る**構造の逆止弁である。

③ 　**減圧式逆流防止器**は、独立して作動する第 1 逆止弁と第 2 逆止弁との間に**一次側との差圧で作動する逃し弁を備えた中間室**からなり、**逆止弁が正常に作動しない場合、逃し弁が開いて排水し、空気層を形成することによって逆流を防止する構造の逆流防止器**である。

④ 　**スイング式逆止弁**は、弁体が**ヒンジピン**を支点として**自重で弁座面に圧着し、通水時に弁体が押し開かれ、逆圧によって自動的に閉止する構造**の逆止弁である。

したがって、適当な語句の組み合わせは(2)である。　　　　　□**正解(2)**

要点：**逆止弁付メーターパッキン**は，配管接合部をシールするメーター用パッキンにスプリング式の逆流防止弁を兼ね備えたもので，水道メーター交換時には必ず使用する。

---

check □□□

02-45
難易度 ★★

給水用具に関する次の記述のうち、不適当なものはどれか。

(1) ホース接続型水栓は、ホース接続した場合に吐水口空間が確保されない可能性があるため、水栓本体内にばね等の有効な逆流防止機能を持つ逆止弁を内蔵したものになっている。

(2) 大便器洗浄弁は、大便器の洗浄に用いる給水用具であり、また、洗浄管を介して大便器に直結されるため、瞬間的に多量の水を必要とするので配管は口径25mm以上としなければならない。

(3) 不凍水栓類は、配管の途中に設置し、流入側配管の水を地中に排出して凍結を防止する給水用具であり、不凍給水栓、不凍水抜栓、不凍水栓柱、不凍バルブ等がある。

(4) 水道用コンセントは、洗濯機、自動食器洗い機等との接続に用いる水栓で、通常の水栓のように壁から出っ張らないので邪魔にならず、使用するだけホースをつなげればよいので空間を有効に利用することができる。

02-46
難易度 ★★★★

給水用具に関する次の記述の正誤の組み合わせのうち、適当なものはどれか。

ア ボールタップは、フロート（浮玉）の上下によって自動的に弁を開閉する構造になっており、水栓便器のロータンク用や、受水槽用の水を一定量貯める給水用具である。

イ ダイヤフラム式ボールタップの機構は、圧力室内部の圧力変化を利用しダイヤフラムを動かすことにより、吐水、止水を行うもので、給水圧力による止水位の変動が大きい。

ウ 止水栓は、給水の開始、中止及び給水装置の修理その他の目的で給水を制限又は停止するために使用する給水用具である。

エ 甲型止水栓は、止水部が吊りこま構造であり、弁部の構造から流れがS字形となるため損失水頭が大きい。

	ア	イ	ウ	エ
(1)	誤	正	誤	正
(2)	誤	誤	正	正
(3)	正	正	誤	誤
(4)	正	誤	正	誤
(5)	誤	正	正	誤

給水用具に関する問題である。

(1) **ホース接続型水栓**には、散水栓、カップリング付水栓等がある。ホース接続が可能な形状となっており、ホース接続した場合に**吐水口空間が確保されない可能性があるため、水栓本体内にばね等の有効な逆流防止機能を持つ逆止弁を内臓**したものとなっている。適当な記述である。

(2) **大便器洗浄弁**は、大便器の洗浄に用いる給水用具であり、また、洗浄管を介して大便器に直結されるため、瞬間的に多量の水を必要とするので**配管は口径 25mm以上**としなければならない。適当な記述である。 **よく出る**

(3) **不凍水栓類**は、配管の途中に設置し、**流出側配管 の水を地中に排出して凍結を防止する**給水用具である。不凍給水栓、不凍水抜栓、不凍水栓柱、不凍バルブ等がある。不適当な記述である。 **よく出る**

(4) **水道用コンセント**は、洗濯機、自動食器洗い機等との接続に用いる水栓で、通常の水栓のように**壁から出っ張らない**ので邪魔にならず、使用するときだけホースをつなげればよいので空間を有効に利用することができる。適当な記述である。

したがって、不適当なものは(3)である。 □**正解(3)**

要点：**製氷機**は，水道水を冷却機構で冷却し，氷を製造する機器である。

止水用の給水用具の問題である。

ア **ボールタップ**は、**フロート（浮玉）の上下**によって自動的に弁を開閉する構造になっており、水栓便器のロータンク用や、受水槽用の水を**一定量貯める**給水用具である。正しい記述である。

イ **大便器用ダイヤフラム式ボールタップ**の機構は、**圧力部内部の圧力変化を利用しダイヤフラムを動かす**ことにより吐水、止水を行うもので、給水圧力による**止水位の変動が小さい** 等の特徴がある。誤った記述である。 **よく出る**

ウ **止水栓**は、**給水の開始、中止**及び給水装置の**修理**その他の目的で給水を**制限**又は**停止**するために使用する給水用具である。止水栓は、給水栓の分岐（分水栓）から水道メーターまでの間に設置することを義務付けているものを指す。正しい記述である。

エ **甲型止水栓**は、**落しこま構造** であり、**圧力損失が大きい**。流水抵抗によってパッキンが摩耗するので、止水できなくなるおそれがあり、定期的な交換が必要である。誤った記述である。

したがって、適当な語句の組み合わせは(4)である。 □**正解(4)**

要点：**食器洗い機**は，洗浄槽に配置した食器を自動的に洗浄する器具である。据え置型とビルトイン型がある。

check □□□

02-47

難易序 ★

給水用具に関する次の記述の正誤の組み合わせのうち、適当なものはどれか。

ア　定流量弁は、ハンドルの目盛りを必要な水量にセットすることにより、指定した量に達すると自動的に吐水を停止する給水用具である。

イ　安全弁（逃し弁）は、設置した給水管路や貯湯湯沸器の水圧が設定圧力よりも上昇すると、給水管路等の給水用具を保護するために弁体が自動的に開いて過剰圧力を逃す。

ウ　シングルレバー式の混合水栓は、1本のレバーハンドルで吐水・止水、吐水量の調整、吐水温度の調整ができる。

エ　サーモスタット式の混合水栓は、湯側・水側の2つのハンドルを操作し、吐水・止水、吐水量の調整、吐水温度の調整ができる。

	ア	イ	ウ	エ
(1)	誤	正	誤	正
(2)	誤	誤	正	正
(3)	正	誤	誤	正
(4)	正	誤	正	誤
(5)	誤	正	正	誤

- 諏訪のアドバイス -

○逆止弁内臓形ボール止水栓の種類

1. 逆止弁付ボール式伸縮止水栓（流量調整型逆止弁付複式止水栓）

水道メーター上流側に設置する止水栓で、止水機構が上流側（下部）と下流側（上部）の2重構造になっており、上流側には90°開閉式のボール弁を備え、下流側には流量調整が可能なばねリフト式逆止弁を内蔵した止水栓である。通常通水時は流水により弁体が上昇するが、停水時はばねにより弁体は常時弁座へ密着し逆流を防ぐ構造になっている。

2. リフト式逆流防止弁内蔵ボール止水栓

球状に加工された逆止弁体で構成するリフト逆止弁体を内蔵した止水栓である。

3. ばね式逆止弁内蔵ボール止水栓

弁体をばねによって押し付ける逆止弁を内蔵したボール止水栓である。

出題頻度 05-48 , 03-44 , 03-45 , 03-46 , 01-47 , 30-41 重要度 ★★★
30-44 , 29-44 , 29-46 , 28-44 , 27-41 , 27-43 text. P.281,283 ~ 284

給水用具に関する記述である。

ア **定流量弁**は、オリフィス、ニードル式、バネ式等による流量調整機構によって、**一次側の圧力に関わらず流量が一定になるよう調整する給水用具**である。設問は、定量水栓の説明である。誤った記述である。 **よく出る**

イ **安全弁（逃し弁）**は、設置した給水管路や貯湯湯沸器等の**水圧が設定圧力よりも上昇すると、給水管路等の給水用具を保護するために弁体が自動的に開いて過剰圧力を逃し、圧力が所定の値に降下すると閉じる**機能を持つ給水用具である。正しい記述である。 **よく出る**

ウ **シングルレバー式の混合水栓**は、1本のレバーハンドルで吐水・止水、吐水量の調整、吐水温度の調整ができる。正しい記述である。

エ **サーモスタット式混合水栓**は、温度調整ハンドルの目盛りを合わせることで安定した吐水温度を得ることができる。吐水、止水、吐水量の調整は別途止水部で行う。誤った記述である。

したがって、適当な語句の組み合わせは(5)である。 □**正解(5)**

要点：**減圧弁**は、通過する流体の圧力エネルギーにより弁体の開度を変化させ、高い一次側圧力から、所定の低い二次側圧力に減圧する圧力調整弁である。
主に温水熱交換器の給水に用いる逆流防止機構を内蔵した水道用減圧弁、集合住宅等に設置される戸別給水用減圧弁がある。

02-48

難易度 ★

湯沸器に関する次の記述の正誤の組み合わせのうち、適当なものはどれか。

ア　貯蔵湯沸器は、ボールタップを備えた器内の容器に貯水した水を、一定温度に加熱して給湯するもので、水圧がかからないため湯沸器設置場所でしかお湯を使うことができない。

イ　貯湯湯沸器は、排気する高温の燃焼ガスを再利用し、水を潜熱で温めた後に従来の一次熱交換器で加温して温水を作り出す、高い熱効率を実現した給湯器である。

ウ　瞬間湯沸器は、器内の熱交換器で熱交換を行うもので、水が熱交換器を通過する間にガスバーナ等で加熱する構造で、元止め式のものと先止め式のものがある。

エ　太陽熱利用貯湯湯沸器は、一般用貯湯湯沸器を本体とし、太陽集熱器に集熱された太陽熱を主たる熱源として、水を加熱し給湯する給水用具である。

	ア	イ	ウ	エ
(1)	誤	誤	正	誤
(2)	正	誤	誤	正
(3)	正	誤	正	正
(4)	誤	正	正	誤
(5)	正	正	誤	正

02-49

難易度 ★★

自然冷媒ヒートポンプ給湯機に関する次の記述のうち、不適当なものはどれか。

(1)　送風機で取り込んだ空気の熱を冷媒（二酸化炭素）が吸収する。

(2)　熱を吸収した冷媒が、コンプレッサで圧縮されることにより高温・高圧となる。

(3)　高温となった冷媒の熱を、熱交換器内に引き込んだ水に伝えてお湯を沸かす。

(4)　お湯を沸かした後、冷媒は膨張弁で低温・低圧に戻され、再び熱を吸収しやすい状態になる。

(5)　基本的な機能・構造は貯湯湯沸器と同じであるため、労働安全衛生法施行令に定めるボイラーである。

02-48

出題頻度 **05-45**, **04-52**, **03-49**, **01-44**, **30-43**, **28-46**, **27-42**, **24-46**, **23-47**

重要度 ★★★★

text. P.288〜292

湯沸器に関する問題である。

ア 貯蔵湯沸器は、ボールタップを備えた器内の容器に貯水した水を、一定温度に加熱して給湯するもので、水圧がかからないため湯沸器設置場所でしかお湯を使うことができない。正しい記述である。よく出る

イ 貯湯湯沸器は、給水管に直結し有圧のまま貯水槽内に貯えた水を直接加圧する構造の湯沸器で湯温に連動して自動的に燃料通路を開閉あるいは電源を入切（ON/OFF）する機能を持っている。設問は、潜熱回収型湯沸器（エコジョーズ、エコフィール）の説明である。誤った記述である。

ウ 瞬間湯沸器は、器内の熱交換器で熱交換を行うもので、水が熱交換器を通過する間にガスバーナ等で加熱する構造で、元止め式のものと先止め式のものがある。正しい記述である。

エ 太陽熱利用貯湯湯沸器は、一般用貯湯湯沸器を本体とし、太陽集熱器に集熱された太陽熱を主たる熱源として、水を加熱し給湯する給水用具である。正しい記述である。

したがって、適当な語句の組み合わせは(3)である。　□正解(3)

> 要点：湯沸器は，小規模な給湯設備の加熱装置として用いられるもので，ガス，石油，電気，太陽熱等を熱源として 水を加熱し，給湯する給水用具の総称である。

02-49

出題頻度 **04-52**, **30-43**

重要度 ★★★

text. p.291

自然冷媒ヒートポンプ給湯機に関する問題である。

(1)、(2)、(3) この給湯器の仕組みは、ヒートポンプユニットで空気の熱を吸収した冷媒（CO_2）が、コンプレッサで圧縮されることによりさらに高温となり、貯湯タンク内の水を熱交換器内に引き込み、冷媒の熱を伝えることにより、お湯を沸かす。いずれも適当な記述である。よく出る

(4) お湯を沸かした後、冷媒は膨張弁で低温・低圧に戻され、再び熱を吸収しやすい状態になる。適当な記述である。

(5) この給湯器は、基本的な機能・構造は、貯湯湯沸器と同じであるが、水の加熱が貯湯槽外で行われるため、労働安全衛生法施行令に定めるボイラーとならない。

したがって、不適当なものは(5)である。　□正解(5)

> 要点：地中熱ヒートポンプ給湯機は、地表面から約10m以深の温度が年間を通して一定であることから，その安定した温度の地中熱を利用するもので，どこでも利用でき，天候等に左右されない再生可能エネルギーシステムである。

255

check □□□

02-50 難易度 ★★★

直結加圧形ポンプユニットに関する次の記述のうち、不適当なものはどれか。

(1) 水道法に基づく給水装置の構造及び材質の基準に適合し、配水管への影響が極めて小さく、安定した給水ができるものでなければならない。

(2) 配水管から直圧で給水できない建築物に、加圧して給水する方式で用いられている。

(3) 始動・停止による配水管の圧力変動が極小であり、ポンプ運転による配水管の圧力に脈動が生じないものを用いる。

(4) 制御盤は、ポンプを可変速するための機能を有し、漏電遮断器、インバーター、ノイズ制御器具等で構成される。

(5) 吸込側の圧力が異常に低下した場合には自動停止し、あらかじめ設定された時間を経過すると、自動復帰し運転を再開する。

02-51 難易度 ★★★★

給水用具に関する次の記述の正誤の組み合わせのうち、適当なものはどれか。

ア 自動販売機は、水道水を冷却又は加熱し、清涼飲料水、茶、コーヒー等を販売する器具である。水道水は、器具内給水配管、電磁弁を通して、水受けセンサーにより自動的に供給される。タンク内の水は、目的に応じてポンプにより加工機構へ供給される。

イ ディスポーザー用給水装置は、台所の排水口部に取り付けて生ごみを粉砕するディスポーザとセットして使用する器具である。排水口部で粉砕された生ごみを水で排出するために使用する。

ウ 水撃防止器は、給水装置の管路途中又は末端の器具等から発生する水撃作用を軽減又は緩和するため、封入空気等をゴム等により自動的に排出し、水撃を緩衝する給水器具である。ベローズ形、エアバック形、ダイヤフラム式、ピストン式等がある。

エ 非常時用貯水槽は、非常時に備えて、天井部・床下部に給水管路に直結した貯水槽を設ける給水用具である。天井設置用は、重力を利用して簡単に水を取り出すことができ、床下設置用は、加圧用コンセントにフットポンプ及びホースを接続・加圧し、水を取り出すことができる。

	ア	イ	ウ	エ
(1)	正	正	誤	正
(2)	正	誤	正	誤
(3)	誤	誤	正	正
(4)	誤	正	正	誤
(5)	正	誤	誤	正

「直結給水システム導入ガイドラインとその解説」からの問題である。

(1) 直結加圧形ポンプユニット（直結給水用増圧装置）は、水道法に基づく給水装置の構造及び材質の基準に適合し、**配水管への影響が極めて小さく、安定した給水ができるもの**でなければならない。適当な記述である。

(2) このユニットは、給水装置に設置して**配水管から直圧給水できない中高層建物に直接給水することを目的に開発されたポンプ設備**である。適当な記述である。

(3) 本書では、「**始動・停止による配水管の圧力変動が極小であり、ポンプ運転による配水管の圧力の脈動がないこと。**」と記されている。適当な記述である。

(4) 構成は、**ポンプ、電動機、制御盤**（インバータを含む、**可変速するための機能を有している**）、**バイパス管**（逆止弁を含む）、**流水スイッチ、圧力発信器、圧力タンク**（設置が条件ではない）等からなっている。適当な記述である。

(5) 吸込側の水圧が異常に低下した場合には、自動停止し、復帰した場合には自動復帰すること が記されている。不適当な記述である。 **よく出る**

したがって、不適当なものは(5)である。 □**正解(5)**

要点：ユニットには，ポンプを複数台設置し，1台が故障しても自動切り替えにより給水する機能や運転の偏りがないように自動的に運転する機能を有すること。

給水用具に関する問題である。

ア **自動販売機**は、水道水を冷却又は加熱し、清涼飲料水、茶、コーヒー等を販売する器具である。水道水は、器具内給水配管、電磁弁を通して、**水受けセンサー**により自動的に供給される。タンク内の水は、目的に応じてポンプにより加工機構へ供給される。水道一次側との縁切りは、水受けタンク内の吐水口とオーバーフロー管との**吐水口空間**により行われる。正しい記述である。

イ **ディスポーザー用給水装置**は、台所の排水口部に取り付けて**生ごみを粉砕するディスポーザーとセットして使用する器具**である。排水口部で粉砕された生ごみを水で排出するために使用する。正しい記述である。

ウ **水撃防止器**は、給水装置の管路途中又は末端の器具等から発生する**水撃作用を軽減**又は**緩和**するため 封入空気等をゴム等により圧縮し、水撃を緩衝する 給水用具で、ベローズ形、エアバック形、ダイヤフラム式、ピストン式等がある。誤った記述である。 **よく出る**

エ **非常時用貯水槽**は、非常時に備えて、天井部・床下部に給水管路に直結した貯水槽を設ける給水用具である。**天井設置用**は、重力を利用して簡単に水を取り出すことができ、**床下設置用**は、加圧用コンセントにフットポンプ及びホースを接続・加圧し、水を取り出すことができる。正しい記述である。

したがって、適当な組み合わせは(1)である。 □**正解(1)**

要点：洗浄装置付便座は，温水発生装置で得られた温水をノズルから射出し，お尻等を洗浄する装置を具備した便座である。

02-52

難易度 ★

水道メーターに関する次の記述のうち、不適当なものはどれか。

(1) 水道メーターは、給水装置の取り付け、需要者が使用する水量を積算計量する計量器である。

(2) 水道メーターの計量水量は、料金算定の基礎となるべきもので適正な計量が求められることから、計量法に定める特定計量器の検定に合格したものを設置する。

(3) 水道メーターの計量方法は、流れている水の流速を測定して流量に換算する流速式と、水の体積を測定する容積式に分類される。わが国で使用されている水道メーターは、ほとんどが流速式である。

(4) 水道メーターは、検定有効期間が 8 年間であるため、その期間内に検定に合格したメーターと交換しなければならない。

(5) 水道メーターは、許容流量範囲を超えて水を流すと、正しい計量ができなくなるおそれがあるため、メーター一次側に安全弁を設置して流量を許容範囲内に調整する。

02-53

難易度 ★

水道メーターに関する次の記述の正誤の組み合わせのうち、適当なものはどれか。

ア 接線流羽根車式水道メーターは、計量室内に設置された羽根車にノズルから接線方向に噴射水流を当て、羽根車が回転することにより通過水量を積算表示する構造のものである。

イ 軸流羽根車式水道メーターは、管状の器内に設置された流れに平行な軸を持つ螺旋状の羽根車が回転することにより積算計量する構造のものである。

ウ 電磁式水道メーターは、水の流れと平行に磁界をかけ、電磁誘導作用により、流れと磁界に平行な方向に誘起された起電力により流量を測定する器具である。

エ 軸流羽根車式水道メーターのたて形軸流羽根車式は、水の流れがメーター内で迂流するため損失水頭が小さい。

	ア	イ	ウ	エ
(1)	正	誤	正	誤
(2)	誤	誤	誤	正
(3)	正	正	誤	誤
(4)	正	誤	誤	正
(5)	誤	正	正	正

02-52

出題頻度　05-50　04-49　03-52　01-48　30-48　29-47　　重要度　★★★★
28-41　27-44　26-41　25-48　25-49　　text. P. 292,293

水道メーターに関する問題である。

(1)、(2)、(4)　水道メーターは、給水装置に取り付け、需要者が使用する水量を**積算計量**する計量器である。計量水量は、料金算定の基礎となるべきもので適正な計量が求められることから、**計量法に定める特定計量器の検定に合格したもの**を設置する。**検定有効期間が** 8 年間 であるため、その期間内に検定に合格したメーターと交換 しなければならない。いずれも、適当な記述である。 よく出る

(3)　水道メーターの計量方法は流れている流速を測定して流量に換算する**流速式**（推測式）と、水の体積を測定する**容積式**（実測式）に分類されるが、わが国で使用されている水道メーターは、ほとんどが**流速式**である。適当な記述である。

(5)　メーターは、許容流量範囲を超えて水を流すと、正しい計量ができなくなるおそれがある。このため、メーターの呼び径決定に際しては、**適正使用流量範囲、瞬時使用の許容流量**等に十分留意する必要がある。不適当な記述である。
したがって、不適当なものは(5)である。　　　　　　　　　　□**正解(5)**

> 要点：メーターは，各水道事業者等により，使用する形式が異なるため，設計にあたっては，予めこれらを確認する必要がある。

02-53

出題頻度　05-50　04-48　04-49　03-53　01-48　30-48　　重要度　★★★
29-47　28-41　27-44　26-41　25-48　25-49　　text. P.293 ～ 294

水道メーターに関する問題である。

ア　**接線流羽根車式水道メーター**は、計量室内に設置された**羽根車にノズルから接線方向に噴射水流を当て、羽根車が回転することにより通過水量を積算表示**する構造のものである。正しい記述である。

イ　**軸流羽根車式水道メーター**は、管状の器内に設置された**流れに平行な軸を持つ螺旋状の羽根車が回転する**ことにより積算計量する構造のものであり、たて形とよこ形の２種類がある。正しい記述である。

ウ　**電磁式水道メーター**は、**水の流れの方向に** 垂直 **に磁界をかける**と、電磁誘導作用（フレミングの右手の法則）により、**流れと磁界に** 垂直 **な方向に起電力が誘起**される器具である。誤った記述である。

エ　**たて形軸流羽車式**は、メーターケースに流入した水流が、整流器を通って、垂直に設置された螺旋状羽根車に沿って、**下方から上方へ流れ**、羽根車を回転させる構造のものである。水の流れがメーター内で 迂流 するため 損失水頭が大きい。誤った記述である。 よく出る
したがって、適当な組み合わせは(3)である。　　　　　　　□**正解(3)**

> 要点：よこ形軸流羽車式は，メーター内の水の流れが直流であるため，損失水頭は小さいが，羽根車の回転負荷がやや大きく，微小流域での性能が若干劣る。現在は殆ど製造されていない。

02-54 難易度 ★★

給水用具の故障と対策に関する次の記述のうち、不適当なものはどれか。

(1) ボールタップの水が止まらなかったので原因を調査した。その結果、弁座が損傷していたので、ボールタップを取り替えた。

(2) 湯沸器に故障が発生したが、需要者等が修理することは困難かつ危険であるため、製造者に依頼して修理を行った。

(3) ダイヤフラム式定水位弁の水が止まらなかったので原因を調査した。その結果、主弁座への異物のかみ込みがあったので、主弁の分解と清掃を行った。

(4) 水栓から不快音があったので原因を調査した。その結果、スピンドルの孔とこま軸の外径が合わなくがたつきがあったので、スピンドルを取り替えた。

(5) 大便器洗浄弁で常に大量の水が流出していたので原因を調査した。その結果、逃し弁のゴムパッキンが傷んでいたので、ピストンバルブを取り出しパッキンを取り替えた。

02-55 難易度 ★★★

給水用具の故障と対策に関する次の記述の正誤の組み合わせのうち、適当なものはどれか。

ア ピストン式定水位弁の水が止まらなかったので原因を調査した。その結果、主便座パッキンが摩耗していたので、新品に取り替えた。

イ 大便器洗浄弁の吐水量が少なかったので原因を調査した。その結果、水量調節ねじが閉め過ぎていたので、水量調節ねじを右に回して吐水量を増やした。

ウ ボールタップ付ロータンクの水が止まらなかったので原因を調査した。その結果、フロート弁の摩耗、損傷のためすき間から水が流れ込んでいたので、分解し清掃した。

エ ダイヤフラム式ボールタップ付ロータンクのタンク内の水位が上がらなかったので原因を調査した。その結果、排水弁のパッキンが摩耗していたので、排水弁のパッキンを取り替えた。

	ア	イ	ウ	エ
(1)	正	正	誤	誤
(2)	誤	誤	正	正
(3)	正	誤	誤	正
(4)	誤	正	正	誤
(5)	正	誤	正	誤

02-54 出題頻度 `05-52` `05-53` `03-54` `03-55` `01-50` `30-49` `29-49` `29-50` `28-43` `28-47` `27-46` `26-42` 重要度 ★★★ text. P.298～303

給水用具の故障と対策についての問題である。

⑴ **ボールタップ**の水が止まらない原因の一つに、弁座の損傷又は摩耗が挙げられるが、対策として**はボールタップを取り替える**ことである。適当な記述である。

⑵ **湯沸器**にはいろいろな種類があり、その構造も複雑である。故障した場合は、需要者等が修理することは困難かつ危険であり、簡易な水フィルターの掃除以外は製造者に修理を依頼する。適当な記述である。

⑶ **ダイヤフラム式定水位弁**の水が止まらない原因の一つに、主便座への異物の噛み込みがあり、**主弁座の分解と清掃を行う**。適当な記述である。

⑷ **水栓**から**不快音**が出るときは、スピンドルの孔とこま軸の外径が合わなくがたつきがあることが原因である。これには、摩耗したこまを新品に取り替える 必要がある。不適当な記述である。

⑸ **大便器洗浄弁**で**常に大量の水が流出している**場合は、**逃し弁のゴムパッキンの傷み**が、一つの原因である。ピストンバルブを取り出し、**パッキンを取り替える**ことで解消できる。

したがって、不適当なものは⑷である。　　　　　□**正解⑷**

要点：大便器洗浄弁の水勢が弱く汚物が流れない場合は，開閉ねじの閉め過ぎである。開閉ねじを左に回して水勢を強める。

02-55 出題頻度 `03-54` `03-55` `01-50` `30-49` `29-49` `29-50` `28-43` `28-47` `27-46` `26-42` 重要度 ★★★ text. P.298～303

給水用具の故障と対策に関する問題である。

ア **ピストン式定水位弁**において水が止まらない原因の一つに**主弁座パッキンの摩耗**があり、この場合**新品と取り替える**ことが必要である。正しい記述である。

イ **大便器洗浄弁**の吐水量が少ないことがわかり、調べてみると水量調節ネジの**閉め過ぎ**が原因とわかり 水量調節ネジを左に回して 吐水量を増やすことにより解消できた。誤った記述である。

ウ **ボールタップ付きロータンク**の水が止まらないので調べたところ、フロート弁の摩耗、損傷のため隙間から水が流れ込んでいることがわかった。そこで 新しいフロート弁に交換 した。誤った記述である。

エ **ダイヤフラム式ボールタップ付ロータンク**のタンク内の水位が上がっていない場合には、**排水弁のパッキンの摩耗**があげられるが、これには排水弁の**パッキンを交換**することでよい。正しい記述である。

したがって、適当な組みあわせは⑶である。　　　　　□**正解⑶**

要点：水栓の異音の発生がある場合は，こまとパッキンの外径の不揃いがある。摩耗したこまを新品に取り替える。

8. 給水装置施工管理法

02-56
難易度 ★

給水装置工事の**工程管理**に関する次の記述の ☐ 内に入る語句の組み合わせのうち、適当なものはどれか。

工程管理は、一般的に計画、実施、 ア に大別することができる。計画の段階では、給水管の切断、加工、接合、給水用具据え付けの順序と方法、建築工事との日程調整、機械器具及び工事用材料の手配、技術者や配管技能者を含む イ を手配し準備する。工事は ウ の指導監督のもとで実施する。

	ア	イ	ウ
(1)	検 査	作 業 従 事 者	技能を有する者
(2)	管 理	作 業 主 任 者	技能を有する者
(3)	管 理	作 業 主 任 者	給水装置工事主任技術者
(4)	管 理	作 業 従 事 者	給水装置工事主任技術者
(5)	検 査	作 業 主 任 者	給水装置工事主任技術者

02-57
難易度 ★

給水装置工事における**施工管理**に関する次の記述のうち、不適当なものはどれか。

(1) 道路部掘削時の埋戻しに使用する埋戻し土は、水道事業者が定める基準等を満たした材料であるか検査・確認し、水道事業者の承諾を得たものを使用する。

(2) 工事着手に先立ち、現場周辺の住民に対し、工事の施工について協力が得られるよう、工事内容の具体的な説明を行う。

(3) 配水管から分岐以降水道メーターまでの工事は、あらかじめ水道事業者の承諾を受けた工法、工期その他の工事上の条件に適合するように施工する必要がある。

(4) 工事の施工に当たり、事故が発生し、又は発生するおそれがある場合は、直ちに必要な措置を講じた上で、事故の状況及び措置内容を水道事業者及び関係官公署に報告する。

02-56 出題頻度 `05-54` `03-57` `01-51` `29-54` `25-53` `23-52` 重要度 ★★
text. P.310,311

給水装置工事の工程管理の問題である。

工程管理は、一般的に**計画**、**実施**、管理 に大別することができる。

1. **計画**の段階では、①施工計画として、給水管の切断、加工、接合、給水用具据え付けの順序と方法を決定する。

　② 工程計画では、公道下工事の**日程**、建築工事との日程調整、工程表の作成がある。

　③ 使用計画では、機械器具及び工事用材料の手配、技術者や配管技能者を含む **作業従事者** の手配がある。

2. **実施**には、**工事の指示**があり、工事の指示は、**給水装置工事主任技術者** による **指導監督**等がある。

したがって、適当な組み合わせは(4)である。　　　　　　　□**正解(4)**

要点：給水装置工事において，工程管理を行う工程表にはバーチャートが一般的である。

02-57 出題頻度 `04-56` `03-56` `01-52` `01-53` `30-56` `29-51` `28-59` `25-51` 重要度 ★★★★
text. P.306〜307

給水装置工事の施工管理に関する問題である。

(1) 道路内における掘削跡の**埋め戻し**は、道路管理者 の許可条件で**指定された土砂**を用いて、各層（厚さは原則30cm以下、路床部にあっては20cm以下 とする）ごとにタンピングランマその他の締固め機械又は器具で確実に締め固める。不適当な記述である。

(2) **工事着手に先立ち**、現場周辺の住民に対し、工事の施工について協力が得られるよう、工事内容の具体的な説明を行う。なお、工事内容と現場付近の住民や通行人に周知させるため、**広報板**等を使用し、必要な広報措置を行う。適当な記述である。**よく出る**

(3) **配水管から分岐以降水道メーターまでの工事**は、あらかじめ**水道事業者の承諾を受けた工法、工期その他の工事上の条件に適合**するように施工する必要がある。適当な記述である。

(4) 工事の施工に当たり、**事故が発生し、又は発生するおそれがある場合**は、直ちに必要な措置を講じた上で、事故の状況及び措置内容を**水道事業者**及び**関係官公署に報告**する。適当な記述である。

したがって、不適当なものは(1)である。　　　　　　　□**正解(1)**

要点：**施工管理の責任者**は，事前に当該工事の施工内容を把握し，それに沿った**施工計画書**（実施工程表，施工体制，施工方法，品質管理方法，安全対策等）を作成し，工事従事者に周知を図っておく。

check □□□

02-58
難易度 ★

給水装置の**品質管理**について、穿孔工事後に行う水質管理項目に関する次の組み合わせのうち、適当なものはどれか。

(1) 残留塩素、　大腸菌、　　　　　　　水　温、　濁　り、　　色
(2) 残留塩素、　におい、　　　　　　　濁　り、　色、　　　　味
(3) 残留塩素、　全有機炭素（TOC）、大腸菌、　水　温、　濁　り
(4) pH 値、　　全有機炭素（TOC）、水　温、　におい、　色
(5) pH 値、　　大腸菌、　　　　　　　水　温、　におい、　味

02-59
難易度 ★

公道における給水装置工事の**安全管理**に関する次の記述の正誤の組み合わせのうち、適当なものはどれか。

ア　工事の施行に当たっては、地下埋設物の有無を十分に調査するとともに、当該道路管理者に立会いを求めることによってその位置を確認し、埋設物に損傷を与えないよう注意する。

イ　工事中、火気に弱い埋設物又は可燃性物質の輸送管等の埋設物に接近する場合は、溶接機、切断機等火気を伴う機械器具を使用しない。ただし、やむを得ない場合は管轄する消防署と協議し、保安上必要な措置を講じてから使用する。

ウ　施工従事者の体調管理に留意し、体調不良に起因する事故の防止に努めるとともに、酷暑期には十分な水分補給と適切な休養を促し、熱中症の予防に努める。

エ　工事施行中の交通保安対策については、当該道路管理者及び所轄警察署長の許可条件及び指示に基づき、適切な保安施設を設置し、通行車両や通行者の事故防止と円滑な通行の確保を図らなければならない。

	ア	イ	ウ	エ
(1)	正	誤	正	誤
(2)	正	正	誤	正
(3)	誤	正	誤	正
(4)	誤	誤	正	正
(5)	誤	正	誤	誤

02-58

出題頻度　05-55 ，04-58 ，01-55

重要度　★★★
text. P.314

水質確認項目についての問題である。**よく出る**

給水装置工事の**品質管理**として、穿孔後に行う**水質確認**（①**残留塩素**、②**におい**、③**濁り**、④**色**、⑤**味**）を行う。

このうち、特に**残留塩素の確認**は穿孔した管が水道管であることの証となることから必ず実施する。

したがって、適当な語句の組み合わせは(2)である。　　　　　　□**正解(2)**

要点：給水管及び給水用具が基準省令の性能基準に適合したもので，かつ，検査等により**品質確認されたもの**を使用する。

02-59

出題頻度　05-58 ，30-52 ，28-60 ，27-57 ，26-56 ，25-55 ，22-52

重要度　★★
text. P.315〜316

安全管理に関する問題である。

ア　工事の施行にあたっては、地下の**埋設物**の有無を十分に調査するとともに、近接する埋設物がある場合は、**その 管理者に立会いを求める** 等によってその位置を確認し、埋設物に損傷を与えないように注意する。誤った記述である。**よく出る**

イ　工事中、火気に弱い埋設物または可燃性物質の輸送管等の埋設物に接近する場合は、溶接機、切断機等**火気を伴う機械器具を使用しない**。やむを得ない場合は、当該 **埋設物管理者** と協議し、**保安上必要な措置を講じてから使用する**。誤った記述である。**よく出る**

ウ　施工従事者の体調管理に留意し、**体調不良に起因する事故の防止**に努める。また、酷暑期には十分な水分補給と休養を促し、熱中症の予防にも努めること。正しい記述である。

エ　工事施行中の交通保安対策については、当該道路管理者及び所轄警察署長の許可条件及び指示に基づき、適切な**保安施設**を設置し、通行車両や通行者の事故防止と円滑な通行の確保を図らなければならない。正しい記述である。

したがって、適当な組み合わせは(4)である。　　　　　　□**正解(4)**

要点：工事の施工中に他の者の所管に属する地下埋設物，地下施設その他工作物の**移設**，**防護**，**切り廻し**等を必要とするときは，速やかに水道事業者や埋設物等の管理者に申し出てその**指示**を受ける。

02-60

難易度 ★

建設工事公衆災害防止対策要綱に関する次の記述のうち、不適当なものはどれか。

(1) 施工者は、仮舗装又は覆工を行う際、やむを得ない理由で周囲の路面と段差が生じた場合は、10パーセント以内の勾配ですり付けなければならない。

(2) 施工者は、歩行者用通路と作業場との境は、移動さくを間隔をあけないように設置し、又は移動さくの間に安全ロープ等をはってすき間ができないよう設置する等明確に区分しなければならない。

(3) 施工者は、通行を制限する場合の標準として、道路の車線が1車線となる場合は、その車道幅員は3メートル以上、2車線となる場合は、その車道幅員は5.5メートル以上確保する。

(4) 施工者は、通行を制限する場合、歩行者が安全に通行できるよう車道とは別に幅0.9メートル以上、高齢者や車椅子使用者等の通行が想定されない場合は幅0.75メートル以上歩行者用通路を確保しなければならない。

(5) 施工者は、道路上に作業場を設ける場合は、原則として、交通流に対する背面から工事車両を出入りさせなければならない。ただし、周囲の状況等によりやむを得ない場合においては、交通流に平行する部分から工事車両を出入りさせることができる。

- 諏訪のアドバイス -

○5肢択一問題の対応

2021年度の出題から、5肢択一問題が60問中42問出題された。実に70%である。（2022年度は38題、2023年度は35題）

この試験の初年度は3肢択一で、その後は20年以上4肢択一であった。

5肢択一になっても、難易度は変わるものでないことを言っておこう。

5肢択一になると、文章も散漫となり、出題の意図が絞り切れていない。テキストを読み、過去の問題をしっかりやれば、合格点は必ず取れる。

5肢択一に惑わされることなく解答を絞ること！！

02-60	出題頻度	05-60	04-59	04-60	03-60	01-57	30-53	重要度 ★★★★
		29-55	28-51	28-52	27-56	26-53	25-37	text. P.317〜319
		24-55						

「公災防」の問題である。 **よく出る**

⑴ 施工者は、道路を掘削した箇所に車両の交通の用に供しようとするときは、埋め戻したのち、原則として、仮舗装を行い、または覆工を行う等の措置を講じなければならない。この場合、周囲の路面との段差を生じないようにしなければならない。やむを得ない理由で**段差が生じた場合**は、 5% 以内 の勾配で**すりつけ**なければならない（第26第1項）。不適当な記述である。

⑵ 施工者は、歩行者用道路とそれに接する車両の交通の用に供する部分との境及び歩行者用通路と作業場との境は必要に応じて**移動柵**を間隔をあけないように設置し、または移動柵の間に**安全ロープ**等をはって隙間ができないよう設置する等明確に区分する（第27第2項）。

⑶ 発注者及び施工者は、やむを得ず通行を制限する場合において、制限した後の道路の車線が**1車線**となる場合にあっては、その車道幅員は**3 m以上**、**2車線**となる場合にあってはその車道幅員は**5.5 m以上**とする（第25第1項①号）。適当な記述である。

⑷ 発注者及び施工者は、やむを得ず通行を制限する必要がある場合、歩行者が安全に通行できるよう車道とは別に、 幅0.9m以上 （高齢者や車椅子使用者等の通行が想定されない場合は**幅0.75m**以上）の、有効高さは2.1m以上の歩行者通路等を確保しなければならない。特に歩行者の多い箇所においては**幅1.5m以上**、有効高さ2.1m以上の歩行者通路を確保する（略）（第27第1項）。適当な記述である。

⑸ 施工者は、道路上に作業場を設ける場合は、原則として、**交通流に対する背面から工事車両を出入り**させなければならない。ただし、周囲の状況等によりやむを得ない場合においては、**交通流に平行する部分**から工事車両を出入りさせることができる（第22第1項）。適当な記述である。

したがって、不適当なものは⑴である。

□**正解⑴**

要点：**移動さく**は、高さ**0.8m以上1m以下**、長さ**1m以上1.5m以下**で、支柱の上端に幅**15cm**程度の横板を取り付けてあるものを標準とする。

check □□□

---

success point

問題は○と×に分ける！

　設問の多くは、「適切なもの、適切でないもの」、「正しいもの、誤っているもの」等で聞いてきている。例えば、問題を考えているうちに、正解が正しいものを選ぶのか、誤っているものを選ぶのかが、あやふやになってくる。

　また、問題の流れで「適切でないもの」が5題ほど続き、ポツンと「適切なもの」があると、その問題の第1肢がたまたま「適切でないもの」であれば、それを正解とする間違いをおかす。

　それを防ぐためには、

問題を解く前に、「誤っているもの」、「正しいもの」等の文字の上に大きく

○か×を書いておくのダ！！

R 01 年度

2019

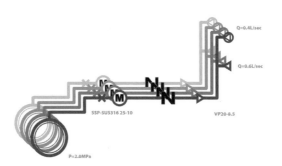

Q=0.4L/sec

Q=0.6L/sec

SSP-SUS316 25-10

VP20-8.5

P=2.0MPa

1. 公衆衛生概論

01-1
難易度 ★

消毒及び残留塩素に関する次の記述のうち、不適当なものはどれか。

(1) 水道水中の残留塩素濃度の保持は、衛生上の措置（水道法第 22 条、水道法施行規則第 17 条）において規定されている。

(2) 給水栓における水は、遊離残留塩素 0.1mg/L 以上（結合残留塩素の場合は 0.4mg/L 以上）を含まれなければならない。

(3) 水道の消毒剤として、次亜塩素酸ナトリウムのほか、液化塩素や次亜塩素酸カルシウムが使用されている。

(4) 残留塩素濃度の簡易測定法として、ジエチル -p- フェニレンジアミン（DPD）と反応して生じる青色を標準比色液と比較する方法がある。

01-2
難易度 ★

水道法第 4 条に規定する水質基準に関する次の記述の正誤の組み合わせのうち、適当なものはどれか。

ア 病原生物をその許容量を超えて含まないこと。

イ シアン、水銀その他の有毒物質を含まないこと。

ウ 消毒による臭味がないこと。

エ 外観は、ほとんど無色透明であること。

	ア	イ	ウ	エ
(1)	正	誤	正	誤
(2)	誤	正	誤	正
(3)	正	誤	誤	正
(4)	誤	正	正	誤

- 諏訪のアドバイス -

○水道水に混入するおそれのある化学物質

①**カドミウム**：腎不全、骨軟化症

②**水銀**：記憶障害、神経障害～、③**鉛**：神経障害、腎臓障害～

④**ヒ素**：皮膚の障害、皮膚ガン

⑤**シアン**：呼吸困難～、⑥**フッ素**：斑状歯

skc

01-1

出題頻度 `05-2` `04-3` `03-11` `02-3` `29-2` `28-2` `25-3` `23-3` `22-3`　　重要度 ★★

text. P.17〜18

消毒、残留塩素に関する問題である。

(1)、(2)　法 22 条では、「**消毒**その他衛生上の措置を講じる。」ことが規定され、これを受けて、則 17 条 1 項③号において、「給水栓における水が遊離残留塩素を **0.1mg/L**（結合残留塩素の場合は **0.4mg/L**）以上保持するよう**塩素**消毒をすること。」と規定する。**よく出る** ともに適当な記述である。

(3)　一般に水道水の消毒に使用される塩素剤には、①**液化塩素**、②**次亜塩素酸ナトリウム**、③**次亜塩素酸カルシウム**の 3 種類がある。適当な記述である。

(4)　残留塩素濃度の簡易測定法としては、残留塩素が**ジエチル -P- フェニレンジアミン**（DPD）と反応して発色 桃〜桃赤色 を標準比色液と比較（比色）して測定する方法がある。**よく出る** 不適当な記述である。
したがって、不適当 なものは(4)である。　　　　　　　　　　　　　　□**正解(4)**

> 要点：残留塩素濃度の測定方式として，**オルトトリジン**（ot）法（試薬は**黄色**を呈する）があったが，発がん性の疑いで使用が中止された。

01-2

出題頻度 `03-2` `30-1` `29-3` `26-2` `24-2` `23-2` `21-2`　　重要度 ★★

text. P.12,30

水道法 4 条 1 項の水質基準の要件に関する問題である。

ア　**病原生物に汚染され**、または**病原生物に汚染されたことを疑わせるような生物**もしくは物質を含むものでないこと（同項②号）。誤った記述である。

イ　**シアン、水銀**その他の有害物質を含まないこと（同②号）。正しい記述である。

ウ　**異常な臭味がないこと**。ただし、消毒による臭味を除く（同⑤号）。誤った記述である。

エ　**外観は、ほとんど無色透明であること**（同⑥号）。正しい記述である。
したがって、適当な組み合わせな(2)である。　　　　　　　　　　　　□**正解(2)**

> 要点：同③号：**銅**，**鉄**，**弗素**，フェノールその他の物質をその許容量を超えて含まないこと。

01-3 難易度 ★

平成 8 年 6 月埼玉県越生町において、水道水が直接の感染経路となる**集団感染**が発生し、約 8,800 人が下痢等の症状を訴えた。この主たる原因として、次のうち、適当なものはどれか。

(1) 病原性大腸菌 O-157
(2) 赤痢菌
(3) クリプトスポリジウム
(4) ノロウイルス

2. 水道行政

01-4 難易度 ★

簡易専用水道の管理に関する次の記述の ☐ 内に入る語句の組み合わせのうち、適当なものはどれか。

簡易専用水道の ア は、水道法施行規則第 55 条に定める基準に従い、その水道を管理しなければならない。この基準として、イ の掃除を ウ 以内ごとに 1 回定期に行うこと、イ の点検など、水が汚染されるのを防止するために必要な措置を講じることが定められている。

簡易専用水道の ア は、ウ 以内ごとに 1 回定期に、その水道の管理について地方公共団体の機関又は厚生労働大臣の エ を受けた者の検査を受けなければならない。

	ア	イ	ウ	エ
(1)	設　置　者	水　槽	1 年	登　録
(2)	水道技術管理者	給水管	1 年	指　定
(3)	設　置　者	給水管	3 年	指　定
(4)	水道技術管理者	水　槽	3 年	登　録

01-3 出題頻度 `28-1`, `25-1`, `24-1`　　　　重要度　★
　　　　　　　　　　　　　　　　　　　　　　text. P.20〜21

水系感染症の事故例の問題である。

(3) 我が国で初めて水道を介して集団感染となったものである。　平成8年（1996年）6月に埼玉県**越生町**住民 13,000 人のうち、約 8,800 人に集団下痢、腹痛が発生した。これは、寄生性原虫**クリプトスポリジウム**が混入した排水が渇水期の川に流れ込み、これを取水した水道施設が感染経路となったものである。

したがって、適当なものは(3)である。　　　　　　　　□**正解(3)**

要点：**クリプトスポリジウム：塩素消毒に対して抵抗性を示す**が，加熱，冷凍，乾燥には弱い。

01-4 出題頻度 `05-5`, `04-5`, `02-5`, `24-10`, `21-9`, `20-1`　　重要度　★★
　　　　　　　　　　　　　　　　　　　　　　　　　　　　　text. P.10,47

簡易専用水道の管理基準に関する問題である。

① 簡易専用水道の **設置者** は、水道法施行規則第 55 条に定める基準に従い、その水道を管理しなければならない。この基準として、**水槽** の **掃除** を **1年** 以内ごとに **1回定期** に行うこと（則 55 条①号）、**水槽** の点検等有害物、汚水等によって水が汚染されるのを防止するために必要な措置を講ずること（同則②号）等が規定されている。

② 簡易専用水道の **設置者** は、当該簡易専用水道の管理について、厚生労働省令（則 56 条）の定めるところにより、定期（ **1年** 以内ごとに1回とする）に、地方公共団体の機関または厚生労働大臣の **登録** を受けた者の **検査** を受けなければならない（法 34 条の 2 第 2 項）。

したがって、適当な組み合わせは(1)である。　　　　　　□**正解(1)**

要点：貯水槽水道が設置される場合においては，貯水槽水道に関し，水道事業者及び当該**貯水槽水道の設置者の責任に関する事項**が，適正かつ明確に定められていること。

check □□□

01- 5
難易度 ★

給水装置及び**給水装置工事**に関するの次の記述のうち、不適当なものはどれか。

(1) 給水装置工事とは給水装置の設置又は変更の工事をいう。つまり，給水装置を新設、改造、修繕、撤去する工事をいう。

(2) 工場生産住宅に工場内で給水管及び給水装置を設置する作業は、給水用具の製造工程であり給水装置工事に含まれる。

(3) 水道メーターは、水道事業者の所有物であるが、給水装置に該当する。

(4) 給水用具には、配水管からの分岐器具、給水管を接続するための継手が含まれる。

01- 6
難易度 ★

給水装置工事主任技術者の職務に該当する次の記述の正誤の組み合わせのうち、適当なものはどれか。

ア 給水管を配水管から分岐する工事を施行しようとする場合の配水管の布設位置の確認に関する水道事業者との連絡調整

イ 給水装置工事に関する技術上の管理

ウ 給水装置工事に従事する者の技術上の指導監督

エ 給水装置工事を完了した旨の水道事業者への連絡

	ア	イ	ウ	エ
(1)	正	誤	正	誤
(2)	正	正	誤	正
(3)	誤	正	正	誤
(4)	正	正	正	正

01-5

出題頻度　05- 6 ・30- 7 ・29- 9 ・27- 8 ・25- 4 ・24- 6 ・21- 4　　重要度 ★★
text. P.29

給水装置、給水装置工事に関する問題である。

(1)　給水装置工事とは、給水装置の**設置**（**新設**）又は**変更**（**改造、修繕、撤去**）の工事をいう。つまり、給水装置を新設し、修繕し、交換し、廃止し、又は拡張するための工事全体を給水装置工事という。適当な記述である。

(2)　製造工場内で、管、継手、弁等を用いて湯沸器やユニットバス等を組み立てる作業や**工場生産住宅に工場内で給水管及び給水用具を設置する作業は、給水用具の製造工程であり、給水装置工事ではない。** よく出る　不適当な記述である。

(3)、(4)　給水用具とは、配水管からの**分岐器具**、給水管を接続するための**継手**、給水管路の途中に設けられる弁類や湯沸器等及び給水管路の末端に設けられる給水栓、ボールタップ等がある。**水道メーターも給水用具**に該当するが、**水道事業者の所有物**である。 よく出る (3)、(4)とも適当な記述である。

したがって、不適当なものは(2)である。　　　　　　　□**正解(2)**

> 要点：**製造工場内**で，管，継手，弁等を用いて湯沸器やユニットバス等を組み立てる作業や**工場生産住宅**に**工場内**で給水管，給水用具を設置する作業は，**給水用具の製造工程であり，給水装置工事ではない。**

01-6

出題頻度　03- 7 ・02-36 ・29- 7 ・28- 7 ・27- 7 ・25-10 ・24- 5　　重要度 ★★★
text. P.52〜55

給水装置工事主任技術者の職務に関する問題である。

ア、エ　配水管から分岐して給水管を設ける工事を施行しようとする場合における**配水管の位置の確認**に関する（水道事業者との）**連絡調整**（則23条①号）、給水装置工事を**完了した旨の**（水道事業者への）**連絡**（同則③号）と規定する。 よく出る ア、エとも正しい記述である。

イ、ウ　給水装置工事主任技術者は、給水装置工事に関する**技術上の管理**（法25条の4第3項①号）、給水装置工事に**従事する者の技術上の指導監督**（同項②号）と規定する。 よく出る イ、ウとも正しい記述である。

したがって、適当な組み合わせは(4)である。　　　　　　□**正解(4)**

> 要点：給水装置工事に係る給水装置の構造及び材質が法16条の政令で定める**基準に適合しているか**の確認（25条の4第3項③号）。

check □□□

275

01-7　指定給水装置工事事業者制度に関する次の記述のうち、不適当なものはどれか。

難易度　★

(1)　水道事業者による指定給水装置工事事業者の指定の基準は、水道法により水道事業者ごとに定められている。

(2)　指定給水装置工事事業者は、給水装置工事主任技術者及びその他の給水装置工事に従事する者の給水装置工事の施行技術の向上のために、研修の機会を確保するよう努める必要がある。

(3)　水道事業者は、指定給水装置工事事業者の指定をしたときは、遅滞なく、その旨を一般に周知させる措置をとる必要がある。

(4)　水道事業者は、その給水区域において給水装置工事を適正に施行することができると認められる者の指定をすることができる。

01-8　水道法第 15 条の給水義務に関する次の記述のうち、不適当なものはどれか。

難易度　★

(1)　水道事業者は、当該水道により給水を受ける者に対し、災害その他正当な理由がありやむを得ない場合を除き、常時給水を行う義務がある。

(2)　水道事業者の給水区域内で水道水の供給を受けようとする住民には、その水道事業者以外の水道事業者を選択する自由はない。

(3)　水道事業者は、当該水道により給水を受ける者が料金を支払わないときは、供給規程の定めるところにより、その者に対する給水を停止することができる。

(4)　水道事業者は、事業計画に定める給水区域内の需要者から給水契約の申し込みを受けた場合には、いかなる場合であっても、これを拒んではならない。

01-7 出題頻度 `28- 6` `27- 9` `26- 9` `25- 5` `24- 4` `23- 5`　重要度　★★★
　　　　　　　　　　　　　　　　　　　　　　　　　　　　　　　text. P.48 〜 57

指定給水装置工事事業者制度に関する問題である。

(1)　指定給水装置工事事業者制度は、給水装置が政令で定める給水装置の構造及び材質の基準に適合することを確保するため、**給水装置工事事業者を指定することを法制化する**とともに、給水装置工事主任技術者の国家資格を創設した。国による指定要件の統一化としたことにより水道事業者ごとのような指定としない。不適当な記述である。

(2)　指定給水装置工事事業者は、給水装置工事主任技術者及びその他の給水装置工事に従事する者の給水装置工事の施行技術の向上のために、**研修の機会を確保**するよう努める必要がある（則 36 条④号）。適当な記述である。

(3)　水道事業者は、指定給水装置工事事業者の**指定をしたときは、遅滞なく、その旨を一般に周知**させる措置をとる必要がある（法 25 条の 3 第 2 項）。適当な記述である。

(4)　水道事業者は、当該水道事業者の給水区域において、給水装置工事を適正に施行できると**認められる者を指定することができるる**（法 16 条の 2）。適当な記述である。

したがって、不適当なものは(1)である。　　　　　　　　　　　□**正解(1)**

要点：工事事業者の**指定**は，5 年ごとに更新を受けなければ**失効**する（法 25 条の 3 の 2）。

01-8 出題頻度 `05- 8` `02- 9` `28- 9` `27- 6` `25- 8` `23- 9` `22-10`　重要度　★★
　　　　　　　　　　　　　　　　　　　　　　　　　　　　　　　text. P.35

給水義務に関する問題である。**よく出る**

(1)　水道事業者は当該水道により給水を受ける者に対し、**常時水を供給しなければならない。**ただし、**法 40 条 1 項の規定による水の供給命令を受けた場合又は災害その他正当な理由があってやむを得ない場合**には、給水区域の全部又は一部につきその間**給水を停止**することができる（法 15 条 2 項）。**よく出る** 適当な記述である。

(2)　水道事業者は、水道法に基づき事業経営の認可を取得することにより、**地域独占で事業**を行う特許を与えられている。そのため、**水道の利用者は、水道事業者を自由に選ぶことができない**（問題 01 − 9 解説参照）。適当な記述である。

(3)　水道事業者は、当該水道により給水を受ける者が、**料金を支払わないとき**、正当な理由なしに**給水装置の検査を拒んだとき**、その他正当な理由があるとき、その者に対する**給水を停止**することができる（同法 3 項）。適当な記述である。

(4)　水道事業者は、事業計画に定める給水区域の需要者から**給水契約の申込みを受けたときは、正当な理由がなければこれを拒んではならない**（同法 1 項）。不適当な記述である。

したがって、不適当なものは(4)である。　　　　　　　　　　　□**正解(4)**

要点：水道事業者の**認可**制度は，水道の利用者が水道事業者を自由に選ぶことができないので，その**利益を保護**するために設けている。

check □□□

01- 9
難易度 ★★

水道法に規定する**水道事業等の認可**に関する次の記述の正誤の組み合わせのうち、適当なものはどれか。

ア　水道法では、水道事業者を保護育成すると同時に需要者の利益を保護するために、水道事業者を監督する仕組みとして、認可制度をとっている。

イ　水道事業者の認可制度によって、複数の水道事業者の給水区域が重複することによる不合理・不経済が回避される。

ウ　水道事業を経営しようとする者は、市町村長の認可を受けなければならない。

エ　水道用水供給事業者については、給水区域の概念はないので認可制度をとっていない。

	ア	イ	ウ	エ
(1)	正	正	誤	誤
(2)	誤	誤	正	正
(3)	正	誤	正	誤
(4)	誤	正	誤	正

出題頻度 05-7 , 03-6 , 29-4 , 28-4 , 26-7　　　重要度 ★★
text. P.31

水道事業、水道用水供給事業の認可に関する問題である。

ア、ウ、エ　水道法において、水道事業者を**地域独占事業**として経営する権利を国（厚生労働大臣）が与え、水道の布設及び管理を適正かつ合理的ならしめるとともに、**水道の基盤を強化**できるようにするとともに、地域独占の水道事業を利用せざるを得ない需要者の利益を保護するため、**国が水道事業を監督する仕組み**として**認可制度**としている（法6条）。**水道用水供給事業**についても、水道事業の認可にある給水区域の概念はないが、**水道事業の機能の一部を代替する**ものであることから同様に認可制度としている（法26条）。アは正しく、ウ、エは誤った記述である。

イ　水道事業の **地域独占認可制度** により、水道事業者の**給水区域が重複することによる不合理、不経済が回避**され、有効な水資源の公平な配分の実現が図られ、水を利用する需要者（国民）の利益を保護することとしている（法8条参照）。正しい記述である。

したがって、適当な組み合わせは(1)である。　　　　　　　　　　**□正解(1)**

要点：水道事業者は，給水区域内で水道水の供給を受けようとする者の給水の申込みに応じなければならない義務（**給水契約受諾義務**）及び水道利用者に対する**常時給水義務**が課されている。

---

check □□□

3. 給水装置工事法

01-10
難易度 ★★

水道法施行規則第36条の指定給水装置工事事業者の事業の運営に関する次の記述の ☐ 内に入る語句の組み合わせのうち、適当なものはどれか。

「適切に作業を行うことができる技能を有する者」とは、配水管への分水栓の取付け、配水管の ア 、給水管の接合等の配水管から給水管を分岐する工事に係る作業及び当該分岐部から イ までの配管工事に係る作業について、 ウ その他の地下埋設物に変形、破損その他の異常を生じさせないよう、適切な資機材、工法、地下埋設物の防護の方法を選択し、 エ を実施できる者をいう。

	ア	イ	ウ	エ
(1)	維持管理	止水栓	当該給水管	技術上の管理
(2)	穿孔	水道メーター	当該配水管	正確な作業
(3)	維持管理	水道メーター	当該給水管	正確な作業
(4)	穿孔	止水栓	当該配水管	技術上の管理

01-11
難易度 ★★

サドル付分水栓の穿孔施工に関する次の記述の正誤の組み合わせのうち、適当なものはどれか。

ア サドル付分水栓を取付ける前に、弁体が全閉状態になっているか、パッキンが正しく取付けられているか、塗装面やねじ等に傷がないか等を確認する。

イ サドル付分水栓は、配水管の管軸頂部にその中心線が来るように取付け、給水管の取出し方向及びサドル付分水栓が管軸方向から見て傾きがないことを確認する。

ウ 穿孔中はハンドルの回転が軽く感じられる。穿孔の終了に近づくとハンドルの回転は重く感じられるが、最後まで回転させ、完全に穿孔する。

エ 電動穿孔機は、使用中に整流ブラシから火花を発し、また、スイッチのON・OFF時にも火花を発するので、ガソリン、シンナー、ベンジン、都市ガス、LPガス等引火性の危険物が存在する環境の場所では絶対に使用しない。

	ア	イ	ウ	エ
(1)	正	誤	誤	正
(2)	誤	正	正	誤
(3)	正	誤	正	誤
(4)	誤	正	誤	正

skc

01-10 出題頻度 `29-7` `28-7` 重要度 ★★
text. P.57,63

事業の運営（則36条）に関する問題である。

「**配水管から分岐して給水管を設ける工事**及び**給水管の配水管への取付口から** **水道メーター** **までの工事**を施工する場合において、当該配水管及び他の地下埋設物に変形、破損その他の異常を生じさせることがないよう**適切に作業を行うことができる技能を有する者**を従事させ、又はその者に当該工事に従事する他の者を実施に**監督**させること（則36条1項②号）」と規定する。

この「**適切に作業を行うことができる技能を有する者**」とは、配水管への分水栓の取付け、配水管の **穿孔** 、給水管の接合等配水管から給水管を分岐する工事にかかる作業について、**当該配水管** その他の地下埋設物に変形、破損その他の異常を生じさせることのないよう適切な資機材、工法、地下埋設物の防護の方法を選択し、**正確な作業** を実施することができる者をいう。

したがって、適当な組み合わせは(2)である。　　　　　　　**正解(2)**

要点：異形管及び継手から給水管の取出しは行わない。

01-11 出題頻度 `04-11` `02-11` `02-12` `30-10` `29-11` `27-11` `27-12` `26-12` `25-15` `24-11` 重要度 ★★★
text. P.66～68

サドル付分水栓穿孔に関する問題である。

ア　サドル付分水栓を取付ける前に、弁体が **全開状態** になっているか、パッキンが正しく取付けられているか、塗装面やねじ等に傷がないか等、サドル付分水栓が正常かどうかを確認する。**よく出る** 誤った記述である。

イ　サドル付分水栓は、配水管の**管軸頂部にその中心線が来るように取付け**、給水管の取出し方向及びサドル付分水栓が**管軸方向から見て傾きがない**ことを確認する。正しい記述である。

ウ　**穿孔中はハンドルの回転が重く感じるが、穿孔が終了するとハンドルは軽くなる**ので、最後まで回転させ、完全に穿孔する。誤った記述である。

エ　**電動穿孔機**は、使用中に整流ブラシから火花を発し、また、**スイッチの** **ON・OFF** 時にも火花が発するので、ガソリン、シンナー、ベンジン、都市ガス、LP ガス等**引火性の危険物が存在する環境の場所では絶対に使用しない**。正しい記述である。

したがって、適当な組み合わせは(4)である。　　　　　　　**□正解(4)**

要点：サドル付分水栓の取付け位置を変えるときは，サドル取付ガスケットを保護するため，**サドル付分水栓を持ち上げて移動させる。**

check □□□

01-12 難易度 ★★

給水管の埋設深さ及び占用位置に関する次の記述のうち、不適当なものはどれか。

(1) 道路を縦断して給水管を埋設する場合は、ガス管、電話ケーブル、電気ケーブル、下水道管等の他の埋設物への影響及び占用離隔に十分注意し、道路管理者が許可した占用位置に配管する。

(2) 浅層埋設は、埋設工事の効率化、工期の短縮及びコスト縮減等の目的のため、運用が開始された。

(3) 浅層埋設が適用される場合、歩道部における水道管の埋設深さは、管路の頂部と路面との距離は 0.3m 以下としない。

(4) 給水管の埋設深さは、宅地内にあっては 0.3m 以上を標準とする。

01-13 難易度 ★★

水道配水用ポリエチレン管の EF 継手による接合に関する次の記述のうち、不適当なものはどれか。

(1) 継手と管融着面の挿入範囲をマーキングし、この部分を専用工具（スクレーパ）で切削する。

(2) 管端から 200mm 程度の内外面及び継手本体の受口内面やインナーコアに付着した油・砂等の異物をウエス等で取り除く。

(3) 管に挿入標線を記入後、継手をセットし、クランプを使って、管と継手を固定する。

(4) コントローラのコネクタを継手に接続のうえ、継手バーコードを読み取り通電を開始し、融着終了後、所定の時間冷却確認後、クランプを取り外す。

01-12 出題頻度 05-12 , 02-13 , 30-13 , 28-17 , 25-13　　　重要度　★★
text. P.97～99

給水管の埋設と占用位置に関する問題である。

(1) 道路を縦断して給水管を埋設する場合は、ガス管、電話ケーブル、電気ケーブル、下水道管等の他の埋設物への影響及び占用離隔に十分注意し、**道路管理者が許可した占用位置**に配管する。適当な記述である。

(2) **浅層埋設**は、**埋設工事の効率化、工期の短縮**及び**コスト縮減**等の目的のため、運用が開始された。適当な記述である。

(3) 浅層埋設がされる場合の**歩道における管路の頂部と路面との距離は 0.5m 以下としない**としている。不適当な記述である。

(4) 給水管の埋設深さは、**宅地内**にあっては **0.3m 以上**を標準とする。

したがって、不適当なものは(3)である。　　　　　　　　□**正解(3)**

> 要点:浅層化は,各々の地域の実情に合わせた一定の条件を設けているので, 道路管理者に確認する。

01-13 出題頻度 30-13 , 28-17 , 25-13　　　重要度　★
text. P.75～76

給水配水用ポリエチレン管の EF 継手に関する問題である。

(1) 継手と管融着面の**挿入範囲をマーキング**し、この部分を**専用工具（スクレーパ）で切削**する。適当な記述である。

(2) 継手内面と管外面を**エタノール**又は**アセトン**を浸み込ませた**専用ペーパータオル**で清掃する（設問は、メカニカル継手による接合の場合である。）。不適当な記述である。

(3) 管に**挿入標線**を記入後、継手をセットし、**クランプ**を使って、**管と継手を固定する**。適当な記述である。

(4) **コントローラのコネクタ**を継手に接続のうえ、**継手バーコードを読み取り通電を開始**し、融着終了後、所定の時間冷却確認後、クランプを取り外す。適当な記述である。

したがって、不適当なものは(2)である。　　　　　　　　□**正解(2)**

> 要点：EF 継手は, 接合方法が**マニュアル化**されているため, 長尺の陸継ぎができる。

01-14

難易度 ★

給水管の**配管工事**に関する次の記述のうち、不適当なものはどれか。

(1) 水圧、水撃作用等により給水管が離脱するおそれがある場所にあっては、適切な離脱防止のための措置を講じる。

(2) 給水管の配管にあたっては、事故防止のため、他の埋設物との間隔を原則として 20cm以上確保する。

(3) 給水装置は、ボイラー、煙道等高温となる場所、冷凍庫の冷凍配管等に近接し凍結のおそれのある場所を避けて設置する。

(4) 宅地内の配管は、できるだけ直線配管とする。

01-15

難易度 ★★

給水管の**配管工事**に関する次の記述のうち、不適当なものはどれか。

(1) ステンレス鋼鋼管の曲げ加工は、ベンダーにより行い、加熱による焼曲げ加工等は行ってはならない。

(2) ステンレス鋼鋼管の曲げの最大角度は、原則として 90°（補角）とし、曲げ部分にしわ、ねじれ等がないようにする。

(3) 硬質銅管の曲げ加工は、専用パイプベンダーを用いて行う。

(4) ポリエチレン二層管（1 種管）の曲げ半径は、管の外径の 20 倍以上とする。

01-14 出題頻度 05-16 , 05-17 , 04-17 , 03-16 , 02-17 , 30-16 , 30-18 　重要度 ★
29-12 , 29-18 , 29-19 , 28-18 , 27-19 , 25-17 　**text.** P.88〜89

配管工事の留意点に関する問題である。

(1) **水圧、水撃作用**等により給水管が離脱するおそれがある場所にあっては、適切な**離脱防止**のための措置を講じる。適当な記述である。

(2) 給水管の配管にあっては、事故防止のため、他の埋設物との間隔を原則として 30cm 以上確保する。 **よく出る** 不適当な記述である。

(3) 給水装置は、ボイラー、煙道等**高温となる場所**、冷凍庫の冷凍配管等に近接して**凍結のおそれのある場所を避けて設置**する。適当な記述である。

(4) 宅地内配管等は、将来の取り替え、漏水修理等の維持管理を考慮し、できるだけ**直線配管**とする。適当な記述である。
したがって、不適当なものは(2)である。　　　　　　　　　□**正解(2)**

要点：高水圧を生じるおそれがある場所には**減圧弁**を，空気溜りを生じるおそれがある場所にあっては，**空気弁**を設置する。

01-15 出題頻度 02-19 , 30-18 , 29-19 　重要度 ★★
　　　　　　　　　　　　　　　　　　　　　　　　　　text. P.71〜85

各種配管工事に関する問題である。

(1) **ステンレス鋼鋼管**の曲げ加工は、ベンダーにより行い、加熱による**焼曲げ加工**等は行ってはならない。適当な記述である。

(2) ステンレス鋼鋼管の曲げの最大角度は、原則として **90°（補角）** とし、曲げ部分にしわ、ねじれ等がないようにする。適当な記述である。

(3) **硬質銅管は、曲げ加工は行わない**。不適当な記述である。

(4) ポリエチレン二層管（1種管）の曲げ半径は、管の外径の **20 倍以上**とする。 **よく出る** 適当な記述である。
したがって、不適当なものは(3)である。　　　　　　　　　□**正解(3)**

※ 02-19(1)では PP の1種管の曲げ半径は、日本ポリエチレンパイプシステム協会規格は「**25 倍以上**」、日本産業規格では「**20 倍以上**」としている。どちらも正しいものとしている。

要点：ダクタイル鋳鉄管の滑剤は，**ダクタイル継手用滑剤**を使用し，グリース等の**油剤類は絶対に使用を避ける**。

01-16 　給水管の明示に関する次の記述の正誤の組み合わせのうち、適当なものはどれか。

難易度 ★

ア　道路部分に布設する口径 75mm 以上の給水管には、明示テープ等により管を明示しなければならない。

イ　道路部分に埋設する管などの明示テープの地色は、道路管理者ごとに定められており、その指示に従い施工する必要がある。

ウ　道路部分に給水管を埋設する際に設置する明示シートは、指定する仕様のものを任意の位置に設置する。

エ　宅地部分に布設する給水管の位置については、維持管理上必要がある場合、明示杭等によりその位置を明示する。

	ア	イ	ウ	エ
(1)	誤	誤	正	正
(2)	正	誤	誤	正
(3)	誤	正	誤	誤
(4)	正	誤	誤	誤

01-17 　水道メーターの設置に関する次の記述のうち、不適当なものはどれか。

難易度 ★

(1)　水道メーターの設置に当たっては、メーターに表示されている流水方向の矢印を確認したうえで水平に取付ける。

(2)　水道メーターの設置は、原則として道路境界線に最も近接した宅地内で、メーターの計量及び取替作業が容易であり、かつ、メーターの損傷、凍結等のおそれがない位置とする。

(3)　メーターますは、水道メーターの呼び径が 50mm 以上の場合はコンクリートブロック、現場打ちコンクリート、鋳鉄製等で、上部に鉄蓋を設置した構造とするのが一般的である。

(4)　集合住宅等の複数戸に直結増圧式等で給水する建物の親メーターにおいては、ウォーターハンマを回避するため、メーターバイパスユニットを設置する方法がある。

01-16　出題頻度 `02-14` , `28-13` , `25-14` , `24-19` , `23-12` , `21-12`

重要度 ★★
text. P.99 〜 101

給水管の明示に関する問題である。

ア　道路部分に布設する**口径75mm以上**の給水管には、**明示テープ**等により管を明示しなければならない。正しい記述である。

イ　埋設管の明示に用いるビニルテープ等の 地色は、全国的に統一されている ので、これによるものとする。誤った記述である。

ウ　道路内に給水管を埋設する際の、明示シートの設置位置は、水道事業者の指定する 仕様のもの を、指示された位置に設置 しなければならない。誤った記述である。

エ　**宅地部分**に布設する給水管の位置については、維持管理上将来的に不明となるおそれに備え、事故を未然に防止するため、**明示杭**等によりその位置を明示する。正しい記述である。

したがって、適当な組み合わせは(2)である。　　　　　　　□**正解(2)**

> 要点：明示テープには，埋設物名称，管理者，埋設年度を表示しなければならない。

01-17　出題頻度 `04-14` , `03-14` , `02-15` , `30-15` , `28-15` , `26-14` , `24-12` , `23-13`

重要度 ★★★
text. 89 〜 92

水道メーターの設置に関する問題である。**よく出る**

(1)　水道メーターの設置に当っては、**メーターに表示されている流水方向の矢印を確認したうえで水平**に取付ける。適当な記述である。

(2)　水道メーターの設置は、原則として**道路境界線に最も近接した宅地内**で、メーターの計量及び取替作業が容易であり、かつ、メーターの損傷、凍結等のおそれがない位置とする。適当な記述である。

(3)　メーターますは、呼び径13 〜 40mm**の水道メーターの場合は、鋳鉄製、プラスチック製、コンクリート製とし、呼び径50mm以上の水道メーターの場合は、コンクリートブロック、現場打ちコンクリート、鋳鉄製**等で、上部に鉄蓋を設置した構造とするのが一般的である。適当な記述である。

(4)　集合住宅等の複数戸に直結増圧式等で給水する建物の親メーターあるいは直結給水の商業施設等では、**水道メーター取替え時に断水による影響を回避するため**、メーターバイパスユニット を設置する方法がある。不適当な記述である。

したがって、不適当なものは(4)である。　　　　　　　□**正解(4)**

> 要点：最近の新築集合住宅等の建物では各戸メーターの接続に**メーターユニット**が多く用いられている。

check □□□

01-18 難易度 ★★ 　給水装置の**異常現象**に関する次の記述の正誤の組み合わせのうち、適当なものはどれか。

ア　給水管に硬質塩化ビニルライニング鋼管を使用していると，亜鉛メッキ鋼管に比べて、内部にスケール（赤錆）が発生しやすく、年月を経るとともに給水管断面が小さくなるので出水不良を起こす。

イ　水道水は、無味無臭に近いものであるが、塩辛い味、苦い味、渋い味等が感じられる場合は、クロスコネクションのおそれがあるので、飲用前に一定時間管内の水を排水しなければならない。

ウ　埋設管が外力によってつぶれ小さな孔があいてしまった場合、給水時にエジェクタ作用によりこの孔から外部の汚水や異物を吸引することがある。

エ　給水装置工事主任技術者は、需要者から給水装置の異常を告げられ、依頼があった場合は、これらを調査し、原因究明とその改善を実施する。

	ア	イ	ウ	エ
(1)	誤	正	誤	正
(2)	正	正	誤	誤
(3)	誤	誤	正	正
(4)	正	誤	正	誤

01-19 難易度 ★★★ 　**消防法の適用を受けるスプリンクラー**に関する次の記述の正誤の組み合わせのうち、適当なものはどれか。

ア　水道直結式スプリンクラー設備は、消防法令に適合すれば、給水装置の構造及び材質の基準の適合しなくてもよい。

イ　平成19年の消防法改正により、一定規模以上のグループホーム等の小規模社会福祉施設にスプリンクラーの設置が義務付けられた。

ウ　水道直結式スプリンクラー設備の設置に当たり、分岐する配水管からスプリンクラーヘッドまでの水理計算及び給水管、給水用具の選定は、消防設備士が行う。

エ　乾式配管方式の水道直結式スプリンクラー設備は、消火時の水量をできるだけ多くするため、給水管分岐部と電動弁との間を長くすることが望ましい。

	ア	イ	ウ	エ
(1)	誤	正	正	誤
(2)	正	誤	正	誤
(3)	誤	正	誤	正
(4)	正	誤	誤	正

01-18

出題頻度 `05-14` `03-18` `02-16` `28-14` `25-16`　　重要度 ★★★

text. P.107〜110

給水装置の維持管理に関する問題である。

ア　**亜鉛めっき鋼管**などを使用している給水管は、内部にスケール（赤錆）が発生しやすく、年月を経るとともに、**給水管断面が小さくなる**ので出水不良を起こす。このような場合は、管の布設替えが必要となる。誤った記述である。

イ　水道水は、通常無味無臭に近いものであるが、給水管からの水が普段と異なる場合は、工場排水、下水、薬品などの混入が考えられる。塩辛い味、苦い味、渋い味、酸味、甘味等が感じられる場合は、**クロスコネクション**のおそれがあるので、**ただちに飲用を停止する**。誤った記述である。

ウ　埋設管が外力によってつぶれ小さい孔があいてしまった場合、給水時に**エジェクタ作用**によりこの孔から外部の**汚水や異物を吸引する**ことがある。正しい記述である。

エ　給水装置工事主任技術者は、需要者から**給水装置の異常**を告げられ、**依頼があった場合**は、これらを調査し、**原因究明とその改善を実施**する。正しい記述である。

したがって、適当な組み合わせは(3)である。　　□**正解(3)**

> 要点：鉄，銅等の材質を使用している配管の場合では，朝の使い始めの水は溶出が多く，なるべく雑用水などの飲用以外に使用する。

01-19

出題頻度 `05-15` `04-15` `03-19` `02-18` `30-19` `29-14` `27-16` `26-16`　重要度 ★★

text. P.92〜93

水道直結式スプリンクラー設備に関する問題である。

ア　水道直結式スプリンクラー設備の工事は、消防法令適合品を使用するとともに、基準省令に適合した給水管、給水用具であり、かつ、設置された設備は、構造材質基準に適合する構造であること。誤った記述である。

イ　平成19年（2007年）の消防法改正により、一定規模の**小規模社会福祉施設等にスプリンクラーの設置が義務付けられ**、この施設について給水装置に直結する「特定施設水道直結型スプリンクラー設備」の設置も認められた。正しい記述である。

ウ　水道直結式スプリンクラー設備の設置にあたり、分岐する**配水管からスプリンクラーヘッドまでの水理計算**及び**給水管、給水用具の選定**は、消防設備士が行う。正しい記述である。

エ　**乾式配管方式**のスプリンクラー設備においては、給水管の分岐から電動弁までの**停滞水をできるだけ少なくする**ため、給水管分岐部と電動弁との間をなるべく短くすることが望ましい。 **よく出る** 誤った記述である。

したがって、適当な組み合わせは(1)である。　　□**正解(1)**

check □□□

4. 給水装置の構造及び性能

01-20
難易度 ★★

水道法の規定に関する次の記述のうち、不適当なものはどれか。

⑴ 水道事業者は、当該水道によって水の供給を受ける者の給水装置の構造及び材質が、政令で定める基準に適合していないときは、その基準に適合させるまでの間その者に対する給水を停止することができる。

⑵ 給水装置の構造及び材質の基準は、水道法第 16 条に基づく水道事事業者による給水契約の拒否や給水停止の権限を発動するか否かの判断に用いるためのものであるから、給水装置が有するべき必要最小限の要件を基準化している。

⑶ 水道事業者は、給水装置工事を適正に施行することができると認められる者の指定をしたときは、供給規程の定めるところにより、当該水道によって水の供給を受ける者の給水装置が当該水道事業者又は当該指定を受けた者（以下、「指定給水装置工事事業者」という。）の施行した給水装置工事に係るものであることを供給条件とすることができる。

⑷ 水道事業者は、当該給水装置の構造及び材質が政令で定める基準に適合していることが確認されたとしても、給水装置が指定給水装置工事事業者の施行した給水装置工事に係るものでないときは、給水を停止することができる。

01-21
難易度 ★★★

給水装置の構造及び材質の基準に定める耐圧に関する基準（以下、本問においては「耐圧性能基準」という。）及び厚生労働大臣が定める耐圧に関する試験（以下、本問においては「耐圧性能試験」という。）に関する次の記述のうち、不適当なものはどれか。

⑴ 給水装置は、耐圧性能試験により 1.75 メガパスカルの静水圧を 1 分間加えたとき、水漏れ、変形、破損その他の異常を生じないこととされている。

⑵ 耐圧性能基準の適用対象は、原則としてすべての給水管及び給水用具であるが、大気圧式バキュームブレーカ、シャワーヘッド等のように最終の止水機構の流出側に設置される給水用具は、高水圧が加わらないことなどから適用対象から除外されている。

⑶ 加圧装置は、耐圧性能試験により 1.75 メガパスカルの静水圧を 1 分間加えたとき、水漏れ、変形、破損その他の異常を生じないこととされている。

⑷ パッキンを水圧で圧縮することにより水密性を確保する構造の給水用具は、耐圧性能試験により 1.75 メガパスカルの静水圧を 1 分間加えたとき、水漏れ、変形、破損その他の異常を生じない性能を有するとともに、20 キロパスカルの静水圧を 1 分間加えたとき、水漏れ、変形、破損その他の異常を生じないこととされている。

skc

01-20 出題頻度 05-20 , 04-20 , 28-24　　　　重要度 ★★
text. P.36,38

給水装置の構造及び材質の規定に関する問題である。

(1) 水道事業者は、当該水道によって水の供給を受ける者の**給水装置の構造及び材質が、政令で定める基準に適合していないとき**は、その基準に適合させるまでの間その者に対する **給水を停止** することができる（法16条）。適当な記述である。

(2) 給水装置の構造及び材質の基準は、水道法第16条に基づく水道事業者による**給水契約の拒否や給水停止の権限を発動するか否かの判断に用いる**ためのものであるから、給水装置が有するべき**必要最小限の要件**を基準化している（令5条の解釈）。適当な記述である。

(3) 水道事業者は、**給水装置工事を適正に施行することができると認められる者の** **指定** をしたときは、供給規程の定めるところにより、当該水道によって水の供給を受ける者の給水装置が当該水道事業者又は**当該指定を受けた者**（以下、「**指定給水装置工事事業者**」という。）**の施行した給水装置工事に係るもの**であることを **供給条件** とすることができる（法16条の2第2項）。 **よく出る** 適当な記述である。

(4) 水道事業者は、指定給水装置工事事業者等の施工した給水装置工事に係るものでないときは、供給規程の定めるところによりその者の**給水契約の申込みを拒み**、又はその者に対する**給水を停止**することができる。ただし、規則13条で定める**給水装置の軽微な変更**であるとき、又は当該給水装置の構造及び材質が法16条の規定に基づく政令（令6条）で定める **基準に適合していることが確認** されたときはこの限りでない（同条3項）としている。不適当な記述である。

したがって、不適当なものは(4)である。
　　　　　　　　　　　　　　　　　　　　　　　　　　　　□**正解(4)**

01-21 出題頻度 03-15 , 02-21 , 30-20 , 27-23 , 25-23 , 24-25　重要度 ★★
text. P.44,115

耐圧性能基準に関する問題である。

(1) 給水装置は、耐圧性能試験により **1.75MPa の静水圧を1分間**加えたとき、**水漏れ、変形、破損その他の異常を生じないこと**とされている（基準省令1条1項）。適当な記述である。

(2) 耐圧性能基準の適用対象は、原則として全ての給水管及び給水用具であるが、大気圧式バキュームブレーカ、シャワーヘッド等のように**最終の止水機構の流出側に設置される給水用具**は、高水圧が加わらないことなどから**適用対象から除外**されている。 **よく出る** 適当な記述である。

(3) 加圧装置及び当該加圧装置の下流側に設置されている給水用具は、耐圧性能試験により当該加圧装置の **最大吐出圧力** の静水圧を**1分間**加えたとき、水漏れ、変形、破損その他の異常を生じないこと（同省令1条②号）。不適当な記述である。

(4) **パッキン** を水圧で圧縮することにより水密性を確保する構造の給水用具は、耐圧性能試験により **1.75MPa の静水圧を1分間**加えたとき、水漏れ、変形、破損その他の異常を生じない性能を有するとともに、 **20kPa** の静水圧を1分間加えたとき、水漏れ、変形、破損その他の異常を生じさせないこととされている。 **よく出る** 適当な記述である。

したがって、不適当なものは(3)である。
　　　　　　　　　　　　　　　　　　　　　　　　　　　　□**正解(3)**

01-22

★★

給水装置の構造及び材質の基準に定める**逆流防止**に関する基準に関する次の記述の正誤の組み合わせのうち、適当なものはどれか。

ア　減圧式逆流防止器は、厚生労働大臣が定める逆流防止に関する試験（以下、「逆流防止性能試験」という。）により 3 キロパスカル及び 1.5 メガパスカルの静水圧を 1 分間加えたとき、水漏れ、変形、破損その他の異常を生じないことが必要である。

イ　逆止弁及び逆流防止装置を内部に備えた給水用具は、逆流防止性能試験により 3 キロパスカル及び 1.5 メガパスカルの静水圧を 1 分間加えたとき、水漏れ、変形、破損その他の異常を生じないこと。

ウ　減圧式逆流防止器は、厚生労働大臣が定める負圧破壊に関する試験（以下、「負圧破壊性能試験」という。）により流出側からマイナス 54 キロパスカルの圧力を加えたとき、減圧式逆流防止器に接続した透明管内の水位の上昇が 75 ミリメートルを超えないことが必要である。

エ　バキュームブレーカは、負圧破壊性能試験により流出側からマイナス 54 キロパスカルの圧力を加えたとき、バキュームブレーカに接続した透明管内の水位の上昇が 3 ミリメートルを超えないこととされている。

	ア	イ	ウ	エ
(1)	正	正	誤	誤
(2)	誤	誤	正	正
(3)	誤	正	正	誤
(4)	正	誤	誤	正

出題頻度 **05-28**, **03-22**, **03-28**, **30-26**, **26-22**, **26-26**　　　重要度　★
text. P.128129

逆流防止性能基準に関する問題である。

ア、ウ　**減圧式逆流防止器**は、「**逆流防止性能試験により、3kPa 及び 1.5MPa の静水圧を 1 分間**加えたとき、**水漏れ、変形、破損その他の異常を生じない**とともに、「**負圧破壊性能試験**」により **流入側** から **-54kPa** の圧力を加えたとき、**減圧式逆流防止器に接続した透明管内の水位の上昇が 3mmを超えない**こと（基準省令 5 条 1 項①号イ）。**よく出る** アは正しく、ウは誤った記述である。

イ　**逆止弁**及び**逆流防止装置を内部に備えた給水用具**は、逆流防止性能試験により **3kPa 及び 1.5MPa の静水圧を 1 分間**加えたとき、水漏れ、変形、破損その他の異常を生じないこと。正しい記述である。

エ　**バキュームブレーカ**は、負圧破壊性能試験により**流入側から -54kPa の圧力を加えたとき、バキュームブレーカに接続した透明管内の水位の上昇が 75mmを超えない** こととされている（同号二）。**よく出る** 誤った記述である。
したがって、適当な組み合わせは(1)である。　　　　　　　　　　　□**正解(1)**

要点：①**吐水口空間**は，**越流面から吐水口の最下端までの垂直距離**である。
　　　②**逆止弁**等は，一次側と二次側の圧力差がほとんどないときも，二次側から水撃圧等の高水圧が加わったときも，ともに**水の逆流を防止**できるものでなければならない。

---

check □□□

01-23
難易度 ★

水撃防止に関する次の記述の正誤の組み合わせのうち、適当なものはどれか。

ア　給水管におけるウォーターハンマを防止するには、基本的に管内流速を速くする必要がある。

イ　ウォータハンマが発生するおそれのある箇所には、その手前に近接して水撃防止器具を設置する。

ウ　複式ボールタップは単式ボールタップに比べてウォータハンマが発生しやすくなる傾向があり、注意が必要である。

エ　水槽にボールタップで給水する場合は、必要に応じて波立ち防止板等を設置する。

	ア	イ	ウ	エ
(1)	正	誤	正	誤
(2)	誤	正	誤	正
(3)	誤	正	正	誤
(4)	正	誤	誤	正

01-24
難易度 ★★

金属管の侵食に関する次の記述のうち、**不適当な**ものはどれか。

(1)　埋設された金属管が異種金属の管や継手、ボルト等と接触していると、自然電位の低い金属と自然電位の高い金属との間に電池が形成され、自然電位の高い金属が侵食される。

(2)　マクロセル侵食とは、埋設状態にある金属材質、土壌、乾湿、通気性、pH、溶解成分の違い等の異種環境での電池作用による侵食をいう。

(3)　金属管が鉄道、変電所等に近接して埋設されている場合に、漏洩電流による電気分解作用により侵食を受ける。

(4)　地中に埋設した鋼管が部分的にコンクリートと接触している場合、アルカリ性のコンクリートに接している部分の電位が、コンクリートと接触していない部分より高くなって腐食電池が形成され、コンクリートと接触していない部分が侵食される。

01-23 出題頻度 `04-25` , `29-20` , `27-28` , `25-24` , `24-23`　　　重要度 ★★

text. P.125,127

水撃防止に関する問題である。

ア　水撃圧の発生は、流速と密接に関係する。水撃圧は流速に比例するので、給水管内における水撃作用を防止するには基本的には**管内流速を遅くする**必要がある（ **1.5 ～ 2.0m/sec 以下** ）。誤った記述である。

イ　ウォータハンマが発生するおそれのある箇所には、**その手前に近接して水撃防止器を設置**する。正しい記述である。

ウ　ボールタップの使用にあたっては、ウォーターハンマの比較的発生しない**複式**、**親子 2 球式**及び**定水位弁**等から、その給水用途に適したものを選定する。誤った記述である。 **よく出る**

エ　水槽にボールタップで給水する場合は、必要に応じて**波立ち防止板**等を設置する。正しい記述である。

したがって、適当な組み合わせは(2)である。 □**正解(2)**

要点：給水管の水圧が高い場合は，**減圧弁**，**定流量弁**等を設置し給水圧又は流速を下げる。

01-24 出題頻度 `03-26` , `30-23` , `29-26` , `28-22` , `27-25` , `26-23` , `26-25` , `25-22` , `25-27`　　　重要度 ★★

text. P.146 ～ 151

金属管の侵食に関する問題である。

(1)　異種金属が直接接続される両者間で電池が形成され、**自然電位の低い** 金属ほど**陽極的**となり侵食される。不適当な記述である。

(2)　**マクロセル侵食**とは、埋設状態にある金属**材質**、**土壌**、**乾湿**、**通気性**、**pH**、**溶解成分の違い**等の異種環境での**電池作用**による侵食をいう。適当な記述である。

(3)　金属管が鉄道、変電所等に近接して埋設されている場合に、**漏洩電流による電気分解作用**により侵食を受ける。適当な記述である。

(4)　地中に埋設した鋼管が部分的にコンクリートと接触している場合、**アルカリ性のコンクリートに接している部分の電位**が、コンクリートと接触していない部分より高くなって腐食電池が形成され、**コンクリートと接触していない部分が侵食される**。適当な記述である。

したがって、不適当なものは(1)である。 □**正解(1)**

要点：**異種金属接触侵食**：異種金属が直接接続されると両者間で電池が形成され、**自然電位の低い**金属ほど陽極的となり侵食される。

check □□□

295

01-25

難易度 ★★

クロスコネクションに関する次の記述の正誤の組み合わせのうち、適当なものはどれか。

ア　クロスコネクションは、水圧状況によって給水装置内に工業用水、排水、ガス等が逆流するとともに、配水管を経由して他の需要者にまでその汚染が拡大する非常に危険な配管である。

イ　給水管と井戸水配管は、両管の間に逆止弁を設置し、逆流防止の措置を講じれば、直接連結することができる。

ウ　給水装置と受水槽以下の配管との接続はクロスコネクションではない。

エ　給水装置と当該給水装置以外の水管、その他の設備とは、一時的な仮設であればこれを直接連結することができる。

	ア	イ	ウ	エ
(1)	誤	正	正	誤
(2)	正	誤	誤	誤
(3)	正	誤	正	誤
(4)	誤	誤	誤	正

01-26

難易度 ★★

水道水の汚染防止に関する次の記述のうち、不適当なものはどれか。

(1)　鉛製給水管が残存している給水装置において変更工事を行ったとき、需要者の承諾を得て、併せて鉛製給水管の布設替えを行った。

(2)　末端部が行き止まりの給水装置は、停滞水が生じ、水質が悪化するおそれがあるので避けた。

(3)　配管接合用シール材又は接着剤は、これらの物質が水道水に混入し、油臭、薬品臭等が発生する場合があるので、使用量を必要最小限とした。

(4)　給水管路を敷設するルート上に有害薬品置場、有害物の取扱場等の汚染源があるので、さや管などで適切な防護措置を施した。

01-25 出題頻度 `05-26` `04-26` `03-24` `02-29` `30-21` `29-27` `27-26` `27-47` `25-28`　重要度 ★★★★　text. P.152

クロスコネクションに関する問題である。

ア　クロスコネクションは、**水圧状況**によって給水装置内に工業用水、排水、ガス等が**逆流**するとともに、**配水管を経由して他の需要者にまでその汚染が拡大する非常に危険な配管**である。正しい記述である。

イ、エ　安全な水道水を確保するため、給水装置を当該給水装置以外の水管、その他の設備とは、たとえ **仕切弁** や **逆止弁** が介在しても、また一時的な **仮設** であっても**これを直接連結することは絶対行ってはならない。** **よく出る** イ、エとも誤った記述である。

ウ　クロスコネクションの多くは、井戸水、工業用水、**受水槽以下の配管**及び事業活動で用いられている給水装置に該当しない水を使用する器具で見受けられる。誤った記述である。

したがって、適当な組み合わせは(2)である。　　　　　　　　□**正解(2)**

要点：当該給水装置以外の水管その他の設備に直接連結されていないこと（令5条1項⑥号）。

01-26 出題頻度 `04-24` `03-25` `02-28` `30-22` `29-25` `28-23` `25-25` `23-16`　重要度 ★★★★　text. P.124,125

水の汚染防止に関する問題である。

(1)　既設の給水管等に**鉛製給水管**が使用されている給水装置において変更工事を行う場合は、併せて**鉛製給水管の布設替え**を行うこと。適当な記述である。

(2)　**末端部が行き止まり**の給水装置は、停滞水が生じ、水質が悪化するおそれがあるので**極力避ける**必要がある。適当な記述である。

(3)　配管接合用**シール材**又は**接着剤**は、これらの物質が水道水に混入し、油臭、薬品臭等が発生する場合があるので、**必要最小限**の材料を使用する。適当な記述である。

(4)　給水管路の途中に有毒薬品置場、有毒物の取扱場、汚染槽等の**汚染源**がある場合は、給水管等が破損した際に有毒物や汚物が、水道水に混入するおそれがあるので、**その影響のないところまで** **離して配管する**（基準省令2条3項）。不適当な記述である。

したがって、不適当なものは(4)である。　　　　　　　　□**正解(4)**

要点：**一時的**，季節的に使用されない給水装置には，給水管内に長期間水の停滞を生ずることがあるので，適量の水を適時飲用以外で使用することにより，その水の衛生性が確保できる。

---

check □□□

01-27
難易度 ★

下図のように、呼び径 φ 20mm の給水管からボールタップを通して水槽に給水している。この水槽を利用するときの確保すべき**吐水空間**に関するする次の記述のうち、適当なものはどれか。

《水槽》

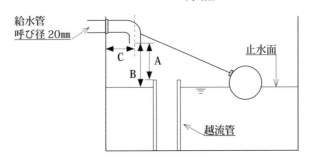

(1) 図中の距離 A を 25mm 以上、距離 C を 25mm 以上確保する。

(2) 図中の距離 B を 40mm 以上、距離 C を 40mm 以上確保する。

(3) 図中の距離 A を 40mm 以上、距離 C を 40mm 以上確保する。

(4) 図中の距離 B を 50mm 以上、距離 C を 50mm 以上確保する。

01-28
難易度 ★★★

給水装置の**凍結防止対策**に関する次の記述のうち、不適当なものはどれか。

(1) 水抜き用の給水用具以降の配管は、配管が長い場合には、万一凍結した際に、解氷作業の便を図るため、取外し可能なユニオン、フランジ等を適切な箇所に設置する。

(2) 水抜き用の給水用具以降の配管は、管内水の排水が容易な構造とし、できるだけ鳥居配管や U 字形の配管を避ける。

(3) 水抜き用の給水用具は、水道メーター下流で屋内立上り管の間に設置する。

(4) 内部貯留式不凍給水栓は、閉止時（水抜き操作）にその都度、揚水管内（立上り管）の水を貯留部に流下させる構造であり、水圧に関係なく設置場所を選ばない。

01-27

出題頻度 05-27 , 04-27 , 03-29 , 30-28 , 28-27 , 28-28 , 27-20 , 26-27 , 25-28

重要度 ★★★

text. P.133〜134

逆流防止対策としての受水槽の吐水口空間に関する問題である。**よく出る**

○吐水口の設定（基準省令別表第2）

呼び径の区分	近接壁から吐水口 **中心** までの **水平距離**	越流面から吐水口 の **最下端** までの **垂直距離**
13mmを超え 20mm以下	**40mm以上**（図中 **C**）	**40mm以上**（図中 **A**）
13mm以下	25mm以上	25mm以上
20mmを超え 25mm以下	50mm以上	50mm以上

表より呼び径 20mmの場合の条件を読み取る。
したがって、適当なものは(3)である。

□**正解(3)**

要点：吐水口と水を受ける水槽の壁とが近接していると，壁に沿った空気の流れにより壁を伝わって水が逆流する。

01-28

出題頻度 04-28 , 02-26 , 30-29 , 28-29 , 27-22 , 25-30

重要度 ★★

text. P.138〜141

凍結防止に関する問題である。

(1) **水抜き用の給水用具以降の配管**は、配管が長い場合には、万一凍結した際に、解氷作業の便を図るため、取外し可能な**ユニオン、フランジ**等を適切な箇所に設置する。**よく出る** 適当な記述である。

(2) 水抜き用の給水用具以降の配管は、管内水の排水が容易な構造とし、できるだけ**鳥居配管やU字形の配管を避ける**。適当な記述である。

(3) 水抜き用の給水用具は、**水道メーター下流で屋内立上り管の間に設置する**。適当な記述である。

(4) **内部貯留式不凍給水栓**は、閉止時（水抜き操作）にその都度、揚水管内（立上り管）の**水を凍結深度より深いところにある貯留部へ流下させて、凍結を防止する構造**のものである。**水圧が 0.1MPa 以下 の箇所**では、栓の中に水が溜まって上から溢れ出たり、凍結したりするので、**使用場所が限定される**。不適当な記述である。
したがって、不適当なものは(4)である。

□**正解(4)**

要点：**水抜きバルブを設置する場合は，屋内又はピット内に露出で設置する。**

01-29
難易度 ★

給水装置の構造及び材質の基準に定める**耐寒に関する基準**（以下、本問においては「耐寒性能基準」という。）及び厚生労働大臣が定める耐寒に関する試験（以下、本問においては「耐寒性能試験」という。）に関する次の記述のうち、不適当なものはどれか。

(1) 耐寒性能基準は、寒冷地仕様の給水用具か否かの判断基準であり、凍結のおそれがある場所において設置される給水用具はすべてこの基準を満たしていなければならないわけではない。

(2) 凍結のおそれがある場所に設置されている給水装置のうち弁類にあっては、耐寒性能試験により零下 20 度プラスマイナス 2 度の温度で 24 時間保持したのちに通水したとき、当該給水装置に係る耐圧性能、水撃限界性能、逆流防止性能及び負圧破壊性能を有するものでなければならない。

(3) 低温に暴露した後確認すべき性能基準項目から浸出性能を除いたのは、低温暴露により材質等が変化することは考えられず、浸出性能に変化が生じることはないと考えられることによる。

(4) 耐寒性能基準においては、凍結防止の方法は水抜きに限定しないこととしている。

5. 給水装置計画論

01-30
難易度 ★★

直結給水システムの計画・設計に関する次の記述のうち、不適当なものはどれか。

(1) 給水システムの計画・設計は、当該水道事業者の直結給水システムの基準に従い、同時使用水量の算定、給水管の口径決定、ポンプ揚程の決定等を行う。

(2) 給水装置工事主任技術者は、既設建物の給水設備を受水槽式から直結式に切り替える工事を行う場合は、当該水道事業者の担当部署に建物規模や給水計画等の情報を持参して協議する。

(3) 直結加圧形ポンプユニットは、末端最高位の給水用具に一定の余裕水頭を加えた高さまで水位を確保する能力を持ち、安定かつ効率的な性能の機種を選定しなければならない。

(4) 給水装置は、給水装置内が負圧になっても給水装置から水を受ける容器などに吐出した水が給水装置内に逆流しないよう、末端の給水用具又は末端給水用具の直近の上流側において、吸排気弁の設置が義務付けられている。

01-29 出題頻度 `03-23` `02-27` `30-27` `27-29` `24-28` `23-28` 重要度 ★★
`22-28` text. P.137〜138

耐寒性能基準に関する問題である。

(1) 耐寒性能基準は、**寒冷地仕様の給水用具か否かの判断基準**であり、凍結のおそれ
がある場所において設置される給水用具は**すべてこの基準を満たしていなければ
ならないわけではない**。適当な記述である。

(2) 屋外で気温が著しく低下しやすい場所、その他凍結のおそれのある場所に設置さ
れている給水装置のうち「弁類」にあっては、耐寒性能試験により **-20 ± 2℃**の温
度で **1時間** 保持したとき、当該給水装置に係る**耐圧性能、水撃限界性能、逆流防
止性能及び負圧破壊性能**を有するものでなければならない。不適当な記述である。

(3) 低温に暴露した後確認すべき性能基準項目から**浸出性能を除いた**のは、**低温暴露
により材質等が変化することは考えられず**、浸出性能に変化が生じることはない
と考えられることによる。**よく出る** 適当な記述である。

(4) 構造が複雑で水抜きが必ずしも容易でない給水用具等においては、例えば通水時
にヒーターで加熱する等種々の凍結防止の選択肢が考えられることから、耐寒性
能基準においては、**凍結防止の方法は水抜きに限定しない**こととしている。適当
な記述である。

したがって、不適当なものは(2)である。　　　　　　　　□**正解(2)**

要点：耐寒性能基準を満たしていない給水用具を設置する場合は，別途，断熱材で被覆する等の凍結
防止措置を講ずる。

01-30 出題頻度 `05-32` `29-32` 重要度 ★★
text. P.159〜162

直結給水システムの計画・設計に関する問題である。

(1) 給水システムの計画・設計は、当該水道事業者の**直結給水システムの基準**に従い、
同時使用水量の算定、給水管の口径決定、ポンプ揚程の決定等を行う。適当な記
述である。

(2) 給水装置工事主任技術者は、**既設建物の給水設備を受水槽式から直結式に切り替
える工事**を行う場合は、当該水道事業者の担当部署に建物規模や給水計画等の情
報を持参して協議する。適当な記述である。

(3) 直結加圧形ポンプユニットは、**末端最高位の給水用具に一定の余裕水頭を加えた
高さまで確保する能力**を持ち、安定かつ効率的な性能の機種を選定しなければな
らない。適当な記述である。

(4) 配水管の断水等により、**給水装置内が負圧になっても給水装置から水を受ける
容器などに吐出した水が給水装置内に逆流しない**よう、末端の給水用具又は末端
給水用具の**直近の上流側**において、**負圧破壊性能** 又は **逆流防止性能** を有する給水
用具の設置、あるいは **吐水口空間** の確保が義務付けられている。不適当な記述で
ある。

したがって、不適当なものは(4)である。　　　　　　　　□**正解(4)**

要点：給水装置工事主任技術者は，ポンプメーカーに**水理計算書等機種選定に必要な資料を示し**，双
方が納得する機種を選定するよう心がける必要がある。

check □□□

01-31　受水槽式給水に関する次の記述のうち、不適当なものはどれか。

難易度　★

(1)　ポンプ直送式は、受水槽に受水したのち、使用水量に応じてポンプの運転台数の変更や回転数制御によって給水する方式である。

(2)　圧力水槽式は、受水槽に受水したのち、ポンプで圧力水槽に貯え、その内部圧力によって給水する方式である。

(3)　配水管の水圧が高いときは、受水槽への流入時に給水管を流れる流量が過大となるため、逆止弁を設置することが必要である。

(4)　受水槽式は、配水管の水圧が変動しても受水槽以降では給水圧、給水量を一定の変動幅に保持できる。

01-32　給水方式の決定に関する次の記述の正誤の組み合わせのうち、適当なものはどれか。

難易度　★★

ア　直結式給水は、配水管の水圧で直結給水する方式（直結直圧式）と、給水管の途中に圧力水槽を設置して給水する方式（直結増圧式）がある。

イ　受水槽式給水は、配水管から分岐し受水槽に受け、この受水槽から給水する方式であり、受水槽出口で配水系統と縁が切れる。

ウ　水道事業者ごとに、水圧状況、配水管整備状況等により給水方式の取扱いが異なるため、その決定に当たっては、設計に先立ち、水道事業者に確認する必要がある。

エ　給水方式には、直結式、受水槽式及び直結・受水槽併用式があり、その方式は給水する高さ、所要水量、使用用途及び維持管理面を考慮し決定する。

	ア	イ	ウ	エ
(1)	誤	正	正	誤
(2)	正	誤	誤	正
(3)	誤	誤	正	正
(4)	正	正	誤	誤

受水槽式給水に関する問題である。

(1)　**ポンプ直送式**は、受水槽に受水したのち、使用水量に応じてポンプの**運転台数の変更**や**回転数制御**によって給水する方式である。タンクレス式ともいわれている。適当な記述である。

(2)　**圧力水槽式**は、受水槽に受水したのち、ポンプで**圧力水槽**に貯え、その**内部圧力**によって給水する方式である。圧力タンク式ともいわれる。**適当な記述である。**

(3)　**配水管の水圧が高いとき**は、受水槽への流入時に給水管を流れる流量が過大となって、**水道メーターの性能、耐久性に支障をきたす**ことがある。このような場合には、減圧弁、定流量弁 等を設置することが必要である。**よく出る** 不適当な記述である。

(4)　受水槽式は、配水管の水圧が変動しても受水槽以降では**給水圧、給水量を一定の変動幅に保持できる**。適当な記述である。

したがって、不適当なものは(3)である。　□**正解(3)**

要点:配水管の水圧変動にかかわらず,**常時一定の水量,水圧**を必要とする場合は,受水槽式とする。

給水方式の決定に関する問題である。

ア　直結式給水には、配水管から分岐して、配水管圧の水圧で直結給水する方式（**直結直圧式**）と、給水管の途中に 直結加圧形ポンプユニット を設置して給水する方式（**直結増圧式**）がある。誤った記述である。

イ　受水槽式給水は、配水管から分岐して受水槽に受け、この受水槽から給水する方式であり、受水槽入口 で配水系統と縁が切れる。誤った記述である。

ウ　水道事業者ごとに、**水圧状況、配水管整備状況等により給水方式の取扱いが異なる**ため、その決定に当たっては、**設計に先立ち、水道事業者に確認する**必要がある。正しい記述である。

エ　給水方式には、直結式、受水槽式及び直結・受水槽併用式があり、その方式は給水する**高さ、所要水量、使用用途**及び**維持管理面**を考慮し決定する。正しい記述である。

したがって、適当な組み合わせは(3)である。　□**正解(3)**

要点:水道事業者ごとに,水圧状況等,配水管整備状況等により,**給水方式の取扱いが異なる**ため,その決定に当たっては,**設計に先立ち**,水道事業者に**確認**する必要がある。

check □□□

01-33 難易度 ★★

直結式給水による 12 戸の集合住宅での**同時使用水量**として、次のうち、適当なものはどれか。

ただし、同時使用水量は、標準化した同時使用水量により計算する方法によるものとし、1 戸当たりの末端給水用具の個数と使用水量、同時使用率を考慮した末端給水用具数、並びに集合住宅の給水戸数と同時使用戸数率は、それぞれ**表 -1** から**表 -3** のとおりとする。

(1) 240L/ 分
(2) 270L/ 分
(3) 300L/ 分
(4) 330L/ 分

表 -1 1 戸当たりの給水用具の個数と使用水量

給水用具	個数	使用水量（L/ 分）
台所流し	1	12
洗濯流し	1	12
洗面器	1	8
浴槽（和式）	1	20
大便器（洗浄タンク）	1	12

表 -2 末端給水用具数と同時使用水量比

総末端給水用具数	1	2	3	4	5	6	7	8	9	10	15	20	30
同時使用水量比	1.0	1.4	1.7	2.0	2.2	2.4	2.6	2.8	2.9	3.0	3.5	4.0	5.0

表 -3 給水個数と同時使用戸数率

給水戸数	1～3	4～10	11～20	21～30	31～40	41～60	61～80	81～100
同時使用戸数率（%）	100	90	80	70	65	60	55	50

01-34 難易度 ★★

受水槽式給水による従業員数 140 人（男子 80 人、女子 60 人）の事務所における標準的な**受水槽容量の範囲**として、次のうち、適当なものはどれか。

ただし、1 人 1 日当たりの使用水量は、男子 50L、女子 100L とする。

(1) 4㎥～ 6㎥
(2) 6㎥～ 8㎥
(3) 8㎥～ 10㎥
(4) 10㎥～ 12㎥

集合住宅の同時使用水量を求める問題である。

1. まず、1 戸当たりの同時使用水量（Q_1）を求めるが、**表 -2 の同時使用水量比**を利用して求めることになる。

   表 -1 より給水用具は **5 個**なので、**表 -2** の同時使用水量比は **2.2** となる。**表 -1** より全使用水量は **64L/ 分**である。

$$Q_1 = \frac{12 + 12 + 8 + 20 + 12}{5} \times 2.2 = \frac{64}{5} \times 2.2 = 28.16 \ （L/ 分）$$

2. 次に集合住宅 12 戸の同時使用水量（Q_{12}）を求める。**12 戸の同時使用戸数率**は表 -3 の 11 ～ 20 戸の欄の **80%** である。

$$Q_{12} = 28.16 \ （Q_1）\times 12 \ （戸）\times 0.8 \ （80\%）$$
$$= 270.336 \ （L/ 分）≒ 270 \ （L/ 分）\quad となる。$$

   したがって、適当なものは(2)である。　　　　　　　　　　　　　　□**正解(2)**

要点：同時使用戸数率：直結式給水で 2 戸以上の複数戸の**集合住宅**に給水する**給水管の口径決定に用いる**水量を求める方法である。

受水槽容量の範囲を求める問題である。**よく出る**

事務所における受水槽容量の範囲は、男子（50L）と女子（100L）とに分けて計算する。従業員数 140 人の男女別使用水量とその合計を求める。

男子従業員：80 （人）× **50** （L）＝ 4,000 （L）＝ 4 （㎥）

女子就業員：60 （人）× **100** （L）＝ 6,000 （L）＝ 6 （㎥）

　　　　　　　　　　　　　　　　　　　　10 （㎥）

なお、受水槽容量は、計画一日使用量の **4/10 ～ 6/10** 程度が標準であるので、次のようになる。

（4/10 × 10 （㎥）） ～ （6/10 × 10 （㎥） ）＝ 4㎥～ 6㎥

したがって、適当なものは(1)である。　　　　　　　　　　　　　　□**正解(1)**

要点：受水槽容量は，計画一日使用量の **4/10 ～ 6/10** 程度が標準である。

01-35

難易度 ★★★

図 -1 に示す給水装置における**直結加圧形ポンプユニットの吐水圧**（**圧力水頭**）として、次のうち、適当なものはどれか。

なお、給水管の摩擦損失水頭と逆止弁による損失水頭は考慮するが、管の曲がりによる損失水頭は考慮しないものとし、給水管の流量と動水勾配の関係は、図 -2 を用いるものとする。また、計算に用いる数値条件は次のとおりとする。

① 給水栓の使用水量　　　　　　　30L/ 分
② 給水管及び給水用具の口径　　　20mm
③ 給水栓を使用するために必要な圧力 5m
④ 逆止弁の損失水頭　　　　　　　10m

(1)　23m
(2)　28m
(3)　33m
(4)　38m

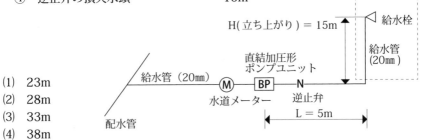

図 -1　給水装置図

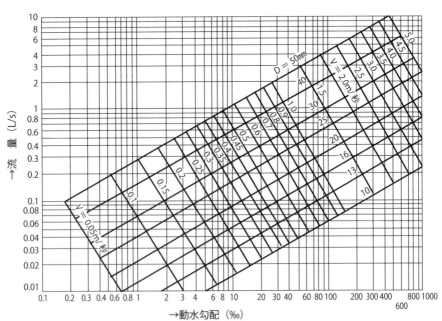

図 -2　ウェストン公式による給水管の流量図

直結加圧形ポンプユニットの吐水圧（圧力水頭）を求める問題である。

直結加圧形ポンプユニットの吐水圧（圧力水頭）(P7)

　　＝直結加圧形ポンプユニットの下流側の給水管及び給水用具の損失水頭 (P4)

　＋末端最高位の給水用具を使用するために必要な圧力（圧力水頭）(P5)

　＋直結加圧形ポンプユニットと末端最高位の給水用具との高低差 (P6)

　　つまり、 **P7 = P4 + P5 + P6** となる。

1. 条件①の給水栓の使用水量　30L/分（＝ **0.5L/秒** ※流量は L/秒を用いる。）

　条件②の給水管及び給水用具の口径

　20㎜から、**図-2** より動水勾配を求め

　ると、**170**（‰）が得られる。

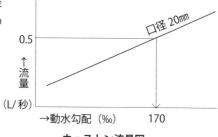

ウェストン流量図

　まず、給水管の損失水頭を求めると、

　損失水頭＝動水勾配×管の長さ

　　$= \dfrac{170}{1,000} \times (5 + 15) = \dfrac{170}{1,000} \times 20$ （m）$= $ **3.4** （m）

2. **直結加圧形ポンプユニットの吐水圧**

　　＝給水管の損失水頭＋給水管の立ち上がり（**図-1**）

　　＋給水栓を使用するために必要な圧力水頭（条件③）＋逆止弁の損失水頭（条件④）

　　＝ 3.4 ＋ 15 ＋ 5 ＋ 10 ＝ **33.4**

　　≒ 33 （m）

　したがって、適当なものは(3)である。　　　　　　　　　□**正解(3)**

要点：直結加圧形ポンプユニットの吐水圧は，**末端最高位の給水用具を使用するために必要な圧力を確保**できるように設定する。

6. 給水装置工事事務論

給水装置工事主任技術者（以下、本問においては「**主任技術者**」という。）の職務に関する次の記述のうち、不適当なものはどれか。

(1) 主任技術者は、事前調査においては、地形、地質はもとより既存の地下埋設物の状況等について、十分調査を行わなければならない。

(2) 主任技術者は、当該給水装置工事の施主から、工事に使用する給水管や給水用具を指定される場合がある。それらが、給水装置の構造及び材質の基準に適合しないものであれば、使用できない理由を明確にして施主に説明しなければならない。

(3) 主任技術者は、職務の一つとして、工事品質を確保するために、現場ごとに従事者の技術的能力の評価を行い、指定給水装置工事事業者に報告しなければならない。

(4) 主任技術者は、給水装置工事の検査にあたり、水道事業者の求めに応じて検査に立ち会う。

給水装置工事における給水装置工事主任技術者（以下、本問においては「**主任技術者**」という。）の職務に関する次の記述の正誤の組み合わせのうち、適当なものはどれか。

ア 主任技術者は、調査段階、計画段階に得られた情報に基づき、また、計画段階で関係者と調整して作成した施工計画書に基づき、最適な工程を定めそれを管理しなければならない。

イ 主任技術者は、工事従事者の安全を確保し、労働災害の防止に努めるとともに、水系感染症に注意して水道水を汚染しないよう、工事従事者の健康を管理しなければならない。

ウ 主任技術者は、配水管と給水管の接続工事や道路下の配管工事については、水道施設の損傷、漏水による道路の陥没等の事故を未然に防止するため、必ず現場に立ち会い施行上の指導監督を行わなければならない。

エ 主任技術者は、給水装置工事の事前調査において、技術的な調査を行うが、必要となる官公署等の手続きを漏れなく確実に行うことができるように、関係する水道事業者の供給規程のほか、関係法令等も調べる必要がある。

	ア	イ	ウ	エ
(1)	正	正	誤	正
(2)	誤	誤	正	誤
(3)	誤	正	誤	正
(4)	正	誤	正	誤

skc

01-36

出題頻度 `04-38` , `02-36` , `30-39` , `29-37` , `28-36` , `27-36` , `26-36` , `25-36` , `24-36`

重要度 ★

text. P.203 ～ 209

主任技術者の職務に関する問題である。

⑴ 主任技術者は、地形、地質はもとより既存の地下埋設物の状況等について**事前調査**を十分に行い、それによって得られた情報を施工計画書に記載する等、給水装置工事の施行に確実に反映させなければならない。適当な記述である。 **よく出る**

⑵ 現場によっては、施主等から、工事に使用する給水管や給水用具を指定された場合は、それが**基準に適合しないものであれば、使用できない理由を明確にして施主等に説明しなければならない**。適当な記述である。

⑶ 主任技術者は、品質管理については、工事に使用する給水管、給水用具が**基準省令に適合していることの確認**を行わなければならない。そのためには、竣工時の検査のみならず、**自ら、又は信頼できる現場の工事従事者に指示することにより、工程ごとに工事品質の確認**を励行しなければならない。設問のような職務は課されていない。不適当な記述である。

⑷ 主任技術者、給水装置工事の検査の際に、水道事業者の求めに応じて**検査の立会い**をしなければならない。（法 25 条の 10、法 25 条の 11 第 1 項⑤号参照）。適当な記述である。

したがって、不適当なものは⑶である。　　　　　　　　　　　　　　□**正解⑶**

01-37

出題頻度 `04-38` , `03-39` , `30-39` , `29-37` , `28-36` , `27-36` , `26-36`

重要度 ★★

text. P.203 ～ 209

主任技術者の職務に関する問題である。

ア　主任技術者は、**調査段階、計画段階に得られた情報に基づき**、また、**計画段階で関係者と調整して作成した施工計画書に基づき**、**最適な工程を定めそれを管理**しなければならない。正しい記述である。

イ　安全管理は、**工事従事者の安全**と、工事の実施に伴う**公衆に対する安全の確保**がある。特に公道下の配管工事については、道路工事を伴うことから**通行者、通行車両の安全**の確保及び**ガス管や電力ケーブル、電話線などの保安**について万全を期す必要がある。また、**工事従事者の健康状態を管理**し、水系感染症に注意してどのような給水装置工事においても水道水を汚染しないように管理しなければならない。正しい記述である。

ウ　配水管と給水管の接続工事や道路下の配管工事については、適正な工事が行われないと水道施設の損傷、汚水の流入による水質汚染事故、漏水による道路の陥没等事故を生じることがある。これを未然に防止するために、適切に作業を行うことができる技能を有する者に工事を行わせるか又は実施に監督させるようにしなければならない。誤った記述である。 **よく出る**

エ　事前調査においては、必要となる**官公署等の手続きを遅滞なく確実に行う**ことができるように、関係する各水道事業者の**供給規程**のほか、**関係法令**等を調べたり、基準省令に定められた油類の浸透防止、酸、アルカリに対する防食、凍結防止等の工事の必要性の有無を調べたりすることも必要である。正しい記述である。

したがって、適当なものは⑴である。　　　　　　　　　　　　　　□**正解⑴**

check □□□

01-38 難易度 ★★

指定給水装置工事事業者（以下、本問においては「**工事事業者**」という。）に関する次の記述のうち、不適当なものはどれか。

(1) 水道事業者より工事事業者の指定を受けようとする者は、当該水道事業者の給水区域について工事の事業を行う事業所の名称及び所在地を記載した申請書を、水道事業者に提出しなければならない。この場合、事業所の所在地は当該水道事業者の給水区域内でなくともよい。

(2) 工事事業者は、配水管から分岐して給水管を設ける工事及び給水装置の配水管への取付口から水道メーターまでの工事を施行するときは、あらかじめ当該給水区域の水道事業者の承認を受けた工法及び工期に適合するように当該工事を施行しなければならない。

(3) 工事事業者の指定の取り消しは、水道法の規定に基づく事由に限定するものではない。水道事業者は、条例などの供給規程により当該給水区域だけに適用される指定の取消事由を定めることが認められている。

(4) 水道法第 16 条の 2 では、水道事業者は、供給規程の定めるところにより当該水道によって水の供給を受ける者の給水装置が当該水道事業者又は工事事業者の施行した給水装置工事に係るものであることを供給条件とすることができるとされているが、厚生労働省令で定める給水装置の軽微な変更は、この限りでない。

01-39 難易度 ★

給水装置工事に係る**記録の作成、保存**に関する次の記述のうち、**不適当なものはどれか。**

(1) 給水装置工事に係る記録及び保管については、電子記録を活用することもできるので、事務の遂行に最も都合がよい方法で記録を作成して保存する。

(2) 指定給水装置工事事業者は、給水装置工事の施主の氏名及び名称、施行場所、竣工図、品質管理の項目とその結果等について記録を作成しなければならない。

(3) 給水装置工事の記録については、特に様式が定められているものではないが、記録を作成し 5 年間保存しなければならない。

(4) 給水装置工事の記録作成は、指名された給水装置工事主任技術者が作成することになるが、給水装置工事主任技術者の指導・監督のもとで他の従業員が行ってもよい。

01-38

出題頻度 **28-6** , **27-9** , **26-9** , **25-5**

重要度 ★★★

text. P.51,57

工事事業者の指定等に関する問題である。

⑴　工事事業者の指定を受けようとする者は、当該水道事業者の給水区域について給水装置工事を行う事業所の名称、所在地等を記載した**申請書を水道事業者に提出**しなければならない。（法25条の2第2項）。これには、指定を受けようとする水道事業者ごとに申請書を提出する必要があるが、事業所所在地の**水道事業者の給水区域に限定されない**。適当な記述である。

⑵　工事事業者は、配水管から分岐して給水管を設ける工事及び給水装置の配水管の取付口から水道メーターまでの工事を施行するときは、あらかじめ**当該水道事業者の承認を受けた工法、工期その他工事上の条件に適合するように**当該工事を施行すること（則36条②、③号）。**よく出る** 適当な記述である。

⑶　水道事業者は、指定給水装置工事事業者が次の各号のいずれかに該当するときは、指定を取り消すことができる（法25条の11第1項）と規定する。**工事事業者の指定又はその取消しは、水道法による**。不適当な記述である。

⑷　指定給水装置工事事業者等が施行した給水装置であることを供給条件とすることができる（法16条の2第2項）と規定されるが、同条3項但書に「厚生労働省令（則13条）で定める給水装置の**軽微な変更であるときはこの限りでない。」と規定されている**。適当な記述である。**よく出る**

したがって、不適当なものは⑶である。

□**正解⑶**

要点：工事事業者の指定の取消しは，法25条の11の**取消し**要件に該当するか，法25条の3の2による**指定の更新**（5年）期間経過後の失効による。

01-39

出題頻度 **05-37** **04-39** **30-37** **29-36** **28-38** **27-37** **26-38** , 重要度 ★★★

24-37

text. P.212

工事記録の保存に関する問題である。

⑴、⑶　記録については、特に**様式が定められているものではないので**、工事申請書の写しや**電子記録の活用**もできる。どちらにしても、事務の遂行に最も都合の良い方法で記録を作成して **3年間** **保存**すればよい。**よく出る** ⑴は適当な記述であるが、⑶は不適当な記述である。

⑵　記録すべき項目は、施主の氏名又は名称、施行場所、施行年月日、主任技術者の氏名、竣工図、材料のリストと数量、構造・材質基準適合確認の方法とその結果、竣工検査の結果である（則36条⑥号イ～ト）。適当な記述である。

⑷　給水装置工事の記録作成は、指名された給水装置工事主任技術者が作成することになるが、**給水装置工事主任技術者の指導・監督のもとで他の従業員が行ってもよい**。適当な記述である。

したがって、不適当なものは⑶である。

□**正解⑶**

要点：主任技術者は，給水装置を施行する際に生じた**技術的な疑問点**等について，整理して**記録に留め**，以後の工事の改善に活用していくことが望ましい。

check □□□

01-40 給水装置工事の**構造及び材質の基準**に関する省令に関する次の記述のうち、不適当なものはどれか。

難易度 ★★

(1) 厚生労働省の給水装置データベースのほかに、第三者認証機関のホームページにおいても、基準適合品の情報提供サービスが行われている。

(2) 給水管及び給水用具が基準適合品であることを証明する方法としては、製造業者等が自らの責任で証明する自己認証と製造業者等が第三者機関に証明を依頼する第三者認証がある。

(3) 自己認証とは、製造業者が自ら又は製品試験機関等に委託して得たデータや作成した資料によって行うもので、基準適合性の証明には、各製品が設計段階で基準省令に定める性能基準に適合していることの証明で足りる。

(4) 性能基準には、耐圧性能、浸出性能、水撃限界性能、逆流防止性能、負圧破壊性能、耐寒性能及び耐久性能の 7 項目がある。

7. 給水装置の概要

01-41 **給水装置**に関する次の記述の正誤の組み合わせのうち、適当なものはどれか。

難易度 ★

ア　給水装置は、水道事業者の施設である配水管から分岐して設けられた給水管及びこれに直結する給水用具で構成され、需要者が他の所有者の給水装置から分岐承諾を得て設けた給水管及び給水用具は給水装置にはあたらない。

イ　水道法で定義している「直結する給水用具」とは、配水管に直結して有圧のまま給水できる給水栓等の給水用具をいい、ホース等、容易に取外しの可能な状態で接続される器具は含まれない。

ウ　給水装置工事の費用の負担区分は、水道法に基づき、水道事業者が供給規程に定めることになっており、この供給規程では給水装置工事の費用は、原則として需要者の負担としている。

エ　マンションにおいて、給水管を経由して水道水をいったん受水槽に受けて給水する設備でも戸別に水道メーターが設置されている場合は、受水槽以降も給水装置にあたる。

	ア	イ	ウ	エ
(1)	正	誤	誤	正
(2)	正	正	誤	誤
(3)	誤	正	誤	正
(4)	誤	正	正	誤

skc

01-40

出題頻度 `03- 38` `30- 38` `29- 40` `28- 39` `27- 40` `26- 40` `25- 39` `24- 38`　　　重要度　★★

text. P.214 ～ 215

基準省令に関する問題である。**よく出る**

(1)　厚生労働省の**給水装置データベース**のほかに、**第三者認証機関**のホームページにおいても、基準適合品の**情報提供サービス**が行われている。適当な記述である。

(2)　給水管及び給水用具が基準適合品であることを証明する方法としては、製造業者等が自らの責任で証明する**自己認証**と製造業者等が**第三者機関**に証明を依頼する**第三者認証**がある。適当な記述である。

(3)　自己認証のための基準適合性の証明は、①各製品が、**設計段階で基準省令に定める性能基準に適合していることの証明**と、②当該製品が 製造段階で品質の安定性が確保されていることの証明 が必要である。不適当な記述である。

(4)　性能基準には、**耐圧性能**、**浸出性能**、**水撃限界性能**、**逆流防止性能**、**負圧破壊性能**、**耐寒性能**及び**耐久性能**の７項目がある。適当な記述である。

したがって、不適当なものは(3)である。　　　　　　　　　　□**正解(3)**

> 要点：第三者認証：**製造業者等の求めに応じて**，第三者認証機関において**任意に行うものであり**，義務付けられるものではない。

01-41

出題頻度 `03- 42` `29- 41` `27- 47` `26- 47` `24- 41` `23- 41` `22- 41`　　　重要度　★

text. P.248,249

給水装置に関する問題である。

ア　給水装置とは、「需要者に給水するために水道事業者の施設した配水管から分岐して設けられた給水管及びこれに直結する給水用具のことをいう（法３条９項）」とされるが、需要者が他の所有者の給水装置 (水道メーターの上流側) から分岐承諾を得て設けた給水管及び給水用具は独立した給水装置 となる。**よく出る** 誤った記述である。

イ　水道法で定義している「直結する給水用具」とは、**配水管に直結して有圧のまま給水できる給水栓等の給水用具**をいい、ホース等、容易に取外しの可能な状態で接続される器具は含まれない。正しい記述である。

ウ　給水装置工事の**費用の負担区分**は、水道法に基づき、水道事業者が供給規程に定めることになっており、この供給規程では給水装置工事の費用は、原則として**需要者の負担**としている。正しい記述である。

エ　ビル等で一旦水道水を受水槽に受けて給水する場合には、配水管から分岐して設けられた給水管から 受水槽への注水口までが給水装置 であり受水槽以下はこれに当たらない。**よく出る** 誤った記述である。

したがって、適当な組み合わせは(4)である。　　　　　　　　□**正解(4)**

> 要点：給水装置は**個人財産**であり，**日常の管理責任**も需要者にある。

check □□□

01-42
難易度 ★

給水管に関する次の記述の正誤の組み合わせのうち、適当なものはどれか。

ア　ステンレス鋼鋼管は、ステンレス鋼帯から自動造管機により製造される管で、強度的に優れ、軽量化しているので取扱いが容易である。

イ　架橋ポリエチレン管は、耐熱性、耐寒性及び耐食性に優れ、軽量で柔軟性に富んでおり、有機溶剤、ガソリン、灯油等は浸透しない。

ウ　銅管は、アルカリに侵されず、スケールの発生も少なく、耐食性に優れているため薄肉化しているので、軽量で取扱いが容易である。

エ　硬質塩化ビニルライニング鋼管は、鋼管の内面に硬質塩化ビニルをライニングした管で、機械的強度は小さい。

	ア	イ	ウ	エ
(1)	正	誤	正	誤
(2)	誤	正	誤	正
(3)	正	誤	誤	正
(4)	誤	正	正	誤

01-43
難易度 ★

給水管の接合及び継手に関する次の記述の　　内に入る語句の組み合わせのうち、適当なものはどれか。

① ステンレス鋼鋼管の主な継手には、伸縮可とう式継手と ア がある。

② 硬質ポリ塩化ビニル管の主な接合方法には、 イ による TS 接合とゴム輪による RR 接合がある。

③ 架橋ポリエチレン管の主な継手には、 ウ と電気融着式継手がある。

④ 硬質塩化ビニルライニング鋼管のねじ接合には、 エ を使用しなければならない。

	ア	イ	ウ	エ
(1)	プレス式継手	接着剤	メカニカル式継手	管端防食継手
(2)	プッシュオン継手	ろう付	メカニカル式継手	金属継手
(3)	プッシュオン継手	接着剤	フランジ継手	管端防食継手
(4)	プレス式継手	ろう付	フランジ継手	金属継手

01-42

出題頻度 `05-41` `04-46` `03-41` `02-41` `02-42` `30-46` `30-47` `28-49` `27-49` `26-49` `25-42` `23-43`　重要度 ★★　text. P.252〜262

給水管に関する問題である。

ア　**ステンレス鋼鋼管**は、ステンレス鋼帯から自動造管機により製造される管で、**強度的に優れ、軽量化している**ので取扱いが容易である。正しい記述である。

イ　**架橋ポリエチレン管**は、**有機溶剤、ガソリン、灯油**、油性塗料、クレオソート、シロアリ駆除剤等に接すると、管に 浸透 し、**管の軟化・劣化や水質事故を起こす**ことがあるので、**これらの物質と接触させてはならない**。誤った記述である。

ウ　**銅管**は、**アルカリに侵されず**、スケールの発生も少ない。しかし、遊離炭酸が多い水には適さない 。**耐食性に優れているため薄肉化**しており、軽量で取扱いが容易であるが、管の保管・運搬には凹み等を付けないよう注意する。**よく出る** 正しい記述である。

エ　**硬質塩化ビニルライニング鋼管**は、鋼管の内面に、硬質塩化ビニルをライニングし、鋼管外面は、屋内及び埋設用に対応できるように被覆した複合管で、機械強度が大 で、**耐食性に優れている**。誤った記述である。

したがって、適当な組み合わせは(1)である。　　　　　□**正解(1)**

> 要点：**ポリブテン管**の継手には，メカニカル式継手，電気融着式継手及び熱融着式継手がある。

01-43

出題頻度 `04-47` `02-43` `29-42` `27-50` `26-50` `24-45` `23-49` `22-44`　重要度 ★★　text. P.252〜262

給水管の接合及び継手に関する問題である。**よく出る**

① 　**ステンレス鋼鋼管**の主な継手には、**伸縮可とう式継手**と プレス式継手 がある。

② 　**硬質ポリ塩化ビニル管**の主な接合方法には、接着剤 による **TS 接合**とゴム輪による **RR 接合**がある。

③ 　**架橋ポリエチレン管**の主な継手には、メカニカル継手 と**電気融着式継手**がある。

④ 　**硬質塩化ビニルライニング鋼管**のねじ接合には、管端防食継手 を使用しなければならない。

したがって、適当な組み合わせは(1)である。　　　　　□**正解(1)**

> 要点：**水道配水用ポリエチレン管**は灯油，ガソリン等の有機溶剤に接すると，管の浸透し水質事故を起こすことがある。

check □□□

01-44

湯沸器に関する次の記述の正誤の組み合わせうち、適当なものはどれか。

難易度 ★

ア　給水装置として取扱われる貯湯湯沸器は、労働安全衛生法令に規定するボイラー及び小型ボイラーに該当する。

イ　瞬間湯沸器は、給湯に連動してガス通路を開閉する機構を備え、最高 85℃ 程度まで温度を上げることができるが、通常は 40℃ 前後で使用される。

ウ　太陽熱利用貯湯湯沸器では、太陽集熱装置系内に水道水が循環する水道直結型としてはならない。

エ　貯蔵湯沸器は、ボールタップを備えた器内の容器に貯水した水を、一定温度に加熱して給湯する給水用具であり、水圧がかからないため湯沸器設置場所でしか湯を使うことができない。

	ア	イ	ウ	エ
(1)	誤	正	誤	正
(2)	誤	誤	正	正
(3)	正	正	誤	誤
(4)	正	誤	誤	正

01-45

給水用具に関する次の記述のうち、不適当なものはどれか。

難易度 ★

(1)　2 ハンドル式の混合水栓は、湯側・水側の 2 つのハンドルを操作し、吐水・止水、吐水量の調整、吐水温度の調整ができる。

(2)　ミキシングバルブは、湯・水配管の途中に取付けて、湯と水を混合し、設定流量の湯を吐水するための給水用具であり、ハンドル式とサーモスタット式がある。

(3)　ボールタップは、フロートの上下によって自動的に弁を開閉する構造になっており、水栓便器のロータンクや、受水槽に給水する給水用具である。

(4)　大便器洗浄弁は、大便器の洗浄に用いる給水用具であり、バキュームブレーカを付帯するなど逆流を防止する構造となっている。

01-44 出題頻度 `05-45` `04-52` `03-49` `02-48` `30-43` `28-46` 重要度 ★★★
`27-42` `24-46` `23-47` text. P.280〜284

湯沸器に関する問題である。

ア **貯湯湯沸器**は、貯湯部にかかる圧力が 100kPa 以下で、かつ、伝熱面積が 4㎡以下の構造のものであり、**労働安全衛生法令に規定するボイラ及び小型ボイラに該当しないものである**。誤った記述である。

イ **瞬間湯沸器**は、給湯に連動してガス通路を開閉する機構を備え、最高 85℃程度まで温度を上げることができるが、通常は **40℃前後**で使用される。`よく出る` 正しい記述である。

ウ **太陽熱利用湯沸器**は、一般用貯湯湯沸器を本体とし、太陽集熱器に集熱された太陽熱を主たる熱源として加熱し給湯する給水用具で、**2 回路式**、水道直結型 、**システーン型**の構造形式がある。誤った記述である。

エ **貯蔵湯沸器**は、ボールタップを備えた器内の容器に貯水した水を、一定温度に加熱して給湯する給水用具であり、**水圧がかからないため湯沸器設置場所でしか湯を使うことができない**。正しい記述である。

したがって、適当な組み合わせは⑴である。 □**正解⑴**

> 要点：瞬間湯沸器は，最高 **85℃**程度まで温度を上げることができるが，通常は **40℃前後**で使用される。

01-45 出題頻度 `02-44` `02-46` `02-46` `02-47` `30-44` `25-45` 重要度 ★★
text. P.276〜279

給水栓に関する問題である。

⑴ **2 ハンドル式の混合水栓**は、湯側・水側の 2 つのハンドルを操作し、吐水・止水、吐水量の調整、吐水温度の調整ができる。適当な記述である。

⑵ **ミキシングバルブ**は、湯・水配管の途中に取付けて、湯と水を混合し、設定温度 の湯を吐水する給水用具で、ハンドル式とサーモスタット式がある。不適当な記述である。

⑶ **ボールタップ**は、フロートの上下によって自動的に弁を開閉する構造になっており、水栓便器のロータンクや、受水槽に給水する給水用具である。適当な記述である。

⑷ **大便器洗浄弁**は、大便器の洗浄に用いる給水用具であり、**バキュームブレーカ**を付帯するなど逆流を防止する構造となっている。適当な記述である。

したがって、不適当なものは⑵である。 □**正解⑵**

> 要点：**サーモスタット式**：温度調整ハンドルの目盛を合わせることで安定した吐水温度を得ることができる。**吐水・止水・吐水量の調整は別途止水部で行う**。

check □□□

01-46

難易度 ★★

直結加圧形ポンプユニットに関する次の記述の正誤の組み合わせのうち、適当なものはどれか。

ア　直結加圧形ポンプユニットは、給水装置に設置して中高層建物に直接給水することを目的に開発されたポンプ設備で、その機能に必要な構成機器すべてをユニットにしたものである。

イ　直結加圧形ポンプユニットの構成は、ポンプ、電動機、制御盤、流水スイッチ、圧力発信器、圧力タンク、副弁付定水位弁をあらかじめ組み込んだユニット形式となっている場合が多い。

ウ　直結加圧形ポンプユニットは、ポンプを複数台設置し、1 台が故障しても自動切替えにより給水する機能や運転の偏りがないように自動的に交互運転する機能等を有している。

エ　直結加圧形ポンプユニットの圧力タンクは、停電によりポンプが停止したとき、蓄圧機能により圧力タンク内の水を供給することを目的としたものである。

	ア	イ	ウ	エ
(1)	誤	正	誤	正
(2)	誤	誤	正	正
(3)	正	正	誤	誤
(4)	正	誤	正	誤

01-47

難易度 ★

給水用具に関する次の記述のうち、不適当なものはどれか。

(1)　減圧弁は、調節ばね、ダイヤフラム、弁体等の圧力調整機構によって、一次側の圧力が変動しても、二次側を一次側より低い一定圧力に保持する給水用具である。

(2)　安全弁（逃し弁）は、水圧が設定圧力よりも上昇すると、弁体が自動的に開いて過剰圧力を逃し、圧力が所定の値に降下すると閉じる機能を持つ給水用具である。

(3)　玉形弁は、弁体が球状のため 90°回転で全開、全閉することのできる構造であり、全開時の損失水頭は極めて小さい。

(4)　仕切弁は、弁体が鉛直に上下し、全開・全閉する構造であり、全開時の損失水頭は極めて小さい。

| 01-46 | 出題頻度 | 05-46 , 04-54 , 03-51 , 02-50 , 28-50 , 26-44 , 24-50 | 重要度 ★ |
| | | 23-42 , 22-49 | text. P.288,289 |

直結加圧形ポンプユニットに関する問題である。

ア 直結加圧形ポンプユニットは、給水装置に設置して中高層建物に直接給水することを目的に開発されたポンプ設備で、その機能に必要な構成機器すべてを**ユニット**にしたものである。正しい記述である。

イ 構成は、**ポンプ、電動機、制御盤**（インバータを含む）、**バイパス管**（逆止弁を含む）、**流水スイッチ、圧力発信器、圧力タンク**（設置が必須条件ではない）等からなっている。なお、**減圧式逆流防止器**は、構成機器外であるが、ユニット内に設置できる構造となっている。誤った記述である。

ウ 直結加圧形ポンプユニットは、**ポンプを複数台設置し、1台が故障しても自動切替え**により給水する機能や運転の偏りがないように自動的に**交互運転**する機能等を有している。 よく出る 。正しい記述である。

エ **起動時・停止時の圧力変動**及び定常運転時の 圧力変動を抑制する ため圧力タンクを設置する。誤った記述である。

したがって、適当な組み合わせは(4)である。 □**正解(4)**

要点：吐出側の配管には，**ポンプが停止した後の水圧保持のために圧力タンクを設ける**。

| 01-47 | 出題頻度 | 04-55 , 02-44 , 02-45 , 02-46 , 02-47 , 30-41 , | 重要度 ★★★ |
| | | 30-44 , 29-44 , 29-46 , 28-44 , 28-45 , 26-45 | text. P.265～274 |

給水用具に関する問題である。

(1) **減圧弁**は、調節ばね、ダイヤフラム、弁体等の圧力調整機構によって、**一次側の圧力が変動しても、二次側を一次側より低い一定圧力に保持する給水用具**である。 よく出る 適当な記述である。

(2) **安全弁**（逃し弁）は、**水圧が設定圧力よりも上昇すると、弁体が自動的に開いて過剰圧力を逃し、圧力が所定の値に降下すると閉じる機能を持つ給水用具**である。適当な記述である。

(3) **玉形弁**は、吊りこま構造であり、弁部の構造から流れが **S字形**となるため、**損失水頭が大きい**。半開状態でも使用することができ、流量調節ができる。設問は、**ボール止水栓**の説明である。不適当な記述である。

(4) **仕切弁**は、弁体が鉛直に上下し、全開・全閉する構造であり、**全開時の損失水頭は極めて小さい**。適当な記述である。

したがって、不適当なものは(3)である。 □**正解(3)**

要点：吸排気弁：この弁は，**給水立て管頂部**に設置され，管内に**停滞した空気を自動的に排出する機能**と管内に**負圧が生じた場合に自動的に多量の空気を吸気して給水管内の負圧を解消する機能**を持ったもの。

01-48
難易度 ★

水道メーターに関する次の記述の正誤の組み合わせのうち、適当なものはどれか。

ア　水道メーターの遠隔指示装置は、中高層集合住宅や地下街などにおける検針の効率化、また積雪によって検針が困難な場所などに有効である。

イ　たて形軸流羽根車式水道メーターは、メーターケースに流入した水流が、整流器を通って、水平に設置された螺旋状羽根車に沿って流れ、羽根車を回転させる構造であり、よこ形軸流羽根車式に比べ損失水頭が小さい。

ウ　水道メーターは、各水道事業者により使用する形式が異なるため、設計に当たっては、あらかじめこれらを確認する必要がある。

エ　水道メーターの指示部の形態は、計量値をアナログ表示する直読式と、計量値をデジタル表示する円読式がある。

	ア	イ	ウ	エ
(1)	正	正	誤	誤
(2)	誤	誤	正	正
(3)	正	誤	正	誤
(4)	誤	正	誤	正

01-49
難易度 ★

水道メーターに関する次の記述のうち、不適当なものはどれか。

(1)　水道メーターの遠隔指示装置は、発信装置（又は記憶装置）、信号伝達部（ケーブル）及び受信器から構成される。

(2)　水道メーターの計量部の形態で、複箱形とは、メーターケースの中に別の計量室（インナーケース）をもち、複数のノズルから羽根車に噴射水流を与える構造のものである。

(3)　電磁式水道メーターは、給水管と同じ呼び径の直管で機械的可動部がないため耐久性に優れ、小流量から大流量まで広範囲な計測に適する。

(4)　水道メーターの指示部の形態で、機械式とは、羽根車に永久磁石を取付けて、羽根車の回転を磁気センサで電気信号として検出し、集積回路により演算処理して、通過水量を液晶表示する方式である。

01-48

出題頻度　05-51, 04-48, 04-49, 03-53, 02-52, 02-53, 30-48, 29-47, 28-41, 27-44, 25-48, 25-49　重要度 ★★　text. P.292〜297

水道メーターに関する問題である。 よく出る

ア　水道メーターの**遠隔指示装置**は、設置したメーターの指示水量をメーターから離れた場所で効率よく検針するために設けるものである。また、**中高層集合住宅**や**地下街**などにおける検針の効率化、また積雪によって検針が困難な場所などに有効である。 よく出る 正しい記述である。

イ　たて形軸流羽根車式水道メーターは、メーターケースに流入した水流が整流器を通って、**垂直**に設置された螺旋状羽根車に沿って **下方から上方** に **S字形**に流れ、羽根車を回転させる構造となっている。小流量から大流量までの計量が可能であるが、水の流れがメーター内で**迂流**するため **損失水頭がやや大きい** 。 よく出る 誤った記述である。

ウ　水道メーターは、**各水道事業者により使用する形式が異なる**ため、設計に当たっては、あらかじめこれらを**確認**する必要がある。正しい記述である。

エ　指示部の形態では、計量値を数字（**デジタル**）にて積算表示する**直読式**と、計量値を回転指針（**アナログ**）によって目盛板に積算表示する**円読式**がある。誤った記述である。

したがって、適当な組み合わせは⑶である。　　　　　　　□**正解⑶**

> 要点：水道メーターは，主に**羽根車の回転数と通過水量が比例**することに着目して計量する羽根車式を使用する。

01-49

出題頻度　05-50, 03-53, 02-52, 02-53, 29-48, 28-42, 27-45, 26-41　重要度 ★★　text. P.292〜297

水道メーターに関する問題である。 よく出る

⑴　水道メーターの**遠隔指示装置**は、**発信装置**（又は記憶装置）、**信号伝達部**（ケーブル）及び**受信器**から構成される。適当な記述である。

⑵　水道メーターの計量部の形態で、**複箱形**とは、メーターケースの中に別の計量室（インナーケース）をもち、複数のノズルから羽根車に噴射水流を与える構造のものである。適当な記述である。

⑶　**電磁式水道メーター**は、給水管と同じ呼び径の直管で**機械的可動部がないため耐久性に優れ**、小流量から大流量まで広範囲な計測に適する。適当な記述である。

⑷　指示部の形態として**機械式**は、羽根車の回転を歯車装置により減速し指示機構に伝達して、通過水量を積算表示する方式である。設問は、**電子式**の内容である。不適当な記述である。

したがって、不適当なものは⑷である。　　　　　　　　□**正解⑷**

> 要点：水道メーターの型式は多数あり，**各水道事業者により使用する型式が異なる**ため，給水装置の設計に当たっては，あらかじめ型式・口径を確認する必要がある。

01-50
難易度 ★

給水用具の**故障と対策**に関する次の記述のうち、不適当なものはどれか。

(1) 小便器洗浄弁の吐出量が多いので原因を調査した。その結果、調節ねじを開け過ぎていたので、調節ねじを右に回して吐出量を減らした。

(2) 水栓から漏水していたので原因を調査した。その結果、弁座に軽度の磨耗が認められたので、パッキンを取り替えた。

(3) ボールタップ付ロータンクの水が止まらなかったので原因を調査した。その結果、リング状の鎖がからまっていたので、鎖を 2 輪分短くした。

(4) 大便器洗浄弁から常に少量の水が流出していたので原因を調査した。その結果、ピストンバルブと弁座の間に異物がかみ込んでいたので、ピストンバルブを取外し異物を除いた。

8. 給水装置施工管理法

01-51
難易度 ★

給水装置工事の**工程管理**に関する次の記述の ☐ 内に入る語句の組み合わせのうち、適当なものはどれか。

工程管理は、 ア に定めた工期内に工事を完了するため、事前準備の イ や水道事業者、建設業者、道路管理者、警察署等との調整に基づき工程管理計画を作成し、これに沿って、効率的かつ経済的に工事を進めていくことである。

工程管理するための工程表には、 ウ 、ネットワーク等があるが、給水装置工事の工事規模の場合は、 ウ 工程表が一般的である。

	ア	イ	ウ
(1)	契約書	材料手配	出来高累計曲線
(2)	契約書	現地調査	バーチャート
(3)	設計書	現地調査	出来高累計曲線
(4)	設計書	材料手配	バーチャート

01-50 出題頻度

05-52	05-53	03-54	03-55	02-54	02-55
30-49	29-49	29-50	28-43	28-47	27-46
26-42	25-50				

重要度　★★

text.　P.298〜303

給水用具にの故障と対策に関する問題である。

⑴　小便器洗浄弁の**吐水量が多い**場合は、調節ねじの開け過ぎがあり、**調節ねじを右に回して吐水量を減らす**。適当な記述である。

⑵　水栓の**漏水**の原因の一つに**弁座の磨耗損傷**があり、軽度の磨耗損傷ならば、**パッキンを取替える**。適当な記述である。

⑶　ボールタップ付ロータンクの**水が止まらない**原因の一つに**鎖のからまり**がある。対策としては、リング状の鎖の場合は、**2輪ほど弛ませる**。玉鎖の場合は、4玉ほど弛ませる。**よく出る** 不適当な記述である。

⑷　大便器洗浄弁から**常に少量の水が流出している**場合に、**ピストンバルブと弁座の間への異物が噛み込む**ことがある。対策は、ピストンバルブを取外して異物を除く。適当な記述である。

したがって、不適当なものは⑶である。　　　　　　　　　　□**正解⑶**

要点：ボールタップで**水が止まらない**原因のひとつに，**弁座の損傷，磨耗**があるが，**ボールタップを取替える**ことで解消する。

01-51 出題頻度

05-54	03-57	02-56	29-54	25-53	23-52
22-58					

重要度　★★

text.　P.310〜312

工程管理に関する問題である。

①　工程管理は、**契約書** に定めた工期内に工事を完了すため、事前準備の **現地調査** や**水道事業者、建設業者、道路管理者、警察署**等との調整に基づき**工程管理計画を作成**し、これに沿って、効率的かつ経済的に工事を進めていくことである。

②　工程管理をするための工程表には、**バーチャート** 、ネットワーク等があるが、給水装置工事の工事規模の場合は、**バーチャート** 工程表が**一般的**である。
よく出る

したがって、適当な組み合わせは⑵である。　　　　　　　　□**正解⑵**

要点：工程管理は，計画，実施，管理がある。**計画**には，施工計画，工程計画，使用計画があり，**実施**には，工事の指示，**管理**には，作業量の進捗度、資材等の手配の是正がある。

---

check □□□

01-52
難易度 ★★

給水装置工事の**施工管理**に関する次の記述のうち、不適当なものはどれか。

(1) 工事着手後速やかに、現場付近住民に対し、工事の施行について協力が得られるよう、工事内容の具体的な説明を行う。

(2) 工事内容を現場付近住民や通行人に周知するため、広報板などを使用し、必要な広報措置を行う。

(3) 工事の施行に当たり、事故が発生し、又は発生するおそれがある場合は、直ちに必要な措置を講じたうえ、事故の状況及び措置内容を水道事業者や関係官公署に報告する。

(4) 工事の施行中に他の者の所管に属する地下埋設物、地下施設その他工作物の移設、防護、切り廻し等を必要とするときは、速やかに水道事業者や埋設物等の管理者に申し出て、その指示を受ける。

01-53
難易度 ★★

給水装置工事の**施工管理**に関する次の記述のうち、不適当なものはどれか。

(1) 施工計画書には、現地調査、水道事業者等との協議に基づき作業の責任を明確にした施工体制、有資格者名簿、施工方法、品質管理項目及び方法、安全対策、緊急時の連絡体制と電話番号、実施工程表等を記載する。

(2) 配水管からの分岐以降水道メーターまでの工事は、道路上での工事を伴うことから、施工計画書を作成して適切に管理を行う必要があるが、水道メーター以降の工事は、宅地内での工事であることから、施工計画書を作成する必要がない。

(3) 常に工事の進捗状況について把握し、施工計画時に作成した工程表と実績とを比較して工事の円滑な進行を図る。

(4) 施工に当たっては、施工計画書に基づき適正な施工管理を行う。具体的には、施工計画に基づく工程、作業時間、作業手順、交通規制等に沿って工事を施行し、必要の都度工事目的物の品質管理を実施する。

01-52 出題頻度 `04-56` , `03-56` , `02-57` , `30-56` , `29-51` , `28-59` 　重要度 ★
`25-51` 　　　　　　　　　　　　　　　　　text. P.306 ～ 308

給水装置工事の施工管理に関する問題である。 **よく出る**

(1)、(2) 工事着手に **先立ち** 現場付近住民に対し、工事の施行について協力が得られるよう **工事内容の具体的な説明** を行う。 なお、工事内容を現場付近住民や通行人に周知させるための広報板を使用し、必要な **広報措置** を行う。(1)は不適当な記述であり、(2)は適当な記述である。

(3) 工事の施行に当たり、事故が発生し、又は発生するおそれがある場合は、**直ちに必要な措置を講じた** うえ、事故の状況及び措置内容を **水道事業者や関係官公署** に **報告** する。適当な記述である。

(4) 工事の施行中に **他の者の所管に属する地下埋設物、地下施設** その他工作物の移設、防護、切り廻し等を必要とするときは、速やかに **水道事業者** や **埋設物等の管理者** に **申し出て**、その **指示** を受ける。適当な記述である。

したがって、不適当なものは(1)である。　　　　□**正解(1)**

要点：施工計画書は，施工管理に必要な要点が的確に記載してあれば**簡単なものでよい**。

01-53 出題頻度 `04-56` , `03-56` , `02-57` , `30-56` , `29-51` , `28-59` 　重要度 ★★
`27-52` , `25-51` 　　　　　　　　　　　　　　text. P.306 ～ 308

給水装置工事の施工管理に関する問題である。

(1) 給水装置工事主任技術者は、現地調査、水道事業者等との協議に基づき、施工体制、有資格者名簿、施工方法、品質管理項目と方法、安全対策、緊急時の連絡体制、電話番号、実施工程表等を記載した **施工計画書を作成し、工事従事者に周知** する。適当な記述である。

(2) 給水装置工事は、配水管の取付口から末端の給水用具までの設置又は変更の工事である。これらの工事のうち、**配水管からの分岐工事** は、道路上での工事を伴うことから、**施工計画書を作成** し、それに基づく適切な工程管理、品質管理、安全管理を行う必要がある。また、**宅地内での工事においても同様に施工計画書を作成** し、管理することが望ましい。不適当な記述である。

(3) 常に工事の進捗状況について把握し、施工計画時に作成した **工程表と実績とを比較** して工事の円滑な進行を図る。適当な記述である

(4) 施工に当たっては、**施工計画書に基づき適正な施工管理** を行う。具体的には、施工計画に基づく工程、作業時間、作業手順、交通規制等に沿って工事を施行し、必要の都度工事目的物の品質管理を実施する。適当な記述である。

したがって、不適当なものは(2)である。　　　　□**正解(2)**

要点：給水装置工事における**施工管理の責任者**は，**給水装置工事主任技術者**である。

check □□□

01-54

配水管から分岐して設けられる**給水装置工事**に関する次の記述の正誤の組み合わせのうち、適当なものはどれか。

難易度 ★★

ア　サドル付分水栓を鋳鉄管に取付ける場合、鋳鉄管の外面防食塗装に適した穿孔ドリルを使用する。

イ　給水管及び給水用具は、給水装置の構造及び材質の基準に関する省令の性能基準に適合したもので、かつ検査等により品質確認がされたものを使用する。

ウ　サドル付分水栓の取付けボルト、給水管及び給水用具の継手等で締付けトルクが設定されているものは、その締付け状況を確認する。

エ　配水管が水道配水用ポリエチレン管でサドル付分水栓を取付けて穿孔する場合、防食コアを装着する。

	ア	イ	ウ	エ
(1)	誤	正	正	誤
(2)	正	誤	誤	正
(3)	誤	誤	正	正
(4)	正	正	誤	誤

01-55

給水装置工事の品質管理について、**穿孔後に現場において確認すべき水質項目**の次の組み合わせについて、適当なものはどれか。

難易度 ★

(1)	pH 値、	におい、	濁　り、	水　温、	味
(2)	残留塩素、	TOC、	pH 値、	水　温、	色
(3)	pH 値、	濁　り、	水　温、	色、	味
(4)	残留塩素、	におい、	濁　り、	色、	味

01-54

給水装置工事の品質管理項目に関する問題である。

ア　サドル付分水栓を、鋳鉄管に取付ける場合、鋳鉄管の 内面ライニングに適した 穿孔ドリル を使用する。誤った記述である。

イ　給水管及び給水用具は、**給水装置の構造及び材質の基準に関する省令の性能基準に適合したもの**で、かつ**検査等により品質確認がされたもの**を使用する。正しい記述である。

ウ　サドル付分水栓の取付けボルト、給水管及び給水用具の継手等で**締付けトルクが設定されているもの**は、その締付け状況を確認する。正しい記述である。

エ　配水管が、**鋳鉄製**の場合、穿孔端面の腐食防止のため 防食コア を装着する。誤った記述である。

したがって、適当な組み合わせは、(1)である。　　　　　　　□**正解(1)**

要点：鋼管のねじ切り部の継手は、基準省令の性能基準に適合した**管端防食継手**とする。

01-55

給水装置工事の品質管理項目に関する問題である。

構造材質基準等水道法令適合に関する項目⑦に、穿孔後における 水質確認（**残留塩素、色、味、濁り、臭い**）を行う。このうち、特に残留塩素の確認は穿孔した管が、水道管であることの**証**となることから必ず実施する。

したがって、適当な組み合せは(4)である。　　　　　　　□**正解(4)**

要点：配水管の取付口の位置は、他の給水装置の取付口と 30㎝以上 の離隔を保つ。

01-56
難易度 ★

工事用電力設備における**電気事故防止**の基本事項に関する次の記述のうち、不適当なものはどれか。

(1) 電力設備には、感電防止用漏電遮断器を設置し、感電事故防止に努める。

(2) 高圧配線、変電設備には、危険表示を行い、接触の危険のあるものには必ず柵、囲い、覆い等感電防止措置を行う。

(3) 水中ポンプその他の電気関係器材は、常に点検と補修を行い正常な状態で作動させる。

(4) 仮設の電気工事は、電気事業法に基づく「電気設備に関する技術基準を定める省令」等により給水装置工事主任技術者が行う。

01-57
難易度 ★

建設工事公衆災害防止対策要綱に関する次の記述のうち、不適当なものはどれか。

(1) 施工者は、歩行者及び自転車が移動さくに沿って通行する部分の移動さくの設置に当たっては、移動さくの間隔をあけないようにし、又は移動さく間に安全ロープ等を張ってすき間のないよう措置しなければならない。

(2) 施工者は、道路上に作業場を設ける場合は、原則として、交通流に対する背面から車両を出入りさせなければならない。ただし、周囲の状況等によりやむを得ない場合においては、交通流に平行する部分から車両を出入りをさせることができる。

(3) 施工者は、工事を予告する道路標識、掲示板等を、工事箇所の前方 10 メートルから 50 メートルの間の路側又は中央帯のうち視認しやすい箇所に設置しなければならない。

(4) 起業者及び施工者は、車幅制限する場合において、歩行者が安全に通行し得るために歩行者用として別に幅 0.75 メートル以上、特に歩行者の多い箇所においては幅 1.5 メートル以上の通路を確保しなければならない。

01-58
難易度 ★

建設業法第 26 条に関する次の □ 内に入る語句の組み合わせのうち、適当なものはどれか。

発注者から直接建設工事を請け負った ア は、下請契約の請負代金の額（当該下請契約が二以上あるときは、それらの請負代金の総額）が イ 万円以上になる場合においては、 ウ を置かなければならない。

	ア	イ	ウ
(1)	特定建設業者	1,000	主任技術者
(2)	一般建設業者	4,500	主任技術者
(3)	一般建設業者	1,000	監理技術者
(4)	特定建設業者	4,500	監理技術者

01-56

電気事故防止に関する問題である。

(1) 電力設備には、**感電防止用漏電遮断器**を設置し、感電事故防止に努める。適当な記述である。

(2) 高圧配線、変電設備には、**危険表示**を行い、充電部分等接触の危険のあるものには必ず**柵、囲い、覆い等感電防止措置**を行う。**よく出る** 適当な記述である。

(3) 水中ポンプその他の**電気関係器材**は、常に**点検**と**補修**を行い**正常な状態**で作動させる。適当な記述である。

(4) 仮設の電気工事は、電気事業法に基づく「電気設備に関する技術基準を定める省令」等により **電気技術者** が行う。**よく出る** 不適当な記述である。

したがって、不適当なものは(4)である。　　　　　　　　　　　□**正解(4)**

01-57

公災防に関する問題である。

(1) 施工者は、歩行者及び自転車が移動さくに沿って通行する部分の移動さくの設置に当たっては、移動さくの**間隔を開けないよう**にし、又は移動さく間に**安全ロープ**等を張ってすき間のないよう措置しなければならない（公災防第 13 第 3 項）。適当な記述である。

(2) 施工者は、道路上に作業場を設ける場合は、原則として、**交通流に対する背面**から車両を出入りさせなければならない。ただし、周囲の状況等によりやむを得ない場合においては、交通流に平行する部分から車両の出入りをさせる（同第 14）ことができる。適当な記述である。

(3) 施工者は、工事を予告する道路標識、掲示板等を、工事箇所の前方 **50m から 500m** の間の路側又は中央帯のうち視認しやすい箇所に設置しなければならない（同第 19 第 3 項）。**よく出る** 不適当な記述である。

(4) 起業者及び施工者は、車道幅員の制限（同第 23）に規定する場合において、歩行者が安全に通行し得るために歩行者用として別に幅 **0.75m** 以上、特に歩行者の多い箇所に幅 **1.5m** 以上の通路を確保しなければならない（同第 24）。適当な記述である。

したがって、不適当なものは(3)である。　　　　　　　　　　　□**正解(3)**

要点：制限した後の道路の車線が 1 車線となる場合、車道幅員は **3 m**以上，2 車線は **5.5 m**以上とする。

01-58

建設業法 26 条（主任技術者及び監理技術者の設置等）に関する問題である。

発注者から直接建設工事を請け負った **特定建設業者** は、下請契約の請負代金の額（当該下請契約が二以上あるときは、それらの請負代金の総額）が **4,500** 万円以上になる場合においては、**監理技術者** を置かなければならない（建業法第 26 条 1 項）。

したがって、適当な組み合わせは(4)である。　　　　　　　　　　　□**正解(4)**

check □□□

01-59 難易度 ★★

労働安全衛生法に定める**作業主任者**に関する次の次の　　内に入る語句の組み合わせのうち、適当なものはどれか。

事業者は、労働災害を防止するための管理を必要とする　ア　で定める作業については、　イ　の免許を受けた者又は　イ　あるいは　イ　の指定する者が行っ技能講習に修了した者のうちから、　ウ　で定めるところにより、作業の区分に応じて、作業主任者を選任しなければならない。

	ア	イ	ウ
(1)	法律	都道府県労働局長	条例
(2)	政令	都道府県労働局長	厚生労働省令
(3)	法律	厚生労働大臣	条例
(4)	政令	厚生労働大臣	厚生労働省令

01-60 難易度 ★

建築物の内部、屋上又は最下階の床下に設ける給水タンク及び貯水タンク（以下「**給水タンク**等」という。）の配管設備の構造方法に関する次の記述のうち、**不適当な**ものはどれか。

(1) 給水タンク等の天井は、建築物の他の部分と兼用できる。

(2) 給水タンク等の内部には、飲料水の配管設備以外の配管設備は設けない。

(3) 給水タンク等の上にポンプ、ボイラー、空気調和機等の機器を設ける場合においては、飲料水を汚染することのないように衛生上必要な措置を講ずる。

(4) 最下階の床下その他浸水によりオーバーフロー管から水が逆流するおそれのある場所に給水タンク等を設置する場合にあっては、浸水を容易に覚知することができるよう浸水を検知し警報する装置の設置その他の措置を講じる。

- 諏訪のアドバイス -

◯飲料水の配管設備のうち給水管には、

①**ウォーターハンマー**が生ずるおそれがある場合においては、**エアチャンバー**を設ける等有効なウォーターハンマー防止のための措置を講ずること。

②給水立て主管から各階への分岐管等主要な分岐管には、**分岐点に近接した部分**で、かつ、操作を容易に行うことができる部分に**止水弁**を設ける。

01-59

出題頻度 `02-37` `30-57` `29-59` `28-54` `27-59`　　重要度 ★★★
text. P.227

作業主任者に関する問題である。

　事業者は、労働災害を防止するための管理を必要とする **政令**（令6条）で定める作業については、**都道府県労働局長** の免許を受けた者又は **都道府県労働局長** あるいは **都道府県労働局長** の **指定する者が行う技能講習に修了** した者のうちから、**厚生労働省令** で定めるところにより、作業の区分（別表第一）に応じて、作業主任者を選任し、その者に当該作業に従事する **労働者の指揮** その他の厚生労働省令（則16条）で定める事項を行わせなければならない（安衛法14条）。

　したがって、適当な組み合わせは(2)である。　　　　　□**正解(2)**

要点：作業主任者が **作業現場に立会い，作業の進捗状況を監視する** ことがなければ当該作業を施工してはならない。

01-60

出題頻度 `05-38` `03-37` `30-60` `29-57` `28-55` `27-60` `26-58`　　重要度 ★★
`25-60` `23-53`　　　　　　　　　　　　　　　　　　　　text. P.236

給水タンクの配管設備（**建設省告示第1597号**）に関する問題である。

(1)　給水タンク等を建築物の内部、屋上又は最下階の床下に設ける場合においては、給水タンク等の **天井、底又は周壁は、建築物の他の部分と兼用しない** こと（同告示第1(2)イ②）。**よく出る** 不適当な記述である。

(2)　給水タンク等の内部には、**飲料水の配管設備以外の配管設備は設けない**（同告示第1(2)イ③）。**よく出る** 適当な記述である。

(3)　**給水タンク等の上にポンプ、ボイラー、空気調和機等の機器を設ける場合** においては、飲料水を汚染することのないように **衛生上必要な措置を講ずる**（同告示第1(2)イ⑨）。適当な記述である。

(4)　最下階の床下その他浸水により **オーバーフロー管から水が逆流するおそれのある場所** に給水タンク等を設置する場合にあっては、**浸水を容易に覚知することができるよう浸水を検知し警報する装置の設置** その他の措置を講じる（同告示第1(2)イ⑦）。適当な記述である。

　したがって、不適当なものは(1)である。　　　　　□**正解(1)**

要点：圧力タンクを除き，ほこりその他衛生上有害なものが入らない構造の **オーバーフロー管を有効** に設けること。

---

check □□□

331

success point

解答は最後にまとめて書き込め！

　解答はマークシート式であるから、得意なところは、すぐマークしたくなる。制限時間があるから解答用紙を埋めていくことに一生懸命になる。だが、マテ！

　書き込むことによって人はそれが処理されたことと信じ込む。たとえ間違った選択であったとしても、頭の回路（サーキット）は訂正が働かない。

　はじめての挑戦であれば、なおさらである。

　マークは最後の10分でよい！

その前に正解を適切に選択したかをチェックせよ！

平成 **30** 年度

2018

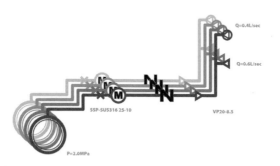

1. 公衆衛生概論

30-1 難易度 ★

水道水に混入するおそれのある**化学物質**による汚染の原因に関する次の記述のうち、不適当なものはどれか。

(1) フッ素は、地質、工場排水などに由来する。
(2) 鉛管を使用していると、遊離炭酸の少ない水に鉛が溶出しやすい。
(3) ヒ素は、地質、鉱山排水, 工場排水などに由来する。
(4) シアンは、メッキ工場、製錬所などの排水に由来する。

30-2 難易度 ★★

水道事業等の定義に関する次の記述の ☐ 内に入る語句及び数値の組み合わせのうち、適当なものはどれか。

　水道事業とは、一般の需要に応じて、給水人口が ア 人を超える水道により水を供給する事業をいい、 イ 事業は、水道事業のうち、給水人口が ウ 人以下である水道により水を供給する規模の小さい事業をいう。

　 エ とは、寄宿舎、社宅、療養所等における自家用の水道その他水道事業の用に供する水道以外の水道であって、 ア 人を超える者にその住居に必要な水を供給するもの、又は人の飲用、炊事用、浴用、手洗い用その他人の生活用に供する水量が一日最大で20㎥を超えるものをいう。

	ア	イ	ウ	エ
(1)	100	簡易水道	5,000	専用水道
(2)	100	簡易専用水道	1,000	貯水槽水道
(3)	500	簡易専用水道	1,000	専用水道
(4)	500	簡易水道	5,000	貯水槽水道

- 諏訪のアドバイス -

○化学物質と健康影響
　水道水に混入する可能性のあるもの
①カドミウム（イタイイタイ病）、②水銀（水俣病）、③鉛（給水管からの溶出）、④ヒ素（黒皮病）、⑤亜硝酸態窒素（MetHb 血症）、⑥シアン（青酸カリ）、⑦フッ素（斑状歯）等

30-1

化学物質と健康影響に関する問題である。

(1) **フッ素は、地質、工場排水などに由来する。**適量の摂取は虫歯予防に効果があるとされているが、過度に摂取すると体内沈着によって、**斑状歯**や骨折の増加等を引き起こす。適当な記述である。**よく出る**

(2) **鉛**は、工場排水、鉱山排水等に由来することもあるが、水道水では**鉛製の給水管**からの溶出よることが多い。特に **pHの低い水** や **遊離炭酸の多い水** に溶出しやすい。不適当な記述である。**よく出る**

(3) **ヒ素は、地質、鉱山排水、工場排水等に由来する。**過度に摂取すると腹痛、嘔吐、四肢のしびれ、けいれん等の急性症状を引き起こす。適当な記述である。

(4) **シアンは、メッキ工場、製錬所等の排水に由来する。**シアン化イオンを過度に摂取すると人体に重篤な症状を引き起こす。適当な記述である。

したがって、不適当なものは(2)である。 □**正解(2)**

要点：テトラクロロエチレン，トリクロロエチレンは，金属の脱脂剤として使用される有機溶剤で発ガン性があることが報告されている。。

30-2

水道の用語の定義（法3条）に関する問題である。**よく出る**

水道事業とは、一般の需要に応じて、給水人口が **100** 人を超える水道により**水を供給する事業**をいい、**簡易水道** 事業は、水道事業のうち、給水人口が **5,000** 人以下である水道により水を供給する規模の小さい事業をいう（法3条2項、同3項）。

専用水道 とは、寄宿舎、社宅、療養所等における自家用の水道その他水道事業の用に供する水道以外の水道であって、**100** 人を超える者にその住居に必要な水を供給するもの（法3条6項）、又は**人の飲用、炊事用、浴用、手洗用**その他人の生活に供する（則1条）水量が**一日最大で20㎥を超えるもの**（令1条2項）をいう。

したがって、適当な組み合わせは(1)である。 □**正解(1)**

要点：**水道用水供給事業**：水道により水道事業者に対してその用水を供給する事業をいう（法3条4項）。

---

check □□□

水道施設に関する下図の ☐ 内に入る語句の組み合わせのうち、適当なものはどれか。

難易度 ★

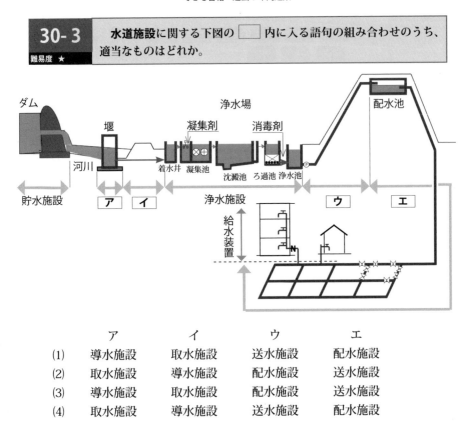

	ア	イ	ウ	エ
(1)	導水施設	取水施設	送水施設	配水施設
(2)	取水施設	導水施設	配水施設	送水施設
(3)	導水施設	取水施設	配水施設	送水施設
(4)	取水施設	導水施設	送水施設	配水施設

水道施設に関する問題である。

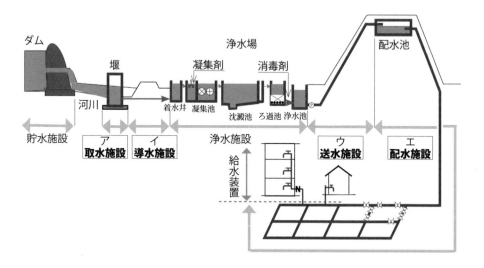

したがって、適当な組み合わせは(4)である。　　　　　　　　　　□**正解(4)**

要点：水道施設　各構成と役割を熟知する。
　①貯水施設：原水を貯留するダム等の施設。
　②取水施設：原水を取り入れるための施設。
　③導水施設：原水を浄水場へ導くための施設。
　④浄水施設：原水を人の飲用に適する水として浄水処理する施設。
　⑤送水施設：浄水を配水施設に送るための施設。
　⑥配水施設：一般の需要に応じ，又は居住に必要な水を供給する施設。

2. 水道行政

30-4 難易度 ★★　水道法に規定する水道事業者等の**水道水質管理上の措置**に関する次の記述のうち、不適当なものはどれか。

(1)　3 年ごとに水質検査計画を策定し、需要者に対し情報提供を行う。

(2)　1 日 1 回以上色及び濁り並びに消毒の残留塩素に関する検査を行う。

(3)　給水栓における水が、遊離残留塩素 0.1mg/L（結合残留塩素ならば 0.4mg/L）以上保持するように塩素消毒をする。

(4)　供給する水が人の健康を害するおそれがあることを知ったときは、直ちに給水を停止し、かつ、その水を使用することが危険である旨を関係者に周知しなければならない。

30-5 難易度 ★★　**指定給水装置工事事業者の責務**に関する次の記述の正誤の組み合わせのうち、適当なものはどれか。

ア　指定給水装置工事事業者は、水道法第 16 条の 2 の指定を受けた日から 2 週間以内に給水装置工事主任技術者を選任しなければならない。

イ　指定給水装置工事事業者は、その選任した給水装置工事主任技術者が欠けるに至ったときは、当該事由が発生した日から 30 日以内に新たに給水装置工事主任技術者を選任しなければならない。

ウ　指定給水装置工事事業者は、事業所の名称及び所在地その他厚生労働省令で定める事項に変更があったときは、当該変更のあった日から 2 週間以内に届出書を水道事業者に提出しなければならない。

エ　指定給水装置工事事業者は、給水装置工事の事業を廃止し又は休止したときは、当該廃止又は休止した日から 30 日以内に届出書を水道事業者に提出しなければならない。

	ア	イ	ウ	エ
(1)	正	誤	正	誤
(2)	誤	正	誤	正
(3)	正	誤	誤	正
(4)	誤	正	正	誤

30-4

水道技術管理者等の職務と水質管理に関する問題である。

(1) 水道事業者は、**毎事業年度開始前**に定期及び臨時の水質検査の計画（**水質検査計画**）を**策定**しなければならない（則15条6項）と規定する。当該水質検査計画は、毎事業年度の開始前に需要者に対し情報提供を行う。不適当な記述である。

(2) 定期の水質検査では**1日1回以上**行う**色**及び**濁り**並びに**消毒の残留効果**に関する検査が規定されている（法20条1項、則15条1項①号イ）。適当な記述である。

(3) 給水栓における水が、遊離残留塩素を**0.1mg**（結合残留塩素の場合は**0.4mg/L**）以上保持するように**塩素消毒**すること（法22条、則17条1項③号）と規定する。適当な記述である。

(4) 水道事業者はその供給する水が**人の健康を害するおそれがあることを知ったときは、直ちに給水を停止**し、かつ、その水を使用することが危険である旨を関係者に**周知**させる措置を講じなければならない（法23条1項）と規定する。適当な記述である。**よく出る**

したがって、不適当なものは(1)である。　　　　　　　　　□**正解(1)**

> **要点：○水道技術管理者**
> 　水道事業者は，水道技術管理者を一人置くことが義務とされるが，自ら水道技術管理者となることができる。

30-5

工事事業者の責務に関する問題である。

ア、イ　指定給水装置工事事業者は、法16条の2の指定を**受けた日から2週間以内**に給水装置工事主任技術者を**選任**しなければならない。指定給水装置工事事業者は、その選任した給水装置工事主任技術者が**欠ける**に至ったときは、当該事由が発生した日から**2週間以内**に新たに給水装置工事主任技術者を選任しなければならない（則21条1項、2項）と規定している。アは正しい記述であるが、イは誤った記述である。**よく出る**

ウ、エ　指定給水装置工事事業者は、事業所の名称及び所在地その他省令で定める事項に**変更**があったとき、又は給水装置工事の事業を廃止し、休止し、若しくは**再開**したときは省令で定めるところにより、その旨を水道事業者に届け出なければならない（法25条の7）とし、**変更の届出**（則34条）は当該変更のあった日から**30日以内**、廃止等の届出（則35条）は当該**廃止又は休止**の日から**30日以内**に、事業を再開したときは、当該**再開の日から10日以内**に、届け出を水道事業者に提出しなければならない。ウは、誤った記述であり、エは正しい記述である。

したがって、適当な組み合わせは(3)である。　　　　　　　□**正解(3)**

> **要点：○主任技術者の選任**
> 　一の事業所の主任技術者が同時に他の事業所の主任技術者となってはいけないが，職務遂行に特に支障がないときは，この限りでない。

30-6　水道法に規定する**給水装置の検査**等に関する次の記述の正誤の組み合わせのうち、適当なものはどれか。

難易度 ★★★

ア　水道事業者は、日出後日没前に限り、指定給水装置工事事業者をして、当該水道によって水の供給を受ける者の土地又は建物に立ち入り、給水装置を検査させることができる。

イ　水道事業者は、当該水道によって水の供給を受ける者の給水装置の構造及び材質が水道法の政令の基準に適合していないときは、供給規程の定めるところにより、給水装置が基準に適合するまでの間その者への給水を停止することができる。

ウ　水道事業によって水の供給を受ける者は、指定給水装置工事事業者に対して、給水装置の検査及び供給を受ける水の水質検査を請求することができる。

エ　水道事業者は、当該水道によって水の供給を受ける者の給水装置の構造及び材質が水道法の政令の基準に適合していないときは、供給規程の定めるところにより、その者の給水契約の申込みを拒むことができる。

	ア	イ	ウ	エ
(1)	誤	正	誤	正
(2)	誤	誤	正	誤
(3)	正	正	誤	誤
(4)	正	誤	正	正

30-7　水道法に規定する**給水装置及び給水装置工事**に関する次の記述のうち、不適当なものはどれか。

難易度 ★★

(1)　受水槽式で給水する場合は、配水管の分岐から受水槽への注入口（ボールタップ等）までが給水装置である。

(2)　配水管から分岐された給水管路の途中に設けられる弁類や湯沸器等は給水装置であるが、給水管路の末端に設けられる自動食器洗い機等は給水装置に該当しない。

(3)　製造工場内で管、継手、弁等を用いて湯沸器やユニットバス等を組立てる作業は、給水用具の製造工程であり給水装置工事ではない。

(4)　配水管から分岐された給水管に直結する水道メーターは、給水装置に該当する。

30-6

出題頻度 02-20 28-5 26-6 25-9 24-6

重要度 ★★
text. P.36,39

給水装置の検査等に関する問題である。

ア 水道事業者は、**日出後日没前に限り、その職員をして**、当該水道によって水の供給を受ける者の土地又は建物に立入り、給水装置を検査させることができる（法17条1項前後）としている。誤った記述である。**よく出る**

イ 水道事業者は、当該水道によって水の供給を受ける者の給水装置の**構造及び材質**が水道法の**政令の基準に適合していないとき**は、供給規程の定めるところにより、給水装置が**基準に適合するまでの間その者への給水を停止する**ことができる（法16条）と規定する。正しい記述である。

ウ 水道事業によって水の供給を受ける者は、**当該 水道事業者 に対して、給水装置の検査**及び**供給を受ける水の水質検査**を請求することができる（法18条1項）としている。誤った記述である。

エ 水道事業者は、当該水道によって水の供給を受ける者の給水装置の構造及び材質が**政令で定める基準に適合していないとき**は、供給規程の定めるところにより、その者の**給水契約の申込を拒み**、又はその者が給水装置をその基準に適合させるまでの間その者に対する**給水を停止**することができる（法16条）。正しい記述である。**よく出る**

したがって、適当な組み合わせは(1)である。 **□正解(1)**

> 要点：**立入り検査**：水道事業者は，日出後日没前に限り，その職員をして，土地又は建物に立ち入り，給水装置を検査させることができる。

30-7

出題頻度 01-5 29-9 27-8 25-4 24-6 21-4

重要度 ★★
text. P.29,248

給水装置及び給水装置工事に関する問題である。

(1) 受水槽式給水における受水槽以下の給水設備は、**受水槽への注入口（ボールタップ等）**を境として、上流側が給水装置、それ以下が別個の水道であるとして区別する。適当な記述である。**よく出る**

(2) 末端給水用具以外の給水用具（給水管路の途中に設けられる継手類、バルブ類等）及び**末端の給水用具**（ふろ用、洗髪用、食器洗浄用の水栓、自動食器洗い機、浄水器等）は、浸出性能基準の適用対象か否かにかかわらず、給水装置である。不適当な記述である。**よく出る**

(3) **製造工場内**で、管、継手、弁等を用いて湯沸器やユニットバス等を組み立てる作業や**工場生産住宅**に工場内で給水管及び給水用具を設置する作業は、給水用具の製造工程であり給水装置工事ではない。適当な記述である。

(4) 水道メーターは、**水道事業者の所有物であるが、給水用具に該当する**。適当な記述である。**よく出る**

したがって、不適当なものは(2)である。 **□正解(2)**

> 要点：**給水装置工事**は，給水管，給水用具を用いて，需要者の求めに応じて水を供給するために行う工事をいう。

check □□□

30-8 難易度 ★★　水道法第 14 条に規定する**供給規程**に関する次の記述のうち、不適当なものはどれか。

(1)　水道事業者には供給規程を制定する義務がある。

(2)　指定給水装置工事事業者及び給水装置工事主任技術者にとって、水道事業者の給水区域で給水装置工事を施行する際に、供給規程は工事を適正に行うための基本となるものである。

(3)　供給規程において、料金が定率又は定額をもって明確に定められている必要がある。

(4)　専用水道が設置されている場合においては、専用水道に関し、水道事業者及び当該専用水道の設置者の責任に関する事項が、適正かつ明確に定められている必要がある。

30-9 難易度 ★★　水道事業者等による**水道施設の整備**に関する次の記述の下線部(1)から(4)までのうち、不適当なものはどれか。

水道事業者又は<u>水道用水供給事業者</u>は、一定の資格を有する<u>水道技術管理者</u>
　　　　　　　　　(1)　　　　　　　　　　　　　　　　　　　　(2)
の監督のもとで水道施設を建設し、工事した施設を利用して<u>給水</u>を開始する前
　　　　　　　　　　　　　　　　　　　　　　　　　　　　(3)
に、<u>水質検査</u>・施設検査を行う。
　　(4)

| 30-8 | 出題頻度 | 02-8 | 28-8 | 27-4 | 27-5 | 26-5 | 25-7 | 重要度　★ |
| | | 23-8 | 22-9 | 21-10 | | | | text.　P.33～34 |

供給規程に関する問題である。**よく出る**

(1) 水道事業者は、料金、給水装置工事の費用の負担区分その他の供給条件について、供給規程を定めなければならない（法14条1項）と定められている**供給規程を定めることは民間の水道事業者にも義務付けられている。**適当な記述である。

(2) 指定給水装置工事事業者及び給水装置工事主任技術者にとって、水道事業者の給水区域で給水装置工事を施行する際に、供給規程は工事を適正に行うための基本となるものである。適当な記述である。

(3) **料金が、定率又は定額をもって明確に定められていること**（法14条2項②号）の規定がある。適当な記述である。

(4) **貯水槽水道**が設置される場合においては、貯水槽水道に関し、水道事業者及び**当該貯水槽水道の責任に関する事項**が、適正かつ明確に定められていること（法14条2項⑤号）と規定する。不適当な記述である。

したがって、不適当なものは(4)である。　　　　　　　　　□**正解(4)**

要点：供給規程は，市町村においては「給水条例」等の名称で，具体的内容が定められている。

| 30-9 | 出題頻度 | 26-4 | 重要度　★★ |
| | | | text.　P.32 |

水道施設の整備に関する問題である。

水道事業者又は**水道用水供給事業者**は、一定の資格を有する**布設工事監督者**
　　　　　(1)　　　　　　　　　　　　　　　　　　　　　(2)
の監督のもとで水道施設を建設し、工事した施設を利用して給水を開始する前
　　　　　　　　　　　　　　　　　　　　　　　　　　　(3)
に、**水質検査・施設検査**を行う（法12条、法13条参照）。
　　(4)

したがって、不適当なものは(2)である。　　　　　　　　　□**正解(2)**

要点：○**布設工事監督者**：水道事業者（又は水道用水供給事業者）は，水道の布設工事を自ら施行し，又は他人に施工させる場合において，その職員を指名し，又は第三者に委託して，その工事施工に関する**技術上の監督業務**を行わせなければならない。

check □□□

343

3. 給水装置工事法

30-10
難易度 ★★

サドル付分水栓の穿孔に関する次の記述の正誤の組み合わせのうち、適当なものはどれか。

ア　サドル付分水栓を取付ける前に、弁体が全開状態になっているか、パッキンが正しく取付けられているか、塗装面やねじ等に傷がないか等、サドル付分水栓が正常かどうか確認する。

イ　サドル付分水栓の取付け位置を変えるときは、サドル取付ガスケットを保護するため、サドル付分水栓を持ち上げて移動させてはならない。

ウ　サドル付分水栓の穿孔作業に際し、サドル付分水栓の吐水部又は穿孔機の排水口に排水用ホースを連結し、切粉の飛散防止のためホース先端を下水溝に直接連結し、確実に排水する。

エ　防食コアの取付けは、ストレッチャ（コア挿入機のコア取付け部）先端にコア取付け用ヘッドを取付け、そのヘッドに該当口径のコアを差し込み、非密着形コアの場合は固定ナットで軽く止める。

	ア	イ	ウ	エ
(1)	正	正	誤	誤
(2)	誤	正	正	誤
(3)	正	誤	誤	正
(4)	誤	誤	正	正

30-10

サドル付分水栓の穿孔に関する問題である。**よく出る**

ア　サドル付分水栓を取付ける前に、弁体が 全開状態 になっているか、パッキン
　が正しく取付けられているか、塗装面がねじ等に傷がないか等、サドル付分
　水栓が正常かどうか確認する。正しい記述である。

イ　サドル付分水栓の取付け位置を変えるときは、**サドル取付ガスケットを保護
　するため、** サドル付分水栓を持ち上げて移動する 。誤った記述である。

ウ　サドル付分水栓の止水部又は穿孔機の排水口に排水用ホースを連結し、下水
　溝等へ切粉を 直接排水しない **ようにホースの先端はバケツ等に差込む**。誤った
　記述である。

エ　**防食コア**の取付けは、ストレッチャ（コア挿入機のコア取付け部）先端に取
　付用ヘッドを取付け、そのヘッドに該当口径のコアを差し込み、 非密着形コア
　の場合は**固定ナットで軽く止める**。正しい記述である。

　したがって、適当な組み合わせは(3)である。　　　　　　　　　　　　　**正解(3)**

要点：穿孔作業：刃先が管端に接するまで**ハンドルを静かに回転して穿孔を開始する**。穿孔する面
　　が円弧であるため，穿孔ドリルを強く押し下げるとドリル芯がずれ正常な状態の穿孔ができず，
　　この後の防食コアの装着に支障が出るおそれがあるため，**最初はドリルの芯がずれないように
　　ゆっくりとドリルを下げる**。

check □□□

30-11 難易度 ★★　配水管からの給水管分岐に関する次の記述の正誤の組み合わせのうち、適当なものはどれか。

ア　配水管への取付け口における給水管の口径は、当該給水装置による水の使用量に比し、著しく過大でないようにする。

イ　配水管から給水管の分岐の取出し位置は、配水管の直管部又は異形管からとする。

ウ　給水管の取出しには、配水管の管種及び口径並びに給水管の口径に応じたサドル付分水栓、分水栓、割 T 字管等を用い、配水管を切断し T 字管やチーズ等による取出しをしてはならない。

エ　配水管を断水して給水管を分岐する場合の配水管断水作業及び給水管の取出し工事は水道事業者の指示による。

	ア	イ	ウ	エ
(1)	誤	誤	正	誤
(2)	正	誤	正	誤
(3)	誤	正	誤	正
(4)	正	誤	誤	正

30-12 難易度 ★★　分岐穿孔に関する次の記述の正誤の組み合わせのうち、適当なものはどれか。

ア　サドル付分水栓によるダクタイル鋳鉄管の分岐穿孔に使用するドリルは、モルタルライニング管の場合とエポキシ樹脂粉体塗装管の場合とでは、形状が異なる。

イ　ダクタイル鋳鉄管に装着する防食コアの挿入機は、製造業者及び機種等が異なっていても扱い方は同じである。

ウ　硬質ポリ塩化ビニル管に分水栓を取付ける場合は、分水電気融着サドル、分水栓付電気融着サドルのどちらかを使用する。

エ　割 T 字管は、配水管の管軸水平部にその中心がくるように取付け、給水管の取出し方向及び割 T 字管が管水平方向から見て傾きがないか確認する。

	ア	イ	ウ	エ
(1)	正	誤	誤	正
(2)	正	誤	正	誤
(3)	誤	正	誤	正
(4)	誤	正	正	誤

30-11

出題頻度　29-10　28-11　27-10　26-11　25-12　22-11　21-11　重要度　★★　text. P.63,64

給水栓分岐に関する問題である。

ア　配水管の取付口における給水管の口径は、当該給水装置による**水の使用量に比し、著しく過大でないこと**（令5条1項②号）と規定する。正しい記述である。

イ　給水管の取出しは、配水管の**直管部**から行う。異形管及び継手からの取出しは、その構造上的確な給水用具の取付けが困難で、また、材料の使用上からも給水上からも給水管を取出してはいけない。誤った記述である。

ウ　給水管の取出しには、配水管の管種及び口径並びに給水管の口径に応じたサドル付分水栓、分水栓、割T字管等を用いる方法か、**配水管を切断し、T字管、チーズ等を用いて取出す方法による**。誤った記述である。**よく出る**

エ　配水管を断水して給水管を分岐する場合の**配水管断水作業**及び**給水管の取出し工事**は**水道事業者の指示**による。正しい記述である。

したがって、適当な組み合わせは(4)である。　　　　　　　　□**正解(4)**

> 要点：配水管の分岐に当たっては、他の給水装置の取付口から30cm以上離す。水道事業者がその距離を指定する場合はその距離による。

30-12

出題頻度　29-10　28-11　27-11　26-12　24-11　23-11　21-16　重要度　★★　text. P.66～71

分岐穿孔に関する問題である。

ア　サドル付分水栓による**ダクタイル鋳鉄管の分岐穿孔に使用するドリルは、モルタルライニング管の場合とエポキシ樹脂粉体塗装管の場合とでは、形状が異なる**。正しい記述である。

イ　ダクタイル鋳鉄管からの分岐穿孔で、**防食コアの挿入機及び密着形コア**は、製造業者及び機種等により取扱いが異なるので、必ず取扱説明書をよく読んで器具を使用する。誤った記述である。**よく出る**

ウ　鋼管、硬質ポリ塩化ビニル管及び水道用ポリエチレン二層管からの分岐穿孔は、**ダクタイル鋳鉄管からの分岐穿孔と同様に行う**。水道配水用ポリエチレン管に使用するサドル付分水栓は、**サドル付分水栓、分水EFサドル及び分水栓付EFサドル**の3種類があり、その特性により、取付方法や穿孔方法が異なる。誤った記述である。

エ　割T字管は、配水管の**管軸水平部にその中心線がくるように取付け、給水管の取出し方法及び割T字管が管水平方向から見て傾きがないかを確認する**。正しい記述である。

したがって、適当な組み合わせは(1)である。　　　　　　　　□**正解(1)**

> 要点：分水栓EFサドル及び分水栓付サドルの場合、管を融着する箇所にサドルの長さよりひと回り大きい標線を記入する。

30-13 給水管の**埋設深さ**に関する次の記述の □ 内に入る語句の組み合わせのうち、適当なものはどれか。

難易度 ★

公道下における給水管の埋設深さは、□ア□ に規定されており、工事場所等により埋設条件が異なることから □イ□ の □ウ□ によるものとする。

また、宅地内における給水管の埋設深さは、荷重、衝撃等を考慮して □エ□ を標準とする。

	ア	イ	ウ	エ
(1)	道路法施行令	道路管理者	道路占用許可	0.3m 以上
(2)	水道法施行令	所轄警察署	道路使用許可	0.5m 以上
(3)	水道法施行令	道路管理者	道路使用許可	0.3m 以上
(4)	道路法施行令	所轄警察署	道路占用許可	0.5m 以上

30-14 **止水栓の設置及び給水管の布設**に関する次の記述のうち、**不適当**なものはどれか。

難易度 ★★

(1) 止水栓は、給水装置の維持管理上支障がないよう、メーターます又は専用の止水栓きょう内に収納する。

(2) 給水管が水路を横断する場所にあっては、原則として水路の下に給水管を設置する。やむを得ず水路の上に設置する場合には、高水位（H.W.L）より下の高さに設置する。

(3) 給水管を建物の柱や壁等に沿わせて配管する場合には、外圧、自重、水圧等による振動やたわみで損傷を受けやすいので、クリップ等のつかみ金具を使用し、管を 1 〜 2m の間隔で建物に固定する。

(4) 給水管は他の埋設物（埋設管、構造物の基礎等）より 30cm以上の間隔を確保し配管することを原則とする。

30-13 出題頻度 `05-12` `02-13` `01-13` `28-17` `25-13`
重要度 ★
text. P.97,98

給水管の埋設深さに関する問題である。

公道下における給水管の**埋設深さ**は、**道路施行令**（令 11 条の 3 第 1 項②号ロ）に規定されており、工事場所等により埋設条件が異なることから **道路管理者** の **道路占用許可** によるものとする。

また、宅地内における給水管の埋設深さは、荷重、衝撃等を考慮して **0.3m 以上** を標準とする。

したがって、適当な組み合わせは(1)である。　　　　□**正解(1)**

> 要点：埋設深さについて，「水管又はガス管の本線を地下に設ける場合においては，その頂部と路面との距離が **1.2m**（工事実施上やむを得ない場合にあっては，**0.6m**）を超えること」と規定している。

30-14 出題頻度 `03-14` `27-15` `26-15`
重要度 ★
text. P.89,101 ～ 102

止水栓の設置及び給水管の布設に関する問題である。

(1) **止水栓**は、給水装置の維持管理上支障がないよう、**メーターます又は専用の止水栓きょう**内に収納する。適当な記述である。

(2) 給水管の水路等を横断する場所にあっては、原則として**水路の下に設置する**。やむを得ず水路の上に給水管を設置する場合には、**高水位（HW.L）以上の高さ**に設置し、かつ、さや管等により、防護措置を講ずる。不適当な記述である。

(3) 給水管を建物の柱や壁等に沿わせて配管する場合には、外圧、自重、水圧等による振動やたわみで損傷を受けやすいので、クリップ等の**つかみ金具**を使用し、管を **1 ～ 2m の間隔**で建物に固定する。適当な記述である。

(4) 給水管は**他の埋設物**（埋設管、構造物の基礎等）より **30cm以上** の間隔を確保し配管することを原則とする。適当な記述である。

したがって、不適当なものは(2)である。　　　　□**正解(2)**

> 要点：給水管が構造物の基礎及び壁等を貫通する場合には，構造物の貫通部に**配管スリーブ**等を設け，スリーブとの間隙を**弾性体**で充填し，管の損傷を防止する。

check □□□

30-15
難易度 ★★

水道メーターの設置に関する次の記述のうち、不適当なものはどれか。

(1) 水道メーターを地中に設置する場合は、メーターます又はメーター室の中に入れ、埋没や外部からの衝撃から防護するとともに、その位置を明らかにしておく。

(2) 水道メーターを集合住宅の配管スペース内等、外気の影響を受けやすい場所へ設置する場合は、凍結するおそれがあるので発泡スチロール等でカバーを施す等の防寒対策が必要である。

(3) 集合住宅等に設置する各戸メーターには、検定満期取替え時の漏水事故防止や取替え時間の短縮を図る等の目的に開発されたメーターユニットを使用することが多くなっている。

(4) 水道メーターの設置は、原則として給水管分岐部から最も遠い宅地内とし、メーターの検針や取替作業等が容易な場所で、かつ、メーターの損傷、凍結等のおそれがない位置とする。

30-16
難易度 ★★

給水装置工事に関する次の記述のうち、不適当なものはどれか。

(1) 給水管及び給水用具は、最終の止水機構の流出側に設置される給水用具を含め、耐圧性能基準に適合したものを用いる。

(2) 給水装置の接合箇所は、水圧に対する充分な耐力を確保するためにその構造及び材質に応じた適切な接合が行なわれたものでなければならない。

(3) 減圧弁、安全弁（逃し弁）、逆止弁、空気弁及び電磁弁は、耐久性能基準に適合したものを用いる。ただし、耐寒性能が求められるものを除く。

(4) 家屋の主配管は、配管の経路について構造物の下の通過を避けること等により漏水時の修理を容易に行うことができるようにしなければならない。

30-15 出題頻度 `05-14` `04-14` `03-14` `02-15` `01-17` `28-15` `26-14` 重要度 ★★
`24-12` `23-13` `21-13` `20-13` text. P.90〜92

水道メーターの設置に関する問題である。

⑴ 水道メーターを地中に設置する場合は、**メーターます又はメーター室**の中に入れ、埋設や外部からの衝撃から防護するとともに、その位置を明らかにしておく。適当な記述である。

⑵ 水道メーターを集合住宅の配管スペース内等、外気の影響を受けやすい場所へ設置する場合は、凍結するおそれがあるので**発泡スチロール等でカバー**を施す等の防護対策が必要である。適当な記述である。

⑶ 集合住宅等に設置する各戸メーターには、検定満期取替え時の漏水事故防止や取替え時間の短縮を図る目的に開発された**メーターユニット**を使用することが多くなっている。適当な記述である。

⑷ 水道メーターの設置位置は、原則として、**道路境界線と給水管分岐部に最も近接した宅地内**とし、メーターの検針や取替作業が容易な場所で、かつ、メーターの損傷、凍結等のおそれがない位置とする。不適当な記述である。 **よく出る**
したがって、不適当なものは⑷である。 □**正解⑷**

要点：○**メーターバイパスユニット**：集合住宅に直結増圧式等で給水する建物等では取替え時の断水を回避するため，メーターバイパスユニットを設置する方法がある。

30-16 出題頻度 `03-15` `01-14` `29-12` `25-17` 重要度 ★★
text. P.87〜89

配管工事に関する問題である。

⑴ 給水装置工事（**最終の止水機構の流出側に設置されている給水器具を除く**）は、次に掲げる耐圧のための性能（耐圧性能基準）を有するものでなければならない（基準省令1条1項）。不適当な記述である。

⑵ 給水装置の接合箇所は、水圧に対する充分な耐力を確保するためにその構造及び材質に応じた**適切な接合**が行なわれたものでなければならない（同省令1条2項）。適当な記述である。 **よく出る**

⑶ **減圧弁、安全弁**（逃し弁）、**逆止弁、空気弁及び電磁弁**は、**耐久性能基準に適合したもの**を用いる。ただし、**耐寒性能が求められるものを除く**（同省令7条）。適当な記述である。

⑷ **家屋の主配管**は、配管の経路について**構造物の下の通過を避ける**こと等により漏水時の修理を容易に行うことができるようにしなければならない（同省令1条3項）。適当な記述である。 **よく出る**

したがって、不適当なものは⑴である。 □**正解⑴**

要点：配管工事においては，耐圧性能，耐久性能等の基準省令に定められた性能基準及び給水装置のシステム基準適合等を押さえておく。

check □□□

30-17 給水管の**接合方法**に関する次の記述のうち、不適当なものはどれか。
難易度 ★★

(1) 硬質塩化ビニルライニング鋼管、耐熱性硬質塩化ビニルライニング鋼管、ポリエチレン粉体ライニング鋼管の接合は、ねじ接合が一般的である。

(2) ステンレス鋼鋼管及び波状ステンレス鋼管の接合には、伸縮可とう式継手又は TS 継手を使用する。

(3) 銅管の接合には、トーチランプ又は電気ヒータによるはんだ接合とろう接合がある。

(4) 水道用ポリエチレン二層管の接合には、金属継手を使用する。

30-18 給水管の**配管工事**に関する次の記述のうち、不適当なものはどれか。
難易度 ★★

(1) 水道用ポリエチレン二層管（1 種管）を曲げて配管するときの曲げ半径は、管の外径の 20 倍以上とする。

(2) ステンレス鋼鋼管の曲げ加工は、加熱による焼曲げ加工により行う。

(3) ステンレス鋼鋼管を曲げて配管するときの曲げ半径は、管軸線上において、呼び径の 4 倍以上でなければならない。

(4) ステンレス鋼鋼管の曲げの最大角度は、原則として 90°（補角）とし、曲げ部分にしわ、ねじれ等がないようにする。

30-17 出題頻度 `04-19` `03-17` `29-16` `28-16` `28-19` `27-17` `27-18` `25-20` 重要度 ★★★　text.74〜82

給水管の接合方向に関する問題である。**よく出る**

(1) **ライニング鋼管の接合は、ねじ接合が一般的**である。適当な記述である。

(2) **ステンレス鋼鋼管及び波状ステンレス鋼管**の接合は、主に屋内配管用の **プレス式継手** と、地中埋設管用の **伸縮可とう式継手** がある。不適当な記述である。

(3) **銅管の接合**には、トーチランプ又は電気ヒータによる **はんだ接合とろう接合** がある。適当な記述である。

(4) **水道用ポリエチレン二層管の接合**には、**金属継手** を使用する。適当な記述である。

したがって、不適当なものは(2)である。　　　　　　　　□**正解(2)**

> 要点：硬質ポリ塩化ビニル管の **TS 継手** に使用する**接着剤**は品質確認済の水道用硬質塩化ビニル管の接着剤がある。これには，**硬質塩化ビニル管用**と**耐衝撃性硬質塩化ビニル管用**とがある。

30-18 出題頻度 `05-16` `04-19` `02-17` `02-19` `01-14` `01-15` `29-12` `29-18` `29-19` `28-18` `27-19` `26-18` `25-18` `24-18` 重要度 ★★★　text. P.88,89

給水管の配管工事に関する問題である。**よく出る**

(1) **水道用ポリエチレン二層管（1 種管）を曲げて配管するときの曲げ半径**は、管の外径の **20 倍以上** とする。適当な記述である。

(2) **ステンレス鋼鋼管の曲げ加工**は、ベンダによって行い、**加熱による焼き曲げ加工等は行ってはならない**。不適当な記述である。

(3) **ステンレス鋼鋼管を曲げて配管するときの曲げ半径**は、管軸線上において、**呼び径の 4 倍以上**でなければならない。適当な記述である。

(4) **ステンレス鋼鋼管の曲げの最大角度**は、原則として **90°**（補角）とし、曲げ部分にしわ、ねじれ等がないようにする。適当な記述である。

したがって、不適当なものは(2)である。　　　　　　　　□**正解(2)**

※(1)の PP の曲げ半径は、日本産業規格では管外径の「20 倍以上」としているが、日本ポリエチレンパイプ協会規格では「25 倍以上」としている。

> 要点：水圧，水撃作用等により給水管の接合部が離脱するおそれのある継手は，硬質ポリ塩化ビニル管の **RR 継手**，ダクタイル鋳鉄管の**プッシュオン継手**の **T 形**及び**メカニカル継手**の **K 形**の接合部がある。

check □□□

30-19 難易度 ★★ 　消防法の適用を受けるスプリンクラーに関する次の記述のうち、不適当なものはどれか。

(1) 平成 19 年の消防法改正により、一定規模以上のグループホーム等の小規模社会福祉施設にスプリンクラーの設置が義務付けられた。

(2) 水道直結式スプリンクラー設備の工事は、水道法に定める給水装置工事として指定給水装置工事事業者が施工する。

(3) 水道直結式スプリンクラー設備の設置で、分岐する配水管からスプリンクラーヘッドまでの水理計算及び給水管、給水用具の選定は、給水装置工事主任技術者が行う。

(4) 水道直結式スプリンクラー設備は、消防法適合品を使用するとともに、給水装置の構造及び材質の基準に関する省令に適合した給水管、給水用具を用いる。

4. 給水装置の構造及び性能

30-20 難易度 ★★★ 　給水装置の耐圧試験に関する次の記述のうち、不適当なものはどれか。

(1) 止水栓や分水栓の耐圧性能は、弁を「閉」状態にしたときの性能である。

(2) 配管や接合部の施工が確実に行われたかを確認するため、試験水圧 1.75MPa を 1 分間保持する耐圧試験を実施することが望ましい。

(3) 水道事業者が給水区域内の実情を考慮し、配管工事後の試験水圧を定めることができる。

(4) 給水管の布設後、耐圧試験を行う際に加圧圧力や加圧時間を過大にすると、柔軟性のある合成樹脂管や分水栓等の給水用具を損傷することがある。

30-19 出題頻度 `05-15` `04-15` `03-19` `02-18` `01-19` `29-14` `27-16` 重要度 ★★
`26-16` text. P.92,93

水道直結式スプリンクラー設備に関する問題である。

⑴ H19 の消防法改正により、延べ面積 275㎡以上 1,000㎡未満の小規模社会福祉施設等にスプリンクラーの設置が義務付けられ、この施設について給水装置に直結する「**特定施設水道直結型スプリンクラー設備**」の設置も認められた。適当な記述である。

⑵ 水道直結式スプリンクラー設備の工事は、水道法に定める**給水装置工事**として**指定給水装置工事事業者が施工**する。適当な記述である。

⑶ 水道直結式スプリンクラー設備の設置にあたり、**分岐する配水管からスプリンクラーまでの水理計算及び給水管、給水用具の選定**は、 消防設備士が行う 。不適当な記述である。 **よく出る**

⑷ 水道直結式スプリンクラー設備は、**消防法適合品を使用**するとともに、**給水装置の構造及び材質の基準に関する省令に適合した給水管、給水用具を用いる**。適当な記述である。 **よく出る**

したがって、不適当なものは⑶である。 □**正解⑶**

要点：災害その他正当な理由によって一時的な断水や水圧低下によりその性能が十分発揮されない状況が生じても**水道事業者に責任はない**。

30-20 出題頻度 `03-15` `02-21` `01-21` `27-23` `25-23` `24-25` 重要度 ★★
text. P.114～118

配管工事後の耐圧試験に関する問題である。

⑴ **止水栓**や**分水栓**の耐圧性能は、弁を「開」状態にしたときの性能 であって、**止水性能を確認する試験ではない**。不適当な記述である。 **よく出る**

⑵ 新設工事の場合は、適正な施行の観点から、配管や接合部の施行が確実に行われたかを確認するため、**試験水圧 1.75MPa を 1 分間**保持する耐圧試験を実施することが望ましいとされている。適当な記述である。

⑶ 配管工事後の耐圧試験に関しては、基準省令において「給水装置の接合箇所は、**水圧に対する充分な耐力を確保する適切な接合が行われているもの**でなければならない。」とされていて 定量的な基準はない 。したがって、水道事業者が給水区域内の実情を考慮し、試験水圧を定めることができる 。適当な記述である。 **よく出る**

⑷ 給水管の布設後耐圧試験を行う際には、加圧圧力や加圧時間を適切な大きさ、長さにしなければならない。**過大にすると、柔軟性のある合成樹脂管や分水栓等の給水用具を損傷する**おそれがある。適当な記述である。

したがって、不適当なものは⑴である。 □**正解⑴**

要点：ウォーターハンマが発生するおそれがある箇所には，その手前（上流側）に近接して水撃防止器具を設置する。

30-21

難易度 ★★

クロスコネクションに関する次の記述の正誤の組み合わせのうち、適当なものはどれか。

ア　給水管と井戸水配管を直接連結する場合、仕切弁や逆止弁を設置する。

イ　クロスコネクションは、水圧状況によって給水装置内に工業用水、排水、ガス等が逆流するとともに、配水管を経由して他の需要者にまでその汚染が拡大する非常に危険な配管である。

ウ　一時的な仮設であれば、給水装置とそれ以外の水管を直接連結することができる。

エ　クロスコネクションの多くは、井戸水、工業用水及び事業活動で用いられている液体の管と給水管を接続した配管である。

	ア	イ	ウ	エ
(1)	正	誤	正	誤
(2)	誤	誤	正	正
(3)	誤	正	誤	正
(4)	正	正	誤	誤

30-22

難易度 ★★

水の汚染防止に関する次の記述のうち、不適当なものはどれか。

(1)　洗浄弁、温水洗浄便座、ロータンク用ボールタップは、浸出性能基準の適用対象外の給水用具である。

(2)　合成樹脂管をガソリンスタンド、自動車整備工場等にやむを得ず埋設配管する場合、さや管等により適切な防護措置を施す。

(3)　シアンを扱う施設に近接した場所に給水装置を設置する場合は、ステンレス鋼鋼管を使用する。

(4)　給水装置は、末端部が行き止りとなっていること等により水が停滞する構造であってはならない。ただし、当該末端部に排水機構が設置されているものにあっては、この限りでない。

30-21

クロスコネクション防止に関する問題である。**よく出る**

ア、ウ　安全な水道水を確保するため、給水装置を当該給水装置以外の水管その他の設備とは、たとえ、**仕切弁や逆止弁が介在しても**、また、**一時的な仮設であっても、これを直接連結することは絶対行ってはならない。**ア、ウとも誤った記述である。

イ　クロスコネクションは、**水圧状況**によって給水装置内に工業用水、排水、ガス等が逆流するとともに、配水管を経由して他の需要者にまでその汚水が拡大する**非常に危険な配管**である。正しい記述である。

エ　クロスコネクションの多くは、**井戸水、工業用水及び事業活動で用いられている液体の管と給水管を接続した配管**である。正しい記述である。

したがって、適当な組み合わせは⑶である。　　　　　　　　**□正解⑶**

要点：当該給水装置以外の水管その他の設備に直接連結されないこと（基準省令5条1項⑥号）

30-22

水の汚染に関する問題である。**よく出る**

⑴　**浸出性能基準対象外**の給水用具としては、**洗浄弁、温水洗浄弁座、ロータンク用ボールタップ**などがある。適当な記述である。

⑵　**合成樹脂管は、有機溶剤等に侵されやすい**ので、油類が浸透する場所には使用せず、金属管を使用する。やむを得ずこのような場所に合成樹脂管を使用する場合は、**さや管等で適切な防護措置を施す**こと（基準省令2条4項）。適当な記述である。

⑶　給水管路の途中に有毒薬品置場、有害物の取扱場、汚水槽等の**汚染源**がある場合は、給水管等が破損した際に有毒物や汚物が水道水に混入するおそれがあるので、その影響のないところまで離して配管する（同省令2条3項）。不適当な記述である。

⑷　**末端部が行き止まり**の給水装置は、停滞水が生じ、水質が悪化するおそれがあるので極力避ける必要がある。構造上やむを得ず行き止まりとなる場合は、**末端部に排水機構を設置する**（同省令2条2項）。適当な記述である。

したがって、不適当なものは⑶である。　　　　　　　　**□正解⑶**

要点：**一時的，季節的に使用されない給水装置**には，給水管内に長期間水の停滞を生じることがある。このような場合，適量の水を適時**飲用以外で使用する**ことにより，その水の衛生性が確保できる。

30-23

難易度 ★

金属管の**侵食防止**のための**防食工**に関する次の記述の正誤の組み合わせのうち、適当なものはどれか。

ア　ミクロセル侵食とは、埋設状態にある金属材質、土壌、乾湿、通気性、pH 値、溶解成分の違い等の異種環境での電池作用による侵食をいう。

イ　管外面の防食工には、ポリエチレンスリーブ、防食テープ、防食塗料を用いる方法の他、外面被覆管を使用する方法がある。

ウ　鋳鉄管からサドル付分水栓により穿孔、分岐した通水口には、ダクタイル管補修用塗料を塗装する。

エ　軌条からの漏洩電流の通路を遮蔽し、漏洩電流の流出入を防ぐには、軌条と管との間にアスファルトコンクリート板その他の絶縁物を介在させる方法がある。

	ア	イ	ウ	エ
(1)	正	誤	正	誤
(2)	正	誤	誤	正
(3)	誤	正	誤	正
(4)	誤	正	正	誤

30-24

難易度 ★★

給水装置の耐久性能基準に関する次の記述のうち、**不適当なもの**はどれか。

(1)　耐久性能基準は、頻繁な作動を繰り返すうちに弁類が故障し、その結果、給水装置の耐圧性、逆流防止等に支障が生じることを防止するためのものである。

(2)　耐久性能基準は、制御弁類のうち機械的・自動的に頻繁に作動し、かつ通常消費者が自らの意思で選択し、又は設置・交換できるような弁類に適用される。

(3)　耐久性能試験に用いる弁類の開閉回数は 10 万回（弁の開及び閉をもって 1 回と数える。）である。

(4)　耐久性能基準の適用対象は、弁類単体として製造・販売され、施工時に取付けられるものに限られる。

30-23 出題頻度 `03-26` `01-24` `29-26` `28-22` `27-25` `26-23` `25-27`　　重要度 ★★　text. P.140〜151

金属管の防食工に関する問題である。

ア　**ミクロセル侵食**とは、**腐食性の高い土壌**、**バクテリア**による侵食である。記述は、マクロセル侵食について述べている。誤った記述である。

イ　管外面の防食工には、ポリエチレンスリーブ、防食テープ、防食塗料を用いる方法の他、外面被覆管を使用する方法がある。正しい記述である。

ウ　管内面の防食工で、**鋳鉄管からサドル付分水栓等により穿孔分岐した通水口**には、**防食コア**を挿入する等適切な防護措置をする。誤った記述である。**よく出る**

エ　電食防止工のひとつに、軌条と管との間に**アスファルトコンクリート板**、またはその他の絶縁物を介在させ、**軌条からの漏洩電流の通路を遮断**し、漏洩電流の流出入を防ぐ方法がある。正しい記述である。

したがって、適当な組み合わせは(3)である。　　□**正解(3)**

> 要点：○管外面の防食：①ポリエチレンスリーブ，②防食テープ巻き，③防食塗装，④外面被覆管
> ○管内面の防食：①防食コア，②ダクタイル鋳鉄管補修用塗料，③内面ライニング管，④管端防食継手

30-24 出題頻度 `05-23` `04-23` `28-25` `24-26` `20-29` `19-23`　　重要度 ★★　text. P.144,145

耐久性能基準に関する問題である。

(1)　耐久性能基準は、**頻繁な作動を繰返すうちに弁類が故障し、その結果、給水装置の耐圧性、逆流防止等に支障を生じることを防止する**ためのものである（基準省令第7条定義）。適当な記述である。

(2)　耐久性能基準は、制御弁類のうち**機械的・自動的に頻繁に作動し、かつ、通常消費者が自らの意志で選択し、または設置・交換しないような弁類に適用される**。不適当な記述である。**よく出る**

(3)　耐久性能試験に用いる弁類の開閉回数は**10万回（弁の開及び閉をもって1回と数える。）**である。適当な記述である。

(4)　耐久性能基準の適用対象は、**弁類単体として製造・販売され、施工時に取付けられるものに限ることとする**。これは弁類単体として備え付けられている場合、製品全体としての耐久性とバランスをとって必要な耐久性を持たせるのが普通であり、弁類だけの耐久性を一律に規定することは合理的でないと考えられるためである。適当な記述である。

したがって、不適当なものは(2)である。　　□**正解(2)**

> 要点：水栓，ボールタップは耐久性能基準の適用対象外の給水用具である。

30-25 難易度 ★★ 次のうち、通常の使用状態において、**給水装置の浸出性能基準の適用対象外となる給水用具**として、適当なものはどれか。

(1) 散水栓
(2) 受水槽用ボールタップ
(3) 洗面所の水栓
(4) バルブ類

30-26 難易度 ★★ 給水装置の**逆流防止性能基準**に関する次の記述のうち、不適当なものはどれか。

(1) 逆流防止性能基準の適用対象は、逆止弁、減圧式逆流防止器及び逆流防止装置を内部に備えた給水用具である。
(2) 逆止弁等は、1次側と2次側の圧力差がほとんどないときも、2次側から水撃圧等の高水圧が加わったときも、ともに水の逆流を防止できるものでなければならない。
(3) 減圧式逆流防止器は、逆流防止機能と負圧破壊性能を併せ持つ装置である。
(4) 逆流防止性能基準は、給水装置を通じての水道水の逆流により、水圧が変化することを防止するために定められた。

30-27 難易度 ★★ 給水装置の**耐寒性能基準**に関する次の記述のうち、不適当なものはどれか。

(1) 耐寒性能基準は、寒冷地仕様の給水用具か否かの判断基準であり、凍結のおそれのある場所において設置される給水用具はすべてこの基準を満たしていなければならない。
(2) 耐寒性能基準においては、凍結防止の方法は水抜きに限定しないこととしている。
(3) 耐寒性能試験の−20±2℃という試験温度は、寒冷地における冬季の最低気温を想定したものである。
(4) 低温に暴露した後確認すべき性能基準項目から浸出性能が除かれているのは、低温暴露により材質等が変化することは考えられず、浸出性能に変化が生じることはないと考えられることによる。

30-25

浸出性能の適用対象に関する問題である。**よく出る**

浸出性能基準の適用対象は、通常の使用状態において、**飲用に供する水が接続する可能性のある給水管及び給水用具に限定**される。

表 浸出性能基準適用対象器具の目安（※金属材料はのぞく）

	適用対象の器具例	適用対象外の器具例
給水管及び末端給水用具以外の給水用具	○給水管	―
	○継手類 ○バルブ類 ○受水槽用ボールタップ ○先止め式瞬間湯沸器及び貯湯湯沸器	―
末端給水用具	○台所用、洗面所用等の水栓 ○元止め式瞬間湯沸器及び貯蔵湯沸器 ○浄水器^(注)、自動販売機、ウォータークーラ（冷水機）	○ふろ用、洗髪用、食器洗浄用等の水栓 ○洗浄弁、洗浄弁座、散水栓 ○水洗便器のロータンク用ボールタップ ○ふろ給湯専用の給湯機及びふろがま ○自動食器洗い機

したがって、表より適用対象**外**として適当なものは(1)である。　□**正解(1)**

30-26

逆流防止性能基準に関する問題である。

(1) 逆流防止性能基準の適用対象は、**逆止弁、減圧式逆流防止器、逆流防止装置を内部に備えた給水用具**である。適当な記述である。
(2) 逆止弁等は、**1次側と2次側の圧力差がほとんどないときも、2次側から水撃圧等の高水圧が加わったとき**も、ともに水の逆流を防止できるものでなければならない。適当な記述である。**よく出る**
(3) 減圧式逆流防止器は、逆流防止機能と負圧破壊機能を併せ持つ装置であることから、**両性能を有する**ことを要件としている。適当な記述である。
(4) 逆流防止性能基準は、給水装置を通じての汚水の逆流により、**水道水の汚染**や**公衆衛生上の問題が生じることを防止する**ためのものである。不適当な記述である。
したがって、不適当なものは(4)である。　□**正解(4)**

30-27

(1) 耐寒性能基準は、寒冷地仕様の給水用具か否かの判断基準であり、**凍結のおそれのある場所において設定される給水用具がすべてこの基準を満たしていなければならないわけではない**。不適当な記述である。**よく出る**
(2) 型式承認基準において、凍結防止方法として水抜きに限定してきたが、水抜きが容易でない給水用具のあることから、耐寒性能基準においては、**凍結防止の方法は水抜きに限定しない**こととしている。適当な記述である。
(3)、(4) 適当な記述である。したがって、不適当なものは(1)である。　□**正解(1)**

check □□□

30-28
難易度 ★★★

逆流防止に関する次の記述の □ 内に入る語句の組み合わせのうち、適当なものはどれか。

呼び径が25mmを超える吐水口の場合、確保しなりればならない越流面から吐水口の ア までの垂直距離の満たすべき条件は、近接壁の影響がある場合、近接壁の面数と壁からの離れによって区分される。この区分は吐水口の内径 d の何倍かによって決まる。吐水口の断面が長方形の場合は イ を d とする。

なお、上述の垂直距離の満たすべき条件は、有効開口の内径 d′ によって定められるが、この d′ とは「吐水口の内径 d」、「こま押さえ部分の内径」、「給水栓の接続管の内径」、の3つのうちの ウ のことである。

	ア	イ	ウ
(1)	中央	短辺	最小内径
(2)	最下端	短辺	最大内径
(3)	中央	長辺	最大内径
(4)	最下端	長辺	最小内径

30-29
難易度 ★★

寒冷地における**凍結防止対策**として、**水抜き用の給水用具の設置**に関する次の記述のうち、不適当なものはどれか。

(1) 水抜き用の給水用具以降の配管として、水抜き栓からの配管を水平に設置した。

(2) 水抜き用の給水用具以降の配管が長くなったので、取り外し可能なユニオンを設置した。

(3) 水抜き用の給水用具を水道メーター下流側で屋内立ち上がり管の間に設置した。

(4) 水抜きバルブを屋内に露出させて設置した。

出題頻度 `05-27` `04-27` `03-29` `02-25` `01-27` `28-27` `28-28` `27-20` `26-27` `25-28`　　重要度 ★★

text. P.133,134

逆流防止に関する問題である。

呼び径が **25mmを超える吐水口**の場合、確保しなければならない越流面から吐水口の 最下端 までの垂直距離の満たすべき条件は、**近接壁の影響がある場合、近接壁の面数と壁からの離れによって区分される。この区分は吐水口の内径 d の何倍かによって決まる。吐水口の断面が長方形の場合は** 長辺 **を d**（基準省令別表第3参照）とする。

なお、上述の垂直距離の満たすべき条件は、**有効開口の内径 d′ によって定め**られるが、この **d′ とは「吐水口の内径 d」、「こま押さえ部分の内径」、「給水栓の接続管の内径」、の3つのうちの** 最小内径 のことである。

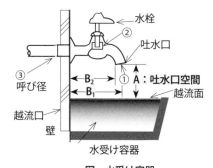

※左の①〜③の内径のうち、**最小内径**を**有効開口の内径 d′** とする。
①吐水口の内径 d
②こま押さえ部分の内径
③給水栓の接続管の内径

図　水受け容器

したがって、適当な組み合わせは(4)である。　　　　　　　　□**正解(4)**

出題頻度 `04-28` `02-26` `01-28` `28-29` `27-22` `25-30`　　重要度 ★★

text. P.138,141

寒冷地対策としての水抜き用の給水用具の設置に関する問題である。

(1)　水抜き用の給水用具以降の配管は、できるだけ鳥居配管やU字管形の配管を避け、**水抜き栓から** 先上り **の配管とする。不適当な記述である。**

(2)　水抜き用給水用具以降の配管が長い場合には、万一凍結した際に、**解氷作業の便を図る**ため、取外し可能な**ユニオン**、フランジ等を適切な箇所に設置する。適当な記述である。

(3)　**水抜き用の給水用具**の設置は、**水道メーター下流側で屋内立上がり管の間に設置**する。適当な記述である。

(4)　**水抜き用の給水用具以降の配管**において、**水抜きバルブ**を設置する場合は、**屋内**または**ピット内で露出で配管する**。適当な記述である。

したがって、不適当なものは(1)である。　　　　　　　　□**正解(1)**

5. 給水装置計画論

30-30
難易度 ★

給水方式に関する次の記述の正誤の組み合わせのうち、適当なものはどれか。

ア　直結・受水槽併用式給水は、一つの建築物内で直結式、受水槽式の両方の給水方式を併用するものである。

イ　直結・受水槽併用方式は、給水管の途中に直結加圧形ポンプユニットを設置し、高所に置かれた受水槽に給水し、そこから給水栓まで自然流下させる方式である。

ウ　一般に、直結・受水槽併用式給水においては、受水槽以降の配管に直結式の配管を接続する。

エ　一時に多量の水を使用するとき等に、配水管の水圧低下を引き起こすおそれがある場合は、直結・受水槽併用式給水とする。

	ア	イ	ウ	エ
(1)	正	誤	誤	誤
(2)	誤	正	誤	正
(3)	正	誤	正	正
(4)	誤	正	正	誤

30-31
難易度 ★

給水方式の決定に関する次の記述のうち、不適当なものはどれか。

(1)　水道事業者ごとに、水圧状況、配水管整備状況等により給水方式の取扱いが異なるため、その決定に当たっては、設計に先立ち、水道事業者に確認する必要がある。

(2)　有毒薬品を使用する工場等事業活動に伴い、水を汚染するおそれのある場所に給水する場合は受水槽式とする。

(3)　配水管の水圧変動にかかわらず、常時一定の水量、水圧を必要とする場合は受水槽式とする。

(4)　受水槽式給水は、配水管から分岐し受水槽に受け、この受水槽から給水する方式であり、ポンプ設備で配水系統と縁が切れる。

30-30

出題頻度 **04-30** , **03-30** , **01-31** , **29-30**

重要度 ★★
text. P.158,159

受水槽式及び直結・受水槽併用式給水方式に関する問題である。

ア、イ、ウ 直結・受水槽併用式は、ひとつの建物内で**下層階を直結給水**とし、**高層階は受水槽式給水**とする方式であるが、直結配管を受水槽以下の配管に接続するなど、双方の配管系統が混雑し、**クロスコネクション**のおそれがあるため、注意して配管する。アは正しく、イ、ウは誤った記述である。

エ 一時に多量の水を使用するとき、または使用水量の変動が大きいとき等に、**配水管水圧低下**を引き起こすおそれがある場合には、**受水槽式給水**とする。誤った記述である。

したがって、適当な組み合わせは(1)である。 □**正解(1)**

> 要点：配水管の水圧が高いときは、受水槽の流入時に給水管を流れる流量が過大となって、水道メーターの性能，耐久性に支障を来すことがある。このような場合には、**減圧弁，定流量**弁等を設置する。

30-31

出題頻度 **04-31** , **03-31** , **29-30** , **29-31** , **28-31**

重要度 ★★
text. P.156〜158

給水方式の決定に関する問題である。

(1) **水道事業者ごとに、水圧状況、配水管整備状況**等により**給水方式の取扱いが異なる**ため、その決定に当たっては、設計に先立ち、水道事業者に確認する必要がある。適当な記述である。

(2) 有毒薬品を使用する工場等事業活動に伴い、**水を汚染するおそれのある場所に給水する場合は受水槽式**とする（基準省令5条2項）。適当な記述である。

(3) 配水管の水圧変動にかかわらず、**常時一定の水量、水圧を必要とする場合**は**受水槽式**とする。適当な記述である。

(4) **受水槽式給水**は、配水管から分岐し受水槽に受け、この受水槽から給水する方式であり、受水槽**入口**で配水系統と縁が切れる。不適当な記述である。**よく出る**

したがって、不適当なものは(4)である。 □**正解(4)**

> 要点：一時に多量の水を使用するとき，又は使用水量の変動が大きいとき等に**配水管の水圧低下**を引き起こすおそれがある場合は、受水槽式とする。

check □□□

30-32　直結給水方式に関する次の記述のうち、不適当なものはどれか。

難易度 ★★

(1)　直結給水方式は、配水管から需要者の設置した給水装置の末端まで有圧で直接給水する方式である。

(2)　直結直圧式は、配水管の動水圧により直接給水する方式である。

(3)　直結増圧式は、給水管に直接、圧力水槽を連結し、その内部圧力によって給水する方式である。

(4)　直結加圧形ポンプユニットによる中高層建物への直結給水範囲の拡大により、受水槽における衛生上の問題の解消や設置スペースの有効利用等を図ることができる。

30-33　給水管の口径決定の手順に関する次の記述の　　　内に入る語句の組み合わせのうち、適当なものはどれか。

難易度 ★★

　口径決定の手順は、まず給水用具の　ア　を設定し、次に同時に使用する給水用具を設定し、管路の各区間に流れる　イ　を求める。次に　ウ　を仮定し、その　ウ　で給水装置全体の　エ　が、配水管の　オ　以下であるかどうかを確かめる。

	ア	イ	ウ	エ	オ
(1)	所要水量	流量	損失水頭	所要水頭	計画最小動水圧の水頭
(2)	所要水頭	流速	口　径	所要水量	計画流量
(3)	所要水量	流量	口　径	所要水頭	計画最小動水圧の水頭
(4)	所要水頭	流速	損失水頭	所要水量	計画流量

30-32

出題頻度 **02-32** , **29-30** , **28-30** , **27-31** , **26-30** , **22-31**　　重要度　★
text.　P.157,158

直結給水方式に関する問題である。

(1) **直結給水方式**は、配水管から設置した**給水装置の末端まで有圧で直接給水する方式**で、**水質管理** がなされた安全な水を需要者に供給することができるものである。適当な記述である。

(2) **直結直圧式**は、**配水管の動水圧により直接給水する方式**である。給水サービルの向上を図るため、その対象範囲の拡大を図っている。適当な記述である。

(3) **直結増圧式**は、給水管の途中に **直結加圧形ポンプユニット** を設置し、**圧力を増して直結給水する方法**である。不適当な記述である。 **よく出る**

(4) **直結増圧式**は、給水管に直接直結加圧形ポンプユニットを設置し、水圧の不足分を加圧して高位置まで直結給水するもので、これにより、**直結給水する範囲の拡大を図り、受水槽における衛生上の問題の解消、省エネの推進、設置スペースの有効利用などを図る**ことができる。適当な記述である

したがって、不適当なものは(3)である。　　　　　　　　□**正解(3)**

要点：直結給水方式は，各水道事業者において，現状における配水管の水圧等の供給能力及び配水管の整備計画と整合させ，逐次その対象範囲の拡大を図っており，5階を超える建物をその対象としている。

30-33

出題頻度 **28-32** , **24-32** , **22-35** , **20-35**　　重要度　★★
text.　P.186

給水管の口径決定の手順に関する問題である。

○口径決定の手順

① 給水用具の **所要水量** を設定し、

② 次に**同時に使用する給水用具を設定し、**

③ 管路の各区間に流れる **流量** を求める。

④ さらに **口径** を仮定し、その **口径** で給水装置全体の **所要水頭** が、配水管の **計画最小動水圧** の水頭以下であるかどうかを確かめ、

⑤ 満たされている場合は、それを求める口径とする。

⑥ 満たさなければ、口径を仮定し直して計算を繰返す。

したがって、適当な組み合せは(3)である。　　　　　　　　□**正解(3)**

要点：損失水頭の主なものは，管の**摩擦損失水頭**，**水道メーター**や**給水用具の損失水頭**であって，総損失水頭の算出に当たっては，これらの合計で実際上差し支えない。

30-34
難易度 ★

図 -1 に示す事務所ビル全体（6 事務所）の同時使用水量を**給水用具給水負荷単位**により算定した場合、次のうち、適当なものはどれか。

　ここで、6 つの事務所には、それぞれ大便器（洗浄タンク）、小便器（洗浄タンク）、洗面器、事務室用流し、掃除用流しが 1 栓ずつ設置されているものとし、各給水用具の給水負荷単位及び同時使用水量との関係は、**表 -1 及び図 -2** を用いるものとする。

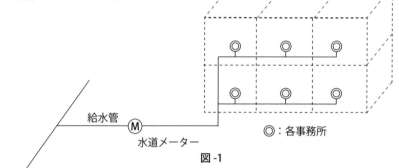

給水管
Ⓜ
水道メーター
◎：各事務所

図 -1

配水管

(1)　128L/ 分
(2)　163L/ 分
(3)　258L/ 分
(4)　298L/ 分

表 -1　給水用具給水負荷単位

給水用具名	水栓	器具給水負荷単位 公衆用
大 便 器	洗浄タンク	5
小 便 器	洗浄タンク	3
洗 面 器	給 水 栓	2
事務室用流し	給 水 栓	3
掃 除 用 流 し	給 水 栓	4

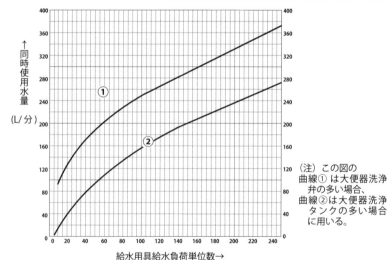

↑同時使用水量 (L/ 分)

①
②

給水用具給水負荷単位数→

（注）この図の曲線① は大便器洗浄弁の多い場合、曲線②は大便器洗浄タンクの多い場合に用いる。

skc

事務所ビル全体の同時使用水量を給水用具給水負荷単位により求める問題である。

① まず**図-1**と**表-1**より給水用具単位数を求める。

給水用具	水　栓	給水用具給水負荷単位 × 器具数	給水用具負荷単位数
大　便　器	洗浄タンク（FT）	5 × 6	30
小　便　器	〃	3 × 6	18
洗　面　器	給水栓	2 × 6	12
事務室用流し	〃	3 × 6	18
掃除用流し	〃	4 × 6	24
合　計		17 × 6	102

②次に**図-2**の給水用具給水負荷単位による同時使用水量を求める。

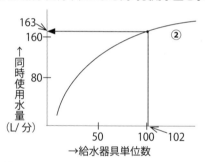

表-1より**大便器洗浄タンク**を使用しているので、**曲線②**を利用する。

給水用具負荷単位数 102 を横軸にとり、その値を上に伸ばし、曲線②との交点を左に
伸ばすと、縦軸の同時使用水量（L/ 分）が求まる。

その値はおおよそ **163** と読み取ることができる。

したがって、適当なものは⑵である。　　　　　　　　　　　　　　□**正解⑵**

要点：同時使用水量の算出は，各種給水用具の**給水用具給水負荷単位に末端給水用具を乗じたものを
累計**し，同時使用水量図を利用して同時使用水量を求める方法である。

check □□□

30-35
難易度 ★★★

図 -1 に示す直結式給水による 2 階建て戸建て住宅で、**全所要水頭**として適当なものはどれか。

なお、計画使用水量は同時使用率を考慮して表 -1 により算出するものとし、器具の損失水頭は器具ごとの使用水量において表 -2 により、給水管の動水勾配は表 -3 によるものとする。

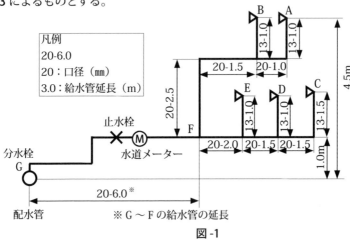

図 -1

(1)　　9.9m

(2)　　12.6m

(3)　　14.4m

(4)　　15.1m

表 -1　計画使用水量

給水用具名	同時使用の有無	計画使用水量
A 台所流し	使用	12（L／分）
B 洗面器	―	8（L／分）
C 浴槽	使用	20（L／分）
D 洗面器	―	8（L／分）
E 大便器	使用	12（L／分）

表 -2　器具の損失水頭

給水用具等	損失水頭
給水栓 A（台所流し）	0.8（m）
給水栓 C（浴槽）	2.3（m）
給水栓 E（大便器）	0.8（m）
水道メーター	3.0（m）
止水栓	2.7（m）
分水栓	0.9（m）

表 -3　給水管の動水勾配

	13mm	20mm
12（L／分）	200（‰）	40（‰）
20（L／分）	600（‰）	100（‰）
32（L／分）	1300（‰）	200（‰）
44（L／分）	2300（‰）	350（‰）
60（L／分）	4000（‰）	600（‰）

直結給水による2階建て戸建て住宅の全所要水頭を求める問題である。

○**図-1**の同時使用する給水栓A、C、Eの立上げ点を各々a、c、eとし、同時使用の水栓を**図-2**として示す。

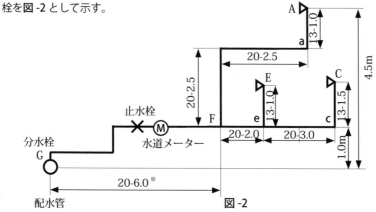

図-2

○**表-1〜表-3**を用いて各所用水頭を表に表す。

（i）A〜F間の所要水頭

区　　間	流量 (L/分) ①	口径	動水勾配 (‰) ①	延長 (m) ②	損失水頭 (m) ③=①×②/1000	立ち上げ高さ (m) ④	所要水頭 (m) ⑤=③+④	備考
給水栓A	12	13	給水用具の損失水頭		0.8		0.8	表-2より
給水管A〜a間	12	13	200	1.0	0.2	1.0	1.2	表-3より
給水管a〜F間	12	20	40	5.0	0.2	2.5	2.7	〃
A〜F間　　計							4.7	

（ii）C〜F間の所要水頭

区　　間								
給水栓C	20	13	給水用具の損失水頭		2.3		2.3	表-2より
給水管C〜c間	20	13	600	1.5	0.9	1.5	2.4	表-3より
給水管c〜e間	20	20	100	3.0	0.3		0.3	〃
給水管e〜F間	32	20	200	2.0	0.4		0.4	〃
C〜F間　　計							5.4	

各々の分岐点の所要水頭の**最大値**が、その分岐点での所要水頭になる。

A〜F間4.7m＜C〜F間5.4m、ゆえに、F点での所要水頭は**5.4m**である。

（iii）E〜e間の所要水頭

区　　間								
給水栓E	12	13	給水用具の損失水頭		0.8		0.8	表-2より
給水管E〜e間	12	13	200	1.0	0.2	1.0	1.2	表-3より
E〜e間　　計							2.0	

E〜e間は、C〜F間に影響せず。考慮しない。

→ p.373 に続く

check □□□

371

6. 給水装置工事事務論

30-36 難易度 ★★

指定給水装置工事事業者（以下、本問においては「工事事業者」という。）及び給水装置工事主任技術者（以下、本問においては「主任技術者」という。）に関する次の記述のうち、不適当なものはどれか。

(1) 工事事業者は、主任技術者等の工事従事者の給水装置工事の施行技術の向上のために、研修の機会を確保するよう努めなければならない。

(2) 工事事業者は、厚生労働省令で定める給水装置工事の事業の運営に関する基準に従い、適正な給水装置工事の事業の運営に努めなければならない。

(3) 主任技術者は、水道法に違反した場合、水道事業者から給水装置工事主任技術者免状の返納を命じられることがある。

(4) 工事事業者は、事業所ごとに、主任技術者免状の交付を受けている者のうちから、主任技術者を選任しなければならない。

30-37 難易度 ★★

給水装置工事の**記録及び保存**に関する次の記述のうち、不適当なものはどれか。

(1) 給水装置工事主任技術者は、単独水栓の取替え及び補修並びにこま、パッキン等給水装置の末端に設置される給水用具の部品の取替え（配管を伴わないものに限る。）であっても、給水装置工事の記録を作成しなければならない。

(2) 給水装置工事の記録は、法令に規定された事項が記録され、所定の期間保管することができれば、記録する媒体については特段の制限はない。

(3) 指定給水装置工事事業者は、給水装置工事の記録として、施主の氏名又は名称、施行の場所、竣工図等、法令に定められた事項を記録しなければならない。

(4) 水道事業者に給水装置工事の施行を申請したときに用いた申請書は、記録として残すべき事項が記載されていれば、その写しを工事記録として保存することができる。

（ⅳ）F〜G 間の所要水頭

給水管 F〜G 間	44	20	350	6.0	2.1	1.0	3.1	表-3 より
水道メーター	44	20	—	—	3.0		3.0	表-2 より
止水栓	44	20	—	—	2.7		2.7	〃
分水栓	44	20	—	—	0.9		0.9	〃
F〜G 間　　計							9.7	

F〜G 間の所要水頭は上記のように求められ、**9.7m** となる。
※ 44L/ 分＝ A12L/ 分＋ C20L/ 分＋ E12L/ 分（**表 -1** より）
ゆえに、全所要水頭は **C〜F 間の所要水頭＋F〜G 間の所要水頭**＝ 5.4 ＋ 9.7
＝ **15.1m**　　したがって、適当なものは(4)である。　　□**正解(4)**

30-36　出題頻度 05-36 , 04-38 , 29-37 , 28-36 , 26-36 , 25-36 , 24-36　　重要度 ★　text. P.56〜57

工事事業者の事業運営の基準、主任技術者の選任に関する問題である。
(1)　工事事業者は主任技術者及びその他の給水装置工事に従事する者の**給水装置工事の施行技術の向上のために、研修の機会** を確保するように努めること（則 36 条④号）と規定する。適当な記述である。**よく出る**
(2)　工事事業者は、厚生労働省令（則 36 条）で定める**給水装置工事の事業の運営に**関する基準に従い、適正な給水装置工事の事業の運営に努めなければならない（法 25 条の 8）と規定する。適当な記述である。
(3)　**厚生労働大臣** は、給水装置工事主任技術者免状の交付を受けている者が**水道法に違反したときは、その給水装置工事主任技術者免状の返納を命ずることができる**（法 25 条の 5 第 3 項）と規定する。不適当な記述である。**よく出る**
(4)　工事事業者は、**事業所ごとに**、法 25 条の 4 第 3 項に掲げる職務をさせるため，厚生労働省令（則 21 条）に定めるところにより、主任技術者免状の交付を受けている者のうちから**主任技術者を選任**しなければならない（法 25 条の 4 第 1 項）と規定する。適当な記述である。したがって、不適当なものは(3)である。□**正解(3)**

30-37　出題頻度 05-37 , 04-39 , 01-39 , 29-36 , 27-37 , 26-38 , 24-37　　重要度 ★★　text. P.57,212

工事記録の保存（則 36 条⑥号）に関する問題である。
(1)　工事事業者は、施行した給水装置工事（則 13 条に規定する **給水装置の軽微の変更を除く**。）ごとに、指名した主任技術者に則 36 条⑥号に掲げる事項に関する記録を作成させ、その**作成の日から 3 年間保存**すること（則 36 条⑥号）と規定する。不適当な記述である。
(2)、(4)　記録の方法については、**特に様式が定められていないので**、水道事業者に**給水装置工事の施行を申請したときに用いた申請書に記録として残すべき事項が記載されていればその写しを記録として保存することができる**。ともに適当な記述である。**よく出る**
(3)　則 36 条⑥号に記録すべき事項は、イ施主の氏名、又は名称、ロ施行場所、ハ施行完了年月日、ニ従事した主任技術者の氏名、ホ竣工図、ヘ使用した材料リスト・数量、ト措置・材質基準への適合確認（**自己認証又は第三者認証**）及び結果、竣工検査の結果についてである。適当な記述である。
したがって、適当な組み合わせは(1)である。　　□**正解(1)**

check □□□

30-38 給水装置の構造及び材質の基準（以下、本問においては「構造・材質基準」という。）に関する次の記述のうち、不適当なものはどれか。
難易度 ★★

(1) 構造・材質基準に関する省令には、浸出等、水撃限界、防食、逆流防止などの技術的細目である7項目の基準が定められている。

(2) 厚生労働省令では、製品ごとの性能基準への適合性に関する情報が全国的に利用できるよう給水装置データベースを構築している。

(3) 第三者認証は、自己認証が困難な製造業者や第三者認証の客観性に着目して第三者による証明を望む製造業者等が活用する制度である。

(4) 構造・材質基準に関する省令で定められている性能基準として、給水管は、耐久性能と浸出性能が必要であり、飲用に用いる給水栓は、耐久性能、浸出性能及び水撃限界性能が必要となる。

30-39 給水装置工事における給水装置工事主任技術者（以下、本問においては「主任技術者」という。）の職務に関する次の記述のうち、不適当なものはどれか。
難易度 ★

(1) 主任技術者は、給水装置工事の事前調査において、酸・アルカリに対する防食、凍結防止等の工事の必要性の有無を調べる必要がある。

(2) 主任技術者は、施主から使用を指定された給水管や給水用具等の資機材が、給水装置の構造及び材質の基準に関する省令の性能基準に適合していない場合でも、現場の状況から主任技術者の判断により、その資機材を使用することができる。

(3) 主任技術者は、道路下の配管工事について、通行者及び通行車両の安全確保のほか、水道以外のガス管、電力線及び電話線等の保安について万全を期す必要がある。

(4) 主任技術者は、自ら又はその責任のもと信頼できる現場の従事者に指示することにより、適正な竣工検査を確実に実施しなければならない。

30-38 出題頻度 `04-36` `03-38` `01-40` `29-40` `28-39` `27-40` `26-40` 重要度 ★★★
`25-39` `24-38` text. P.212〜215

構造・材質基準に関する問題である。

(1)　基準省令は、**個々の給水管及び給水用具が満たすべき性能及びその定量的判断基準（性能基準という。）**及び**給水装置工事が適正に施行される給水装置であるか否かの判断基準**を明確化したもので、このうちの性能基準は**7項目の基準**からなっている。適当な記述である。

(2)　厚生労働省では、製品ごとの性能基準への適合性に関する情報を全国的に利用できるよう、**給水装置データベース**を構築し、消費者、指定給水装置工事事業者、水道事業者等が利用できるようにしている。適当な記述である。

(3)　第三者認証は、**自己認証が困難な製造業者や第三者認証の客観性に着目して第三者による証明を望む製造業者等が活用する制度**で、製造業者の希望に応じて第三者認証機関が基準に適合するか否かを**製品サンプル試験**で判定する。適当な記述である。

(4)　基準省令に定められている性能基準は、給水管及び給水用具ごとにその性能と使用場所に応じて適用されるもので、**給水管やバルブ類は耐圧性能と浸出性能**が必要とされ、**飲用給水栓**は、耐圧性能と浸出性能及び水撃限界性能が必要となる。不適当な記述である。**よく出る**

したがって、不適当なものは(4)である。　　　□**正解(4)**

要点：給水管, 給水用具は, 基準省令である7つの性能すべてを満たす必要はなく, その確保が**不可欠な項目に限定される。**

30-39 出題頻度 `04-38` `03-39` `01-36` `01-37` `29-37` `28-36` `27-36` 重要度 ★★★
`26-26` `25-36` `24-36` text. P.203〜205

主任技術者の職務に関する問題である。

(1)　主任技術者は事前調査において、基準省令に定められた**油類の浸透防止、酸、アルカリに対する防食、凍結防止等の工事の必要性の有無**を調べる必要がある。適当な記述である。

(2)　現場によっては、施主等から工事に使用する給水管や給水用具を指定された場合は、基準に適合しないものであれば、使用できない理由を明確にして施主等に説明しなければならない。不適当な記述である。

(3)　安全管理の職務では、特に公道下の配管工事については、道路工事を伴うことから**通行者、通行車両の安全の確保及びガス管や電力ケーブル、電話線などの保安について万全を期す**必要がある。適当な記述である。**よく出る**

(4)　主任技術者は、**自ら又はその責任のもと信頼できる現場の従事者に指示する**ことにより、適正な**竣工検査**を確実に実施しなければならない。適当な記述である。**よく出る**

したがって、不適当なものは(2)である。　　　□**正解(2)**

要点：主任技術者は, 工事従事者の安全を確保し, **労働災害の防止**に努めるとともに, 工事従事者の健康を管理し, 水系感染症に注意して水道水を汚染しないように管理しなければならない。

check ☐☐☐

30-40 難易度 ★★　個々の給水管及び給水用具が満たすべき性能及びその定量的な判断基準（「性能基準」という。）に関する次の記述のうち、不適当なものはどれか。

(1)　給水装置の構造及び材質の基準（以下、本問においては「構造・材質基準」という。）に関する省令は、性能基準及び給水装置工事が適正に施行された給水装置であるか否かの判断基準を明確化したものである。

(2)　給水装置に使用する給水管で、構造・材質基準に関する省令を包含する日本工業規格（JIS規格）や日本水道協会規格（JWWA規格）等の団体規格の製品であっても、第三者認証あるいは自己認証を別途必要とする。

(3)　第三者認証は、第三者認証機関が製品サンプル試験を行い、性能基準に適合しているか否かを判定するとともに、性能基準適合品が安定・継続して製造されているか否か等の検査を行って基準適合性を認証したうえで、当該認証機関の認証マークを製品に表示することを認めるものである。

(4)　自己認証は、給水管、給水用具の製造業者等が自ら又は製品試験機関などに委託して得たデータや作成した資料等に基づいて、性能基準適合品であることを証明するものである。

7. 給水装置の概要

30-41 難易度 ★★　給水用具に関する次の記述の正誤の組み合わせのうち、適当なものはどれか。

ア　ダイヤフラム式逆止弁は、弁体がヒンジピンを支点として自重で弁座面に圧着し、通水時に弁体が押し開かれ、逆圧によって自動的に閉止する構造である。

イ　ボール止水栓は、弁体が球状のため90°回転で全開・全閉することができる構造であり，損失水頭は大きい。

ウ　副弁付定水位弁は、主弁に小口径ボールタップを副弁として組合わせ取付けるもので、副弁の開閉により主弁内に生じる圧力差によって開閉が円滑に行えるものである。

エ　仕切弁は、弁体が鉛直に上下し、全開・全閉する構造であり，全開時の損失水頭は極めて小さい。

	ア	イ	ウ	エ
(1)	正	正	誤	誤
(2)	誤	正	正	正
(3)	誤	誤	正	正
(4)	正	誤	誤	正

30

| 30-40 | 出題頻度 | 05-39 | 04-37 | 29-39 | 28-39 | 26-39 | 25-39 | 重要度 ★★ text. P.214,215 |

性能基準に関する問題である。**よく出る**

⑴ 構造・材質基準は、個々の給水管及び給水用具が満たすべき性能要件を定量的な判断基準として定め、給水装置工事の施工の適正化を確保するための判断基準として定めたものである。適当な記述である。

⑵ 基準省令を包含する **JIS 規格**、**JWWA 規格** 等の団体規格、その基準項目の全部に係る性能条件が基準省令の性能基準と同等以上の基準の適合製品については、性能基準に適合しているものと判断して使用できる。不適当な記述である。

⑶ 第三者認証は、第三者認証機関が **製品サンプル試験** を行い、性能基準に適合しているか否かを判定するとともに、**性能基準適合品が安定・継続して製造されているか否か**等の検査を行って基準適合性を認証したうえで、**当該認証機関の認証マークを製品に表示することを認める**ものである。適当な記述である。

⑷ 性能基準適合性の証明を**製造業者自ら又は製品試験機関に委託して得たデータや作成した資料等によって行う**ことを **自己認証** という。適当な記述である。
したがって、不適当なものは⑵である。　　　　　　　　　　□**正解⑵**

要点：**基準適合品データベース**とは，基準適合品についての製品名，製造業者名，適用される基準及び基準適合性並びに基準適合性の証明方法に関する情報を集積したものである。

30-41	出題頻度	03-44	03-45	03-46	03-47	02-44	01-47	重要度 ★
		29-44	29-45	28-44	28-45	27-47	26-45	text. P.265～279
		25-44	25-46					

給水用具に関する問題である。**よく出る**

ア　ダイヤフラム式逆止弁は、通水時には **ダイヤフラム** がコーンの内側にまくれ、逆流になるとコーンに密着し、逆流を防止する構造のものである。記述は**スイング式逆止弁**の構造である。誤った記述である。

イ　ボール止水栓は、**弁体が球状のため、90°回転で全開・全閉する構造**であり、作動性に優れている。逆流防止機能はないが、**損失水頭は極めて小さい**。誤った記述である。

ウ　副弁付定水位弁は、主弁に小口径ボールタップを副弁として組合わせ取付けたもので、**副弁の開閉により主弁内に生じる圧力差によって開閉が円滑に行えるもの**である。正しい記述である。

エ　仕切弁は、弁体が鉛直に上下し、全開・全閉する構造であり、**全開時の損失水頭は極めて小さい**。正しい記述である。
したがって、適当な組み合わせは⑶である。　　　　　　　　□**正解⑶**

要点：**吸排気弁**は，給水立て管頂部に設置され，**管内に停滞した空気を自動的に排出する機能**と，**負圧を生じた場合に自動的に多量の空気を吸気して給水管内の負圧を解消する機能**を併せ持った給水用具である。

30-42 節水型給水用具に関する次の記述のうち、不適当なものはどれか。
難易度 ★★

(1) 定流量弁は、ハンドルの目盛を必要水量にセットしておくと、設定した水量を吐水したのち自動的に止水するものである。

(2) 電子式自動水栓の機構は、手が赤外線ビーム等を遮断すると電子制御装置が働いて、吐水、止水が自動的に制御できるものである。

(3) 自閉式水栓は、ハンドルから手を離すと水が流れたのち、ばねの力で自動的に止水するものである。

(4) 湯屋カランは、ハンドルを押している間は水が出るが、ハンドルから手を離すと自動的に止水するものである。

30-43 湯沸器に関する次の記述の ☐ 内に入る語句の組み合わせのうち、適当なものはどれか。
難易度 ★★★

① ア は、器内の吸熱コイル管で熱交換を行うもので、コイル管内を水が通過する間にガスバーナ等で加熱する構造になっている。

② イ は、ボールタップを備えた器内の容器に貯水した水を、一定温度に加熱して給湯する給水用具である。

③ ウ は、給水管に直結して有圧のまま槽内に貯えた水を直接加熱する構造の湯沸器で、湯温に連動して自動的に燃料通路を開閉あるいは電源を入り切りする機能を持っている。

④ エ は、熱源に大気熱を利用しているため、消費電力が少ない。

	ア	イ	ウ	エ
(1)	貯湯湯沸器	瞬間湯沸器	貯蔵湯沸器	自然冷媒ヒートポンプ給湯機
(2)	瞬間湯沸器	貯蔵湯沸器	貯湯湯沸器	自然冷媒ヒートポンプ給湯機
(3)	貯湯湯沸器	貯蔵湯沸器	瞬間湯沸器	太陽熱利用貯湯湯沸器
(4)	瞬間湯沸器	貯湯湯沸器	貯蔵湯沸器	太陽熱利用貯湯湯沸器

30-42 出題頻度 `26- 46` , `25- 45` , `24- 48` , `23- 49` , `22- 48`

重要度 ★★

text. P.287,288

節水型給水用具に関する問題である。 **よく出る**

(1) **定流量弁**は、**水圧に関係なく、一定の流量に制御するもの**である。記述は、**定量水栓**のことである。不適当な記述である。

(2) **電子式自動水栓**は、給水用具に手を触れずに、吐水・止水できるもので、その機構は、手が**赤外線ビーム等を遮断すると電子制御装置が働いて、吐水・止水が自動的に制御される**ものである。適当な記述である。

(3) **自閉式水栓**は、ハンドルから手を離すと水が流れたのち、ばねの力で自動的に止水するものである。適当な記述である。

(4) **湯屋カラン**は、ハンドルを押している間は水が出るが、ハンドルから手を離すと自動的に止水するものである。適当な記述である。

したがって、不適当なものは(1)である。 □**正解(1)**

> 要点：吐水量を絞ることにより節水が図れる給水用具のひとつに**泡沫式水栓**がある。

30-43 出題頻度 `05- 45` , `03- 48` , `02- 48` , `02- 49` , `01- 43` , `28- 46` `27- 42` , `24- 46` , `23- 47` , `21- 45`

重要度 ★★

text. P.280 ～ 284

湯沸器に関する問題である。 **よく出る**

① **瞬間湯沸器** は、**器内の吸熱コイル管で熱交換を行う**もので、コイル管内を水が通過する間にガスバーナ等で加熱する構造になっている。

② **貯蔵湯沸器** は、**ボールタップ**で備えた器内の容器に貯水した水を、一定温度に加熱して給湯する給水用具である。

③ **貯湯湯沸器** は、**給水管に直結して有圧のまま槽内に貯えた水を直接加熱する構造**の湯沸器で、湯温に連動して自動的に燃料通路を開閉あるいは電源を入り切りする機能を持っている。

④ **自然冷媒ヒートポンプ給湯機** は、熱源に**大気熱**を利用しているため、消費電力が少ない。

したがって、適当な組み合わせは(2)である。 □**正解(2)**

> 要点：貯湯湯沸器は、ほとんどが貯湯部に係る圧力を**100kPa 以下**とし，かつ，伝熱面積が**4㎡以下**の構造のもので、安衛法令に規定するボイラ及び小形ボイラに該当しない。

30-44　給水用具に関する次の記述のうち、不適当なものはどれか。

難易度 ★★

(1) サーモスタット式の混合水栓は、温度調整ハンドルの目盛を合わせることで安定した吐水温度を得ることができる。

(2) シングルレバー式の混合水栓は、1 本のレバーハンドルで吐水・止水、吐水量の調整、吐水温度の調整ができる。

(3) バキュームブレーカは、給水管内に負圧が生じたとき、逆止弁により逆流を防止するとともに逆止弁により二次側（流出側）の負圧部分へ自動的に水を取り入れ、負圧を破壊する機能を持つ給水用具である。

(4) ウォータークーラは、冷却槽で給水管路内の水を任意の一定温度に冷却し、押ボタン式又は足踏式の開閉弁を操作して、冷水を射出する給水用具である。

30-45　給水装置工事に関する次の記述の正誤の組み合わせのうち、適当なものはどれか。

難易度 ★★

ア　給水装置工事は、水道施設を損傷しないこと、設置された給水装置に起因して需要者への給水に支障を生じさせないこと、水道水質の確保に支障を生じたり公衆衛生上の問題が起こらないこと等の観点から、給水装置の構造及び材質の基準に適合した適正な施行が必要である。

イ　撤去工事とは、給水装置を配水管、又は給水装置の分岐部から取外す工事である。

ウ　修繕工事とは、水道事業者が事業運営上施行した配水管の新設及び移設工事に伴い、給水管の付替えあるいは布設替えを行う工事である。

エ　水道法では、厚生労働大臣は給水装置工事を適正に施行できると認められる者を指定することができ、この指定をしたときは、水の供給を受ける者の給水装置が水道事業者又は指定を受けた者の施行した給水装置工事に係わるものであることを供給条件にすることができるとされている。

	ア	イ	ウ	エ
(1)	正	誤	正	正
(2)	誤	正	誤	正
(3)	正	正	誤	誤
(4)	誤	誤	正	誤

30-44

出題頻度 02-44 , 01-45 , 01-47 , 28-46 , 25-45 , 25-46

重要度 ★★★

text. P.271,275,276,284

給水用具に関する問題である。 よく出る

⑴ **サーモスタット式の混合水栓**は、温度調整ハンドルの目盛をあわせることで安定した吐水温度を得ることができる。適当な記述である。

⑵ **シングルレバー式の混合水栓**は、1本のレバーハンドルで吐水・止水、吐水量の調整、吐水温度の調整ができる。適当な記述である。

⑶ **バキュームブレーカ**は、給水管内に負圧が生じたとき、サイホン作用により使用済の水等が逆流し水が汚染されることを防止するため、逆止弁 により逆流を防止するとともに逆止弁による二次側（流出側）の負圧部分へ自動的に 空気 を取り入れ、負圧を破壊 する機能を持つ給水用具である。不適当な記述である。

⑷ **ウォータークーラ**は、冷却槽で給水管路内の水を任意の一定温度に冷却し、押ボタン式又は足踏式の開閉弁を操作して、冷水を射出する給水用具である。適当な記述である。

したがって、不適当なものは⑶である。 □**正解⑶**

要点：サーモスタット式の湯水混合水栓は、温度調整ハンドルの目盛をあわせることで安定した吐水温度を保つことができる。止水・吐水、吐水量の調整は別途止水部で行う。

30-45

出題頻度 25-41 , 24-49 , 22-42

重要度 ★★

text. P.29,38,250

ア 給水装置工事は、①**水道施設を損傷しないこと**、②設置された給水装置に起因して需要者への給水に支障を生じさせないこと、③**水道水質の確保に支障を生じたり公衆衛生上の問題が起こらないこと**等の観点から、**給水装置の構造及び材質の基準**に適合した適正な施行が必要である。正しい記述である。

イ **撤去工事**とは、給水装置を配水管、又は給水装置の**分岐部から取外す工事**である。正しい記述である。

ウ **修繕工事**とは、給水装置の**原形を変えないで**給水管・給水栓等を修理する工事である。誤った記述である。 よく出る

エ 水道法16条の2で、水道事業者 は給水装置工事を適正に施行できると認める者を**指定**することができ、この指定をしたときは、水の供給を受ける者の給水装置が水道事業者または指定を受けた者（**指定給水装置工事事業者**）の施行した給水装置に係るものであることを 供給条件 とすることができる。誤った記述である。

したがって、適当な組み合わせは⑶である。 □**正解⑶**

要点：新設工事には，メーター上流側の給水管から分岐して水道メーターを設置する工事も含まれる。

check □□□

30-46 給水管に関する次の記述の正誤の組み合わせのうち、適当なものはどれか。

難易度 ★

ア　架橋ポリエチレン管は、耐熱性、耐寒性及び耐食性に優れ、軽量で柔軟性に富んでおり、管内にスケールが付きにくく、流体抵抗が小さい等の特長がある。

イ　水道配水用ポリエチレン管は、高密度ポリエチレン樹脂を主材料とした管で、耐久性、衛生性に優れるが、灯油、ガソリン等の有機溶剤に接すると、管に浸透し水質事故を起こすことがある。

ウ　耐衝撃性硬質ポリ塩化ビニル管は、硬質ポリ塩化ビニル管の耐衝撃強度を高めるように改良されたものであるが、長期間、直射日光に当たると耐衝撃強度が低下することがある。

エ　ステンレス鋼鋼管は、ステンレス鋼帯から自動造管機により製造される管で、鋼管に比べると耐食性が劣る。

	ア	イ	ウ	エ
(1)	正	誤	誤	正
(2)	誤	誤	正	誤
(3)	誤	正	誤	正
(4)	正	正	正	誤

30-47 給水管に関する次の記述のうち、不適当なものはどれか。

難易度 ★★

(1)　硬質塩化ビニルライニング鋼管は、機械的強度が大きく、耐食性に優れている。屋内及び埋設用に対応できる管には外面仕様の異なるものがあるので、管の選定に当たっては、環境条件を十分考慮する必要がある。

(2)　銅管は、引張り強さが比較的大きいが、耐食性が劣る。

(3)　ポリブテン管は、有機溶剤、ガソリン、灯油等に接すると、管に浸透し、管の軟化・劣化や水質事故を起こすことがあるので、これらの物質と接触させてはならない。

(4)　硬質ポリ塩化ビニル管は、難燃性であるが、熱及び衝撃には比較的弱い。

30-46 出題頻度 | 05-42 | 04-40 | 03-41 | 02-41 | 02-42 | 01-42 | 重要度 ★

28-49 | 27-49 | 26-49 | 25-42 | 23-43 | text. P.252〜263

給水管に関する問題である。**よく出る**

ア **架橋ポリエチレン管**は、耐熱性、耐寒性及び耐食性に優れ、軽量で柔軟性に富んでおり、管内にスケールが付きにくく、流体抵抗が小さい等の特長がある。正しい記述である。

イ **水道配水用ポリエチレン管**は、高密度ポリエチレン樹脂を主材料とした樹脂で、**耐久性、耐食性に優れている**。灯油、ガソリン等の**有機溶剤に接すると、管に浸透し、水質事故を起こす**ことがあるので、これらの物質と接触させてはならない。正しい記述である。

ウ **耐衝撃性硬質ポリ塩化ビニル管**は、硬質ポリ塩化ビニル管の耐衝撃強度を高めるように改良されたものであるが、長期間、**直射日光**に当たると耐衝撃強度が低下することがある。正しい記述である。

エ **ステンレス鋼鋼管**は、ステンレス鋼帯から自動造管機により製造される管で、鋼管と比べると特に 耐食性に優れている 。誤った記述である。
したがって、適当な組み合わせは(4)である。　□**正解(4)**

要点：硬質ポリ塩化ビニル管は、難燃性であるが、熱及び衝撃には比較的弱い。管に傷がつくと破損し易くなるため、外傷を受けないように取扱う。

30-47 出題頻度 | 05-41 | 05-42 | 05-44 | 04-46 | 03-41 | 02-41 | 重要度 ★★★

02-42 | 01-42 | 28-49 | 27-49 | 26-49 | 25-42 | text. P.252〜263

給水管に関する問題である。**よく出る**

(1) **硬質塩化ビニルライニング鋼管**は、機械強度が大で、**耐食性に優れ**ている。使用場所及び材料により、屋内配管、屋内及び屋外配管並びに地中埋設管用等の区分があり、管の選定及び使用に際しては、布設箇所の環境条件を十分考慮し選定する必要がある。適当な記述である。

(2) **銅管**は、耐食性に優れている ため薄肉化している。また、**引張り強度が比較的大きく**、軟質銅管は、4〜5回の凍結でも破裂しない。不適当な記述である。

(3) **ポリブテン管**は、有機溶剤、ガソリン、灯油、油性塗料、クレオソート（木材用防腐剤）、シロアリ駆除剤等に接すると、管に浸透し、**管の軟化・劣化や水質事故を起こす**ことがあるので、これらの物質と接触させてはならない。適当な記述である。

(4) 硬質塩化ビニル管は、難燃性であるが、熱及び衝撃には比較的弱く、寒冷地等では、凍結防止のため保温材を巻く、または傷がつくと破損しやすくなるので外傷を受けないようにする。適当な記述である。
したがって、不適当なものは(2)である。　□**正解(2)**

要点：耐熱性硬質塩化ビニルライニング鋼管は、鋼管の内面に耐熱性硬質塩化ビニルをライニングした管である。給湯・冷温水管として使用され、連続使用許容温度は**85℃以下**である、

check □□□

30-48 難易度 ★★

水道メーターに関する次の記述の正誤の組み合わせのうち、適当なものはどれか。

ア 接線流羽根車式水道メーターは、計量室内に設置された羽根車に噴射水流を当て、羽根車を回転させて通過水量を積算表示する構造である。

イ 軸流羽根車式水道メーターは、管状の器内に設置された流れに垂直な軸をもつ螺旋状の羽根車を回転させて、積算計量する構造である。

ウ たて形軸流羽根車式水道メーターは、メーターケースに流入した水流が整流器を通って、垂直に設置された螺旋状羽根車に沿って上方から下方に流れ、羽根車を回転させる構造である。

エ 電磁式水道メーターは、給水管と同じ呼び径の直管で機械的可動部がないため耐久性に優れ、小流量から大流量まで広範囲な計測に適している。

	ア	イ	ウ	エ
(1)	誤	正	正	誤
(2)	誤	正	誤	正
(3)	正	誤	正	誤
(4)	正	誤	誤	正

30-49 難易度 ★★★

給水用具の故障と対策に関する次の記述のうち、不適当なものはどれか。

(1) 受水槽のオーバーフロー管から常に水が流れていたので原因を調査した。その結果、ボールタップの弁座が損傷していたので、パッキンを取替えた。

(2) 水栓を開閉する際にウォーターハンマが発生するので原因を調査した。その結果、水圧が高いことが原因であったので、減圧弁を設置した。

(3) ボールタップ付きロータンクの水が止まらないので原因を調査した。その結果、リング状の鎖がからまっていたので、鎖のたるみを 2 輪ほどにした。

(4) 小便器洗浄弁の水勢が強く水が飛び散っていたので原因を調査した。その結果、開閉ねじの開け過ぎが原因であったので、開閉ねじを右に回して水勢を弱めた。

30-48	出題頻度	05-50 , 05-51 , 04-48 , 04-49 , 03-53 , 02-52	重要度 ★★
		02-53 , 01-48 , 29-47 , 29-49 , 28-41 , 28-42	text. P.292〜294

水道メーターに関する問題である。**よく出る**

ア **接線流羽根車式水道メーター**は、計量室内に設置された羽根車にノズルから接線方向に**噴射水流を当て、羽根車を回転させて通過水量を積算表示する構造**である。正しい記述である。

イ **軸流羽根車式水道メーター**は、管状の器内に設置された流れに **平行** な軸を持つ螺旋状の羽根車を回転させて、積算計量するもので、たて形とよこ形の2種類がある。誤った記述である。

ウ **たて形軸流羽根車式水道メーター**は、メーターケースに流入した水流が整流器を通って、**垂直に設置された螺旋状羽根車に沿って 下方から上方に に S字形**に流れ、羽根車を回転させる構造になっている。誤った記述である。

エ **電磁式水道メーター**は、給水管と同じ呼び径の直管で**機械的可動部がないため耐久性に優れ、小流量から大流量まで広範囲な計測に適している**。正しい記述である。

したがって、適当な組み合わせは(4)である。　　　　□**正解(4)**

要点：水道メーターの**遠隔指示装置**は，設置したメーターも指示水量をメーターから離れた場所で効率よく検針するために設けるものである。

30-49	出題頻度	05-52 , 05-53 , 03-54 , 03-55 , 02-54 , 02-55	重要度 ★★
		01-50 , 29-49 , 29-50 , 28-43 , 28-47 , 27-46	text. P.298〜303

給水用具の故障に関する問題である。**よく出る**

(1) **ボールタップの水が止まらない**ので原因を調べたところ、**弁座が損傷**していることが判明したので ボールタップ を取替えた。不適当な記述である。

(2) **水栓の水撃の高い**原因のひとつに、水圧が異常に高いときが挙げられ、対策としては、**減圧弁**を設置する。適当な記述である。

(3) **ボールタップ付ロータンクの水が止まらない**原因のひとつに鎖のからまりがある。その対策としてリング状の鎖の場合は、**2輪ほど弛ませる**。適当な記述である。

(4) **小便器洗浄弁**で、水勢が強く洗浄時に水が飛び散る原因に**開閉ねじの開け過ぎ**があり、対策として**開閉ねじを右に回して水勢を弱める**。適当な記述である。

したがって、不適当なものは(1)である。　　　　□**正解(1)**

要点：水栓の水の出が悪いのは，水栓の**ストレーナ**にゴミが詰まった場合が考えられ，水栓を取外し，ストレーナのゴミを除去する。

30-50
難易度 ★

給水用具に関する次の記述のうち、**不適当なもの**はどれか。

(1) 二重式逆流防止器は、各弁体のテストコックによる性能チェック及び作動不良時の弁体の交換が、配管に取付けたままできる構造である。

(2) 複式逆流防止弁は、個々に独立して作動する二つの逆流防止弁が組み込まれ、その弁体はそれぞればねによって弁座に押しつけられているので、二重の安全構造となっている。

(3) 管内に負圧が生じた場合に自動的に多量の空気を吸気して給水管内の負圧を解消する機能を持った給水用具を吸排気弁という。なお、管内に停滞した空気を自動的に排出する機能を併せ持っている。

(4) スイング式逆止弁は、弁体が弁箱又は蓋に設けられたガイドによって弁座に対し垂直に作動し、弁体の自重で閉止の位置に戻る構造のものである。

8. 給水装置施工管理法

30-51
難易度 ★

給水装置工事施工における**品質管理項目**に関する次の記述のうち、**不適当なもの**はどれか。

(1) 給水管及び給水用具が給水装置の構造及び材質の基準に関する省令の性能基準に適合したもので、かつ検査等により品質確認されたものを使用する。

(2) 配水管への取付口の位置は、他の給水装置の取付口と 30cm以上の離隔を保つ。

(3) サドル付分水栓の取付けボルト、給水管及び給水用具の継手等で締付けトルクが設定されているものは、その締付け状況を確認する。

(4) 穿孔後における水質確認として、残留塩素、におい、濁り、色、味の確認を行う。このうち、特に濁りの確認は穿孔した管が水道管の証しとなることから必ず実施する。

30-50 出題頻度 `29-44` , `29-45` , `29-46` , `28-44` , `28-45` , `27-41` 重要度 ★★
`27-43` , `26-45` , `25-44` , `25-46` **text.** P.267〜275

給水用具に関する問題である。 **よく出る**

⑴ **二重式逆流防止器**は、複式逆流防止弁と同等の構造であるが、**各逆流防止弁のテストコックによる性能チェック及び作動不良時の逆流防止弁の交換が、配管に取り付けられたままできる構造**である。適当な記述である。

⑵ **複式逆流防止弁**は、個々に独立して作動する二つの逆流防止弁が組み込まれ、その弁体はそれぞればねによって弁座に押しつけられているので、二重の安全構造となっている。適当な記述である。

⑶ **吸排気弁**は、給水立て管頂部に設置され、**管内に停滞した空気を自動的に排出する機能**と管内に負圧が生じた場合に**自動的に多量の空気を吸気して給水管内の負圧を解消する機能**を併せ持った給水用具である。適当な記述である。

⑷ **スイング式逆止弁**は、弁体が **ヒンジピン** を支点として自重で弁座面に圧着し、通水時で弁体が押し開かれ、**逆圧によって自動的に閉止する**構造である。記述はリフト式逆止弁の構造である。不適当な記述である。

したがって、不適当なものは⑷である。 **□正解⑷**

> 要点：ウォータークーラは，冷却槽で給水管路内の水を任意の一定温度に冷却し，冷水を射出するものである。

30-51 出題頻度 `02-58` , `01-54` , `01-55` , `27-51` , `26-51` 重要度 ★★
text. P.312〜314

給水装置工事の品質管理項目に関する問題である。

⑴ 給水管及び給水用具が給水装置の構造及び材質の基準に関する省令の**性能基準に適合**したもので、かつ検査等により**品質確認**されたものを使用する。適当な記述である。

⑵ 配水管への取付口の位置は、**他の給水装置の取付口**と **30cm以上** の離隔を保つ。適当な記述である。

⑶ サドル付分水栓の取付けボルト、給水管及び給水用具の継手等で**締付けトルク**が設定されているものは、その**締付け状況を確認**する。適当な記述である。

⑷ 穿孔後における**水質確認（残留塩素、におい、濁り、臭い）**を行う。このうち、特に **残留塩素の確認** は穿孔した管が、**水道管であることの証**となることから必ず実施する。不適当な記述である。 **よく出る**

したがって、不適当なものは⑷である。 **□正解⑷**

> 要点：サドル付分水栓を鋳鉄管に取付ける場合は，鋳鉄管の**内面ライニングに適した穿孔ドリル**を使用する。

check □□□

30-52 難易度 ★　給水装置工事施行における**埋設物の安全管理**に関する次の記述のうち、不適当なものはどれか。

(1)　工事の施行に当たって、掘削部分に各種埋設物が露出する場合には、当該埋設物管理者と協議のうえ、適切な表示を行う。

(2)　埋設物に接近して掘削する場合は、周囲地盤のゆるみ、沈下等に十分注意して施工し、必要に応じて埋設物管理者と協議のうえ、防護措置等を講ずる。

(3)　工事の施行に当たっては、地下埋設物の有無を十分に調査するとともに、埋設物管理者に立会いを求める等によってその位置を確認し、埋設物に損傷を与えないように注意する。

(4)　工事中、火気に弱い埋設物又は可燃性物質の輸送管等の埋設物に接近する場合には、溶接機、切断機等火気を伴う機械器具を使用しない。ただし、やむを得ない場合には、所轄消防署の指示に従い、保安上必要な措置を講じてから使用する。

30-53 難易度 ★　**建設工事公衆災害防止対策要綱**に基づく保安対策に関する次の記述のうち、不適当なものはどれか。

(1)　作業場における固定さくの高さは 0.8m 以上とし、通行者の視界を妨げないようにする必要がある場合は、さく上の部分を金網等で張り、見通しをよくする。

(2)　固定さくの袴部分及び移動さくの横板部分は、黄色と黒色を交互に斜縞に彩色（反射処理）するものとし、彩色する各縞の幅は 10cm 以上 15cm 以下、水平との角度は、45 度を標準とする。

(3)　移動さくは、高さ 0.8m 以上 1m 以下、長さ 1m 以上 1.5m 以下で、支柱の上端に幅 15cm 程度の横板を取り付けてあるものを標準とする。

(4)　道路標識等工事用の諸施設を設置するに当たって必要がある場合は、周囲の地盤面から高さ 0.8m 以上 2m 以下の部分については、通行者の視界を妨げることのないよう必要な措置を講じなければならない。

30-54 難易度 ★　次の記述のうち**公衆災害**に該当するものとして、適当なものはどれか。

(1)　交通整理員が交通事故に巻き込まれ、死亡した。
(2)　建設機械が転倒し、作業員が負傷した。
(3)　水道管を毀損したため、断水した。
(4)　作業員が掘削溝に転落し、負傷した。

30-52

出題頻度 **05-58** , **03-59** , **02-59** , **28-60** , **27-57** , **26-55**

重要度 ★

text. P. 315,316

埋設物の安全管理に関する問題である。**よく出る**

(1) 掘削部分に各種**埋設物が露出**する場合には、防護協定等を遵守して措置し、当該**埋設物管理者**と協議の上、**適切な表示**を行う。適当な記述である。

(2) 埋設物に接近して掘削する場合は、周囲地盤のゆるみ、沈下等に十分注意して施工し、必要に応じて**埋設物管理者と協議**のうえ、防護措置を講ずる。適当な記述である。

(3) 工事の施行に当たっては、地下埋設物の有無を十分に調査するとともに、**埋設物管理者に立会いを求める**等によってその位置を確認し、埋設物に損傷を与えないように注意する。適当な記述である。

(4) 工事中、**火気に弱い埋設物**又は**可燃性物質の輸送管**等に埋設物が接近する場合には、溶接機、切断機等火気を伴う機械器具を使用しない。ただし、やむを得ない場合には、**埋設物管理者**と**協議**し、保安上必要な措置を講じてから使用する。不適当な記述である。

したがって、不適当なものは(4)である。　　　　　　　　　□**正解(4)**

30-53

出題頻度 **05-60** , **04-59** , **04-60** , **03-60** , **02-60** , **29-55** , **28-51**

重要度 ★★

text. P.317～319

「公災防」の作業場及び交通対策に関する問題である。

(1) **固定さくの高さは 1.2m** 以上とし、通行者（自動車等を含む。）の視界を妨げないようにする必要がある場合は、さく上の部分を**金網**等で張り、見通しをよくするものとする（建設工事公衆災害防止対策要綱（以下「公災防」第11第1項）。不適当な記述である。**よく出る**

(2) **固定さくの袴部分**及び移動さくの**横板部分**は、**黄色と黒色を交互に斜縞**に彩色（反射処理）するものとし、彩色する各縞の幅は 10㎝以上 15㎝以下、水平との角度は、**45 度**を標準とする（公災防第 12）。適当な記述である。

(3) **移動さく**は、**高さ 0.8m 以上 1m 以下**、**長さ 1m 以上 1.5m 以下**で、支柱の上端に幅 15㎝程度の横板を取り付けてあるものを標準とする（公災防第 11第 2 項）。適当な記述である。

(4) 道路標識等工事用の諸施設を設置するに当たって必要がある場合は、周囲の地盤面から**高さ 0.8m 以上 2m 以下**の部分については、**通行者の視界を妨げることのないよう必要な措置**を講じなければならない（公災防第 17 第 2 項）。適当な記述である。

したがって、不適当なものは(1)である。　　　　　　　　　□**正解(1)**

30-54

出題頻度 **28-59**

重要度 ★

text. P.317

公衆災害に関する問題である。

公衆災害とは、当該工事の関係者以外の第三者（**公衆**）に対する**生命**、**身体**及び**財産**に関する**危害**並びに**迷惑**をいう（建設工事公衆災害防止対策要綱第 1）と定義され、個々での迷惑には、**騒音**、**振動**、ほこり、臭いの他、**水道、電気等の施設の毀損による断水や停電が入る**。

(1) 交通事故である。不適当な記述である。

(2) 労働災害（建設機械による事故）である。不適当な記述である。

(3) **水道の毀損**は、上記の定義に該当する。適当な記述である。

→P391 に続く。

check □□□

30-55

難易度 ★★

給水装置工事の施行に関する次の記述の ☐ 内に入る語句の組み合わせのうち、適当なものはどれか。

ア は、災害等による給水装置の損傷を防止するとともに、給水装置の損傷の復旧を迅速かつ適切に行えるようにするために、イ から ウ までの間の給水装置に用いる給水管及び給水用具について、その構造及び材質等を指定する場合がある。

したがって、指定給水装置工事事業者が給水装置工事を受注した場合は、イ から ウ までの使用材料について ア に確認する必要がある。

	ア	イ	ウ
(1)	水道事業者	道路境界	水道メーター
(2)	水道事業者	配水管への取付口	水道メーター
(3)	道路管理者	配水管への取付口	末端の給水栓
(4)	道路管理者	道路境界	末端の給水栓

30-56

難易度 ★★

給水装置工事の施工管理に関する次の記述の ☐ 内に入る語句の組み合わせのうち、適当なものはどれか。

施工管理の責任者は、施工内容に沿った ア を作成し、イ に周知を図っておく。また、工事施行に当たっては、工程管理を行うとともに、労働災害等を防止するための ウ を行う。

給水装置工事の施工管理の責任者は、エ である。

	ア	イ	ウ	エ
(1)	施工計画書	付近住民	安全対策	水道技術管理者
(2)	施工管理書	工事従事者	品質管理	水道技術管理者
(3)	施工計画書	工事従事者	安全対策	給水装置工事主任技術者
(4)	施工管理書	付近住民	品質管理	給水装置工事主任技術者

⑷　転落事故で、労働災害である。不適当な記述である。
　　したがって、適当なものは、⑶である。　　　　　　　　　　□**正解⑶**

> **要点：応急措置**：工事の施工に当たり，事故が発生し，又は発生するおそれがある場合には**直ちに必要な措置を講じた**上，事故の状況及び措置内容を**水道事業者**や**関係官公署**に報告する。

30-55　出題頻度　03-58　27-53　24-60　22-52　重要度　★　text.　P.308

　配水管の取付口から水道メーターまでの使用材料に関する問題である。
　水道事業者 は、**災害等による給水装置の損傷を防止**するとともに、給水装置の**損傷の復旧を迅速かつ適切に行えるよう**にするために、**配水管の取付口** から **水道メーター** までの間の給水装置に用いる給水管及び給水用具について、その**構造及び材質等を指定**する場合がある。したがって、指定給水装置工事事業者が給水装置工事を受注した場合は、**配水管の取付口** から **水道メーター** までの使用材料について **水道事業者** に確認する必要がある。
　　したがって、適当な組み合せは⑵である。　　　　　　　　　　□**正解⑵**

> **要点：宅地内**での給水装置工事は，一般に**水道メーター以降**末端給水用具までの工事であるが，施主の依頼に応じて実施されるものであり，工事の内容によっては，他の**建設業者等との調整**が必要となることもある。

30-56　出題頻度　04-56　03-56　02-57　01-52　01-53　29-51　27-52　25-51　重要度　★★　text.　P.306,307

　施工管理に関する問題である。**よく出る**
① 施工管理の責任者（給水装置工事主任技術者）は、事前に当該工事の施工内容を把握し、それに沿った **施工計画書**（実施工程表、施工体制、施工方法、品質管理方法、安全対策等）を作成し、**工事従事者** に **周知**を図っておく。また、工事施行に当たっては、**施工計画**に基づく**工程管理**、工程に応じた工事品質の確保並びに工事進捗に合わせて公衆災害及び労働災害等を防止するための **安全対策** を行うなど施工管理にあたるものとする。
② **給水装置工事における施工管理の責任者** は、**給水装置工事主任技術者** である。
　　したがって、適当な組み合わせは⑶である。　　　　　　　　　　□**正解⑶**

> **要点：工事着手に先立ち**，現場付近住民に対し，工事の施行について協力が得られるよう，工事内容の具体的な説明を行う。

check □□□

30-57　労働安全衛生に関する次の記述のうち、不適当なものはどれか。

難易度 ★★

(1)　労働安全衛生法で定める事業者は、作業主任者が作業現場に立会い、作業の進行状況を監視しなければ、土止め支保工の切りばり又は腹起こしの取付け又は取り外しの作業を施行させてはならない。

(2)　クレーンの運転業務に従事する者が、労働安全衛生法施行令で定める就業制限に係る業務に従事するときは、これに係る免許証その他資格を証する書面を携帯していなければならない。

(3)　硫化水素濃度 10ppm を超える空気を吸収すると、硫化水素中毒を発生するおそれがある。

(4)　労働安全衛生法で定める事業者は、掘削面の幅が 2m 以上の地山の掘削（ずい道及びたて坑以外の坑の掘削を除く）には、地山の掘削作業主任者を選任しなければならない。

30-58　建設業法第1条（目的）の次の記述の ☐ 内に入る語句の組み合わせのうち、正しいものはどれか。

難易度 ★

この法律は、建設業を営む者の ア の向上、建設工事の請負契約の適正化等を図ることによって、建設工事の適正な イ を確保し、ウ を保護するとともに、建設業の健全な発達を促進し、もって エ の福祉の増進に寄与することを目的とする。

	ア	イ	ウ	エ
(1)	資質	施工	発注者	公共
(2)	資質	利益	受注者	公共
(3)	地位	施工	受注者	工事の施行に従事する者
(4)	地位	利益	発注者	工事の施行に従事する者

30-57 出題頻度 `03-36` `02-37` `01-59` `29-59` `28-54` `27-59` `26-55` `25-58` `24-56`　　重要度 ★★　text. P.227〜230

労働安全衛生法等労働安全対策に関する問題である。

(1)　事業者は、作業の区分に応じて、**作業主任者**を選任し、その者が当該作業に従事する**労働者の指揮**その他厚生労働省令で定める事項を行わせなければならない（安衛法第 14 条、令 6 条）。なお、作業主任者が作業現場に立会い、作業の進行状況を監視しなければ、当該作業を施行させてはならない。適当な記述である。**よく出る**

(2)　事業者は、クレーンの運転その他政令で定める業務については、規定の**免許**、**技能講習の修了者**でなければ就業させてはならないとし、当該業務に従事させるときは、これに係る**免許証その他の資格を証する書面を携帯**しなければならない（安衛法第 16 条第 1 項〜第 3 項）。適当な記述である。

(3)　**硫化水素中毒**：硫化水素の濃度が 100 万分の 10（10ppm）を超える空気を吸入することにより生じる症状が認められる状態をいう（酸欠則第 2 条④号）と規定する。適当な記述である。

(4)　安衛法第 14 条（作業主任者）の政令（安衛法第 6 条）で定める（**作業主任者の選任が必要な**）作業として、掘削面の高さが 2m 以上となる**地山の掘削**（ずい道及びたて坑以外の坑の掘削を除く。）の作業（**地山の掘削作業主任者**：安衛法第 6 条⑨号）と規定している。不適当な記述である。

したがって、不適当なものは(4)である。　　□**正解(4)**

要点：土留め支保工の切りばり又は腹起こしの取付け又は取り外しの作業には，**土止め支保工作業主任者**を選任する。

30-58 出題頻度 `初出`　　重要度 ★　text. P.216

建設業法の「目的」に関する問題である。

この法律は、建設業を営む者の **資質** の向上、建設工事の請負契約の適正化等を図ることによって、建設工事の適正な **施工** を確保し、**発注者** を保護するとともに、建設業の健全な発達を促進し、もって **公共** の福祉の増進に寄与することを目的とする（建業法第 1 条）。

したがって、適当な組み合わせは(1)である。　　□**正解(1)**

要点：建設業法は第 1 条の目的を達成するため，建設業を**許可制**とし，許可要件として営業所ごとに一定の経験・資格のある**専任技術者**を置かなければならない。

check □□□

30-59

難易度 ★★

建設業の許可に関する次の記述のうち、適当なものはどれか。

(1)　建設業の許可を受けようとする者で、二以上の都道府県の区域内に営業所を設けて営業しようとする場合にあって、それぞれの都道府県知事の許可を受けなければならない。

(2)　建設工事を請け負うことを営業とする者は、工事 1 件の請負代金の額に関わらず建設業の許可が必要である。

(3)　一定以上の規模の工事を請け負うことを営もうとする者は、建設工事の種類ごとに国土交通大臣又は都道府県知事の許可を受けなければならない。

(4)　建設業の許可に有効期限の定めはなく、廃業の届出をしない限り有効である。

30-60

難易度 ★★

建築基準法に規定されている建築物に設ける飲料水の配管設備などに関する次の記述のうち、不適当なものはどれか。

(1)　給水管の凍結による破壊のおそれのある部分には、有効な防凍のための措置を講ずる。

(2)　給水タンク内部には、飲料水及び空調用冷温水の配管設備以外の配管設備を設けてはならない。

(3)　水槽、流しその他水を入れ、又は受ける設備に給水する飲料水の配管設備の水栓の開口部にあっては、これらの設備のあふれ面と水栓の開口部との垂直距離を適当に保つ等有効な水の逆流防止のための措置を講じなければならない。

(4)　給水タンクを建築物の内部に設ける場合において、給水タンクの天井、底又は周壁を建築物の他の部分と兼用しない。

- 諏訪のアドバイス -

○飲料水の配管の誤接合防止

　　飲料水の配管設備とその他の配管設備とは，直接連結させないこと。

30

30-59 出題頻度 02-40, 28-53, 27-58, 26-52, 25-56, 24-53, 24-54　重要度 ★★★　text. P.217

建設業の許可に関する問題である。

(1) 建設業を営もうとする者は、2以上の都道府県の区域内に営業所を設けて営業しようとする場合にあっては国土交通大臣の許可を受けなければならない（建業法第3条第1項）。不適当な記述である。

(2) 政令で定める軽微な建設工事（工事1件の請負代金額が建築一式工事にあっては、1,500万円未満の工事または延べ面積150㎡未満、その他の工事業では500万円未満とする工事）のみを請け負うことを営業とする者は、建設業の許可を要しない（同項1項但書）。不適当な記述である。

(3) 軽微な建設業を営む者以外の建設業は、営業所の設置場所の別により国土交通大臣または都道府県知事の許可を受けなければならず、建設業の工事業ごとに一般建設業または特定建設業に区分される（同法第3条1項）。適当な記述である。

(4) 建設業の許可は、5年ごとにその更新を受けなければ、その期間の経過によって、その効力を失う（同条3項）。不適当な記述である。　よく出る

したがって、適当なものは(3)である。　□正解(3)

要点：特定建設業の許可：発注者から直接工事を請け負い，下請代金の額が建築一式工事業で7,000万円以上，その他の工事業では4,500円以上の形態で，常時施工しようとする場合。

30-60 出題頻度 05-38, 03-37, 01-60, 29-60, 28-55, 27-60, 26-58, 25-60, 24-58　重要度 ★★　text. P.234,235

建築物に設ける飲料水の配管設備に関する問題である。　よく出る

(1) 給水管の凍結による破壊のおそれのある部分には、有効な防凍のための措置を講ずる（建基令第129条の2の5第2項④号）と規定する。適当な記述である。

(2) 建築物の内部屋上または最下階の床下に設ける場合においては内部には、飲料水の配管以外の配管設備を設けないこと（建設業告示1597号(2)イ③）。不適当な記述である。

(3) 水槽、流しその他水を入れ、又は受ける設備に給水する飲料水の配管設備の水栓の開口部にあっては、これらの設備のあふれ面と水栓の開口部との垂直距離を適当に保つ等有効な水の逆流防止のための措置を講じなければならない（令129条の2の5第2項②号）。適当な記述である。

(4) 給水タンクを建築物の内部に設ける場合において、給水タンクの天井、底又は周壁を建築物の他の部分と兼用しない（告示1597号(2)③号）。適当な記述である。

したがって、不適当なものは(2)である。　□正解(2)

要点：圧力タンクを除き，ほこりその他衛生上有害なものが入らない構造の通気のための装置を有効に設けること。ただし，有効容量が2㎡未満の給水タンク等については，この限りでない。

check □□□

395

できる合格・給水過去6年問題集〈質問票〉

□この問題集の内容、試験及び受験準備講習に関する質問は下記用紙に
　内容をお書きの上、FAX又は郵送にてお送りください。
□なお、封筒に『質問票在中』を明記して住所、氏名を記載した返信用封筒に所定額
　の切手を貼付の上、下記宛郵送してください。

○質問票送付先：**SKC産業開発センター**

　　研修事業部給水装置工事主任技術者試験課
　　〒006-0032 札幌市手稲区稲穂二条6丁目11-5
　　TEL. **011-683-5000.**　FAX. **011-683-5000.**
　　email：youcan-skc@nifty.com

【ご氏名】

【ご自宅】　〒　　-

　　　　　TEL.　　-　　　-　　　　　　FAX.　　-　　　-

【ご勤務先】

◇質問箇所　　　　　　　頁　　行目（〜　　　行目）

◇質問内容

　　　　　　　　　　　　　　　　　　　　　　　　年　　　月　　　日

●著者紹介

SKC 産業開発センター　諏訪 公（すわ ひろし）

　当センターは、土木施工管理技士、管工事施工管理技士等の資格制度の当初より、受験準備講習会を開催、約30年ご愛顧を頂き現在に至っている。

　また、管工事工業協同組合、ゼネコン、設備機器・装置メーカー・各地区電力・ガス供給業、ガス・電気機器メーカー等の企業グループ研修も長年実施している。

　監修図書では、『できる合格 給水装置基本テキスト』、『できる合格 給水科目別攻略予想問題集』、『うかるぞマンション管理士』、『うかるぞマンション管理士予想問題集』、『うかるぞ管理業務主任者予想問題集』等（週刊住宅新聞社）、『建設業関係法規』、『施工管理マニュアル』、『できる合格・「施工管理・法規問題集」』等（以上SKC）、著書では『電気製品アドバイザー資格早期完全マスター』（RIC）等がある。

　企業研修では、「給水装置工事主任技術者講座」、国土交通省所管の「1・2級土木・建築・管工事・電気工事・造園の各施工管理技士講座」等を行っており、確実な信頼と実績に応えている。また、これらの通信講座も好評である。

　諏訪公の「できる合格・SKC給水塾」として定評がある。

2024年版　できる合格 給水装置工事主任技術者**過去6年問題集 新訂第22版**

2003年 5月 8日　　新訂第 1 版発行
2024年 4月 30日　　新訂第 22 版発行

ⓒ 2003

監修者：諏訪　公
印　刷：神林印刷株式会社

編集所：SKC 産業開発センター
　　　　〒006-0032 北海道札幌市手稲区稲穂二条6丁目11-5
　　　　電話（011）683-5000 FAX.（011）683-5000
発行所：丸善プラネット株式会社
　　　　〒101-0051 東京都千代田区神田神保町二丁目17番
　　　　電話（03）3512-8516
　　　　https://maruzenplanet.hondana.jp
発売所：丸善出版株式会社
　　　　〒101-0051 東京都千代田区神田神保町二丁目17番
　　　　電話（03）3512-3256
　　　　https://www.maruzen-publishing.co.jp/

※**本書の内容に関するお問い合わせ**：お手数ですが FAX、郵送にて、
　SKC 産業開発センター研修事業部宛、ご送付ください。

ISBN 978-4-86345-562-7　C2051